数据驱动的零件加工过程精度自愈理论与方法

李国龙　等　著

科学出版社

北京

内 容 简 介

本书从零件加工精度控制技术的发展趋势与存在问题出发，以数据驱动为手段，系统阐述了零件加工过程精度自愈理论与方法。全书共6章，首先，详细介绍了零件加工精度预测、诊断、自愈技术的现状，并指出了批量化零件加工精度控制面临的挑战。然后，针对这些挑战，对零件加工精度预测、零件加工误差成因诊断、零件加工精度自愈方法进行了系统地研究。针对不同的加工误差来源，提出了数控装备稳健自愈与加工工序精度自愈两种方法。最后，开发了精度自愈系统，并以精密齿轮与航发叶片为案例，展示了精度自愈理论与方法的应用验证，全方位地呈现了数据驱动的零件加工过程精度自愈理论与方法。

本书适用于对数控机床、零件制造工艺及加工误差控制感兴趣的研究生和研究人员参考阅读。

图书在版编目(CIP)数据

数据驱动的零件加工过程精度自愈理论与方法 / 李国龙等著.—北京：科学出版社，2025.6

ISBN 978-7-03-072572-1

Ⅰ.①数⋯ Ⅱ.①李⋯ Ⅲ.①数控机床–零部件–加工 Ⅳ.①TG659

中国版本图书馆 CIP 数据核字(2022)第 105206 号

责任编辑：孟　锐 / 责任校对：彭　映
责任印制：罗　科 / 封面设计：墨创文化

科 学 出 版 社 出版

北京东黄城根北街16号
邮政编码：100717
http://www.sciencep.com

成都锦瑞印刷有限责任公司 印刷

科学出版社发行　各地新华书店经销

*

2025 年 6 月第　一　版　　开本：787×1092 1/16
2025 年 6 月第一次印刷　　印张：20 3/4
字数：492 000

定价：188.00 元

(如有印装质量问题，我社负责调换)

前　言

批量化复杂零件加工精度控制能力是衡量一个国家制造水平的重要标志。以精密齿轮、航空叶片为代表的复杂零件广泛应用于军工、航空、汽车等领域，其制造精度决定了高端装备的性能与核心竞争力。国务院提出突破核心基础零部件的工程化、产业化瓶颈；"十四五"规划提出加快补齐基础零部件等瓶颈短板，加大重要产品与关键核心技术的攻关力度，加快工程化产业化突破。研究批量化复杂零件加工精度自愈技术以提高零件加工精度与加工效率，对提高我国复杂零件加工制造能力、实现关键基础零件自主化具有重要的学术价值与工程价值。

依托国家重点研发计划项目"数据驱动的零件精密加工过程精度稳健自愈理论与方法"（2019YFB1703700），本书针对批量化零件加工误差来源多、误差间耦合关系复杂，致使零件加工精度控制存在模型构建困难、稳健性差等难题，立足实际产线中的零件加工精度，提出零件加工精度自愈思想，分析加工装备与工序工艺对批量化零件加工精度的影响，综合装备精度自愈技术和面向工序精度自愈的工艺自适应技术，实现批量化零件加工精度自愈，推进我国批量化零件加工精度控制技术进步及推广应用，提升加工精度和效率，降低次品率，为批量化制造产线加工过程精度控制提供理论基础与科学指导。

本书分为6章。第1章概述批量化零件加工精度自愈的意义，介绍当前零件加工精度预测、诊断、自愈技术的现状与存在的问题；第2章分析热、力、工艺等多工序误差源影响下的零件加工误差形成机理，基于模型与数据混合驱动方法，构建基于数字孪生的批量化零件加工精度预测模型；第3章分析误差源对零件加工误差的耦合机制，完成零件加工误差特征提取、解耦和分类，构建误差信息表征与影响因素之间的映射关系，实现零件加工误差成因诊断；第4章分析误差源之间的独立和耦合作用对装备精度退化的影响规律，评估算法特性与精度退化规律的契合度，自适应调整模型各项参数，建立数控装备误差双闭环稳健性预测模型；第5章揭示批量化零件加工过程中工序精度演变规律，以工序精度自愈为优化目标，以状态监测数据作为输入信息，反向调整相应的加工工艺以实现工序精度自愈；第6章介绍零件加工精度自愈集成系统的开发，并在汽车高速高精齿轮和航空叶片加工产线中进行应用验证。最终形成一套涵盖批量化零件加工精度预测、误差成因诊断及精度稳健自愈等的理论、模型和算法，提升我国加工产线精度的稳定性和可靠性。

在本书完成之际，作者衷心感谢各位学术前辈、师长和同事的支持和帮助。重庆大学的王四宝、李喆裕、赵增亚、徐凯、贾亚超、肖扬等，浙江大学的从飞云、陈立等，哈尔滨工业大学(深圳)的李建刚等，重庆理工大学的苗恩铭、骆辉等在本书撰写过程中做了大量工作。全书由李国龙教授统稿。

限于作者水平，书中难免存在不足之处，敬请广大读者批评指正。

目　　录

第1章 绪 论

1.1 零件批量化精密加工精度自愈概述

随着物联网、大数据等新型互联网技术的发展，我国制造业正在朝着智能化、网络化发展，推动着我国制造业由劳动密集的低端制造向技术密集的高端制造转型升级。《中国制造 2025》中提出推动新一代信息技术与制造技术融合发展，把智能制造作为"两化"深度融合的主攻方向。《中华人民共和国国民经济和社会发展第十四个五年规划和 2035年远景目标纲要》（简称"十四五"规划）提出深入实施智能制造和绿色制造工程，发展服务型制造新模式，推动制造业高端化智能化绿色化。《"十四五"智能制造发展规划》提出推进智能制造，要立足制造本质，紧扣智能特征，以工艺、装备为核心，以数据为基础，依托制造单元、车间、工厂、供应链等载体，构建虚实融合、知识驱动、动态优化、安全高效、绿色低碳的智能制造系统，推动制造业实现数字化转型、网络化协同、智能化变革。

经过多项国家政策的推动，我国制造业智能化取得了巨大的进展，智能工厂、数字化车间等如雨后春笋般出现。据统计，2020 年，我国智能工厂市场规模达到 8560 亿元，未来将会以 10%以上的年增速快速增长[1]。高精度同样是制造业追求的目标，但是目前的智能工厂与数字化车间中，批量化零件加工产线的智能化与高精度的有机结合还不足，其产生的大量数据未能有效地用于提高零件加工精度。复杂零件加工精度是衡量一个国家制造业水平的重要标志之一，我国制造业向高端化转型，对零件加工精度提出了越来越高的要求。"十四五"规划明确提出加快补齐基础零部件等瓶颈短板，加大重要产品与关键核心技术的攻关力度，加快工程化、产业化突破。但是，目前我国复杂零件的加工质量与可靠性还远低于西方发达国家水平。提高批量化复杂零件加工精度，对提升国防、民用产品的工作性能，提高我国在高端制造领域的自主化率具有重要意义。

复杂零件由于几何结构和工艺流程复杂，其批量化加工过程中，误差来源多且耦合关系复杂，致使误差模型构建困难、稳健性差，导致零件精度主动控制困难、加工质量不稳定、一次性合格率偏低，造成巨大经济损失。复杂零件按照其曲面能否在某一轨迹下包络出自身，分为以齿轮螺旋曲面为代表的自包络曲面和以叶片自由曲面为代表的非自包络曲面，二者涵盖了复杂曲面零件的主要特征。精密齿轮等大批量生产的复杂零件加工节奏较快，发现零件精度出现问题时，可能同一批零件都会出现精度问题，导致巨大经济损失；航空叶片、整体式叶轮等复杂零件，单个零件加工时间较长且毛坯价格昂贵，特别是大型叶片，其毛坯价格高达几十万元，如果出现加工精度问题，同样会导致巨大经济损失。此外，频繁地对零件加工进行检测与调整降低了生产效率。

批量化零件加工产线产生的大数据为基于数据驱动方法指导零件加工精度控制提供了基础。为此，针对上述问题，本书基于数据驱动方法，立足批量化零件加工产线，运用批量化零件加工产线大数据，提出"精度预测—误差诊断—精度自愈"的全闭环思路。

精度预测是零件精度控制的前提，然而现有零件加工精度预测模型多是由单次或几次测试的数据建立，测试工况与实际工况相差较大，考虑的误差源种类较少，未考虑误差源相互耦合对精度的影响，导致模型精度与鲁棒性不高，实用性不强。针对上述难题，提出融合多工艺参数作用机理与机器学习的制造产线加工精度预测模型，发挥机理模型物理意义明确的优势，准确界定制造产线加工精度影响因素集及宏观规律；在制造产线多工艺参数耦合机理研究基础上，采用机器学习方法，建立多工序加工工艺参数、装备状态参数与零件加工精度间的相互关系，阐明制造产线零件加工精度的演变规律；在获取演变规律基础上构建加工精度预测模型，并对敏感参数进行优化，阐释以装备状态参数、工序工艺参数驱动零件加工精度的作用机制；构建面向加工精度预测的数字孪生模型，为混合驱动的加工精度预测模型提供输入，实现加工精度的在线预测，解决零件加工精度事先预测的技术难题。

误差诊断为加工过程零件精度稳健控制提供依据。但在批量化零件加工过程中，影响加工精度的误差源因素众多，传统的机理模型无法对误差源进行准确追溯。通过研究不同加工装备、工序工艺参数与零件误差的耦合机理，提出分层递阶动态解耦方法，将局部耦合问题从整个系统中分离出来，构建基于应用子空间分解法的多维度动态解耦模型。运用感知/信息集成/多源分类的信息融合及特征提取技术，获取加工过程特征参数大数据集，结合大数据理论，构造基于历史数据演变的耦合系统状态转移矩阵，给出加工参数与零件精度关联判断矩阵，以耦合系统特性状态矩阵最小特征值为目标，提出基于加工机理和大数据结合的零件误差信息反演方法。揭示批量化零件加工参数与误差数据量化统计关系，确定各动态特性及权重分配函数，构造综合动态误差与多源误差项的隶属度函数，建立大数据自学习与内嵌机理函数结合的误差在线溯源模型，实现批量化零件加工误差成因追溯，为加工误差成因在线诊断提供理论支撑。

精度自愈是保持零件加工精度稳定性和可靠性的主要方法，主要分为装备精度自愈与工序精度自愈。

对于装备精度自愈，现有的模型算法没有考虑算法选择与机床动态特性之间的稳健性关系，难以提升数控装备精度自愈的稳健性，使得数控装备精度自愈技术在工程应用中受到极大限制，迫切需要研究强稳健性的数控装备精度自愈新理论和新方法。为此，本书研究影响数控装备精度的各因素，采用相关性等数据处理方法确定关键动态误差影响因素，针对性地设计与实施单、多因素分析实验，分析各因素影响权重及耦合关系，提出稳健性精度建模的多因素耦合分析技术和稳健性模型自变量科学选择方法。在此基础上，结合批量化制造产线数控装备精度退化规律和模型算法自身属性，分析数学算法的特性与精度退化机理的契合度，提出基于数据驱动的数控装备误差补偿模型自调整方法，设计合理的实验方案，凸显误差影响源；采用敏感点选择算法，结合抗干扰共线性算法对所建模型进行算法选择和优化，建立稳健性预测模型，形成数控装备精度稳健自愈控制方案。

对于工序精度自愈，目前工艺参数优化没有考虑加工工序状态的时变特性，没有解决批量化零件加工中刀具磨损/颤振、力/热致变形等引起的工序状态变化对工艺参数优化的影响，急需研发基于工序状态时变特性的工艺优化方法来保持零件的加工精度。为此，提出面向工序精度自愈的工艺参数自适应调整方法。研究工艺参数与工序状态时变特性的映射机制，以工艺参数许可区间为边界条件，以工序精度自愈为目标，建立工艺参数自适应调整模型，通过调整工艺参数改变工序状态时变特性，实现工序精度自愈，进而提高批量化零件加工精度的保持性。此外，批量化零件加工多为重复性过程，为此，将迭代学习等轮廓误差控制方法移植到工序精度误差控制上，提出面向工序精度自愈的轮廓误差控制方法。

综上所述，针对批量化零件加工精度的稳定性和可靠性问题，研究批量化零件加工精度在线预测方法，提出零件精密加工误差动态解耦及在线诊断方法，建立数控装备精度稳健自愈理论和方法，开发工艺参数自适应调整的工序精度自愈方法，实现对批量化制造产线加工过程的精度集成控制，对保证批量化加工产线精度稳定性、可靠性具有重要理论意义。有效推动大数据、机械、控制、信息等学科的融合创新发展，为智能制造持续发展提供强大的科学储备，这对推动学科发展具有重要学术价值和科学意义。

本书所形成的研究成果可以为航空叶片及精密齿轮等产品的批量化制造提供更加有效、稳健的精度自愈控制测量和解决方案，显著提升加工精度稳定性和可靠性，提高制造业生产效率，缩短产品生产周期，实现我国制造业加工质量的转型升级，为我国在制造领域赢得国际声誉，助力实现制造强国。研究成果应用于航空叶片、精密齿轮等零件批量加工中，可提升相关产品智能产线的加工精度，帮助企业提高产品一次合格率、减少因返工造成的资源浪费，降低生产成本，提高产品质量，帮助企业不断提升生产效益和服务水平，助力企业向高端制造的转型升级，经济效益显著提升。

1.2　零件加工精度预测及诊断技术研究现状

1.2.1　零件加工误差源

复杂零件加工精度受到诸多因素影响，为方便描述，本书将其分为加工装备误差与工序工艺误差(表 1.1)。加工装备误差即零件加工过程中，受不均匀热、力以及机床本身质量等影响，数控装备运动部件实际运动与理想运动发生偏差，进一步引起刀具相对工件位姿发生变化，最终导致实际工件的尺寸、形状与理想工件有差异；工序工艺误差则指除加工装备误差外，其他因素在加工过程中导致零件产生的误差，这些因素包括不合理切削参数、刀具磨损、工件/刀具装夹等。

表 1.1　零件加工误差源

分类	误差源	误差成因
加工装备误差	机床几何误差	加工装备生产制造、装配不精确
	机床热误差	加工装备零部件受热不均匀，产生不均匀变形
	机床力误差	切削力、惯性力等作用下，加工装备零部件变形

续表

分类	误差源	误差成因
	工艺参数误差	不合理切削参数、刀具路径变化等
	刀具误差	刀具磨损、颤振等
工序工艺误差	工艺力误差	切削力作用下，刀具、工件变形
	装夹误差	工件、刀具安装不准确

1.2.1.1 加工装备误差

1. 机床几何误差

机床几何误差是指在标准检测环境(20℃，1个大气压)下，机床在非加工状态中，由于机床制造、装配等缺陷，机床各部件的实际位姿相对理想位姿发生偏差，进而在零件加工过程中产生的加工误差。几何误差的产生是由于机床制造中的缺陷，是数控机床的固有误差。几何误差一般在机床出厂时已经被控制在合理的范围内。

2. 机床热误差

机床在运行过程中，受电机产热，轴承、齿轮、滚珠丝杠等零部件的摩擦生热以及环境温度的影响，加上机床结构分布并非均匀，使得机床温度场发生不均匀的改变，机床零部件发生热变形，刀具相对于工件的位姿随温度变化而改变，产生零件加工误差。在批量化零件生产中，加工装备热误差是最主要的误差源，占机床总误差的40%～75%[2]。此外，随着机床精度的提高，热误差在总误差源中所占比例增加。

3. 机床力误差

在切削力、重力、夹紧力等力的作用下，机床零部件产生几何变形，导致机床各部件相对位姿发生改变。机床力变形与机床的整体刚度相关，其在重型机床，如大型龙门机床上格外明显。

1.2.1.2 工序工艺误差

1. 工艺参数误差

在零件加工过程中，合理的切削参数对保证加工精度、提高表面质量和加工效率具有重要的意义。在机床、刀具和工件条件一定的情况下，切削用量的选择具有灵活性和能动性。尤其是在精加工时，应充分发挥机床和刀具的性能，选择最佳的切削参数组合，以取得最佳的加工精度。

2. 刀具误差

在批量化零件加工过程中，受到刀具几何结构、刀具-工件材料硬度、工艺参数等因素的影响，刀具会发生磨损。刀具磨损会导致切削深度发生变化，进一步影响批量化零件加工的精度与表面质量。此外，加工过程中刀具颤振会使加工工件表面出现振纹，降低工件加工精度和表面质量，而且会加剧刀具的磨损，严重时甚至会崩刃，影响加工效率。

3. 工艺力误差

在零件加工过程中，在切削力的作用下，刀具与工件发生变形，导致加工误差。工艺力误差与刀具、工件的刚度有关。例如，在加工叶片等薄壁零件时，工艺力误差非常突出，而加工盘型齿轮时，工艺力误差则不明显。

4. 装夹误差

装夹误差是工件在机床夹具上定位和夹紧过程中产生的误差，直接影响加工精度。其主要分为三类，一是工件的定位基准与夹具定位元件接触不良，导致工件实际位置偏离理论位置；二是夹紧力使工件或夹具产生弹性变形从而造成加工误差；三是夹具本身的制造误差。

1.2.1.3　典型零件的主要误差源

对于不同的复杂零件，其主要的误差源是不同的。本书主要以汽车精密齿轮与航空叶片为对象，进行批量化零件加工精度演变与自愈的研究。

1. 汽车精密齿轮

对于批量化汽车精密齿轮的加工，其主要的切削加工工序为滚齿、倒棱、车削、磨齿等。其中，最终的加工精度主要靠磨齿加工保证。在磨齿加工中，会产生大量的磨削热，而且巨量的切削液参与加工过程，磨削热随着切削液蔓延到机床各处，引起机床整体发生不均匀的温度变化，导致数控机床整体发生热变形，引起加工误差。在这一过程中，齿轮磨削加工的工艺参数主要也是通过影响加工过程中的产热，从而影响加工误差，因此，在防止磨削烧伤的前提下，工艺参数引起的误差相比机床误差来说较小；磨齿机机床、砂轮刀具、齿轮工件的刚度较高，机床力误差、工艺力误差相对机床热误差来说较小；磨齿的砂轮会经常修整，因此，在保证砂轮廓形正确的情况下，刀具误差也可忽略不计。因此，机床误差是影响齿轮加工精度的最主要因素。此外，工艺参数也对齿轮加工精度有间接影响。

2. 航空叶片

对于批量化航空叶片加工，其最主要的工序是通过五轴铣削形成叶片的自由曲面。航空叶片刚度低，曲面复杂，因此切削力导致的刀具、工件变形更加明显。工艺参数，如切削深度对切削力影响较大，会影响刀具与工件变形，引起加工误差。此外，加工过程产生的残余应力，会导致航空叶片整体变形，同样对航空叶片的加工精度影响较大。刀具磨损会导致径向切深发生变化，引起铣削力变化，从而产生误差。在航空叶片加工过程中，其机床热误差同样是不能忽略的，如机床主轴发生热伸长、热漂移等产生误差，不仅会导致刀具相对工件的几何位置发生变化，还会导致切削深度发生变化，进一步使得切削力发生变化，引起刀具、工件变形的耦合变化。

1.2.2　零件加工精度预测方法

诸多误差源的存在，使得复杂零件加工过程中会出现尺寸精度差、表面粗糙度变差等诸多问题，导致零件报废。误差预测即根据加工误差源建立零件加工误差模型，对零件加工精度进行预测，以便提前采取误差补偿、改变工艺参数等精度自愈技术手段，是进行精度自愈的基础。误差预测的准确性、稳健性是保证加工精度长期稳定的重要指标。

1.2.2.1　装备误差预测方法

1. 装备几何误差预测方法

装备几何误差作为加工装备的固有缺陷，其对零件加工具有重要影响，因此需要对其进行准确预测。几何误差建模就是研究机床空间位姿误差与几何误差之间的关系，把空间误差用数学关系表示出来。

国外，Leete[3]利用三角关系建立了三轴机床的几何误差运动学模型。Schultschik[4]用矢量表达方法分析了三轴锉床的空间误差分量。Ferreira 和 Liu[5]提出了一种基于刚体运动和小角度误差假说的关于三轴机床几何误差的解析二次型模型。到20世纪90年代，学者们开始运用刚体运动学对机床空间误差建模，同时基于多体系统理论及齐次坐标变换的机床空间误差建模方法也开始兴起，并逐渐凭借其描述精确、通用性强的特点成为机床空间误差建模的主流方法。Kim K 和 Kim M K[6]用刚体运动学模型建立起了三轴数控机床空间误差预报模型。Chen 等[7]使用刚体运动学和齐次变换矩阵建立了一种改进的空间误差模型，模型建立过程中考虑了主轴的运动误差以及其他常见几何误差。Khan 和 Chen[8]基于刚体运动学理论与齐次坐标变换建立了五轴涡轮叶片磨床的空间误差模型。Lin 和 Wu[9]利用齐次坐标变换建立了五轴机床的运动学模型，并利用球杆仪对机床动态伺服误差进行了测量与分析。Aguado 等[10]运用变换矩阵建立了三轴机床的误差运动学模型，并通过激光跟踪仪对误差元素进行了测量与辨识。

刘又午等[11]基于多体系统理论建立了三轴数控机床几何误差运动学模型。杨建国等[12]分析了将齐次坐标变换用于机床建模的方法，得到了误差综合模型。粟时平等[13]利用多体系统理论进行误差运动的精度建模研究，并提出基于激光干涉仪的12线法以辨识几何误差元素。任永强等[14]通过分析机床运动副的误差运动学原理，利用齐次坐标变换建立了五轴加工中心的空间误差模型。Zhu 等[15]基于多体系统理论及齐次坐标变换建立了五轴机床的空间误差模型，并进行了误差辨识与补偿实验。Chen 等[16]利用多体系统理论与齐次坐标变换建立了大型磨床的空间误差模型，并提出了模型的简化补偿策略，利用球杆仪进行误差测量，有效提升了机床精度。He 等[17]基于多体系统理论建立了五轴机床的空间误差模型，并提出了一种新的激光测量方法，可以辨识出旋转轴的六项误差。Zhu 等[18]也推导出了机床的误差模型。旋量理论常被用于机器人运动学分析中，由于其建模简单方便，也被用于机床几何误差建模中，Moon 等[19]将旋量理论引入到机床运动学分析中，提出了五轴机床几何误差建模方法,所建立的模型可有效用于误差的预测和近似补偿,相比其他建模方法,大大地简化了建模过程。Fu 等[20]以三轴立式加工中心为例,基于旋量理论建立了几何误差模型。

2. 装备热误差预测方法

加工装备误差是导致零件加工误差的最主要因素。因此,对加工装备热误差进行准确预测对预测零件加工精度具有十分重要的意义。

机床热特性分析是以分析机床结构中各个热源产生热量的情况以及热量传递和散失的机理为基础,研究机床加工过程中温度场分布及关键部位热变形位移,进而了解机床的温度梯度形成和热变形规律。在主轴系统的热特性分析方面,Choi 和 Lee[21]通过有限元法研究了主轴系统运转过程中轴承的温度场和热变形问题。Uhlmann 和 Hu[22]建立了主轴有限元模型,并以此进行了热特性仿真,获得了主轴系统加工状态下的热变形情况。在进给系统的热特性分析上,Kim 和 Cho[23]通过有限元法分析了双驱伺服进给系统在不同工况下的温度场分布问题。Chow 等[24]在机床有限元模型上施加了电机发热量及切削液的换热系数等参数和边界条件,研究了安装有永磁直线电机的数控机床进给系统工作台热变形。Wu 和 Tan[25]以点接触非牛顿热弹性流体动力学润滑理论及赫兹理论为基础,进行了主轴轴承系统的热-力耦合分析,进而结合传热学理论建立了数控机床主轴系统在水冷条件下的热误差预测模型。Tan 等[26]在实验中通过实机采集得到了机床温度场相关数据,进而通过响应平面法确定了机床主轴系统的自然对流换热系数和强迫对流换热系数,提高了机床主轴系热特性仿真的准确性。

误差建模通过统计学等方法建立温度等与机床误差的映射关系模型,实现给定输入下预测机床误差的功能。误差补偿的精度与误差模型的预测精度直接相关,建立一个准确可靠的误差模型是机床误差补偿的核心问题。

温度敏感点选择是建立机床动态误差模型的基础,直接影响误差模型的性能。温度特征的选择关系到后续建模的精度和鲁棒性。模糊聚类[27]、k 均值聚类(k-means clustering)[28]等聚类方法已经被广泛应用于温度测点的聚类,灰色关联度[29]与相关系数[30]是温度特征筛选的经典方法。

国外关于温度特征选择的研究较早。20 世纪 50 年代,国外科研机构针对数控机床热误差进行了专门研究。美国密歇根大学的 Lo 等[31]在研究中指出,热误差补偿方案的困难之一是选择适当的温度变量,以及获得精确的热误差分量模型,因此他们提出了一种温度优化方法来克服这个困难,即针对非定向或未知序变量的离散搜索域,提出了一种新的搜索方法。韩国的 Lee 和 Yang[32]以最小残差平方和为选择最佳温度测点的依据,采用简单相关系数结合连续线性回归分析的方法,有效地减少了用于热误差建模的温度自变量个数;他们根据温度测点间的相关性进行测点优化分组,形成最优温度测点选择方法,并基于多元回归分析法建立了热误差预测模型。英国哈德斯菲尔德大学团队[33]利用热成像相机对机床进行温度测量,随后采用相关算法对不同温度点进行归类,从而建立了热误差预测模型。日本大隈公司(OKUMA)[34]首次提出"热亲和"的概念,可以较为准确地控制规则的热位移,这是一种"接受温度变化"的独特构思,利用"热变形的单纯化构造"和"温度分布均匀的设计技术",对机床规则的热位移进行预测,并且通过"高精度热位移控制技术"能够准确地控制室温变化,还可以准确地控制主轴热位移以及有无切削液所带来的变化,实现了在一般工厂环境条件下的高精度加工。David[35]研发了一套可持续测量精密车床热变形的检测装置,该装置可将机床变形信息传输至机床数控系统从而在机床运动过程中完成在线补偿。加拿大麦吉尔大学(McGill University)的研究学者提出了一种通用模型法和 S 域逆向热传导问题(inverse heat conduction problem,IHCP)法来求解机床热变形,可以进行机床热变形的实时补偿,效率得到大幅度提高。

Li 等[36]引入 k 谐波均值聚类[k-harmonic means(KHM)clustering]对温度测点进行聚类,并根据温度与热误差的相关系数选取温度特征。KHM 聚类在稳定性和迭代次数上要优于模糊 C 均值(fuzzy C-means,FCM)聚类与 k 均值聚类。Tan 等[37]利用最小绝对收缩和选择算法(least absolute shrinkage and selection operator,LASSO)回归的正则化参数对温度特征进行筛选,以有监督学习方式筛选温度特征,发现温度特征会随着主轴转速的变化而变化,并得到了三种不同转速下的温度特征。Liu 等[38]提出了一种模糊聚类与均值影响系数(mean impact value,MIV)相结合的温度特征筛选方法,以对模型输出影响最大的温度测点作为温度特征。Li 等[39]将温度测点间的欧氏距离与相关系数结合作为聚类数据,并利用层次聚类法对温度特征进行聚类,用遗传算法(genetic algorithm,GA)确定最佳聚类数及最佳温度组合。Lee 和 Yang[40]将温度变量数据基于相关系数进行组合,并根据线性回归的均方残差指标优选温度测点,降低了温度测点之间的共线性。Miao 等[41]通过模糊聚类法与灰色关联度分析法,结合逐步回归法对非关键温度测点进行剔除,实现了高速加工中心主轴温度测点的优化。Liu 等[42]先计算温度敏感度并以此初筛温度测点,随后利用模糊聚类和灰色关联对其进行分类。

数据模型是从数据入手,利用机器学习等手段研究温度等数据与热误差之间的关系,是热误差建模的有效方法。目前,多元线性回归(multiple linear regression,MLR)、人工神经网络(artificial neural network,ANN)、支持向量回归(support vector regression,SVR)等方法被用于热误差的建模,并通过各类优化算法对模型中的超参进行优化。杨建国等[43]提出了递推最小二乘法,以此实现了机床热误差建模的在线修正,提高了最小二乘法建模的鲁棒性和精度。Xiang 等[44]结合多变量回归模型、自然指数模型以及机床的有限元模型提出了机床热误差矢量角余弦混合模型。神经网络是处理非线性问题最常用的方法之一[45],能够挖掘多变量输入输出之间的非线性映射关系。Ma 等[46]建立了主轴热误差的遗传算法优化的反向传播(back propagation,BP)神经网络和粒子群算法优化的 BP 神经网络模型,并进行了加工实验。Liu 等[47]对立式加工中心主轴综合热漂移进行了理论分析,发现主轴热漂移的主方向是 Y 方向,其与主轴箱上下两处温度相关,并以此建立了 10 种状态下的主轴热漂移模型,在不同转速条件下进行验证,模型具有较强的鲁棒性;Fu 等[28]利用鸡群优化(chicken swarm optimization,CSO)算法优化径向基函数(radical basis function,RBF)神经网络,对主轴的五项热误差进行了建模,并在不同转速条件下进行了验证,验证了模型的鲁棒性。Xiang 等[48]针对传统的基于模型的建模方法的三大矛盾,提出了一种新的数据驱动的方法,利用历史温度数据,预测当前热误差。Yao 等[49]结合最小二乘支持向量机(least squares-support vector machine,LS-SVM)

与灰色模型(grey model，GM)提出了一种新的组合模型并应用在热误差建模上，利用 LS-SVM 的强非线性能力与 GM 在信息缺失样本下的优越性能，得到的组合模型性能要优于单个模型的性能。此外，时间序列分析[50]、极限学习机[51]等也在热误差建模中有所应用，基因表达算法(gene expression program，GEP)[52]、灰狼优化(grey wolf optimization，GWO)[38]算法等优化算法被应用于热误差建模的优化中，均取得了良好的效果。在目前的热误差研究中，实验采集的数据样本量越来越大，传统机器学习算法在较大样本下出现了拟合精度有限、程序运算缓慢等不足，而深度神经网络是基于数据挖掘技术的一类新兴算法，能有效解决较大样本下的回归拟合问题。

　　3. 力误差预测方法

　　早期研究中，由于最后一道工序切削量较少，所以切削力较小，因此认为力误差相比几何误差、热误差等偏小。随着对加工效率要求的提高、高速切削等技术发展，切削力逐渐变大，切削力误差逐渐突出。为了进一步提高加工精度，需要对力误差进行预测。

　　Liang 等[53]将切削力误差分解为 10 项分量，包括主轴变形、刀具变形等，建立了几何误差和切削力误差综合模型。Raksiri 和 Parnichkun[54]提出了包含力误差的三轴数控铣床的误差模型并进行了补偿。Li[55]考虑了三项力信号和工艺系统的变形，结合工件直径误差，建立了切削力误差神经网络模型。Lee S Y 和 Lee J M[56]针对三轴数控铣床得出刀具变形、切削力和机床误差之间的关系，建立了神经网络误差模型。Topal 和 Çoğun[57]采取在数控车床刀架粘贴应变片的方法对切削力进行测量，建立了工件直径误差和切削力关系模型，结果表明 90%的工件直径误差得到了补偿。魏兆成[58]针对模具加工中球头铣刀铣削曲面的过程，进行了铣削力与让刀误差的预测研究。Bera 等[59]使用材料力学悬臂梁理论和有限元分析方法，对刀具和工件受力变形对工件加工误差的影响进行了分析和建模。Fan 等[60]从理论上分析了切削力等因素使滑动导轨变形导致几何误差增大的机理，并使用仿真技术进行了模拟。陈志俊[61]通过霍尔电流传感器间接检测切削力，运用神经网络理论改进模糊系统，建立了切削力误差数学模型。史弦立[62]建立了三轴数控铣床等效切削力综合误差补偿数学模型，并通过恒定载荷加载方案实现了力与等效切削力综合误差的直接对应。Shi 等[63]提出了一种基于等效切削力的综合误差补偿模型，针对三轴数控铣床，基于多体系统理论及齐次变换矩阵进行建模，并完成相关实验进行对比验证。Scippa 等[64]针对现有的切削力测量中，仪器因振动固有频率以及周边环境的振动导致的测量精度不高这一问题，开发了一种基于卡尔曼滤波器的补偿技术，该技术已经通过数值计算和实验测评进行了验证，基于该技术对加工过程的切削力进行了动态补偿。基里维斯等[65]、吴昊等[66]开发了一种切削力误差新型混合补偿系统，并通过实验验证了该补偿系统具有良好的鲁棒性，同时以三轴数控铣床为研究对象，利用齐次坐标变换的方法建立了切削力误差综合数学模型，该误差模型可以同时考虑 30 项对机床影响较大的敏感性误差源，可适用于力误差补偿量的计算。Benardos 等[67]运用人工神经网络法，对切削力导致的实际切削深度与理想切削深度不一致的问题进行了研究，并在此基础上建立了最终零件加工尺寸偏差的预测模型。Desai 和 Rao[68]发现，加工方向与刀具直径对切削力及切削力引起的表面误差有着重要的影响，切削力引起的误差偏移大小由刀具直径决定，偏移的方向由加工参数化方向决定，同时证明了切削力峰值位置的变化将导致最大表面误差位置的偏移。Pi 等[69]在瞬时铣削力模型的基础上，推导出各动轴的等效扰动，并建立了刀具与机床之间的切削力模型，通过动力学仿真与锤击试验相结合的方法对铣削参数进行优化，最后根据优化后的参数对铣削加工工艺进行改进。

1.2.2.2　工序误差预测方法

1. 工艺参数预测方法

对于叶片等薄壁件，由于受到切削参数、刀具路径的变化引起的刀具干涉颤振、切削力变化的影响，容易产生加工误差。针对此问题，国内外研究人员做了大量的研究。Chen 等[70]通过匹配工件表面和刀具的瞬时切削轮廓来确定没有局部干涉的刀具姿态。Du 等[71]通过精确匹配刀具和加工表面之间曲率的方法选择合适的刀具以避免局部碰撞。Chen 等[72]提出了一种基于平面的刀具可访问区域计算算法，该算法将可访问区域表示在二维参考平面上，减少了计算时间。Lin 等[73]基于容许面积插值的思想，提出了一种计算刀具姿态无碰撞区域的算法，该算法可以检测出任何类型的干涉，适用于任何类型的刀具。但是，上述算法都没有考虑到加工过程中工件几何形状的变化。为了解决这个问题，Tang 和 Bohez[74]提出了一种基于最大碰撞盒的自动检测和避免碰撞的算法。Choi 和 Jun[75]提出了一种算法，将刀具接触点的数据转换为刀具位置数据，然后利用表面特性基于刀具位置数据来检测干涉。为了避免刀具和工件之间的全局干涉，Lacharnay 等[76]提出了一种基于势场的物理建模方法，计算给定刀具路径上的无干涉刀具姿态。然而，在实际加工中，局部干涉和全局干涉都应该避免。Jun 等[77]在对加工曲面进行误差分析的基础上，给出了一种在 C-空间(C-space)中进行边界搜索的方法，以获得无局部干涉和全局干涉的刀具姿态。Kim 等[78]提出了一种结合超密圆环(hyper-osculating circular，HOC)和双接触配置的算法，以生成无局部干涉和全局干涉的刀具路径。Ezair 和 Elber[79]在保守计算(小的)有限表面和方向元素的可达性的基础上，提出了一种保证全局可达性的方法，同时可避免计算单个刀具接触点的可达性。

在给定主轴转速和切削深度的情况下，Wang 等[80]构造了姿态稳定图(pose stabilization graph，PSG)来给出无颤振刀具姿态范围。针对牛鼻刀，Tang 等[81]以颤振为约束，以加工效率为优化目标提出了一个新的刀具姿态优化算法。Ma 等[82]提出了一个颤振稳定性模型，分析了刀具姿态变化对加工稳定性的影响。Sun 和 Altintas[83]提出了一种自动确定刀具姿态的算法，该算法将切削力分配到较刚性的刀具 Z 轴上，以避免颤振，提高加工性能。Huang 等[84]提出了一种极小极大优化路径规划方法，以保持平滑的刀具姿态和抑制颤振和表面定位误差之间的平衡。Dai 等[85]用精确积分法(precise integration method，PIM)构造了不同切削参数和刀具姿态下的稳定叶瓣图(stable lobe diagram，SLD)。Shamoto 等[86]提出了一种几何颤振稳定性指数来评价一个刀具姿态下的加工稳定性。Tlusty[87]对颤振过程的时域信息进行了具体的实时分析，并对其进行时域仿真，得到了铣削颤振稳定域。Mann 等[88]提出了时间有限元法分析延迟微分方程并通过弗洛凯理论判断方程的稳定性。

Tobias[89]对颤振机理进行系统化的研究，用切削深度和主轴转速的函数来描述系统的稳定性。Insperger 和 Stépán[90]提出了半离散法，可以用于更加复杂的铣削模型稳定性预测。Altinta 和 Budak[91]提出了零阶频域法，将铣削系统的主要参数进行傅里叶变换，依据傅里叶变换所得出的稳定性判据可以求得铣削系统的切削极限深度和主轴转速，在二维图上将各点连接即可绘制成颤振稳定性叶瓣图。由于零阶频域法计算所需的条件较少，计算的效率较高，所以这种方法在之后的很长一段时间内被广泛应用于铣削颤振稳定性的预测。但是这种方法不能预报小径向切深时的铣削稳定性，精度较低。针对这一问题，Merdol 和 Altintas[92]提出了多频法，考虑了高次谐波，建立了新的颤振模型，有效弥补了零阶频域法的缺陷，适用于多种铣削加工情况。

2. 刀具磨损预测方法

刀具磨损严重影响零件加工质量，建立预测模型预测刀具磨损状态，以及时采取措施是减小加工不合格率的重要手段。20 世纪 80 年代初，Hopfield 等[93]构建了霍普菲尔德(Hopfield)神经网格模型，使得神经网络模型的稳定性大大提高。接着又提出了基于不间断时间的霍普菲尔德神经网络模型，其奠基式工作使得神经网络迅速发展。Durbin 和 Rumelhart[94]为反向传播类型的前馈学习网络引入了一种新的计算单元形式，代替计算加权总和，扩展了 BP 神经网络结构的范围。Cortes 和 Vapnik[95]建立了支持向量机模型用于模式分类。Zhang 等[96]分析了铣床在切削加工时机床刀具主轴的三个方向的振动信号，依照惩罚竞争聚类(penalized competitive for clustering，PCC)准则提取了振动信号的重要特征，以此特征向量建立改进的可逆神经网络(invertible neural network，INN)，实现了铣刀磨损状态的监测及其铣刀剩余生命周期的预测，取得了良好的效果。Yu 等[97]构建了一种加权隐马尔可夫模型(hidden Markov model，HMM)，该模型将磨损率作为隐藏状态，以此识别刀具的磨损并预测剩余寿命，取得了较好的效果。Liu 和 Jolley[98]采集了钻床钻刀 X、Y、Z 三个方向的切削力信号，同时计算提取信号的特征值，并以此建立了竞争学习的对偶传播神经(counter propagation network，CPN)网络。da Silva 等[99]对铣刀切削产生的声发射信号与功率信号进行了分析，构建了概率神经网络，以此预测铣刀的磨损量大小。刘同舜[100]采用了隐式半马尔可夫模型(hidden semi-Markov model，HSMM)对渐进式刀具磨损进行建模，将 Forward 算法用于在线刀具磨损估计和剩余寿命预测，并开发了一种在线实现方法以降低计算成本。秦国华等[101]建立了遗传算法-反向传播(genetic algorithm-back propagation，GA-BP)模型，用于改进铣刀的加工工艺参数并预测铣刀磨损量，实验证明该方法取得了较好的效果。戴稳等[102]构建了改进的 LS-SVM 模型用于铣刀的状态监测。刘胜辉等[103]构建了基于深度学习神经网络的预测模型用于刀具剩余寿命的预测，实验证明，该模型具有较好的预测效果。王强等[104]基于长短时记忆网络模型，联合在线学习方法，实现了刀具切削加工过程中的参数更新，以及刀具的剩余寿命预测，且具有较高的精度。宋伟杰等[105]构建了基于 Isomap-SVM 模型的刀具磨损识别模型，实验证明，该模型有效识别率达到 95%，能有效识别刀具的磨损状态。

1.2.3　零件加工误差成因诊断技术

1.2.3.1　加工误差溯源

用信号处理的方法对工件加工误差进行溯源是一种比较有效的误差辨识和分析方法。在国外，Pandit 和 Revach[106]用数据相关系统对表面粗糙度信号进行了分析，进而对加工误差进行识别和溯源。Andrén 等[107]利用机床结构件的相关性对连续钻孔加工中机床的振动信号进行了辨识。要对加工过程中产生的信号进行分析，传统的非时变信号处理方法已经不再适用，因此，很多学者开始将短时傅里叶变换、小波分析和经验模态分解方法应用到加工过程信号处理中。但是这些研究大多集中在对信号进行处理后的直接应用，没有对它进行更深层次的挖掘。Cheung 和 Lee[108]将转台信号经过小波分解以后得到了高频和低频部分，根据低频信号的频率特征对转台突变点和饱和故障进行了溯源。徐宁等[109]用功率谱密度分析方法对工件加工表面形貌进行了分析。杨智等[110]用小波分析方法对光学元件表面的误差进行分析，用功率谱密度特征曲线找到了不合格频率带，然后用小波变换得到了不合格品率在元件表面上对应的误差区域。Huang[111]提出了经验模态分解方法，它依据数据自身的时间尺度特征来进行信号分解，无须预先设定任何基函数。这一点与建立在先验性的谐波基函数和小波基函数上的傅里叶分解与小波分解方法具有本质性的差别。正是由于这样的特点，该方法在理论上可以应用于任何类型的信号的分解，因而对于处理非平稳及非线性数据，具有非常明显的优势。此方法一经提出，在机械方面就被迅速而广泛地应用。李世平等[112]利用经验模态分解方法对周期较大的系统误差进行分离和提取，利用经验模态分解方法与自相关分析相结合的方法对周期较小的系统误差进行了提取，并用仿真实验对分离和提取过程进行了验证。毕果等[113]对光学表面拟合残差进行了经验模态分解，得到一系列固有模态函数，根据各阶固有模态函数的特征对不同空间位置的表面误差和波动频率进行了识别，并对这一过程进行了仿真，验证了其有效性。李成贵等[114]利用经验模态分解方法对超精密研磨表面的综合误差信号进行了分解，得到了多阶固有模态函数分量，并提出每一阶分量都有其独特的物理意义，通过对各阶固有模态函数进行变换，得到了表面综合误差信号的谱，通过对信号谱的分析，找出了对加工误差影响较大的频率成分，并以此对误差源进行识别，进一步指导工艺调整。

1.2.3.2　在线诊断

故障诊断技术发展至今，已涌现出大量较为成熟的方法。所有的故障诊断方法可以分为基于解析模型的诊断方法、基于信号处理的诊断方法与基于知识的诊断方法。数控机床故障模式识别的理论与方法也可以按照上述方法分为三类。

基于解析模型的诊断方法需要建立被诊断对象较为精确的数学模型，由模型表达系统的先验信息，将其与被诊断对象的可测信息进行比较，对所得的残差进行分析和处理，进而实现故障诊断。根据残差不同的产生形式，这类方法又可以分为参数估计方法、状态估计方法和等价空间方法。大连理工大学杨婧[115]建立了数控机床进给伺服系统的数学模型，基于模型参数、子系统参数关联方程的参数估计方法对伺服系统进行故障诊断。这类方法的局限性在于需要精确的系统模型，对于复杂的大系统难以实现。

基于信号处理的诊断方法，无须建立对象的数学模型，通过处理和分析可测信号的幅值、方差、相关函数和频谱等特征量，进行故障分析与诊断，因此适应性广泛。传统的方法就是对信号进行时域分析或者频谱分析。近年来又出现了主元分析法、小波变换法、信号模态估计方法等新方法。文献[116]提出了一种基于信号的自适应提升小波与可变窗口降噪相结合的方法对齿轮箱振动信号进行特征提取及损伤识别等。Cao 等[117]通过监测数控机床声发射信号，提出了基于提升小波和马氏距离的信号特征提取和机床状态监测与故障诊断的方法。Satti 等[118]利用加工过程中的轴功率历史信号计算功率消耗的离散概率分布，依此进行数控铣床故障诊断。

基于知识的诊断方法也不需要系统的定量数学模型，而是充分利用专家知识对诊断对象的诸多信息进行处理和诊断，可以分为基于症状的方法和基于定性模型的方法两类。基于症状的方法典型代表有专家系统、模糊推理、神经网络、支持向量机、粗糙集理论、灰色系统理论、基于 Agent 的方法等；基于定性模型的方法主要有定性观测器、知识观测器、故障树、定性仿真等。由于近年来计算机技术和人工智能技术不断进步，这种方法得到了迅速发展。Song 和 Hu[119]提出了数控机床故障诊断的神经网络方法。Saravanan 等[120]采用压电传感器检测斜齿轮的振动信号，运用决策树提取特征并产生模糊分类器的规则集，通过模糊分类器，进行故障识别与诊断。贾育秦等[121]提出了基于故障树的数控机床故障诊断方法，将故障树分析法应用到专家系统分析推理机制中。Mollazade 等[122]将粗糙集和模糊推理相结合，利用粗糙集归纳总结故障原因和故障现象之间的关系，利用模糊推理进行故障诊断。

上述专家系统、神经网络、模糊推理等智能技术的应用，提高了数控机床故障诊断的智能化水平与诊断结果的可靠性。但这些技术和方法的应用仍然存在亟须解决的问题。例如，专家系统需要人工将专家知识移植到计算机系统中，费时费力，知识的获取成为制约其发展的瓶颈，一般的专家系统不具备自学习的能力；神经网络虽然具有自学习、自适应的能力，但需要大量的样本进行训练，需要实验数据的前期积累；模糊诊断中隶属函数确定的主观因素影响等。这些单一智能方法存在的问题限制了其应用范围。

虽然这些智能诊断方法都存在不足之处，但也都具有独特的优势。近年来出现了集各种智能方法于一体的混合智能故障诊断系统，可以发挥单一智能方法的优点，扬长避短，有效地降低故障的误诊率。智能方法的结合类型很多，例如神经网络与遗传算法的结合、粗糙集与神经网络的结合、粗糙集与支持向量机的结合等多种形式。虽然混合智能诊断近年来取得了一定的研究成果[123,124]，但混合智能诊断模型的建立还没有通用的方法，缺乏对多种智能技术内在联系的研究，尚未从理论上建立具有互补优势的诊断框架，这也是混合智能诊断亟须解决的主要问题。随着新技术不断出现以及多种诊断技术与方法的相互交叉融合，研究并形成具有人机交互功能、进行模糊处理、自动获取知识的新型高智能诊断系统将成为可能。

1.3   零件加工精度自愈技术与方法研究现状

1.3.1   误差补偿技术

误差补偿法是提高机床加工精度的有效措施,且成本不高。误差补偿是通过人为地设置一个反向偏差来抵消或减少误差的影响。经过多年发展,西门子(SIMENS)、发那科(FANUC)、华中数控、广州数控等国内外各大数控系统厂商研究出了螺距误差补偿、直线度误差补偿、垂直度误差补偿等多种补偿方法,并进行了商业应用。此外,为满足日益复杂的误差补偿模型,得到更高的机床加工精度,各机床生产厂商、研究机构提出了基于原点偏移、修改数值控制(numerical control,NC)代码等的误差补偿技术。按照补偿方式来分,误差补偿可以分为开环补偿、闭环补偿、在线检测补偿;从技术实现上,可以分为原点偏移法、修改 NC 代码法、调用数控系统补偿参数法等。

1.3.1.1   误差补偿方式

1. 开环补偿

开环补偿是指在零件加工前,对加工过程中的误差进行提前测量后,构建误差补偿模型,并提前设置好补偿手段,对误差进行补偿。该方法易受到外界因素影响,当受到干扰时,补偿精度会大大降低,且调整的灵活性较差。该方法适用于补偿长期不变的误差项或长期稳定的大批量零件生产。目前,现有数控系统厂商提供的误差补偿方案,如螺距误差补偿、直线度误差补偿等属于开环补偿,修改 NC 代码法也属于开环补偿。开环补偿过程如图 1.1 所示。

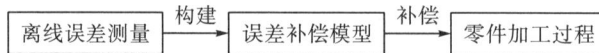

图 1.1   开环补偿过程

2. 闭环补偿

闭环补偿是指通过实时检测机床运行中温度、力等易于检测的物理量,建立这些物理量与加工误差的函数关系,以表征当前加工误差,并依此进行误差补偿。该方法可以动态进行误差补偿,调整灵活,成本较低,且易于应用到实际加工中。该方法的关键是建立起准确的误差模型,这是现阶段领域内研究的热点。目前,基于外部原点偏移的误差补偿属于闭环补偿(图 1.2)。

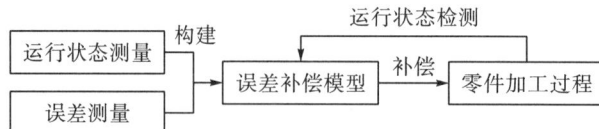

图 1.2   闭环补偿过程

3. 在线检测补偿

在线检测补偿是指在机床运行过程中实时测量加工误差,根据测量的加工误差进行误差补偿。该方法可以实现完全的误差补偿,大幅降低加工误差,但该方法需要用高精度测量装置在加工过程中对零件加工误差进行实时测量,实际操作中难度较大,且高精度测量装置价格昂贵。该方法主要适用于外形简单的零件的加工过程误差补偿。在线检测补偿过程如图 1.3 所示。

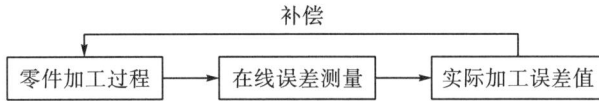

图 1.3　在线检测补偿过程

1.3.1.2　误差补偿实施技术

1. 数控系统现有误差补偿

1) 螺距误差补偿

定位误差是指机床运动时,理想位置与实际位置在运动轴轴线方向的偏差。螺距误差补偿最初是用于补偿滚珠丝杠安装加工过程中存在的误差,而滚珠丝杠的精度决定了机床定位误差的精度,因此也广泛应用于机床定位误差的补偿中。螺距误差补偿主要是通过激光干涉仪等仪器对数控机床定位误差进行测量后,给出等间距位置处的补偿值,并输入补偿文件/参数表中,如西门子的 MD32700 等参数以及相关补偿文件。在机床运行中,数控系统根据当前位置和补偿参数对机床进行补偿,如图 1.4 所示。对于加工装备的定位误差,

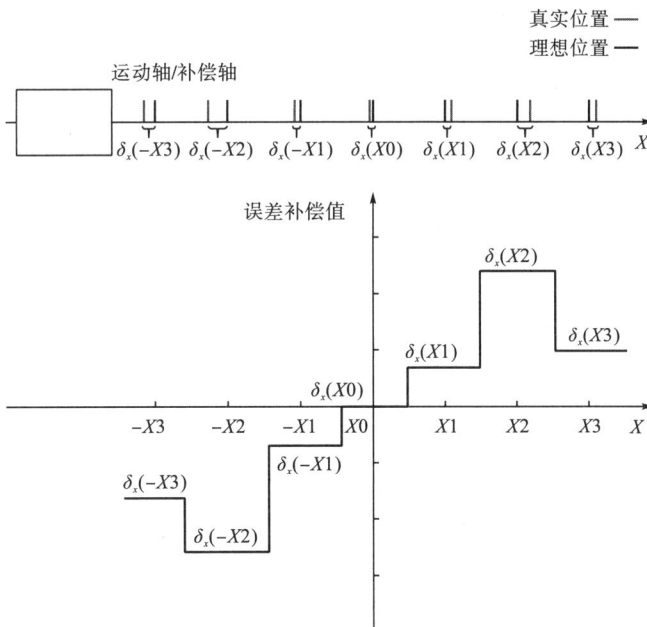

图 1.4　螺距误差补偿

螺距误差补偿是一种良好的补偿方法，西门子、发那科、华中数控、广州数控等国内外机床数控系统均配备此功能。但该方法仅适用于静态的定位误差，当误差发生变化时，补偿效果将变差，因此需要定期对螺距误差进行测量与修正。

2) 直线度误差补偿

直线度误差是指机床运动时偏离运动轴轴线的程度。与螺距误差补偿的不同之处在于直线度误差的补偿轴与运动轴不是同一轴，即 X 轴为运动轴时，Y 轴、Z 轴为直线度误差的补偿轴，如图 1.5 所示。在实施直线度误差补偿时，通过激光干涉仪得到当前运动轴在其他两个方向上的直线度误差补偿值后，将补偿值输入数控系统参数表中，如发那科的 No.5711、No.5721 等参数。机床运动时，根据机床位置与补偿参数，对相应的补偿轴进行补偿。目前，国外发那科、国内华中数控等数控系统具有该功能。与螺距误差补偿类似，该功能同样仅适用于静态的误差，需要定期对直线度误差进行测量与修正。

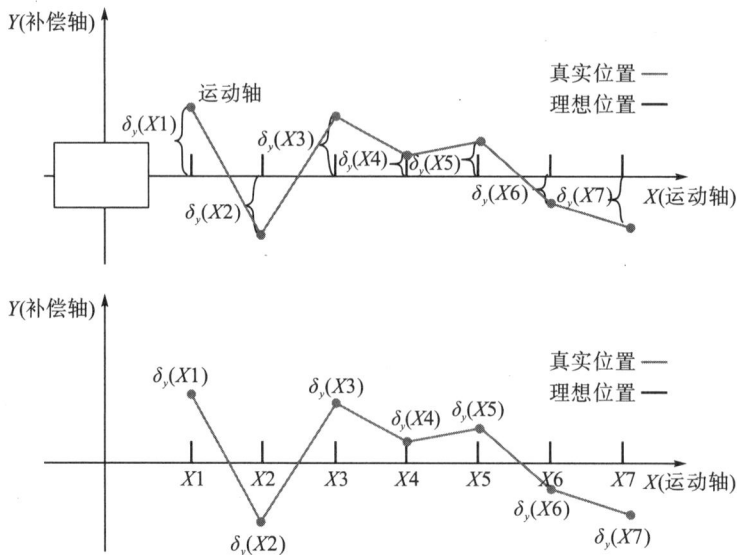

图 1.5　直线度误差补偿

3) 垂直度误差补偿

两个相互垂直的运动轴实际夹角与理想夹角的偏差即为垂直度误差。机床运动轴的制造、装配不精确会出现垂直度误差。此外，机床受到重力影响同样会出现垂直度误差，特别是重型机床或者具有悬臂结构的机床更为明显。在实施垂直度误差补偿时，首先测量出机床的垂直度误差，得到对应的补偿参数。一般先选择一个基准轴，再将补偿参数输入参数表中，如华中 8 型数控系统中参数为 300030～300033。目前，西门子、华中数控等数控系统开放了垂直度误差补偿功能。

4) 热误差补偿

各主流数控系统也根据自身特点开发了动态误差补偿功能。国外，西门子 840D 数控系统针对机床动态误差，基于外部原点偏移原理提供了位置无关补偿、位置相关补偿以及二者结合补偿三种补偿方式，其原理如图 1.6 所示，式 (1.1) 为图中的近似误差曲线。位置无关补偿时，仅 K_0 有作用，$\tan\beta$ 为 0；位置相关补偿时，$\tan\beta$ 不为 0。

$$\Delta K = K_0(T) + (P_x - P_0) \times \tan\beta(T) \tag{1.1}$$

其中，ΔK 为补偿值；$K_0(T)$ 为与温度有关的补偿值；P_x 为当前坐标；P_0 为原点坐标；β 为拟合函数斜率。

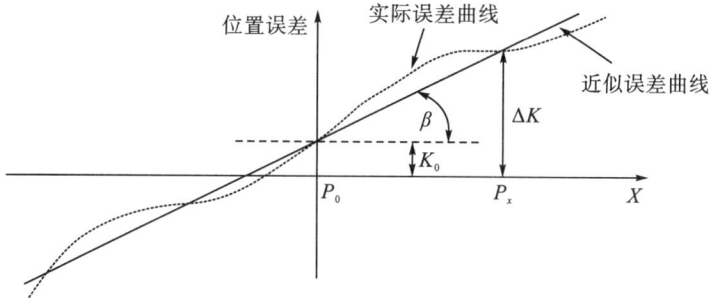

图 1.6　西门子误差补偿原理

　　西门子系统误差补偿仅能使用一个温度传感器，不能完全地描述机床的热特性，模型简单，精度与鲁棒性较差。

　　国内，华中 8 型数控系统针对机床热误差提供了热偏置补偿、线性补偿和混合式补偿三种方式，其原理与图 1.6 相同。热偏置补偿只与温度有关，与位置无关。以温度为输入，补偿值为输出，将输入输出填入参数表中。机床运行时，通过当前温度，查询参数表对应的补偿值即可实现误差补偿。

　　华中 8 型数控系统虽然可以使用多个温度传感器，但是模型简单，仍不能完全地描述机床的热特性，且设置繁杂，除了要设置热误差补偿模型参数，还需要在参数表中输入大量的热误差偏置值或热误差斜率值。实际测试中发现，区别于西门子位置无关误差补偿，华中 8 型数控系统偏置补偿不是基于外部原点偏移，而是基于加工代码的编译插补，因此只能对该段程序的终点进行偏置补偿，运行过程中，并无补偿效果，不适用于多轴联动。

　　2. 适用复杂补偿模型的误差补偿

　　从上述分析中可以得到，现在已经商用的数控系统误差补偿功能均存在模型简单、不能完全地描述机床的热特性、补偿效果一般的问题。为此，各大机床生产商、科研机构对动态误差补偿功能进行进一步开发，以适应日渐复杂的误差模型，进行更加精确的补偿。

　　1) 基于外部原点偏移的误差补偿技术

　　外部原点偏移补偿的原理是将误差补偿值输送至计算机数控 (computer numerical control，CNC) 机床控制器，再由 CNC 机床控制器改变机床坐标系的原点位置来修整机床运动，实现机床动态误差补偿。外部原点偏移不影响 NC 代码、不影响数控系统坐标，不会为操作者带来额外工作量，只需在修改可编程逻辑控制器 (programmable logic controller，PLC) 后，将补偿值通过机床 I/O 接口或数控系统通信协议 (如西门子 OPC UA、发那科 FOCAS 等)赋值给特定的数控系统参数即可,因而是实现数控机床动态误差补偿的理想方法。目前,西门子、发那科等主流数控系统均开放了外部原点功能,以供用户使用,但是较老型号的数控系统以及国内大多数数控系统并没有开放此功能。

外部原点偏移过程如图 1.7 所示,机床从 A 点移动到 B 点,理想情况下应移动到 B_i 点,由于误差存在移动到 B_e 点。此时开启机床外部原点偏移,根据误差补偿量,机床机械原点从 O 偏移至 O',则机床实际运动到 B' 点,从而减小误差。

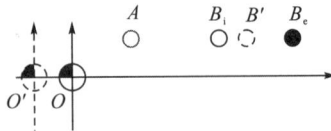

图 1.7 外部原点偏移原理

国外,西班牙 Gomez-Acedo 等[125]在西门子 840D 数控系统热误差补偿控制模块中嵌入动态链接库,通过 I/O 接口实时读取机床各轴的位置反馈信号,之后通过 OPC①通信将补偿信息输入机床 PLC 中,CNC 机床控制器根据实时输入的位置反馈信号和热误差信号控制各轴原点偏移,从而使该西门子机床实现热误差实时补偿。美国密歇根大学的 Yang 等[126]根据机床原点偏移补偿,以机床关键热源温度为输入信号,由神经网络建立了热误差实时动态预测模型,并开发了基于发那科数控系统的热误差实时补偿系统,即将神经网络预测的实时动态热误差自动输送给 CNC 机床控制器,最后 CNC 机床控制器控制相应轴参考坐标系漂移而完成热误差补偿。

国内,上海交通大学杨建国教授团队基于外部坐标原点偏移功能,提出了机床几何误差与热误差实时补偿的方法,利用外部单片机补偿器与数控系统交互,控制机床原点实现热误差补偿,在发那科、西门子[127]等数控系统中得到了应用,上海机械工业机床产品质量检测中心对补偿结果进行了检测,证明其补偿效果相当明显。此外,该团队基于与原点偏移类似的海德汉 iTNC530 轴偏置误差补偿功能,开发了误差补偿系统[128]。合肥工业大学庄鑫栋[129]、大连理工大学刘海宁[130]等均基于外部原点偏移,开发了误差补偿模块,取得了较好的效果。

2) 基于调用数控系统补偿参数的误差补偿技术

外部原点偏移的误差补偿技术固然是一种方便、有效的误差补偿方法,但是并不是所有的数控机床都开放了外部原点偏移功能。国外较为老旧的数控系统、国内华中 8 型数控系统等并没有原点偏移功能,为此,需要探索其他误差补偿技术。调用数控系统已有的补偿参数,将补偿参数实时传递到这些参数上,同样可以实现实时的误差补偿,如西门子、华中数控中的热误差补偿功能等。

南京航空航天大学叶文华教授团队基于进阶精简指令集机器(advanced RISC machine,ARM)设计开发了嵌入式综合误差实时补偿系统,基于 Qt 设计开发了直观的嵌入式人机交互界面,通过带电插拔的 SCANET 模块实现了 ARM 和数控系统 PLC 的通信,通过 PLC 中的 FB2、FB3 函数块,将补偿参数输入西门子热误差补偿参数 SD43900 中,实现了误

---

① OPC(OLE for process control)是一种通信协议,它基于对象链接与嵌入技术(object link and embedding,OLE)。

差补偿[131]。该团队还设计了机床温度采集模块、机床加工参数采集模块、误差模型计算模块和补偿值写入模块。

　　3）基于修改 NC 代码的误差补偿技术

　　修改 NC 代码进行误差补偿是最容易执行的技术手段，其非常适合于补偿静态误差[132]。对于动态误差，则需要离线频繁改变 NC 代码，降低了加工效率。但是对于大批量生产的相似零件的加工，可以借助 R 参数、宏程序的手段，实现在线的动态误差补偿。

　　重庆大学王时龙等[133]以某型号滚齿机为对象，在自主研发的数控滚齿加工自动编程系统中加入热误差补偿模块，采用差动螺旋补偿法做了试验；利用数控系统 R 参数调用嵌入了热误差模型的 NC 子程序，实时地修正加工状态中 X 轴的坐标值，从而实现滚齿机的热误差补偿。

1.3.2　加工工艺参数优化

　　零件加工的工艺参数选择需要考虑工件材料、形状、刀具与机床的刚度和精度、加工效率、加工质量等。工业界中，零件加工的工艺参数仍以经验为主，需要进行长时间的试错与微调。有些工艺参数的确定甚至长达几天，但仍不能保证是最优参数。这不仅降低了生产效率，在试错中产生的不合格品同样是一种浪费。因此，需要提出零件加工工艺参数优化方法，指导工艺参数的调整。

　　目前，国内外已有许多学者针对工艺参数优化模型建立与求解方法展开了研究。在工艺参数优化建模中，优化目标通常定位为降低加工成本、提高加工精度、减少加工能耗等。

　　齿轮加工方面。倪恒欣等[134]将切削参数和滚刀参数作为优化变量，构建了面向最小加工能耗和最优加工质量的多目标优化模型，采用改进多目标灰狼优化（multi-objective grey wolf optimizer，MOGWO）算法对所建的模型进行迭代寻优，利用 TOPSIS（technique for order preference by similarity to an ideal solution）法对优化的工艺参数解进行多属性决策。刘艺繁等[135]以改进的多目标遗传算法（a variant of NSGA-Ⅱ）为主体模型，利用遗传算法改进后的反向传播（genetic algorithm back propagation，GABP）神经网络建立了关于加工优化目标的预测模型，通过基于密度的带有噪声的空间聚类（density-based spatial clustering of applications with noise，DBSCAN）算法获取待优化滚齿工艺问题的相似样本集，构建了面向待优化滚齿工艺问题的多目标优化模型，迭代搜索最优工艺参数集。陈鹏等[136]以自动化加工效率、齿轮单件成本为目标，工件材料、刀具涂层以及切削速度、进给量等因素为变量，建立了一种齿轮高速干式滚切工艺参数优化模型。付松[137]以数控滚齿加工能耗最低和加工时间最短为优化目标，建立了数控滚齿加工工艺参数优化模型；基于独立成分分析（independent component analysis，ICA）算法对所建模型进行了优化求解。明兴祖等[138]建立了以磨齿效率和表面质量为目标函数的多目标优化数学模型，并提出了将内点罚函数法与遗传算法相结合用于该数学模型的优化计算方法。Cao 等[139]提出了一种混合改进反向传播神经网络/差分进化（improved back propagation neural network/ differential evolution，IBPNN/DE）方法对高速滚齿工艺参数进行连续优化。Wu 等[140]建立了效率-成本-精度三目标模型的寻优问题，提出了一种具有自适应进化参数的多目标融合进化算法（adaptive multiobjective fusion evolutionary algorithm，AMFEA）。Kharka 等[141]采用实数编码遗传算法（real-coded genetic algorithm，RCGA）对微量润滑辅助滚齿（minimal quantity lubrication-assisted hobbing，MQLAH）工艺进行参数优化，以同时最小化微几何偏差和侧面表面粗糙度。

车削加工方面。Shastri 等[142]应用群体智力（cohort intelligence）算法和多群体智力（multi-CI）算法在微量润滑（minimum quantity lubrication，MQL）环境下对钛合金（II 级）车削相关工艺参数进行了优化。Sharma 等[143]采用可取性函数分析（desirability function analysis，DFA）方法对刀具侧面磨损和表面粗糙度进行了并行优化，得到了多响应的最优参数组合。Asokan 等[144]以最小生产成本为目标，利用模拟退火算法和 GA 对连续轮廓车削的切削参数优化进行了研究。Addona 和 Teti[145]建立了以加工成本、加工质量、加工时间为目标的车削参数多目标优化模型，并采用遗传算法进行优化求解。李建广等[146]运用线性加权法建立了时间和成本多目标优化函数，采用罚函数法改进目标函数，简化了工艺参数的寻优过程，同时应用遗传算法开发了一个车削用量优化器，对多约束条件下的工艺参数优化结果进行了分析并总结了约束条件影响工艺参数优化结果的规律。谢书童和郭隐彪[147]以最小加工成本为优化目标，提出了边缘分布估计算法与车削次数枚举方法相结合的新型优化算法；以大量的加工约束条件为基础，同时优化了粗、精两个车削加工阶段的切削参数，引入车削成本的理论下限，并利用该理论下限提高了算法的搜索效率及评价优化结果。Rajemi 等[148]以能耗最低为目标进行了车削条件优化选择，并对减少能耗的关键因素进行了分析。Bhushan[149]采用响应面分析的实验方法分析了切削速度、切削深度、进给量和刀尖半径对车削能耗和刀具寿命的影响特性，并进行了优化和灵敏度分析。

铣削加工方面。Mukkoti 等[150]采用多目标优化技术，获得了立铣削加工的最优工艺参数，提高了该工艺的生产率。Yang 等[151]通过开展端铣切削实验，采用方差分析法研究了对加工质量影响较大的因素，并通过拟合得到了铣削参数与加工质量的回归模型。Thepsonthi 和 Ozel[152]开展了一系列端铣加工实验，采用响应面分析法得到了铣削参数与加工质量的数学模型，并采用粒子群算法进行最优求解。Subramanian 等[153]通过开展铣削加工实验分析了切削参数与切削力相互作用关系，通过多元回归方法拟合得到两者的关联数学模型，并采用遗传算法对切削参数优化求解。陈志同和张保国[154]基于统计学原理提出一种面向单元切削过程的切削参数优化模型，以实现多切削参数组优化问题的解耦；提出并利用体积价值系数、面积价值系数、体积切除率和面积切除率等建立了以单位时间利润率或单位时间利润为目标函数的优化模型。倪其民等[155]分析了端铣加工参数传统优化模型的缺陷，引入模糊数学方法描述具有模糊性的经验参数、经验约束以及目标函数，建立了端铣加工参数的时间、成本、利润多目标模糊优化模型。Yan 和 Li[156]以切削能耗、切削效率、表面加工质量为目标，对铣削加工工艺参数进行了优化研究。Emel 等[157]研究了铣削加工的切削液类型和工艺参数选择对能耗、工件表面质量和刀具寿命的影响情况。曹宏瑞等[158]建立了高速主轴-刀具系统动力学模型，在此基础上，以最大材料去除率为目标建立了高速铣削切削参数优化方法。

多工序工艺参数优化。数控加工过程往往采用多工序加工，因此在单个工序研究的基础上，出现了一些多工序参数优化方面的研究。Gao 和 Huang[159]综合考虑工件材料和几何形状等加工约束，建立了以加工时间为目标的铣削加工多工序工艺参数优化模型，并采用粒子群算法对模型进行求解。Yang 等[160]考虑机床功率、切削速度、刀具寿命等的约束,建立了以加工成本为目标的铣削加工多工序工艺参数优化模型,并采用粒子群算法进行优化求解。Rao和 Pawar[161]考虑刀杆强度、刀杆偏差、切削功率等的约束,建立了以加工时间为目标的铣削加工的多工序工艺参数优化模型,并对比分析了三种启发式算法的求解性能。

1.4 面临的机遇与挑战

随着物联网、大数据等新型互联网技术的发展,我国智能工厂、数字化车间蓬勃发展。"十四五"规划提出了深入实施智能制造和绿色制造工程,发展服务型制造新模式,推动制造业高端化、智能化、绿色化。《"十四五"智能制造发展规划》提出推进智能制造,要立足制造本质,紧扣智能特征,以工艺、装备为核心,以数据为基础,依托制造单元、车间、工厂、供应链等载体,构建虚实融合、知识驱动、动态优化、安全高效、绿色低碳的智能制造系统,推动制造业实现数字化转型、网络化协同、智能化变革。此外,随着新能源汽车的发展与国产航空发动机技术的突破,市场对以精密齿轮为代表的自包络曲面零件以及以航空叶片为代表的自由曲面零件的精度要求逐渐提高。以大数据指导批量化零件加工精度主动控制是大势所趋。因此,在国家多项政策的大力支持下,以数据为驱动,发展批量化零件加工主动控制技术具有广阔前景。

机遇与挑战并存。现有的零件加工精度主动控制技术不仅难以在批量化加工下提升零件加工精度,还面临如下挑战。

(1)误差模型构建困难。复杂零件精密加工过程涉及滚/磨/车/铣榫头/铣叶型等多道工序、滚齿机/磨齿机/数控车床/五轴加工中心等多个装备,且批量化零件加工误差来源众多、耦合关系错综复杂。考虑多种误差源的相互耦合作用影响,得到契合实际加工状态的误差模型很困难,导致通过实验室测试建立的误差模型应用在实际加工时预测精度下降,实用性不强。

(2)误差源头难追溯。零件加工误差受磨损、装夹力、切削力、振动、热变形和刀具跳动等多种误差因素影响,反向机理解耦方法对误差成因追溯具有重要作用,但无法准确溯源一致性成因造成的误差。

(3)误差模型稳健性保证困难。动态时变的机床主轴转速、刀具更换、工件材料、环境温度变化、复杂的工况等,均对精密加工装备精度演变规律产生重要影响,导致机床精度衰变规律难以建模表达,尤其是误差模型的稳健性难以保持,其主要体现在两个方面:其一,单个机床不同状态的误差模型稳健性难保证,误差模型的构建多是基于单次或几次的测试建立的,当加工环境发生变化时,模型预测精度同样会下降,甚至模型失效;其二,同型的不同机床的误差模型稳健性难保证,受到不同机床材料、制造、工作状态、精度退化程度的影响,相同模型迁移到同类型的不同机床上会引起模型失效。

(4)精度控制新需求。零件加工精度控制已经从单纯控制几何精度转到控制几何精度、表面质量、波纹度、表面性能等多维度的主动控制。特别是新能源汽车齿轮,其波纹度导致的齿轮噪声,成为影响齿轮生产合格率的重要因素。

第2章 零件精密加工误差形成机理
及精度预测方法

批量化零件加工过程中，零件精度主要受到工序工艺误差和加工装备多源误差的综合影响，误差之间耦合关系复杂，与零件加工精度的映射关系难以辨别，导致零件加工误差建模困难。针对该问题，本章研究工艺参数误差、加工装备误差对零件加工误差产生的作用机理，分析工艺参数、工艺与装备、工序之间的耦合关系；提取影响零件加工的关键特征，基于人工智能算法，并结合数字孪生技术，建立零件加工误差预测模型。

2.1 零件精密加工误差形成机理

2.1.1 工序工艺致零件加工误差

工序工艺误差是影响复杂曲面零件加工精度的重要因素，合理的工艺参数规划可以显著提高加工效率和加工质量。因此，通过合理规划工序工艺参数来提高复杂曲面零件的加工精度一直是学术界和工业界的研究热点和难点。薄壁件多指壁厚与轮廓尺寸之比不超过1∶20 的工件，有薄壁箱型、薄壁筒型及薄板型等多种结构，具有空间占用比较小、质量轻等优势，被大量使用在航空航天、精密仪器等多个领域。因此，本章以薄壁件作为典型的复杂曲面零件为例，阐述工序工艺误差的形成机理。

在薄壁件加工中，干涉和颤振会严重影响其加工精度和表面质量，导致加工效率低，甚至零件报废。因此，在研究薄壁件工序工艺误差之前，应首先避免加工干涉和颤振。同时，薄壁零件具有尺寸大、刚度低等特点，其精度容易受到振动和变形影响。影响加工精度的主要因素为切削力和残余应力。其中，切削力会导致刀具和工件的局部变形，残余应力会影响零件的整体变形。因此，为了获得高质量、高精度以及高性能的薄壁件，需要优化和控制切削力和残余应力。

2.1.1.1 干涉形成机制

在复杂曲面多轴数控加工中，两个旋转自由度的增加使得刀具方向不断变化，刀具和曲面的过切干涉和碰撞干涉时有发生，且干涉问题也比传统三轴加工方法复杂得多。如果这些干涉得不到有效的解决，轻则影响曲面零件的加工质量，重则造成刀具折断、损害机床主轴甚至危及操作人员生命安全。因此，要充分发挥五轴数控加工的优势，必须解决刀位干涉这一问题。数控加工中的刀具干涉是指刀具刃部切入被加工曲面内和刀杆非切削刃部位与相邻加工表面及相邻约束表面之间的碰撞，可以分为三类：超程干涉、局部干涉和全局干涉。

1. 超程干涉

超程干涉是指刀位点的坐标值和相位角超出了机床的工作行程。五轴机床通常有两个旋转关节，每个旋转关节都有一个允许的角度转动范围，该范围在机床坐标系中表示为一个有界区域。但是，刀具姿态一般在进给坐标系中用导角(α)和倾角(β)表示(图 2.1)。因此，可以通过机床坐标系和进给坐标系之间的转换关系得到机床轴限制下的刀具姿态可达性范围。首先，将机床轴限制的边界均匀地采样成点集，每个点对应一对角度(这里不是导角和倾角)。然后将这些边界点从机床坐标系转换到进给坐标系中，通过在进给坐标系中连接新的边界点，得到一个用导角和倾角表示的有界区域，这就是机床轴限制下对应的刀具姿态可达性范围。

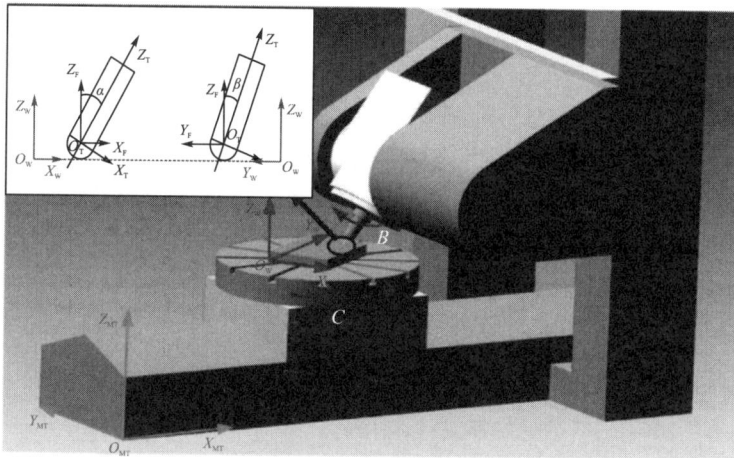

图 2.1　机床坐标系和进给坐标系之间转换

O_{MT}-$X_{MT}Y_{MT}Z_{MT}$ 为机床坐标系；O_W-$X_WY_WZ_W$ 为工件坐标系；O_T-$X_TY_TZ_T$ 为刀具坐标系；
O_F-$X_FY_FZ_F$ 为进给坐标系；O_F 与 O_T 重合；α 为导角；β 为倾角

2. 局部干涉

局部干涉(local interference，LI)也可称为过切干涉，是指刀具的切削部位与已加工过的表面发生再次接触产生干涉的现象。过切干涉会导致刀具切除已加工完成不再需要进行加工的表面，从而使加工表面公差超过允许的值，致使加工件不能满足产品需求。过切干涉又可以分为三种类型，分别为刀具尾部过切干涉、局部过切干涉以及运动过切干涉。如图 2.2(a)所示，刀具的接触点以外的刀刃过切加工表面的现象称为尾部过切；如图 2.2(b)所示，当刀具的实际切削半径大于当前刀具接触点时，发生的过切现象称为局部过切；加工凸曲面时由于刀具作直线插补运动引起的刀具过切现象称为运动过切，这种干涉一般发生在凸曲面高曲率骤变中和凸曲面不连续情况下。局部干涉主要与刀具的半径有关，在本书的研究中已经选用合理的刀具避免局部干涉。

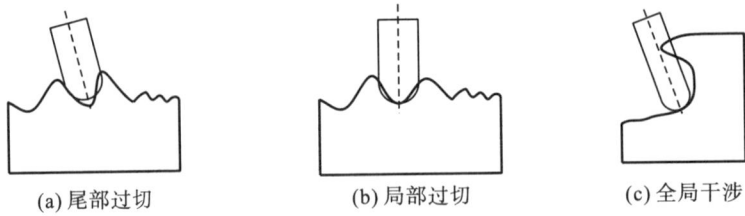

(a) 尾部过切　　　　　　　　(b) 局部过切　　　　　　　　(c) 全局干涉

图 2.2　局部干涉和全局干涉

3. 全局干涉

全局干涉(global interference, GI)也称为碰撞干涉，主要是指机床主轴与刀具相对于非加工部位(如夹具、工件非切削部位和工作台)的干涉现象，如图 2.2(c)所示。一般采用离散方法进行全局干涉检测。首先，将加工表面离散为一系列高密度点。然后，为了节省计算时间，我们应该识别加工表面上可能引起全局碰撞的候选点。给定一个刀具接触点和一个 β，就可以得到每个加工表面离散点相对应的导角范围 $(\alpha_{\beta-i-1}, \alpha_{\beta-i-2})$。最后，求所有 $(\alpha_{\beta-i-1}, \alpha_{\beta-i-2})$ 的交集为 $(\alpha_{\beta-1}, \alpha_{\beta-2})$，这就是倾角为 β 时的无全局干涉姿态范围。

如图 2.3 所示，加工表面上靠近点 P_C 面向刀轴的离散点可能与刀具发生整体碰撞。这些离散点，如 P_2 和 P_3，应确定为 GI-易发点。图 2.3 中，n_i 是加工表面上离散点 $P_i(x_i, y_i, z_i)$ 的法向量。离散点 $P_i(x_i, y_i, z_i)$ 成为 GI-易发点的条件是 $n_i \cdot P_C P_i < 0$，所以，P_2 和 P_3 可以确定为 GI 的候选点，标记为 GI-易发点，P_1 和 P_4 则为无 GI 点。

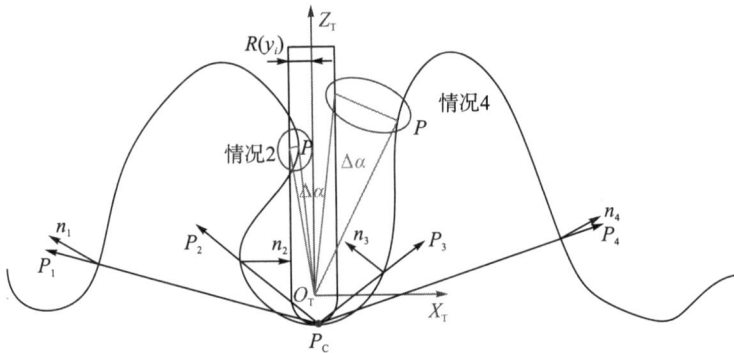

图 2.3　无全局干涉姿态范围识别

找到这些 GI-易发点后，需要找到每个 GI-易发点对应的无 GI 刀具姿态范围。首先，平面 $y=y_i$ 用于截取刀具和工件的相交面[刀具姿态为 $(\beta, \alpha_0=0°)$]，相交曲线如图 2.3 所示。截面上刀具的半径为 $R(y_i) = \sqrt{R^2 - y_i^2}$。根据观察，如果采样点 P 落入刀具的截面曲线，则该刀具姿态 (β, α_0) 将发生 GI；否则，它是无 GI 的刀具姿态。例如，如果采样点 P 位于刀具截面曲线内、刀具轴的左侧，则需要找到刀具的最小顺时针旋转角度 $\Delta\alpha$，以避免 GI。

在这种情况下，无 GI 刀具姿态范围为[$\Delta\alpha$，90°]。如果采样点 P 在刀具截面曲线之外且在刀具轴线的右侧，则还需要找到刀具的最小顺时针旋转角度 $\Delta\alpha$，以便采样点能够接触刀具。在这种情况下，无 GI 刀具姿态范围为[$\Delta\alpha$，90°]。因此，根据 P 点与刀具截面曲线的位置关系，可分为 4 种情况，如表 2.1 所示。

表 2.1　全局干涉的可达性范围

情况	条件	最小 $\Delta\alpha$	可达性范围
情况 1	$x_i < -R(y_i)$，$z_i > 0$	○	[0°,90°]
情况 2	$-R(y_i) < x_i < 0$，$z_i > 0$	$\Delta\alpha = \cos^{-1}\dfrac{-x_i}{L_P} - \cos^{-1}\dfrac{R(y_i)}{L_P}$	[$\Delta\alpha$,90°]
情况 3	$0 < x_i < R(y_i)$，$z_i > 0$	○	NULL
情况 4	$x_i > R(y_i)$，$z_i > 0$	$\Delta\alpha = \cos^{-1}\dfrac{R(y_i)}{L_P} - \cos^{-1}\dfrac{x_i}{L_P}$	[0°,$\Delta\alpha$]

注：L_P 是从 P 到 O_T 的距离，○ 为空。

基于上述方法，在[$\beta_{\min}$，$\beta_{\max}$]范围内对 β 进行统一离散，并计算每个离散值 β 的 α 可达性范围。因此，可以获得给定刀具接触点 P_C 处的所有无 GI 范围。

2.1.1.2　颤振形成机制

铣削过程中的振动是刀具与工件之间产生的一种周期性相对运动，振动不仅会使已加工工件表面出现振纹，降低工件加工精度和表面质量，而且会加剧刀具的磨损，严重时甚至会崩刃，影响加工效率。铣削过程中的振动主要分为以下四种：自由振动、强迫振动、自激振动和混合型振动。其中，强迫振动会引起工件表面位置误差，自激振动会造成加工失稳，二者同时存在时对铣削过程危害最大。自激振动的产生机理和抑振处理较强迫振动复杂；对于强迫振动，只需要找到激振源并消除掉就能得到抑制；对于自激振动，其产生和维持取决于铣削系统的动态特性和加工参数，尤其是轴向切深和刀具姿态的选择。当加工参数的选择不合理时，铣削过程将发生颤振，造成加工处于失稳状态。

根据颤振产生的机理不同，可分为三种：摩擦型颤振、振型耦合型颤振和再生型颤振。其中再生型颤振是最常见且影响最大的振动形式。由于铣削过程中刀具或工件的振动，前一刀齿的切削在工件的加工表面上留下振纹，当下一刀齿切削此表面时，瞬时切屑厚度就由静态切屑厚度和动态切屑厚度叠加组成，瞬时切屑厚度的变化造成切削力的波动，切削力的波动又引起刀具与工件之间的相对振动，刀齿再次在工件加工表面上留下振纹，加工系统就是在如此循环下产生了强烈的再生型颤振，而再生型颤振是铣削过程中颤振发生的主要形式。

本章节主要研究刀具姿态对颤振的影响机制，因此其他加工参数(主轴转速、切削深度等)应该默认为常量。首先，建立铣削加工系统的动力学方程。然后，利用全离散方法对动力学方程进行求解，得到过渡矩阵。最后，根据弗洛凯(Floquet)理论确定给定刀具姿态下的加工稳定性。

1. 机床动力学模型

在五轴铣削加工系统中，由于刀具呈悬臂梁结构，刚性弱，所以可认为是一个刀具两自由度铣削动力学模型，如图 2.4 所示，其中 X_T 为刀具进给方向，Y_T 为法向，Y_T 垂直于 X_TZ_T 平面向里，图中用"×"表示。

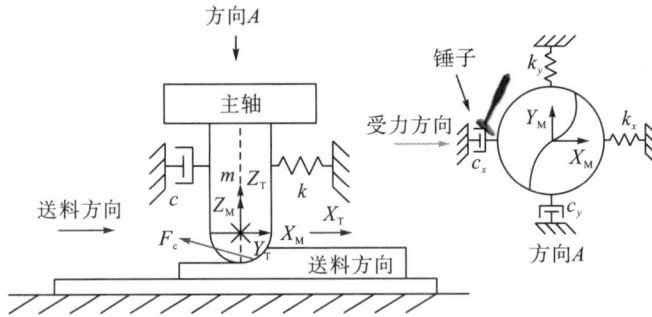

图 2.4　铣削加工动力学模型

$X_MY_MZ_M$ 为机床坐标系；$X_TY_TZ_T$ 为刀具坐标系；m 为模态质量；c 为模态阻尼；k 为模态刚度；F_c 为切削合力。

铣削加工动力学模型被认为是在垂直于刀具轴线的两个垂直方向上的两自由度质量弹簧阻尼系统。同时，切削力应转换到建立机床动力学方程的模态坐标系上。由于只有动态切削力是产生颤振的原因，因此应将其提取并描述为

$$M\ddot{D}_M(t) + C\dot{D}_M(t) + KD_M(t) = F(t) \tag{2.1}$$

式中，M、C 和 K 分别为模态质量、模态阻尼和模态刚度矩阵；$D_M(t)$ 和 $F(t)$ 分别为模态坐标系中刀刃点的振动位移和切削力向量。

$$M = \begin{bmatrix} m_x & 0 \\ 0 & m_y \end{bmatrix}, \qquad C = \begin{bmatrix} c_x & 0 \\ 0 & c_y \end{bmatrix}, \qquad K = \begin{bmatrix} k_x & 0 \\ 0 & k_y \end{bmatrix}$$
$$D_M(t) = \begin{bmatrix} x(t) & y(t) \end{bmatrix}^T, \qquad F(t) = \begin{bmatrix} F_x(t) & F_y(t) \end{bmatrix}^T \tag{2.2}$$

式中，变量 $x(t)$ 和 $y(t)$ 分别表示刀具在 X、Y 方向上的位移量；$F_x(t)$ 和 $F_y(t)$ 分别表示刀具在 X、Y 方向上的切削力大小；模态参数 m_x、m_y、c_x、c_y、k_x、k_y 由刀具模态辨识实验确定。

2. 刀具姿态稳定性分析

显然，式(2.1)是一个延迟微分方程。对于给定的工艺参数，铣削加工过程是否稳定取决于方程是否稳定。本书采用全离散方法来求解该方程，以确定加工过程的稳定性。经过一系列计算，可以得到过渡矩阵 φ。基于 Floquet 理论，加工稳定性的确定分为两种情况，如表 2.2 所示。

表 2.2 加工稳定性的确定

分类	稳定性
所有 $\left|\lambda_{\varphi}\right|<1$	稳定
有一个 $\left|\lambda_{\varphi}\right|>1$	不稳定

注：$\left|\lambda_{\varphi}\right|$ 是过渡矩阵特征值的模。

因此，对于任何给定的加工参数(主轴转速、切削深度、进给量)组合，$\left|\lambda_{\varphi}\right|=1$ 的刀具姿态是稳定与颤振之间的分界。如果所有的 $\left|\lambda_{\varphi}\right|<1$，则加工过程是稳定的，否则就会产生颤振。

2.1.1.3 切削力致零件加工误差影响机制

切削力致零件加工误差主要是指铣削加工过程中由铣削力引起的刀具挠曲变形而导致的零件加工误差。由于刀具系统的刚性是有限的，因此加工过程中的让刀变形是一个无法避免的问题。众多学者的研究结果表明，在铣削加工过程中，由铣削力引起的让刀变形是影响已加工表面几何尺寸误差的最主要因素。特别是在复杂曲面零件加工中，由于结构特性，所采用的刀具多为"细长型"刀具，其加工过程中的让刀变形尤为明显。同时，球头铣刀广泛应用于零件精加工过程中，而加工过程对加工精度有很高的要求。

由于刀具系统轴向的刚度远远大于其垂直刀轴方向的刚度，所以垂直于刀轴方向的铣削力是造成刀具与刀具夹持系统变形的主要原因，而作用在刀具轴向上的铣削力引起的刀具系统变形可以忽略不计。

为了更准确地揭示切削力对零件加工误差的作用机制，刀具夹持系统的变形也应该考虑在内，通常整个刀具系统的变形表示为

$$\delta = \delta_{t} + \delta_{c} \tag{2.3}$$

式中，δ_{t} 为切削力致刀具弯曲变形量；δ_{c} 为切削力致刀具夹持系统弯曲变形量，$\delta_{c} = F / K_{c}$，其中 F 为切削力，K_{c} 为通过实验测得的刀具夹持系统的刚度。

根据 Z 轴方向上刀具几何尺寸的不同，Kops 和 Vo[162]提出了用有效刀具半径来计算刀具惯性矩，在其研究中，提出刀具应该被分为两部分(刀杆、刀刃部分)，利用两段式悬臂梁来计算刀具变形(图 2.5)。刀具变形量计算方法为

$$
\begin{aligned}
\delta_{t} &= \delta_{s} + \delta_{f} + \varphi_{s}\left(L_{f} - Z\right) \\
&= \frac{F}{6EI}\left[-\left(L - L_{f}\right)^{3} + 3\left(L - L_{f}\right)^{2}\left(L - Z_{F}\right)\right] \\
&\quad + \frac{F}{6EI_{f}}\left[\left(Z_{F} - Z\right)^{3} - \left(L_{f} - Z\right)^{3} + 3\left(L_{f} - Z\right)^{2}\left(L_{f} - Z_{F}\right)\right] \\
&\quad + \frac{F}{2EI}\left[-\left(L - L_{f}\right)^{2} + 2\left(L - L_{f}\right)^{2}\left(L - Z_{F}\right)\right]\left(L_{f} - Z\right)
\end{aligned}
\tag{2.4}
$$

其中，δ_{s} 为刀杆部分的变形量；δ_{f} 为刀刃部分的变形量；φ_{s} 为刀杆部分的变形角；L_{f} 为刀刃部分的长度；I_{f} 为刀刃部分的惯性矩；L 为刀具悬伸总长；E 为弹性模量；I 为刀具惯性矩；Z_{F} 为刀具受力点的轴向位置；Z 为刀具变形测量点。

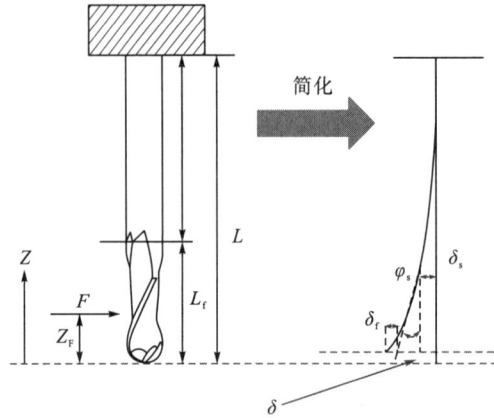

图 2.5　最大刀具变形力致误差

2.1.1.4　残余应力致零件加工误差影响机制

由于薄壁零件具有品种复杂、加工精度要求高、多为整体件、切削量大的特点，在加工和使用时，不可避免地会产生残余应力，此外薄壁件的刚性差，这种残余应力的重新分布使薄壁类工件发生一定的变形，成为影响薄壁零件尺寸稳定性的主要因素。

在加工过程中，应力将在工件的表面和下表面重新分布，重新分配的这种过程受到工件材料弹性模量和工件厚度的影响。残余应力和工件挠度之间的关系如下所示：

$$\delta_r = \left(\frac{E}{3L^2} \right)\left(\frac{\omega_h}{1/H^2} \right) \tag{2.5}$$

其中，σ_r 为总的残余应力；E 为工件材料的弹性模量；H 为加工件的厚度；ω_h 为变形量；L 为工件长度。

为获取工件的残余应力沿着深度分布的曲线规律，采用电解抛光仪剥层处理工件。根据在不同深度获得的表面应力分布，总应力可以表示为下式：

$$\delta_r = \int_0^H \sigma(h)\mathrm{d}h \tag{2.6}$$

结合表征层深分布残余应力的残余应力预测模型，可以得到

$$[E/(3L^2)][\omega_h/(1/H)] = \int_0^h \left(A\mathrm{e}^{(-\lambda_1 h)} + \lambda_2 h^2 \right)\mathrm{d}h \tag{2.7}$$

其中，λ_1 为残余应力轮廓的阻尼系数；h 为加工表面下的深度；$\lambda_2 h^2$ 为修正项，表示为加工表面下深度的函数。

整理式(2.7)，可以得到加工残余应力和零件加工精度之间的映射模型：

$$\omega_h = \left(\frac{3L^2}{EH^2} \right)\left[\frac{A}{\lambda_1}\left(1 - \mathrm{e}^{(-\lambda_1 h)} \right) + \frac{1}{2}\lambda_2 h^2 \right] \tag{2.8}$$

2.1.2　加工装备致零件加工误差

在机床运行过程中，加工装备误差是影响零件加工误差的重要因素。相比在机床出厂时已经补偿到合理范围内的几何误差，热误差受到机床运行过程中的切削热、切削液、摩

擦热的影响,其在加工过程中是动态变化的。因此,在零件加工过程中,热误差是主要的误差因素。对于复杂零件加工机床误差,主要研究其刀具相对工件的位移量,研究方法是类似的。对于在加工中心上加工的零件,其加工误差基本上可以视为机床误差的 1∶1 映射。而对于齿轮这种自包络曲面零件,其加工误差则不是机床误差的 1∶1 映射。因此,本节以结构较为复杂的磨齿机为例介绍加工装备致零件加工误差,该方法同样适用于加工中心等机床。

2.1.2.1 加工装备热特性分析

1. 数控机床热源分析

数控机床温度场复杂,热源分布不均匀,机床零部件间产生温度梯度,致使零部件产生热变形。机床热源分为内部热源和外部热源。从具体发热部位和发热原因方面来看,内部热源有以下几种。

(1)机床各部电机的热损失:主轴电机由于高速旋转产生热量较大,其次是各个进给轴电机。电机热量通过热传递进入机床各零部件中,产生温度梯度,使机床发生不均匀热变形。

(2)机床运动部件摩擦热:各轴导轨、丝杠螺母以及轴承等部位因运动摩擦产生热量,并传入其他部件中产生温度梯度,使机床发生热变形。

(3)加工时产生的切削热:切削热是零件加工中热量的主要来源,其会随着切削液散布到机床各处,引起机床各零部件产生变形,床身尤为明显。

(4)环境温度变化:外部热源主要考虑环境温度对机床加工造成的影响,在一些情况下,环境温度变化引起的机床变形甚至大于其他热量的影响。

此外,在实际加工过程中,也存在机床各部位与空气对流换热、切削液冷却等散热情况。机床具体的发热部位及原因分析如表 2.3 所示。

表2.3　数控机床热源分析

热源类别	发热部位	发热原因	换热情况
内部热源	主轴电机	电机做功	空气对流换热、电机油冷散热
	进给轴电机		
	导轨	摩擦热	
	丝杠螺母		
	轴承		
	工件	切削热(磨削热)	切削液冷却
外部热源	环境温度	热传导、热对流、热辐射	/

2. 热特性分析

以磨齿机结构和加工过程中的运动产热情况为基础,根据齿轮磨削过程中的机床主要热源和热交换方式,分析蜗杆砂轮磨齿机的热特性,得到磨齿机床整体以及关键部件的热变形情况，找到影响最终齿轮工件质量的主要因素，这是热误差研究工作的前提，为后续具体的热误差实验方案设计提供参考方向。磨齿机结构如图 2.6 所示。

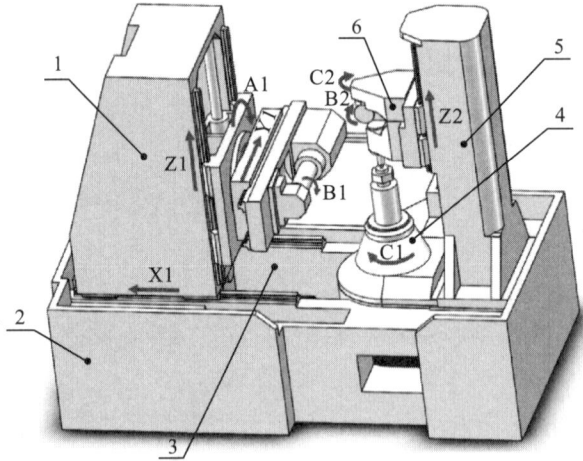

图 2.6　磨齿机结构图
1. 大立柱；2. 机床床身；3. 桥架；4. 工作台；5. 小立柱；6. 修整器

　　首先，对模型进行简化，去掉机床上的小尺寸螺钉/倒角/圆角/键槽、机床结构上的小间隙/棱角、忽略对机床热变形影响不大的结构。然后，运用 HyperMesh 软件进行网格划分，作为有限元的前处理。对于机床大尺寸结构部件，比如机床床身、大小立柱等，划分网格的规则是整体采用较大尺寸网格，与其他零部件连接的局部采用小网格划分，对于热变形较大的各个轴系结构和磨削中心区域采用细小网格、密布节点。此磨齿机整机有限元网格模型一共划分了 2903877 个网格单元，577563 个节点，有限元网格模型如图 2.7 所示。

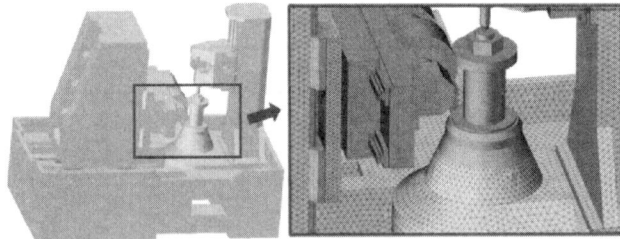

图 2.7　有限元网格模型

　　利用 ABAQUS 软件的温度-位移耦合模块对磨齿机的稳态温度场和热变形情况进行计算求解。根据磨齿机的实际材料，将机床大型铸件，如床身的材料属性设置为 HT300，各轴系结构材料属性设置为 42CrMo，轴承钢材料属性设置为 GCr15，蜗杆砂轮采用单晶刚玉材料。对于与磨齿机相接触的零部件，根据实际情况设置接触或约束条件。机床与外界主要涉及的热相互作用包括机床与空气、磨削液、冷却液的对流换热。设定磨齿机初始环境温度为 20℃，在机床床身下 8 个固定螺栓位置处添加完全固定边界条件，并根据机床实际热源信息添加相应的温度边界条件。

有限元仿真求解得到的磨齿机稳态温度场分布云图如图 2.8(a)所示。磨齿机磨削加工过程达到稳态温度时，热量大部分集中在蜗杆砂轮-工件磨削区域，大立柱上分布电机较多，且参与磨削运动的主轴和大部分进给轴都位于大立柱，导致大立柱上会有大量产生相对运动的部件，从而产生摩擦热，大立柱整体温升也就比较明显。另外，工作台的温升也较明显，工作台直接与被加工的齿轮工件接触，部分切削热也会随着接触面传入工作台，并且工作台在加工时旋转速度较快，位于其下方的轴承、C1 轴电机也会产生更多热量。

机床各部件的温度分布不均匀势必会造成复杂的热变形。由 ABAQUS 仿真得到的磨齿机热变形总位移场如图 2.8(b)所示。磨齿机整机热变形呈现向上伸长膨胀的趋势，且大小立柱均向外侧倾斜变形，总变形最大处位于小立柱顶端。在磨齿机整机各向热变形中，X 向热变形是最显著的，其总变形量均比 Y 向和 Z 向热变形大。从整机位移场仿真结果看，其 X、Y 和 Z 向位移的最大值和最小值往往出现在机床大小立柱上，但实际上对机床热误差研究来说，影响加工工件质量的最主要磨齿机的刀具即蜗杆砂轮和齿轮工件之间的相对位置，当二者的实际位置偏离理论啮合位置时，产生热误差。

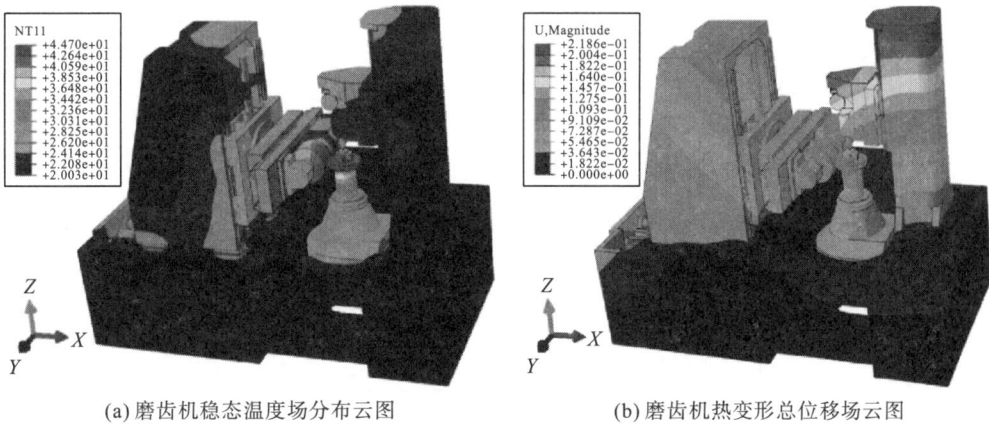

(a)磨齿机稳态温度场分布云图　　　　(b)磨齿机热变形总位移场云图

图 2.8　磨齿机有限元结果

2.1.2.2　数控机床变形分析

本书运用材料力学、热学及多体系统运动学相关理论，从磨齿机床整体结构变形出发，分析热误差与机床各部件温度之间的解析关系。由于机床本身结构形状及机床零部件间约束条件不同，机床热变形的形态也各不相同。总体来说，机床热变形的形态包括伸长、倾斜、翘曲、弯曲、扭曲和畸变等形态。对于磨齿机的大型部件(床身、大小立柱)，因为其厚度较大，热传导慢，稳态时温升集中在靠近热源表面某一厚度的表层里，温度应力在该表层两表面分布不均，发生弯曲变形，最终出现大立柱温度右高左低，小立柱温度左高右低，床身上高下低，机床发生翘曲热变形，大小立柱发生弯曲热变形，如图 2.9 所示。

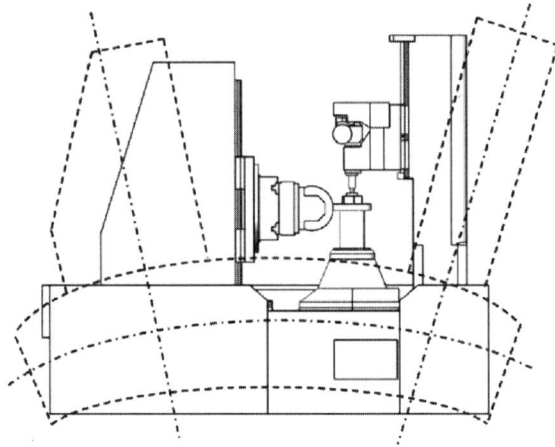

图 2.9　磨齿机整体热变形示意图

蜗杆砂轮与齿轮工件的实际位置与理论啮合位置发生偏移，产生热误差。要计算磨齿机的热误差，首先要分析机床的热变形传递过程，为了方便分析磨齿机弯曲变形情况，将磨齿机结构简化，如图 2.10 所示，X、Y、Z 均为机床坐标系，A、E 位于床身，AB 为大立柱，BC 为大立柱上各轴系结构，EF 为工作台 C1 轴。变形前砂轮 D 与工件 F 啮合，看作两点重合。A 点为大立柱与床身的接触点，距离变形中心 l_1，$C(D)$ 点为砂轮主轴箱结构，如局部放大图所示，E 点为工作台与床身接触点，距离变形中心 l_2，A、B 距离为 a，B、C 距离为 b，C、D 距离为 c，E、F 距离为 e，床身温升层总长度 $2l$，厚度 h，ΔT_{A1}、ΔT_{A2} 分别为下、上表面的温升。

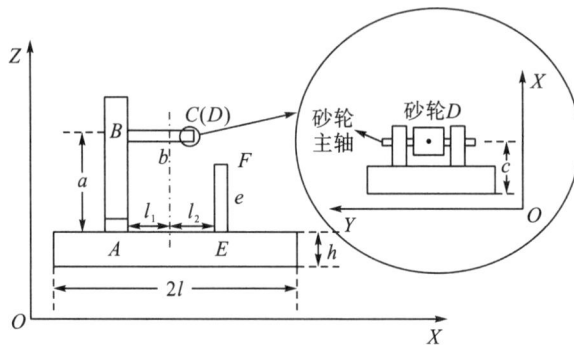

图 2.10　磨齿机结构简化图

1. 机床部件挠曲变形分析基础

引入材料力学中挠度的概念求解磨齿机大型部件表面的弯曲变形量。在力或非均匀温变的作用下，杆件在垂直于轴线的方向上出现位移，其变形时主要参数为挠度和转角。挠度指横截面的形心在垂直于轴线的方向上的位移量，用 y 表示；转角指横截面绕其中性轴转过的角度，用 θ 表示。

以磨齿机床身为例，假设只有床身上表面厚度为 h 的表层有温升，该温升层总长度为

$2L$，其弯曲变形如图 2.11 所示。建立如图 2.11 所示坐标系 XOZ，其中 O 点为热源位置，假设磨齿机初始温度为 T_0，稳态时该温升层上表面温度为 T_2，下表面温度为 T_1，轴线温度为 T_3，在热源影响下，$T_2 > T_3 > T_1$，床身会形成向上凸起的形变，取床身轴线上长度为 $\mathrm{d}x$ 的单元分析，当 $\mathrm{d}x$ 足够小时，此单元可视为均匀杆件受热挠曲变形，单元上下表面及轴线位置产生的热膨胀伸长可表示为

$$\begin{cases} \mathrm{d}L_1 = \alpha_{\mathrm{T}}\Delta T_1 \mathrm{d}x \\ \mathrm{d}L_2 = \alpha_{\mathrm{T}}\Delta T_2 \mathrm{d}x \\ \mathrm{d}L_3 = \alpha_{\mathrm{T}}\Delta T_3 \mathrm{d}x \end{cases} \tag{2.9}$$

式中，$\mathrm{d}L_1$、$\mathrm{d}L_2$、$\mathrm{d}L_3$ 分别为下表面、上表面、轴线位置的伸长量；ΔT_1、ΔT_2、ΔT_3 分别为下表面、上表面及轴线位置的温升，其中 $\Delta T_1 = T_1 - T_0$，$\Delta T_2 = T_2 - T_0$，$\Delta T_3 = T_3 - T_0$；α_{T} 为材料的线性膨胀系数。

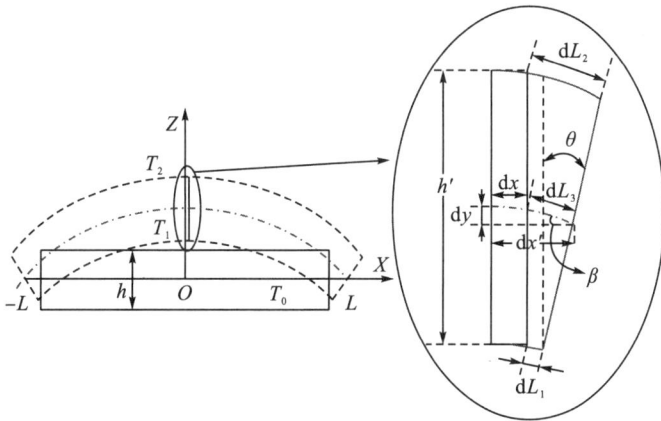

图 2.11　磨齿机床身受热弯曲变形

温度在杆上呈三角形分布[163]，则有

$$\begin{cases} T_3 = \dfrac{T_1 + T_2}{2} \\ \Delta T_3 = \dfrac{\Delta T_1 + \Delta T_2}{2} \end{cases} \tag{2.10}$$

对于小变形情况，挠曲变形是非常平缓的，θ 很小，可以近似认为变形几何关系为

$$h'\sin\theta \approx h'\theta = \mathrm{d}L_2 - \mathrm{d}L_1 \tag{2.11}$$

考虑横截面的伸长量，求得 h'：

$$h' = h + \int \alpha_{\mathrm{T}} h \mathrm{d}(\Delta t) = \left(1 + \alpha_{\mathrm{T}}\frac{\Delta T_2 + \Delta T_1}{2}\right)h \tag{2.12}$$

将式 (2.9) 和式 (2.12) 代入式 (2.11) 并积分，得到 x 处的转角函数 $\theta(x)$：

$$\theta(x) = \frac{2\alpha_{\mathrm{T}}(\Delta T_2 - \Delta T_1)}{[2 + \alpha_{\mathrm{T}}(\Delta T_2 + \Delta T_1)]h}x \tag{2.13}$$

根据平截面假设，变形后梁的横截面与轴线垂直，则有

$$\theta = \beta \approx \sin\beta = \frac{\mathrm{d}y}{\mathrm{d}x + \mathrm{d}L_3} \tag{2.14}$$

将式(2.9)和式(2.10)代入式(2.14)，则有

$$\mathrm{d}y = \left(1 + \alpha_{\mathrm{T}}\frac{\Delta T_2 + \Delta T_1}{2}\right)\theta\mathrm{d}x \tag{2.15}$$

将式(2.13)代入式(2.15)并积分，得到 x 处的挠度函数 $y(x)$：

$$y(x) = \frac{\alpha_{\mathrm{T}}(\Delta T_2 - \Delta T_1)}{2h}x^2 \tag{2.16}$$

由于机床由地面螺栓固定，整体是向上膨胀，所以由挠度函数 $y(x)$ 可得床身上 x 处的 Z 向伸长量函数 $Z(x)$：

$$Z(x) = \frac{\alpha_{\mathrm{T}}(\Delta T_2 - \Delta T_1)}{2h}(L^2 - x^2) \tag{2.17}$$

X 方向上的伸长量：

$$\mathrm{d}x' \cdot \tan\beta = \mathrm{d}y \tag{2.18}$$

对式(2.18)积分，得到 x 处的 X 向伸长量函数 $X(x)$：

$$X(x) = \alpha_{\mathrm{T}}\frac{\Delta T_2 + \Delta T_1}{2}x \tag{2.19}$$

因此，床身弯曲变形的变形总函数为

$$\begin{cases} \theta(x) = \dfrac{2\alpha_{\mathrm{T}}(\Delta T_2 - \Delta T_1)}{[2 + \alpha_{\mathrm{T}}(\Delta T_2 + \Delta T_1)]h}x \\[2mm] X(x) = \alpha_{\mathrm{T}}\dfrac{\Delta T_2 + \Delta T_1}{2}x \\[2mm] Z(x) = \dfrac{\alpha_{\mathrm{T}}(\Delta T_2 - \Delta T_1)}{2h}(L^2 - x^2) \end{cases} \tag{2.20}$$

从床身转角函数 $\theta(x)$、Z 向伸长函数 $Z(x)$，以及 X 向伸长函数 $X(x)$ 可知，床身上各点的变形情况与其 x 坐标位置有关。

2. 数控机床床身变形

仅考虑床身受热变形，A、B、C、D、E、F 点变形位移后所处位置为 A'、B'、C'、D'、E'、F'，如图 2.12 所示。

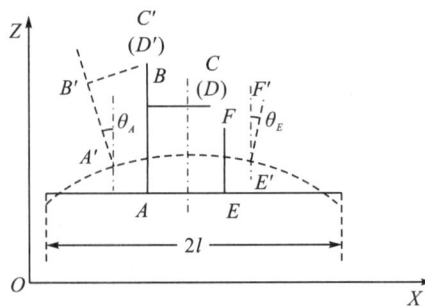

图 2.12 磨齿机床身受热弯曲变形简化图

由式(2.20)可得大立柱的变形表达式：

$$\begin{cases} \theta_A = \dfrac{2\alpha_T(\Delta T_{A2} - \Delta T_{A1})}{[2 + \alpha_T(\Delta T_{A2} + \Delta T_{A1})]h} l_1 \\[4mm] X_A = -\alpha_T \dfrac{\Delta T_{A1} + \Delta T_{A2}}{2} l_1 \\[4mm] Z_A = \dfrac{\alpha_T(\Delta T_{A2} - \Delta T_{A1})}{2h}(l^2 - l_1^2) \end{cases} \tag{2.21}$$

式中，θ_A 为大立柱的倾斜角度，方向为负；X_A 为大立柱的 X 向位移；Z_A 为大立柱的 Z 向位移。

由图中几何关系可得 D 点(砂轮)的位移表达式为

$$\begin{cases} X_{D1} = X_A - (b+c) - a\sin\theta_A + (b+c)\cos\theta_A \\[2mm] Z_{D1} = Z_A - a + a\cos\theta_A + (b+c)\sin\theta_A \end{cases} \tag{2.22}$$

式中，X_{D1} 为砂轮的 X 向位移；Z_{D1} 为砂轮的 Z 向位移。考虑到 θ_A 很小，可以近似认为

$$\begin{cases} \sin\theta_A \approx \theta_A \\[2mm] \cos\theta_A \approx 1 \end{cases} \tag{2.23}$$

因此，在仅考虑床身受热变形时，砂轮的位移表达式为

$$\begin{cases} X_{D1} = -\alpha_T \dfrac{\Delta T_{A1} + \Delta T_{A2}}{2} l_1 - \dfrac{2a\alpha_T(\Delta T_{A2} - \Delta T_{A1})}{[2 + \alpha_T(\Delta T_{A2} + \Delta T_{A1})]h} l_1 \\[4mm] Z_{D1} = \dfrac{\alpha_T(\Delta T_{A2} - \Delta T_{A1})}{2h}(l^2 - l_1^2) + \dfrac{2\alpha_T(\Delta T_{A2} - \Delta T_{A1})(b+c)}{[2 + \alpha_T(\Delta T_{A2} + \Delta T_{A1})]h} l_1 \end{cases} \tag{2.24}$$

由床身弯曲变形的总函数可得工作台的变形表达式：

$$\begin{cases} \theta_E = \dfrac{2\alpha_T(\Delta T_{A2} - \Delta T_{A1})}{[2 + \alpha_T(\Delta T_{A2} + \Delta T_{A1})]h} l_2 \\[4mm] X_E = \alpha_T \dfrac{\Delta T_{A1} + \Delta T_{A2}}{2} l_2 \\[4mm] Z_E = \dfrac{\alpha_T(\Delta T_{A2} - \Delta T_{A1})}{2h}(l^2 - l_2^2) \end{cases} \tag{2.25}$$

式中，θ_E 为工作台的倾斜角度，方向为正；X_E 为工作台的 X 向位移；Z_E 为工作台的 Z 向位移。

由图 2.12 中几何关系可得 F 点(工件)的位移表达式为

$$\begin{cases} X_{F1} = X_E + e\sin\theta_E \\[2mm] Z_{F1} = Z_E - e + e\cos\theta_E \end{cases} \tag{2.26}$$

式中，X_{F1} 为工件的 X 向位移；Z_{F1} 为工件的 Z 向位移。在仅考虑床身受热变形时，工件的位移表达式为

$$\begin{cases} X_{F1} = \alpha_T \dfrac{\Delta T_{A2} + \Delta T_{A1}}{2} l_2 + \dfrac{2e\alpha_T(\Delta T_{A2} - \Delta T_{A1})}{[2 + \alpha_T(\Delta T_{A2} + \Delta T_{A1})]h} l_2 \\[4mm] Z_{F1} = \dfrac{\alpha_T(\Delta T_{A2} - \Delta T_{A1})}{2h}(l^2 - l_2^2) \end{cases} \tag{2.27}$$

3. 数控机床立柱受热变形

在已变形的床身上对大立柱的受热变形进行分析，为方便分析，建立坐标系 $X'OZ'$，如图 2.13 所示。对大立柱同样使用挠曲变形模型，大立柱的主要热源便是丝杠螺母，导轨滑块的摩擦热与电机热，其温升主要发生于大立柱各轴系结构与大立柱的接触部位，即图中的 $A'B'$ 段，大立柱安装于床身，相当于底部固定，所以大立柱的挠曲变形如图中 $A'B''C''$ 所示。

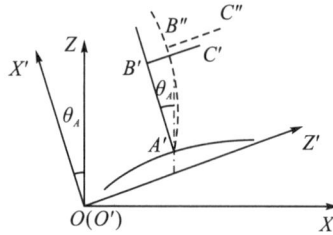

图 2.13　磨齿机大立柱受热弯曲变形简化图

假设大立柱上的温升层厚度为 h'，B' 点为热源位置，由弯曲变形的总函数可得 B' 点的变形表达式：

$$\begin{cases} \theta_B' = 0 \\ X_B' = \alpha_T \dfrac{\Delta T_{B1} + \Delta T_{B2}}{2} a \\ Z_B' = \dfrac{\alpha_T(\Delta T_{B2} - \Delta T_{B1})}{2h'} a^2 \end{cases} \tag{2.28}$$

式中，X_B' 为 B' 点在 $X'OZ'$ 坐标系中的 X 向位移；Z_B' 为 B' 点在 $X'OZ'$ 坐标系中的 Z 向位移；ΔT_{B1} 和 ΔT_{B2} 分别为大立柱上温升层下表面和上表面的温升。

大立柱上各轴系结构即 $B'C'$ 段温升基本一致，可将其近似认为是均匀热膨胀伸长，设 $B'C'$ 段的温升为 ΔT_C，则 $B'C'$ 段受热伸长后长度为

$$l_{BC}' = b + \int \alpha_T \Delta T_C \mathrm{d}z = (1 + \alpha_T \Delta T_C)b \tag{2.29}$$

则 C' 的位移表达式：

$$\begin{cases} X_C' = X_B' \\ Z_C' = Z_B' + l_{BC}' - b \end{cases} \tag{2.30}$$

将式 (2.28) 和式 (2.29) 代入式 (2.30) 得

$$\begin{cases} X_C' = \alpha_T \dfrac{\Delta T_{B1} + \Delta T_{B2}}{2} a \\ Z_C' = \dfrac{\alpha_T(\Delta T_{B2} - \Delta T_{B1})}{2h'} a^2 + \alpha_T \Delta T_C b \end{cases} \tag{2.31}$$

式中，X_C' 为 C' 点在 $X'OZ'$ 坐标系中的 X 向位移；Z_C' 为 C' 点在 $X'OZ'$ 坐标系中的 Z 向位移。

4. 数控机床主轴受热变形

主轴结构安装于 C' 点末端，其在 $Y'OZ'$ 平面上的结构简化图如图 2.14 所示。主轴轴系的受热变形趋势与床身相似，都是中间凸起，两端向后。将整个系统作为挠曲变形计算，c 为主轴系统的近似长度，l_{CD} 为主轴系统的近似宽度，则砂轮 D' 向 Z' 方向的位移量为

$$S_D = \frac{\alpha_\mathrm{T}\left(\Delta T_{D2} - \Delta T_{D1}\right)}{2c}l_{CD}^2 \tag{2.32}$$

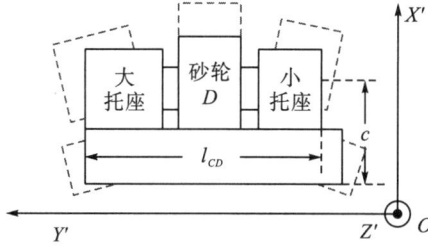

图 2.14 磨齿机主轴受热弯曲变形简化图
⊙表示 Z' 轴垂直于平面向上

同时考虑磨齿机大立柱、大立柱上各轴系结构及主轴受热变形时，砂轮 D' 在 $X'OZ'$ 坐标系中总的位移表达式为

$$\begin{cases} X_D{}' = X_C{}' \\ Z_D{}' = Z_C{}' + S_D \end{cases} \tag{2.33}$$

将式 (2.31) 和式 (2.32) 代入式 (2.33) 得

$$\begin{cases} X_D{}' = \alpha_\mathrm{T}\dfrac{\Delta T_{B1} + \Delta T_{B2}}{2}\alpha \\ Z_D{}' = \dfrac{\alpha_\mathrm{T}\left(\Delta T_{B2} - \Delta T_{B1}\right)}{2h'}\alpha^2 + \alpha_\mathrm{T}\Delta T_C b + \dfrac{\alpha_\mathrm{T}\left(\Delta T_{D2} - \Delta T_{D1}\right)}{2c}l_{CD}^2 \end{cases} \tag{2.34}$$

式中，$X_D{}'$ 为砂轮 D' 在 $X'OZ'$ 坐标系中的 X 向位移；$Z_D{}'$ 为砂轮 D' 点在 $X'OZ'$ 坐标系中的 Z 向位移。

5. 数控机床工作台受热变形

工作台的热变形与大立柱类似，为方便分析，建立坐标系 $X''OZ''$，如图 2.15 所示。设 $C1$ 轴直径为 d，则工作台上工件 F' 的位移表达式为

$$\begin{cases} X_F{}'' = \alpha_\mathrm{T}\dfrac{\Delta T_{F1} + \Delta T_{F2}}{2}e \\ Z_F{}'' = \dfrac{\alpha_\mathrm{T}\left(\Delta T_{F2} - \Delta T_{F1}\right)}{2d}e^2 \end{cases} \tag{2.35}$$

式中，X_F'' 为工件 F' 在 $X'OZ''$ 坐标系中的 X 向位移；Z_F'' 为工件 F' 在 $X''OZ''$ 坐标系中的 Z 向位移，ΔT_{F1} 和 ΔT_{F2} 分别为 $C1$ 轴右端和左端的温升。

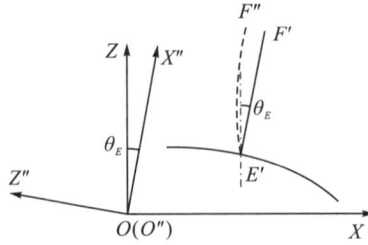

图 2.15　磨齿机工作台受热弯曲变形简化图

2.1.2.3　数控机床热误差分析

要得到磨齿机径向热误差，就要计算砂轮和工件在机床坐标系 XOZ 中的 X 向相对位移值，XOZ 坐标系到 $X'OZ'$ 坐标系的坐标变换矩阵为

$$[T'] = \begin{bmatrix} \cos\gamma & 0 & \sin\gamma \\ 0 & 1 & 0 \\ -\sin\gamma & 0 & \cos\gamma \end{bmatrix} \begin{bmatrix} 1 & 0 & 0 \\ 0 & \cos\pi & -\sin\pi \\ 0 & \sin\pi & \cos\pi \end{bmatrix} \tag{2.36}$$

由图 2.13 几何关系可知：

$$\gamma = \frac{3}{2}\pi - \theta_A \tag{2.37}$$

故 XOZ 坐标系到 $X'OZ'$ 坐标系的坐标变换矩阵为

$$[T'] = \begin{bmatrix} -\sin\theta_A & 0 & \cos\theta_A \\ 0 & -1 & 0 \\ \cos\theta_A & 0 & \sin\theta_A \end{bmatrix} \tag{2.38}$$

考虑磨齿机大立柱、大立柱上各轴系结构及主轴受热变形时，砂轮 D' 在 XOZ 坐标系中的位移表达式为

$$\begin{bmatrix} X_{D2} \\ 0 \\ Z_{D2} \end{bmatrix} = [T'] \begin{bmatrix} X_D' \\ 0 \\ Z_D' \end{bmatrix} \tag{2.39}$$

联合式 (2.21)、式 (2.31)、式 (2.35) 和式 (2.39)，得砂轮 D' 在 XOZ 坐标系中的 X 向位移表达式为

$$X_{D2} = -\frac{2a\alpha_T(\Delta T_{A2}-\Delta T_{A1})l_1}{[2+\alpha_T(\Delta T_{A2}+\Delta T_{A1})]h}\alpha_T\frac{\Delta T_{B2}+\Delta T_{B1}}{2}$$
$$+\frac{\alpha_T a^2(\Delta T_{B2}-\Delta T_{B1})}{2h'}+\alpha_T\Delta T_C b+\frac{\alpha_T l_{CD}^2(\Delta T_{D2}-\Delta T_{D1})}{2c} \tag{2.40}$$

考虑磨齿机整机受热变形时，砂轮 D 在 XOZ 坐标系中 X 向的总位移表达式为

$$X_D = X_{D1} + X_{D2} \tag{2.41}$$

解得

$$
\begin{aligned}
X_D = & -\alpha_T \frac{\Delta T_{A2} + \Delta T_{A1}}{2} l_1 - \frac{a\alpha_T l_1 (\Delta T_{A2} - \Delta T_{A1})\left[2 + \alpha_T (\Delta T_{B2} + \Delta T_{B1}) \right]}{\left[2 + \alpha_T (\Delta T_{A2} + \Delta T_{A1}) \right] h} \\
& + \frac{\alpha_T a^2 (\Delta T_{B2} - \Delta T_{B1})}{2h'} + \alpha_T \Delta T_C b + \frac{\alpha_T l_{CD}^2 (\Delta T_{D2} - \Delta T_{D1})}{2c}
\end{aligned} \tag{2.42}
$$

XOZ 坐标系到 $X''OZ''$ 坐标系的坐标变换矩阵为

$$
[T''] = \begin{bmatrix} \cos\eta & 0 & \sin\eta \\ 0 & 1 & 0 \\ -\sin\eta & 0 & \cos\eta \end{bmatrix} \tag{2.43}
$$

由图 2.15 几何关系可知：

$$\eta = \frac{3}{2}\pi + \theta_E \tag{2.44}$$

故

$$
[T''] = \begin{bmatrix} \sin\theta_E & 0 & -\cos\theta_E \\ 0 & 1 & 0 \\ \cos\theta_E & 0 & \sin\theta_E \end{bmatrix} \tag{2.45}
$$

考虑磨齿机大立柱、大立柱上各轴系结构及主轴受热变形时，工件 F 在 XOZ 坐标系中的位移表达式为

$$
\begin{bmatrix} X_{F2} \\ 0 \\ Z_{F2} \end{bmatrix} = [T''] \begin{bmatrix} X_F'' \\ 0 \\ Z_F'' \end{bmatrix} \tag{2.46}
$$

联合式 (2.25)、式 (2.35)、式 (2.45) 和式 (2.46)，得工件 F 在 XOZ 坐标系中的 X 向位移表达式为

$$
X_{F2} = \frac{\alpha_T^2 l_2 e (\Delta T_{A2} - \Delta T_{A1})(\Delta T_{F2} + \Delta T_{F1})}{\left[2 + \alpha_T (\Delta T_{A2} + \Delta T_{A1}) \right] h} - \frac{\alpha_T (\Delta T_{F2} - \Delta T_{F1})}{2d} e^2 \tag{2.47}
$$

考虑磨齿机整机受热变形时，工件 F 在 XOZ 坐标系中 X 向的总位移表达式为

$$X_F = X_{F1} + X_{F2} \tag{2.48}$$

解得

$$
\begin{aligned}
X_F = & \alpha_T \frac{\Delta T_{A2} + \Delta T_{A1}}{2} l_2 + \frac{e\alpha_T l_2 (\Delta T_{A2} - \Delta T_{A1})\left[2 + \alpha_T (\Delta T_{F2} + \Delta T_{F1}) \right]}{\left[2 + \alpha_T (\Delta T_{A2} + \Delta T_{A1}) \right] h} \\
& - \frac{\alpha_T (\Delta T_{F2} - \Delta T_{F1})}{2d} e^2
\end{aligned} \tag{2.49}
$$

磨齿机 X 向热误差为

$$\delta_x = X_D - X_F$$
$$= -\alpha_{\mathrm{T}} \frac{\Delta T_{A2} + \Delta T_{A1}}{2}(l_1 + l_2) + \frac{a\alpha_{\mathrm{T}} l_1 (\Delta T_{A2} - \Delta T_{A1})\left[2 + \alpha_{\mathrm{T}}(\Delta T_{B2} + \Delta T_{B1})\right]}{h\left[2 + \alpha_{\mathrm{T}}(\Delta T_{A2} + \Delta T_{A1})\right]}$$
$$+ \frac{\alpha_{\mathrm{T}} a^2 (\Delta T_{B2} - \Delta T_{B1})}{2h'} + \frac{\alpha_{\mathrm{T}} e^2 (\Delta T_{F2} - \Delta T_{F1})}{2d} + \frac{\alpha_{\mathrm{T}} l_{CD}^2 (\Delta T_{D2} - \Delta T_{D1})}{2c} \qquad (2.50)$$
$$- \frac{e\alpha_{\mathrm{T}} l_2 (\Delta T_{A2} - \Delta T_{A1})\left[2 + \alpha_{\mathrm{T}}(\Delta T_{F2} + \Delta T_{F1})\right]}{h\left[2 + \alpha_{\mathrm{T}}(\Delta T_{A2} + \Delta T_{A1})\right]} + \alpha_{\mathrm{T}} \Delta T_C b$$

砂轮与工件相互靠近时，δ_x 为正；砂轮与工件相互远离时，δ_x 为负。

2.1.2.4　装备误差对零件加工误差的影响

蜗杆砂轮磨齿机大量应用于批量齿轮的精密加工中，其误差对其加工精度影响很大。根据工件相对于砂轮的实际位置与理想位置的偏差，具体可分解为径向热误差、切向热误差、轴向热误差。批量化零件加工中，机床热误差是最主要的误差源，蜗杆砂轮磨齿时，即分为砂轮相对工件之间在 X 方向的误差(径向热误差 δ_x)、砂轮相对工件之间在 Y 方向的误差(切向热误差 δ_y)、砂轮相对工件之间在 Z 方向的误差(轴向热误差 δ_z)。

齿轮磨削加工具有径向进给运动、轴向冲程运动以及窜刀运动三个运动。磨齿机 X 进给运动用于径向进给。如图 2.16 所示，随着热变形逐渐累积，δ_x 也逐步增加，使磨削点位置偏移量增加，砂轮与工件的中心距增加。磨齿机 Y 轴运动主要用于窜刀，由于磨齿时该方向一般不运动，切向热误差 δ_y 较小，一般可通过工件对刀时，工件转动一定的角度，使砂轮对准齿槽中心，从而予以补偿。砂轮沿 Z 轴完成齿轮齿宽方向的加工，该方向引起的误差可通过对刀时的工件转动角度予以补偿，因此 δ_z 对齿轮精度的影响相对于其他方向可以忽略。因此，径向热误差 δ_x 是蜗杆砂轮磨齿机热变形影响加工精度的关键因素。综上所述，切向热误差、轴向热误差可通过对刀时的工件转动角度予以补偿，而径向热误差则无法通过加工时的对刀消除。

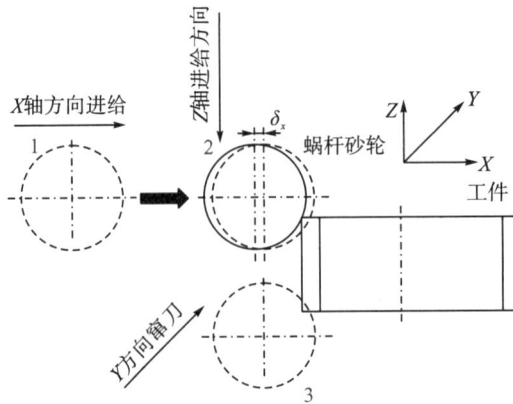

图 2.16　磨齿机热误差示意图

径向热误差δ_x会直接引起工件的齿距偏差(Δf_{pt})与齿轮 M 值偏差,影响齿轮传动的平稳性精度,齿距偏差(Δf_{pt})如图 2.17 所示。如图 2.18 所示,将两个相同的球(圆柱)分别放置在被测齿轮对径位置(对于奇数齿齿轮则在其附近,且相差 $\pi/2z$ 的中心角,z 为齿数)的两齿槽内,并要求其必须在分度圆附近与两侧齿面接触,使球(圆柱)表面超过齿顶。此时用量具测出两球(圆柱)最外侧母线间的距离即 M 值,又称为跨球(圆柱)尺寸。

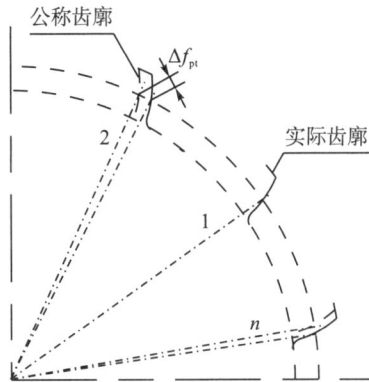

图 2.17　齿距偏差示意图

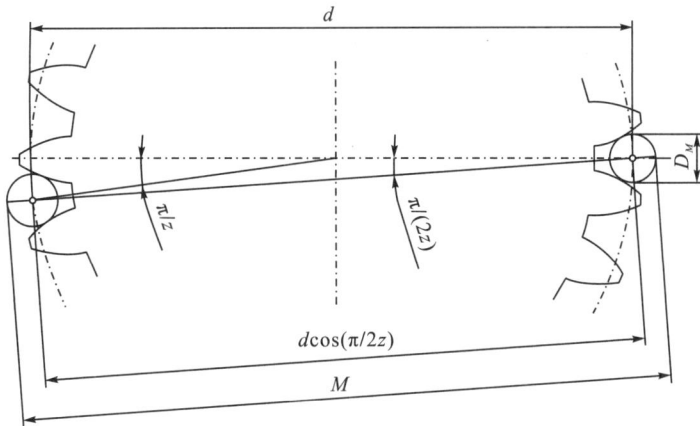

图 2.18　齿轮 M 值

由图 2.18 可知,当齿轮齿厚发生变化时,跨球(圆柱)尺寸即 M 值将随之改变,因此齿轮 M 值可以反映齿厚偏差。蜗杆砂轮磨齿时,机床热变形会使蜗杆砂轮与齿轮间的相对位移发生变化,径向热误差δ_x变化,导致中心距也会随之改变,直接影响磨削出来的齿轮精度,特别是对齿厚精度影响非常大,而通过测量齿轮 M 值偏差可以间接得到齿厚偏差,从而控制齿轮副侧隙。M 值变化值 ΔM 与径向热误差δ_x的近似关系如下式:

$$\Delta M = 2\delta_x \tag{2.51}$$

此外,当径向热误差δ_x存在时,切割点从 K 移动到 K',KK'线垂直于齿轮铰孔,定义为齿廓总误差,如图 2.19 所示。KK'的计算公式可表示为

$$F_\alpha = KK' = \delta_x \sin\alpha \tag{2.52}$$

式中，F_α 为齿廓总误差；α 为 KK' 与水平方向之间的夹角。

误差 F_α 会导致齿顶、齿根、齿厚、顶圆和齿根圆直径的变化。

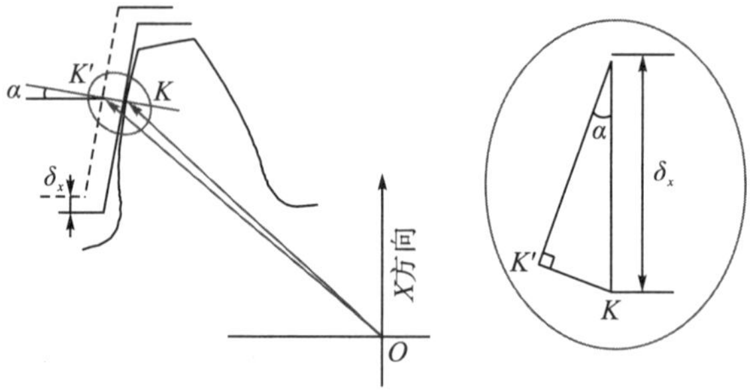

图 2.19　砂轮沿 X 方向移动后切割点的位置变化

2.2　加工误差源耦合作用机制

2.2.1　工艺参数耦合作用机制

2.2.1.1　刀具参数

在复杂曲面铣削加工中，球头铣刀占有重要的地位，广泛应用于半精加工和精加工。球头铣刀的主要几何参数是刀具半径、刃数以及螺旋角，这些几何参数会对切削力产生重要影响，进而改变零件的表面质量和加工精度。其中，刀具半径和刃数会直接影响切削力的大小和分布，而螺旋角则是通过影响切削力系数来改变切削力。

球头铣刀螺旋角会随着刀具轴线变化。不同刀具轴线高度对应的螺旋角称为局部螺旋角（i_h），其计算公式为

$$i_h = \arctan\left(\frac{R(i)\tan i_0}{R}\right) \tag{2.53}$$

式中，i_0 为刀具的螺旋角；R 为刀具半径；$R(i)$ 为不同刀具轴线高度对应的刀具半径。

在铣削中，每一个微元刃的加工过程可视为具有一定角度的斜角切削过程。该斜角是影响切削力系数的关键因素，而每一个微元刃对应的斜角又与局部螺旋角密切相关。因此，球头的切削力系数沿着刀具轴线变化。切削力系数由边缘力系数和剪切力系数组成。局部螺旋角对边缘力系数的影响可以忽略，并且可以当作常数。当剪切力系数用三次多项式表示时，其计算效率和切削力的预测精度最佳。因此，剪切力系数可以假设为局部螺旋角的三次多项式函数，并表示为

$$\begin{cases} K_{tc} = C_0 + C_1 i_h + C_2 i_h^2 + C_3 i_h^3 \\ K_{rc} = C_4 + C_5 i_h + C_6 i_h^2 + C_7 i_h^3 \\ K_{ac} = C_8 + C_9 i_h + C_{10} i_h^2 + C_{11} i_h^3 \end{cases} \tag{2.54}$$

式中，K_{tc}、K_{rc}、K_{ac} 分别表示切向、径向、轴向的剪切力系数，$C_0 \sim C_{11}$ 为描述剪切力系数与局部螺旋角之间关系的常数，需要实验来进行标定。

基于 2.1.1.3 节的讨论，槽铣中刀具一个旋转周期内的平均切削力可以表示为

$$\begin{bmatrix} \overline{F_X} \\ \overline{F_Y} \\ \overline{F_Z} \end{bmatrix} = \frac{RN_c}{2\pi} \int_0^\pi \int_{i_h^{\text{low}}}^{i_h^{\text{up}}} [B] \cdot \mathrm{d}i_h \mathrm{d}\psi \cdot [K] \tag{2.55}$$

其中

$$[B] = \begin{bmatrix} -QG & -JPG & -LPG \\ PG & -JQG & -LQG \\ 0 & LG & -JG \end{bmatrix}$$

$$\begin{matrix} -f_pHJPQ & -f_pHJ^2P^2 & -f_pHJLP^2 & -f_pHi_hJPQ & -f_pHi_hJ^2P^2 & -f_pHi_hJLP^2 \\ f_pHJP^2 & -f_pHJ^2PQ & -f_pHJLPQ & f_pHi_hJP^2 & -f_pHi_hJ^2PQ & -f_pHi_hJLPQ \\ 0 & f_pHJLP & -f_pHJ^2P & 0 & f_pHi_hJLP & -f_pHi_hJ^2P \end{matrix}$$

$$\begin{matrix} -f_pHi_h^2JPQ & -f_pHi_h^2J^2P^2 & -f_pHi_h^2JLP^2 & -f_pHi_h^3JPQ & -f_pHi_h^3J^2P^2 & -f_pHi_h^3JLP^2 \\ f_pHi_h^2JP^2 & -f_pHi_h^2J^2PQ & -f_pHi_h^2JLPQ & f_pHi_h^3JP^2 & -f_pHi_h^3J^2PQ & -f_pHi_h^3JLPQ \\ 0 & f_pHi_h^2JLP & -f_pHi_h^2J^2P & 0 & f_pHi_h^3JLP & -f_pHi_h^3J^2P \end{matrix}$$

$$\tag{2.56}$$

$$[K] = [K_{te} \quad K_{re} \quad K_{ae} \quad C_0 \quad C_4 \quad C_8 \quad C_1 \quad C_5 \quad C_9 \quad C_2 \quad C_6 \quad C_{10} \quad C_3 \quad C_7 \quad C_{11}]^T \tag{2.57}$$

式中，N_c 为刃数；f_p 为每齿进给量；i_h^{low} 为局部螺旋角的下限；i_h^{up} 为局部螺旋角的上限。P、Q、J、L、G、H 的计算如下：

$$\begin{cases} P = \sin\psi \\ Q = \cos\psi \\ J = \sin\kappa \\ L = \cos\kappa \\ G = \sqrt{1 + b^2\sin^4\kappa} \cdot \dfrac{1 + b^2\sin^2\kappa}{b\cos\kappa} \\ H = \dfrac{1 + b^2\sin^2\kappa}{b\cos\kappa} \end{cases}$$

其中，ψ 为位置角；κ 为轴向角。

显然，式 (2.55) 中存在 15 个未知数。每次槽铣时可以得到三个方程，因此，在不同加工参数下，只需 5 组开槽实验就可计算出所有的未知量。然而，开槽过程中误差不可避免，所以实验值和理论值可能会有所不同。因此，为了尽可能地消除实验误差对该模型的影响，需要进行 5 次以上的开槽实验，并采用最小二乘法辨识切削力系数。

2.2.1.2　刀具磨损

刀具后刀面磨损对切削力的影响可以通过添加两个分力来表征：一个是垂直于后刀面磨损区的分力；另一个是由于后刀面磨损区摩擦产生的分力。现有文献中大多数与刀具磨

损有关的工作都采用了此假设，并将刀具磨损建模为附加的摩擦力。然而，刀具的磨损不只发生在后刀面，还发生在刀尖和前刀面。应该以整体的方式来考虑这些磨损区。为了解决这个问题，采用多项式近似方法对刀具磨损效应进行建模。使用刀具后刀面磨损值 ($\overline{\mathrm{VB}}$) 作为唯一指标，切向切削力被假定为

$$\begin{cases} F_{\mathrm{t}}(\psi, z, \overline{\mathrm{VB}}) = \left[1 + f(\overline{\mathrm{VB}})\right] \cdot F_{\mathrm{t}}^0 \\ f(\overline{\mathrm{VB}}) = \sum_{i=1}^{N} a_i \overline{\mathrm{VB}}^i \end{cases} \tag{2.58}$$

式中，$f(\overline{\mathrm{VB}})$ 为 $\overline{\mathrm{VB}}$ 的多项式函数，用来表征切削力的增长模式；a_i 为多项式系数。

考虑刀具不会突然破损，可以做出如下假设：刀具磨损情况可以由 $\overline{\mathrm{VB}}$ 唯一表征，不管切削参数如何变化，其切削力增加模式与 $\overline{\mathrm{VB}}$ 的关系应保持不变（即系数是恒定的）。因此，可以通过最小二乘法来识别出系数，进而计算出 $f(\overline{\mathrm{VB}})$ 和切向切削力 $F_{\mathrm{t}}(\psi, z, \overline{\mathrm{VB}})$。

2.2.1.3　刀具跳动

1. 考虑刀具跳动的未变形切屑厚度建模

如图 2.20 所示，刀具的跳动可以看作刀轴偏移了距离 ρ、角度 ϕ_{ro}。当考虑刀具跳动时，刀具每转一圈，实际进给量将包括两部分：跳动引起的进给量和原来设计的每齿进给量。因此，刀具跳动的影响可以被当作是额外的进给量。

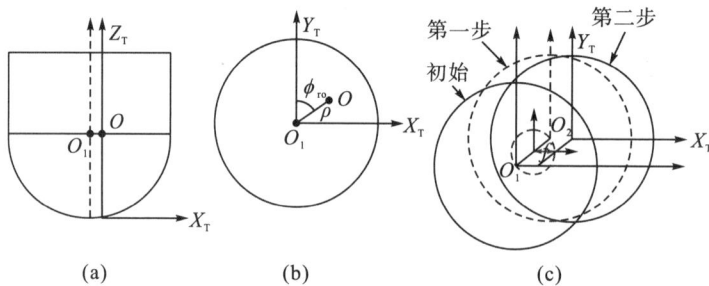

图 2.20　考虑刀具跳动的未变形切屑厚度建模

由跳动引起的额外进给量可以被表示为

$$f_{\mathrm{r}} = \left[\rho \sin(\phi_{\mathrm{ro}} + \theta) - \rho \sin(\phi_{\mathrm{ro}} + \theta - \phi_{\mathrm{p}}), \rho \cos(\phi_{\mathrm{ro}} + \theta) - \rho \cos(\phi_{\mathrm{ro}} + \theta - \phi_{\mathrm{p}}), 0\right]^{\mathrm{T}} \tag{2.59}$$

进给方向垂直于刀具轴线，相应的额外未变形切屑厚度为

$$\mathrm{uct}_{\mathrm{ro}} = \rho \sin(k)\cos(\phi_{ro} + \phi_z - (i-1)\phi_{\mathrm{p}}) - \rho \sin(k)\cos(\phi_{ro} + \phi_z - (i-2)\phi_{\mathrm{p}}) \tag{2.60}$$

式中，k 为轴向角，θ 为从刀尖测量第一个切削刃对应的径向浸没角；ϕ_{p} 为齿间角。

2. 考虑刀具振动的未变形切屑厚度建模

与考虑刀具跳动建模的方式类似，刀具振动的影响也可以视为对每齿进给的额外项，如图 2.21 所示。这个额外项，记为 f_{v}，表示为

$$f_v = X(t) - X(t-\Phi) = \begin{bmatrix} x(t) - \chi(t-\Phi) \\ y(t) - y(t-\Phi) \end{bmatrix} \tag{2.61}$$

其中，Φ 为刀齿通过周期。

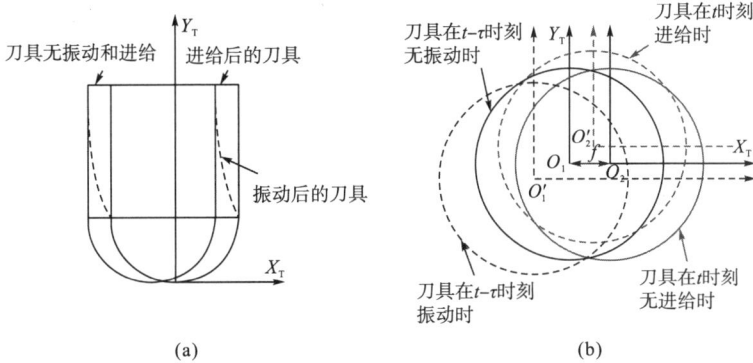

图 2.21　考虑刀具振动的未变形切屑厚度建模

应考虑一种特殊情况：刀具的振动达到刀具跳出切削的程度。在这种情况下，切屑的前表面是由两个或更多个刀齿通过而形成。考虑到这种特殊情况，f_v 为

$$f_v = X(t) - X_p = \begin{bmatrix} x(t) - x_p \\ y(t) - y_p \end{bmatrix} \tag{2.62}$$

其中，x_p、y_p 为先前刀具切削位置 X_p 在 X_T、Y_T 方向的分量，先前刀具切削位置 X_p 为

$$X_p = \begin{bmatrix} x_p \\ y_p \end{bmatrix} = \begin{bmatrix} \min\{x(t-\Phi), x(t-2\Phi), \cdots, x(t-N\Phi)\} \\ \min\{y(t-\Phi), y(t-2\Phi), \cdots, y(t-N\Phi)\} \end{bmatrix} \tag{2.63}$$

同样地，刀具振动导致的未变形切屑厚度可以表示为

$$\mathrm{uct}_v = \sin\kappa \cdot \sin\psi \cdot [x(t) - x_p] + \sin\kappa \cdot \cos\psi \cdot [y(t) - y_p] \tag{2.64}$$

2.2.1.4　考虑工艺参数耦合的切削力预测模型

对于一般的球头铣刀五轴加工，t-r-a 坐标系上的切向、径向、轴向切削力为

$$\begin{cases} \mathrm{d}F_t = K_{te}\mathrm{d}S + K_{tc}U_{ct}(\psi,\kappa)\mathrm{d}b \\ \mathrm{d}F_r = K_{re}\mathrm{d}S + K_{rc}U_{ct}(\psi,\kappa)\mathrm{d}b \\ \mathrm{d}F_a = K_{ae}\mathrm{d}S + K_{ac}U_{ct}(\psi,\kappa)\mathrm{d}b \end{cases} \tag{2.65}$$

其中，K_{rc}、K_{tc}、K_{ac} 和 K_{re}、K_{te}、K_{ae} 为切削力系数；$\mathrm{d}S$ 为微元切削刃的长度；$\mathrm{d}b$ 为未变形切屑宽度；$U_{ct}(\psi,\kappa)$ 为未变形切屑厚度，由位置角 ψ、轴向角 κ 和每齿进给量 f_p 决定。

基于式（2.54），式（2.65）可以写成

$$\begin{cases} \mathrm{d}F_t = K_{te}\mathrm{d}S + (C_0 + C_1 \cdot i_h + C_2 \cdot i_h^2 + C_3 \cdot i_h^3)U_{ct}^{all}(\psi,\kappa)\mathrm{d}b \\ \mathrm{d}F_r = K_{re}\mathrm{d}S + (C_4 + C_5 \cdot i_h + C_6 \cdot i_h^2 + C_7 \cdot i_h^3)U_{ct}^{all}(\psi,\kappa)\mathrm{d}b \\ \mathrm{d}F_a = K_{ae}\mathrm{d}S + (C_8 + C_9 \cdot i_h + C_{10} \cdot i_h^2 + C_{11} \cdot i_h^3)U_{ct}^{all}(\psi,\kappa)\mathrm{d}b \end{cases} \tag{2.66}$$

其中，$U_{ct}^{all}(\psi,\kappa) = \mathrm{uct}_0 + \mathrm{uct}_{ro} + \mathrm{uct}_v$，$\mathrm{uct}_0$ 为理想情况下的未变形切屑厚度，其可以表达为 $\mathrm{uct}_0 = f_p \cdot \sin\kappa \cdot \sin\psi$。

　　t-r-a 坐标系中的微元切削力需要转换到刀具坐标系中,基于上述公式,总切削力可以表示为

$$
\begin{bmatrix} F_x \\ F_y \\ F_z \end{bmatrix}_C = \sum\sum \begin{bmatrix} -\cos\psi & -\sin\kappa\cdot\sin\psi & -\cos\kappa\cdot\sin\psi \\ \sin\psi & -\sin\kappa\cdot\cos\psi & -\cos\kappa\cdot\cos\psi \\ 0 & \cos\psi & -\sin\kappa \end{bmatrix} \begin{bmatrix} [1+f(\overline{\mathrm{VB}})]\cdot \mathrm{d}F_t \\ \mathrm{d}F_r \\ \mathrm{d}F_a \end{bmatrix}
\tag{2.67}
$$

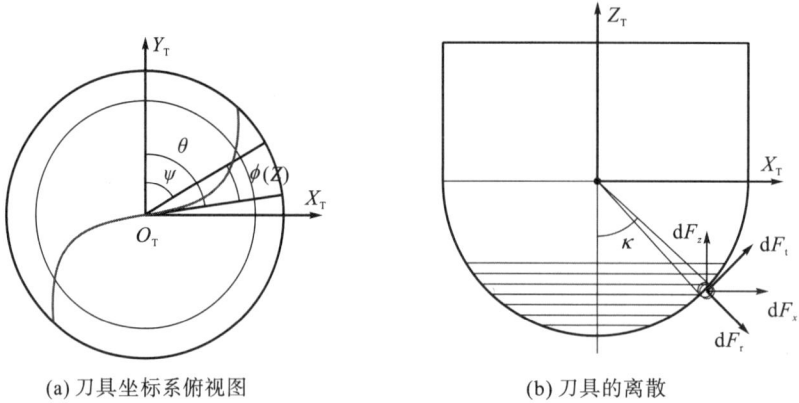

(a) 刀具坐标系俯视图　　　　　　　　(b) 刀具的离散

图 2.22　切削力预测

2.2.1.5　切削力对残余应力作用机制

1. 影响残余应力的切削力形成过程

　　在机械加工过程中,当刀具切削工件时,刀具与工件表面发生接触,在工件表面不仅会产生一定的表面接触力,还会形成一定的切削热,表面接触力在工件内部会引起一定的内部应力,这部分应力使工件内局部产生了一定的弹塑性变形。

　　机械加工中的切削力主要包括两个部分:一部分是剪切力,另一部分是耕犁力。国内外学者对这两部分力已经作了深入研究,Oxley[164]建立了剪切力模型,Lalwani 等[165]对其进行了扩展分析,Waldorf 等[166]建立了耕犁力的模型。因此剪切力和耕犁力主要是根据Waldorf 等[166]建立的切削力模型计算的,该模型是基于正交切削过程中在滑移线场建立的滑动变形建模。如图 2.23 所示。

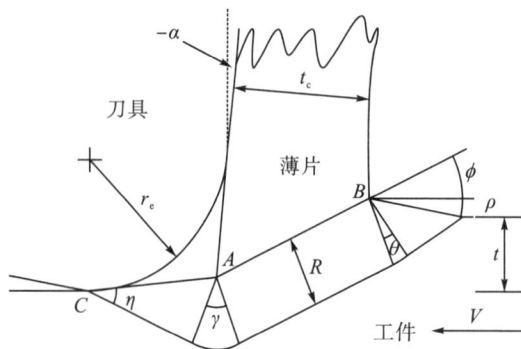

图 2.23　切削过程剪切滑移区

剪切力：

$$\begin{cases} S_{\text{aut}} = K \cdot W \cdot [\cos\phi + (1+2\theta) \cdot \sin\phi] \cdot AB \\ S_{\text{thr}} = K \cdot W \cdot [(1+2\theta) \cdot \cos\phi - \sin\phi] \cdot AB \end{cases} \tag{2.68}$$

耕犁力：

$$\begin{aligned} P_{\text{cut}} &= KW\{\cos(2\eta)\cos(\phi-\gamma+\eta) \\ &\quad + [1+2\theta+2\gamma+\sin(2\eta)]\sin(\phi-\gamma+\eta)\}CA \\ P_{\text{thr}} &= KW\{-\cos(2\eta)\sin(\phi-\gamma+\eta) \\ &\quad + [1+2\theta+2\gamma+\sin(2\eta)]\cos(\phi-\gamma+\eta)\}CA \end{aligned} \tag{2.69}$$

式中，S_{aut}、P_{cut} 表示平行于切削速度方向的力；S_{thr}、P_{thr} 表示垂直于切削速度方向的力；K 表示剪切屈服强度；W 表示切削宽度；ϕ 表示剪切角。

2. 基于切削力的残余应力形成机理

无论是剪切力还是耕犁力，它们都与剪切角有密切的关系。而剪切角与工件材料的本身属性和切削参数有直接关系。通过以上公式可以求出剪切力和耕犁力的大小，并建立它们与切削参数的直接联系。图 2.24 中切削加工中工件内部任意点 A 的应力主要根据接触力学理论中的公式来计算，公式如下：

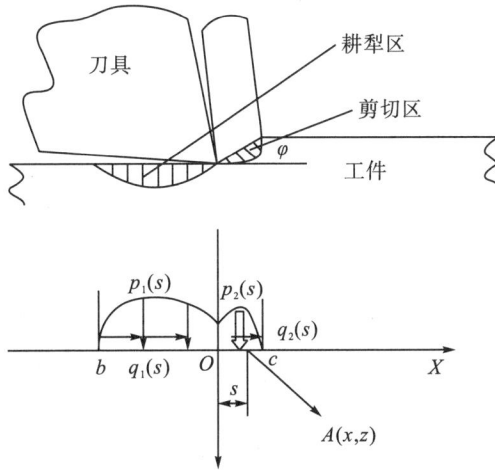

图 2.24　切削力在工件接触表面的应力投影图

$$\sigma_{xx} = \int_b^c \frac{p(s)(x-s)^2}{[(x-s)^2+z^2]^2}\,\mathrm{d}s - \frac{2}{\pi}\int_b^c \frac{q(s)(x-s)^2}{[(x-s)^2+z^2]^2}\,\mathrm{d}s \tag{2.70}$$

$$\sigma_{zz} = -\frac{2z^2}{\pi}\int_b^c \frac{p(s)}{[(x-s)^2+z^2]^2}\,\mathrm{d}s - \frac{2z^2}{\pi}\int_b^c \frac{q(s)(x-s)}{[(x-s)^2+z^2]^2}\,\mathrm{d}s \tag{2.71}$$

$$\tau_{xz} = -\frac{2z^2}{\pi}\int_b^c \frac{p(s)(x-s)}{[(x-s)^2+z^2]^2}\,\mathrm{d}s - \frac{2z}{\pi}\int_b^c \frac{q(s)(x-s)^2}{[(x-s)^2+z^2]^2}\,\mathrm{d}s \tag{2.72}$$

$p(s)$ 表示法向力：

$$p(s) = \begin{cases} p_1(s), & b<s<0 \\ p_2(s), & 0<s<c \end{cases} \tag{2.73}$$

$q(s)$表示切向力：

$$q(s)=\begin{cases}q_1(s), & b<s<0\\ q_2(s), & 0<s<c\end{cases} \tag{2.74}$$

随后基于麦克道尔(McDowell)模型在 X 方向和 Z 方向引入了屈服函数，进而预测平面 X、Y 方向上的残余应力。基于解析法计算的切削力获得零件在切削过程中受到的应力，再对工件内一点经过循环加载-卸载，计算每一个微小时间段内的应力应变，最后基于工件表面约束条件，建立应力释放方程，得到残余应力分布。在切削加工残余应力形成的基础上，对应力加载-卸载-释放进行建模分析后便得到最终薄壁件表面的残余应力。

2.2.2　工艺与装备耦合作用机制

2.2.2.1　工艺参数影响下的加工装备热误差

加工装备热误差是影响加工零件的重要因素，但机床热误差影响因素众多，耦合关系复杂，目前能适用于多种工况下的机床热误差模型还较少。为研究能适应多种工艺参数的加工装备热误差模型，本书研究了在不同工艺参数(主轴转速、进给率、工作台转速)下的加工装备热误差，探究了工艺参数与加工装备热误差的耦合机制。对于复杂零件加工机床，主要运动部件均为主轴、直线轴、旋转工作台，研究方法是类似的。本节选用结构较为复杂的磨齿机作为研究对象，但该方法同样适用于加工中心等机床。

1. 工艺参数影响下的加工装备热误差实验

1)主轴转速与加工装备热误差耦合

在零件加工中，主轴热变形是导致刀具与工件位姿发生变化，影响零件加工精度的重要因素，而对于不同转速下的加工装备热误差是不同的。为研究主轴转速与加工装备热误差的耦合关系，设计了一系列转速下的主轴热误差实验(图2.25)。以蜗杆砂轮磨齿机为例，根据蜗杆砂轮磨齿机常用的主轴转速设置了 5 个梯度实验，每组实验主轴按照设定转速工作 4 小时后，停止 1 小时，如表2.4所示。

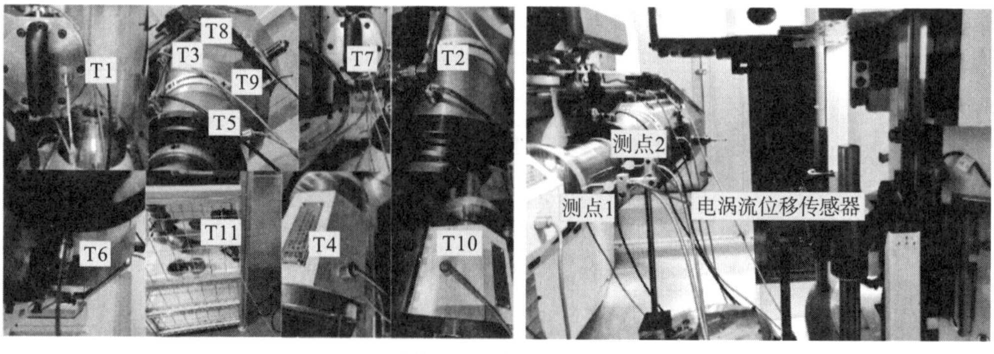

图 2.25　实验现场

T1～T11 为温度传感器安装位置。T1：小托座端面；T2：主轴前轴承；T3：主轴箱体靠近外侧冷却管；T4：小托座侧面；
T5：主轴前轴承；T6：主轴前轴承；T7：小托座底面；T8：主轴箱体靠近内侧冷却管；T9：主轴箱体中部；
T10：小托座顶部；T11：环境

表 2.4   主轴热误差实验参数

项目	实验一	实验二	实验三	实验四	实验五
主轴转速/(r/min)	1000	2000	3000	4000	5000

由 2.1 节中得到，磨齿机敏感误差方向为 X 方向，故主要讨论主轴 X 方向的热误差。五次实验的主轴热误差如图 2.26 所示。从图中可以得到，主轴热误差大小与工艺参数大小并非呈正比关系，有着明显的耦合关系。因此单纯地以温度建模不能适用于其他工况加工装备热误差。

2）工作台转速与加工装备热误差耦合

蜗杆砂轮磨齿过程中，齿轮由夹具装夹在工作台上，随工作台跟随砂轮的转动，构成砂轮与齿轮的磨削过程。在蜗杆砂轮

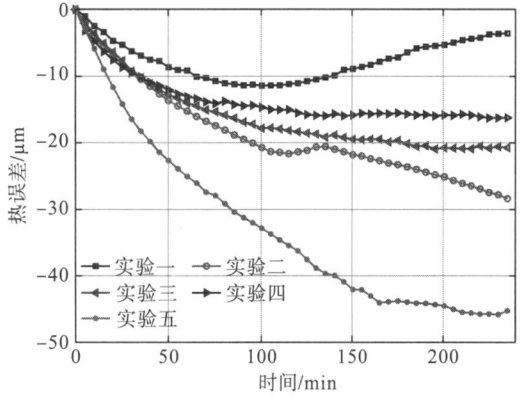

图 2.26   五次实验主轴热误差

磨齿机加工过程中，工作台转速会与主轴转速成严格的传动比关系。因此，主轴转速变化的同时，工作台转速也会变化。工作台的转动同样会产生各方向上的热变形，不同工作台转速下的加工装备热误差同样是不同的。

为研究工作台转速与加工装备热误差的耦合关系，设计了一系列转速下的工作台热误差实验，如图 2.27 所示。根据蜗杆砂轮磨齿机常用的工作台转速设置了 4 个梯度实验，每组实验开展 200 分钟，如表 2.5 所示。

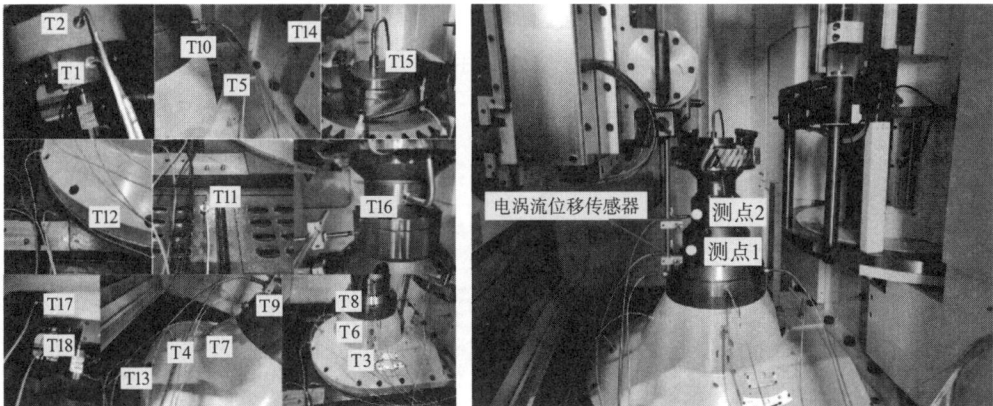

图 2.27   实验现场

T1：工作台旋转油缸前侧；T2：工作台箱体下部前侧；T3：工作台座坡面前侧；T4：工作台座坡面左侧；T5：工作台座坡面右侧；T6：工作台座前侧；T7：工作台座左侧；T8：工作台外壳上部前侧；T9：工作台外壳上部左侧；T10：工作台外壳上部右侧；T11：机床内部环境；T12：床身前部；T13：床身中部；T14：小立柱；T15：工件；T16：夹具；T17：工作台箱体下部左侧；T18：工作台旋转油缸左侧

表 2.5　工作台热误差实验参数

项目	实验一	实验二	实验三	实验四
工作台转速/(r/min)	300	400	500	0

四次实验工作台 X 方向热误差如图 2.28 所示。从图中可以得到，工作台 X 方向热误差随工作台运行而升高，但热误差大小与工艺参数大小不呈正比关系，有着明显的耦合关系。

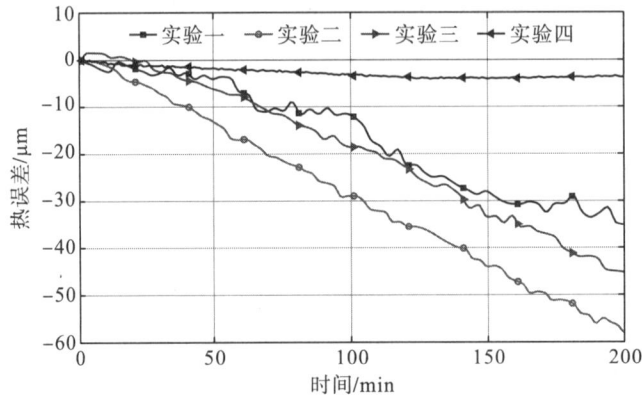

图 2.28　四次实验工作台 X 方向热误差

3) 进给率与加工装备热误差耦合

蜗杆砂轮磨齿机在磨削齿轮过程中，直线轴 X 轴、Y 轴、Z 轴均参与运动，其定位精度将直接影响零件加工精度。为研究不同进给率下的加工装备进给轴热误差，以 X 轴为例，进行误差测试实验，如图 2.29 所示。设定 4 种不同进给率的往复运动模拟实际加工中的 X 轴运动升温过程，速度设置如表 2.6 所示。

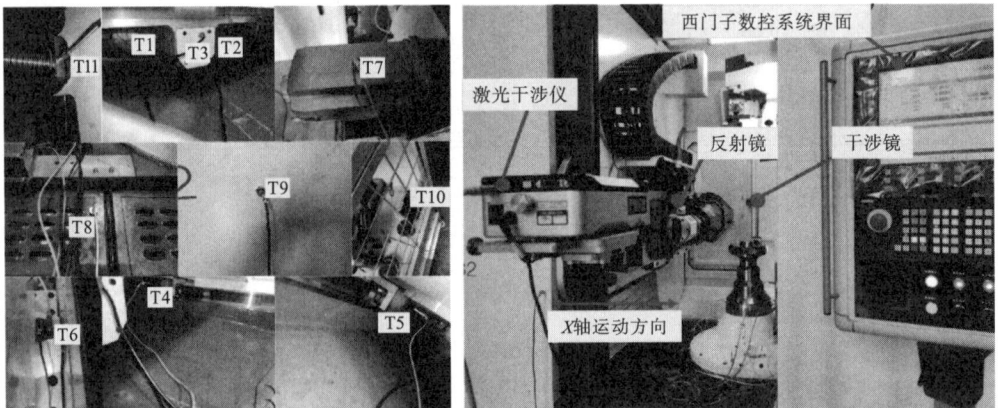

图 2.29　实验现场

T1~T11 为温度传感器安装位置。T1：丝杠套筒左侧；T2：丝杠套筒右侧；T3：丝杠套筒端面；T4：内侧滑块；T5：外侧滑块；T6：轴承座；T7：电机；T8：床身内侧；T9：床身外侧；T10：环境；T11：丝杠螺母

表 2.6　直线轴进给率设置

实验次数	进给率/(mm/min)	加热时间/min	测量次数
实验一	2000	160	8
实验二	4000	160	8
实验三	6000	160	8
实验四	8000	160	8

四次实验的 X 轴热变形与 X 轴运动位置的变化曲线如图 2.30 所示。同样地，X 进给轴定位误差虽然随 X 轴运行而升高，但热误差大小与工艺参数大小不呈正比关系，即装备与工艺存在着明显的耦合关系。

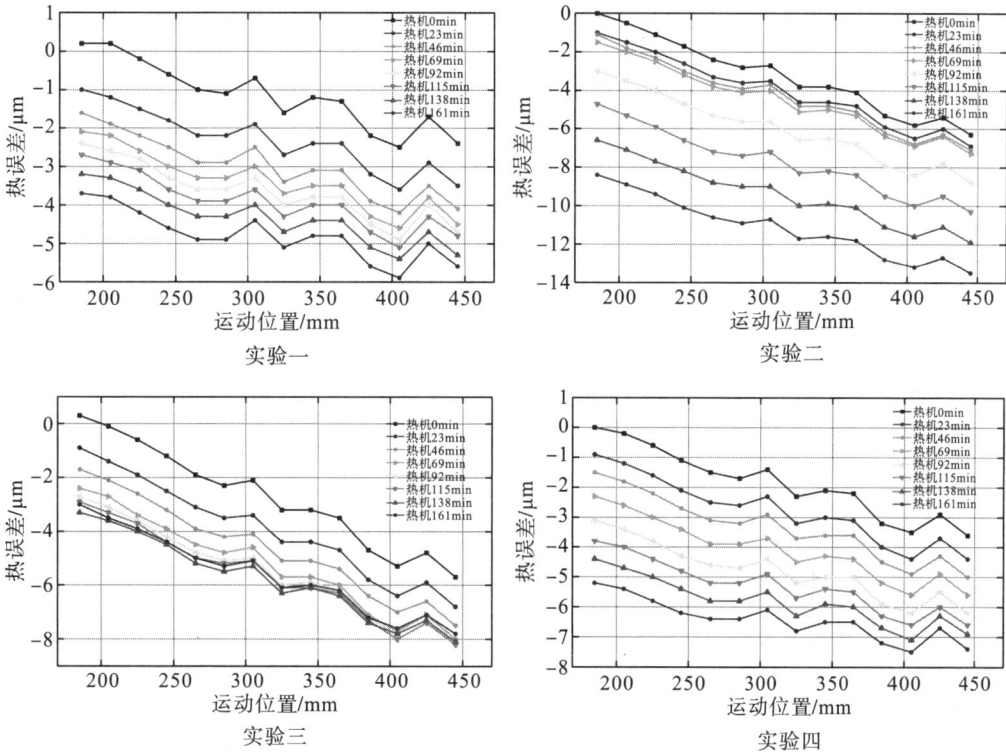

图 2.30　四次实验 X 进给系统定位热误差

2. 工艺参数耦合的加工装备热误差建模

1) 工艺参数耦合的加工装备热误差建模策略

从上述研究中发现，加工装备热误差与工艺参数（主轴转速、工作台转速、进给率）具有明显的耦合关系。为了建立适用于多种工况下的机床热误差模型，根据常用工艺参数范围，设定不同工艺参数梯度，基于不同工艺参数，分别建立机床不同运动部件的热误差模型。实际加工中，根据工艺参数，确定各运动部件的热误差模型，再将各部件热误差模型进行耦合，得到最终的工艺参数与装备误差耦合模型。具体流程如图 2.31 所示。

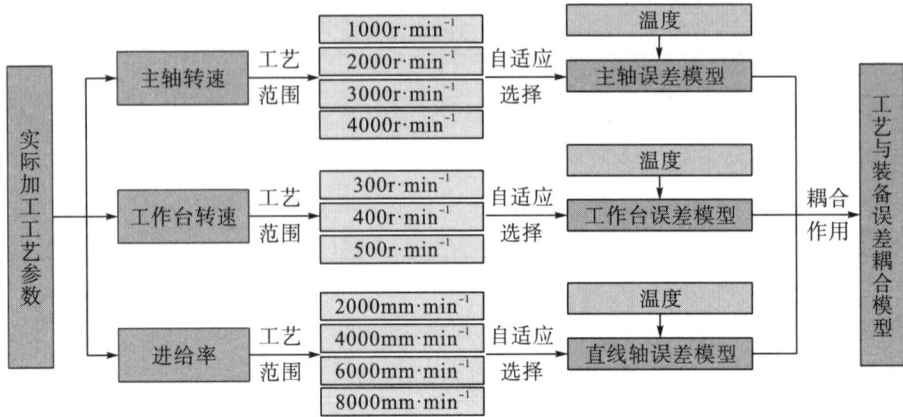

图 2.31　工艺参数耦合的加工装备热误差建模方法

在工艺参数耦合的加工装备热误差建模策略的指导下,首先建立单因素下的热误差模型。下面以多元线性回归为例,介绍误差建模方法。对于主轴、工作台等,可利用多元线性回归的方法直接建立在该种工况下的温度-误差的预测模型;而对于直线轴等,需要将其分解为热漂移与热伸长,对两者运用多元线性回归的方法分别建模,最终建立在该种工况下的温度-位置-误差的预测模型。下面介绍这两种情况下的建模方法。

2)位置无关的热误差建模方法

多元线性回归是将因变量 y 与多个自变量 $\{x_1, x_2, x_3, \cdots\}$ 视为线性关系,可表达为

$$y = k_0 + k_1 x_1 + k_2 x_2 + k_3 x_3 + \cdots + k_n x_n \tag{2.75}$$

其中,k_1、k_2、k_3、$\cdots$、k_n 为多元线性模型待求系数或回归系数。多组自变量与因变量的关系可表示为方程组:

$$\begin{cases} y_1 = k_0 + k_1 x_{11} + k_2 x_{21} + \cdots + k_n x_{k1} \\ y_2 = k_0 + k_1 x_{12} + k_2 x_{22} + \cdots + k_n x_{k2} \\ y_3 = k_0 + k_1 x_{13} + k_2 x_{23} + \cdots + k_n x_{k3} \\ \cdots \\ y_n = k_0 + k_1 x_{1n} + k_2 x_{2n} + \cdots + k_n x_{kn} \end{cases} \tag{2.76}$$

写作矩阵形式可表达为

$$Y = XK \Leftrightarrow \begin{bmatrix} y_1 \\ y_2 \\ y_3 \\ \vdots \\ y_n \end{bmatrix} = \begin{bmatrix} 1 & x_{11} & x_{21} & \cdots & x_{k1} \\ 1 & x_{12} & x_{22} & \cdots & x_{k2} \\ 1 & x_{13} & x_{23} & \cdots & x_{k3} \\ \vdots & \vdots & \vdots & & \vdots \\ 1 & x_{1n} & x_{2n} & \cdots & x_{kn} \end{bmatrix} \cdot \begin{bmatrix} k_1 \\ k_2 \\ k_3 \\ \vdots \\ k_n \end{bmatrix} \tag{2.77}$$

可直接采用最小二乘法求解回归系数:

$$K = (X^{\mathrm{T}} X)^{-1} X^{\mathrm{T}} Y \tag{2.78}$$

3)位置相关的热误差建模方法

首先,对热误差数据进行预处理。对于进给系统的热误差,其可以看作是滚珠丝杠的

线性热伸长与滚珠丝杠零点的热漂移耦合而成，即不同位置的定位误差与位置呈高度线性。因此，本书首先对 X 轴单次测量的定位误差进行线性拟合，求解得到单次测量定位误差的斜率参数 k 与截距参数 b，再对 k 和 b 分别建模，构建两参数与温度的关系。表 2.7 给出了四次实验中，共 32 次定位误差测量结果线性拟合所得的 k、b。

表 2.7　k、b 的拟合结果

测试	实验一		实验二		实验三		实验四	
	k	b	k	b	k	b	k	b
1	-9.813	0.126	-23.725	-0.18	-22.89	0.24	-13.505	-0.123
2	-9.044	-1.146	-22.132	-1.18	-22.143	-1.057	-12.813	-1.12
3	-8.835	-1.837	-22.165	-1.44	-21.769	-1.806	-12.571	-1.723
4	-8.593	-2.269	-21.659	-1.72	-21.275	-2.491	-11.945	-2.54
5	-8.231	-2.594	-21.527	-3.237	-20.538	-2.837	-10.978	-3.38
6	-7.681	-2.923	-20.407	-5.097	-20.132	-3.026	-10.066	-4.006
7	-7.484	-3.363	-19.615	-6.886	-18.286	-3.394	-8.813	-4.697
8	-6.604	-3.949	-18.714	-8.731	-18.022	-3.243	-7.33	-5.483

同时，对上述四次实验共 32 组拟合得到的 k、b 在图 2.32 中进行表示。

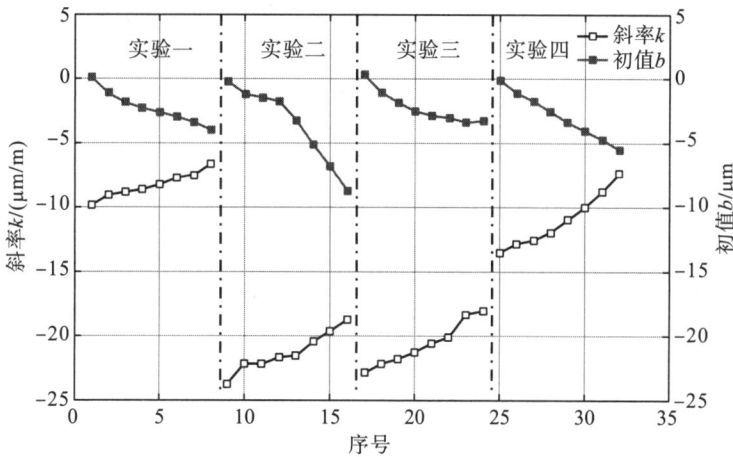

图 2.32　测试中的斜率 k 与截距 b 的拟合值

斜率通常可以表示为进给系统随温度变化的膨胀性质，该性质与测量时刻无关；而截距表示进给系统随着温度变化相对于起始点的漂移，这与测量时刻或初始状态有关。假设进给系统的温度场处于两个完全相同的状态，但在不同的测量时刻对定位误差进行测量，如图 2.33 所示。在进行线性拟合之后，两者斜率相同，但截距不同。因此，截距的数值不仅与进给系统的温度场有关，还与测量的初始状态有关。

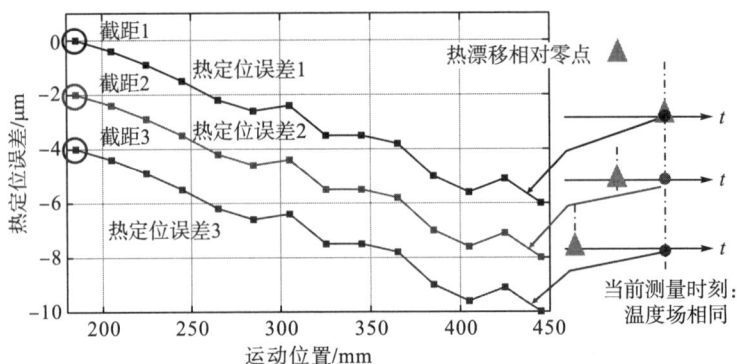

图 2.33　不同初始状态下的热定位误差

综上，在进行斜率 k 的有关建模时，均采用绝对温度数值；而进行截距 b 的有关建模时，采用相对温度数值。对建模组的斜率 k 和 b 分别采用多元线性回归建模。在筛选温度点时，考虑斜率与初值的差异性，分别采用模糊聚类结合灰色关联度分析的方法对温度点进行筛选，最终结果如表 2.8 所示。

表 2.8　斜率 k 和截距 b 的温度敏感点筛选结果

项目	聚类结果	温度敏感点
斜率 k	{T1，T2，T3，T4，T5，T8，T10}，{T6，T9，T11}，{T12}	T1，T6，T12
截距 b	{T1，T2，T3，T4，T5，T8，T9，T10}，{T6，T11}，{T7，T12}	T2，T7，T11

由表 2.8 中结果可知，由于选择了不同的温度输入变量，k 和 b 的聚类结果存在一定的差异性。基于选择的温度敏感点采用多元线性回归建模可得到 k 和 b 关于温度的回归模型，如式 (2.79) 所示。

$$\begin{cases} k = -306.494 + 13.247 \cdot T_1 - 6.629 \cdot T_6 + 3.326 \cdot T_{12} \\ b = -0.576 - 11.058 \cdot \Delta T_2 + 0.974 \cdot \Delta T_7 - 1.915 \cdot \Delta T_{11} \\ \quad = -0.576 - 11.058 \cdot (T_2 - T_2^0) + 0.974 \cdot (T_7 - T_7^0) - 1.915 \cdot (T_{11} - T_{11}^0) \end{cases} \quad (2.79)$$

式中，T_2^0、T_7^0、T_{11}^0 分别为 T2、T7、T11 在初始时刻的温度值。

3. 工艺参数耦合的加工装备热误差预测

基于上述实验数据与建模方法，以交叉验证的方式，对不同工艺参数下的加工装备热误差进行预测。

1）主轴转速与加工装备热误差耦合

分别以主轴转速 1000r/min（实验一）、2000r/min（实验二）、3000r/min（实验三）、4000r/min（实验四）的实验为预测组，其余实验作为训练组，四次预测结果如图 2.34、表 2.9 所示。四组预测精度均较好，预测残差均控制在 ±5μm 以内，验证了磨齿机主轴热误差模型预测的准确性。

(a) 实验一   (b) 实验二

(c) 实验三   (d) 实验四

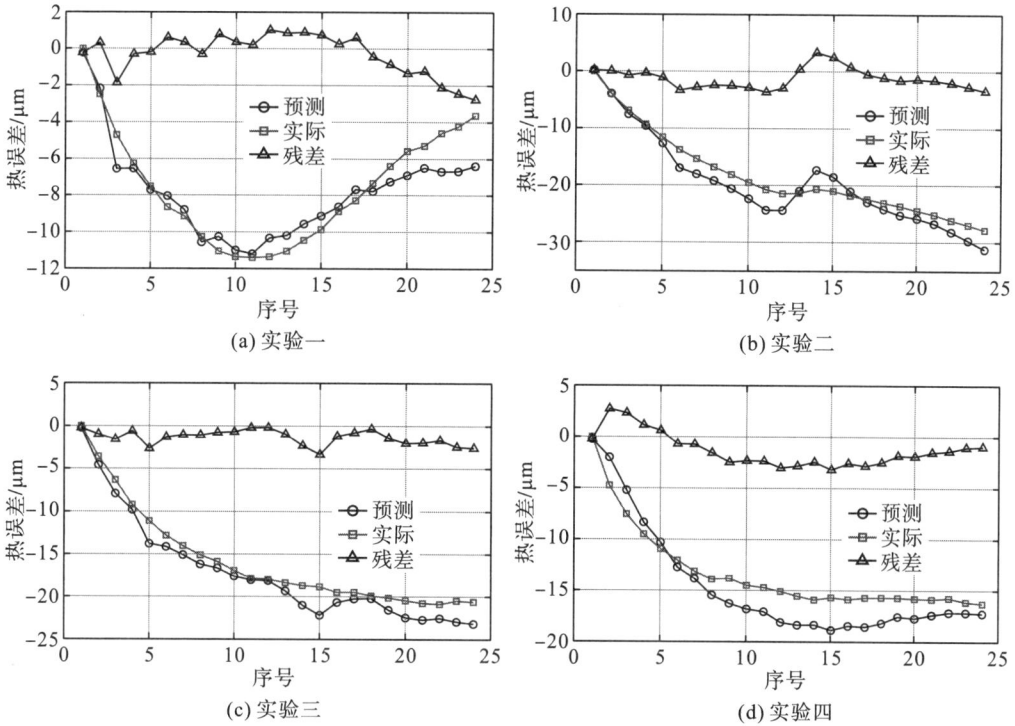

图 2.34 主轴热误差预测结果

表 2.9 主轴热误差预测精度指标

测试实验	最大残差/μm	RMSE/μm	MAE/μm	残差比
实验一	2.8	1.1	0.9	0.24
实验二	3.6	2.1	1.8	0.13
实验三	3.3	1.6	1.3	0.16
实验四	3.2	2.1	1.9	0.20

注：RMSE（root mean square error）表示均方根误差；MAE（mean absolute error）表示平均绝对误差。

2）工作台转速与加工装备热误差耦合

分别以工作台转速 200r/min（实验一）、300r/min（实验二）、500r/min（实验三）的实验为预测组，其余实验作为训练组，四次预测结果如图 2.35、表 2.10 所示。四组预测精度均较好，预测残差均控制在 10μm 以内，验证了磨齿机工作台热误差模型预测的准确性。

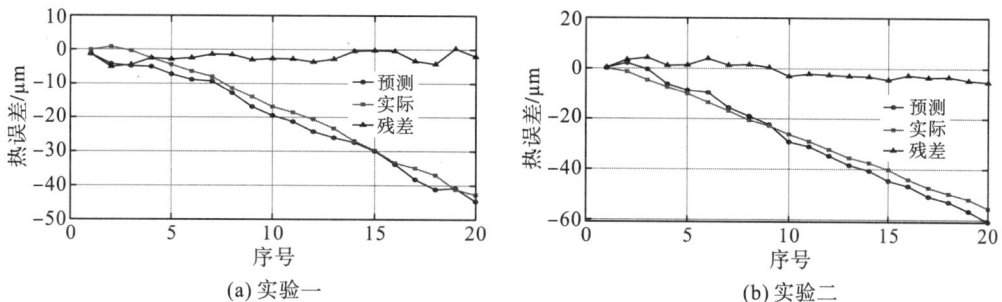

(a) 实验一   (b) 实验二

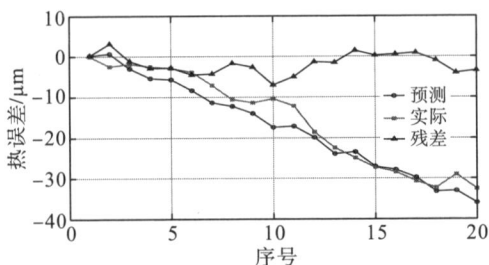

(c) 实验三

图 2.35　工作台热误差预测结果

表 2.10　工作台热误差预测精度指标

测试	最大残差/μm	RMSE/μm	MAE/μm	残差比
实验一	2.6	1.7	1.5	0.06
实验二	3.0	1.9	1.6	0.05
实验三	7.6	4.7	4.3	0.23

3) 进给率与加工装备热误差耦合

以进给速度 8000mm/min 的实验作为预测组,以 2000mm/min、4000mm/min、6000mm/min 的实验为训练组,对蜗杆砂轮磨齿机 X 进给轴热误差进行预测。预测结果如图 2.36 与图 2.37 所示。最大残差为 1.6μm,对磨齿机进给轴的热伸长与热漂移均有准确的预测。

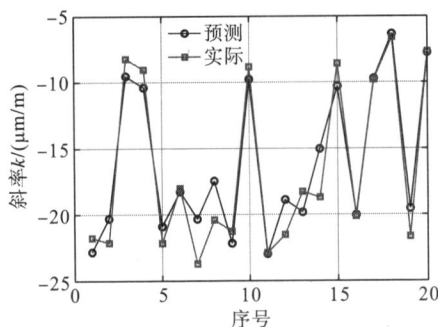

(a) 斜率k预测

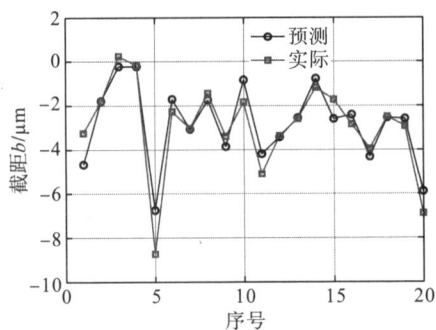

(b) 截距b预测

图 2.36　热定位误差斜率 k 和截距 b 的实际与预测结果

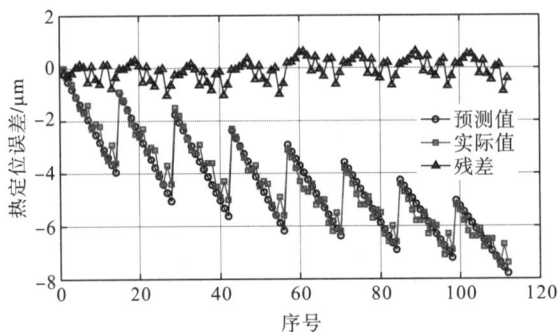

图 2.37　热定位误差的预测结果

表 2.11　热定位误差预测精度指标　　　　　　　　　　　　　　　（单位：μm）

目标	RMSE	最大残差	MAE
斜率	2.6	3.6	2.5
截距	0.5	0.8	0.5
热定位误差	0.6	1.6	0.5

2.2.2.2　加工装备误差对切削力作用机制

1. 工艺参数和加工装备误差对切削力影响机理

在实际加工中，刀具会出现跳动，如图 2.38 所示，刀具的跳动可以看作刀轴偏移了距离 ρ、角度 ϕ_{ro}。主轴的热误差会在刀具跳动的基础上再次产生一个偏移，刀具跳动和热误差在 $X_T - Y_T$ 平面可以看作刀轴偏移了距离 ρ_1、角度 ϕ_{r2}。主轴产生的热误差主要为 Y 向的径向漂移和 Z 向的轴向伸长，但本书主要考虑的是主轴在 $X_T - Y_T$ 平面的偏移。如图 2.38 与图 2.39 所示，这些因素将造成刀具的旋转轴与几何轴发生偏移，这将导致切削刃的有效半径发生变化。

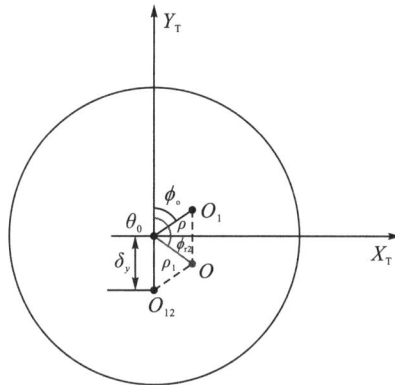

图 2.38　同时考虑刀具跳动和主轴热误差的刀轴偏移示意图

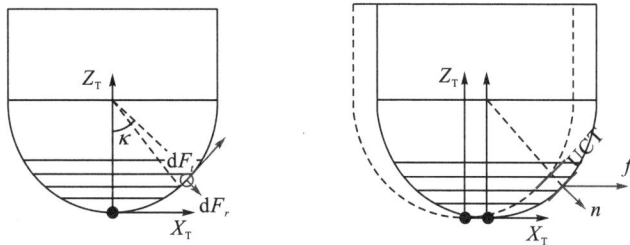

图 2.39　未变形切屑厚度计算

UCT 为未变形切屑厚度(undeformed chip thickness)

针对上述问题，在考虑刀具跳动的切削力建模的基础上，进一步考虑主轴热误差对切削力的影响，并提出一种同时考虑刀具跳动与热误差的切削力预测方法。

2. 主轴 Y 向热误差识别

本书根据 ISO 230-3 标准中的五点检测法，搭建了图 2.40 所示主轴热误差测量系统。温度传感器安装位置如表 2.12 所示。图 2.40 中 X_1、X_2 为 X 方向的位移传感器所测得的误差，近似代替主轴平均线在 X 方向的热漂移；Y_1、Y_2 为 Y 方向的位移传感器所测得的误差，近似代替主轴平均线在 Y 方向的热漂移；Z 为 Z 方向传感器测得的热误差，为直接测量所得的主轴 Z 向热伸长。

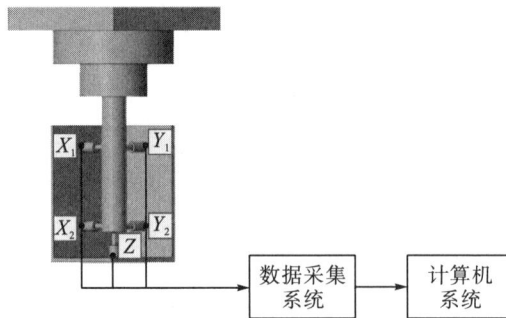

图 2.40　主轴热误差检测装置示意图

表 2.12　温度传感器安装位置

温度传感器	安放位置	作用
T1～T3	主轴箱(上，下，侧)	测量主轴发热
T4～T5	主轴套	测量主轴发热
T6	主轴电机	测量电机发热
T7	机床外壳	测量环境温度

本书主要考虑的是主轴在 $X_T - Y_T$ 平面的偏移和刀具跳动对主轴偏移的影响，从而造成切削力的改变，所以热误差导致的主轴 Z 向的伸长暂不考虑。所以，在考虑热误差对切削力的影响时，只需要考虑 Y 向热漂移 δ 的值即可。

根据测得热误差 δ_y 与机床的温度 T，利用多元线性回归可以建立热误差模型：

$$\delta_y = (T,V) \tag{2.80}$$

式中，T 表示测得的温度；V 表示主轴的转速。

3. 考虑刀具跳动和主轴热误差的切削力预测模型

在考虑刀具跳动的基础上再继续考虑热误差，刀具偏移如图 2.41 所示。

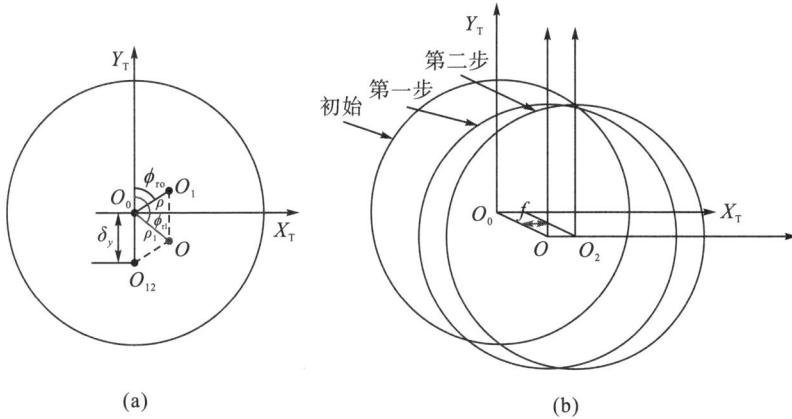

图 2.41　考虑刀具跳动和主轴热误差的刀轴偏移示意图

由图 2.41 可知, 在考虑了热误差以后, 刀轴偏移距离 ρ、角度 ϕ_{ro} 将会变成偏移距离 ρ_1、角度 ϕ_{r1}。由几何关系可知 ρ_1 和 ϕ_{r1} 是关于 δ_y、ρ、ϕ_{ro} 的函数:

$$\begin{cases} \rho_1 = f_1\left(\delta_y, \rho, \phi_{ro}\right) \\ \phi_{r1} = f_2\left(\delta_y, \rho, \phi_{ro}\right) \end{cases}$$

因此, 可知由刀具跳动和主轴热误差共同引起的额外进给量 $\overrightarrow{O_0O_2}$ 可以被表示为

$$f_r = \left[\rho_1\sin\left(\phi_{r1}+\theta\right)-\rho_1\sin\left(\phi_{r1}+\theta-\phi_p\right), \rho_1\cos\left(\phi_{r1}+\theta\right)-\rho_1\cos\left(\phi_{r1}+\theta-\phi_p\right), 0\right]^{\mathrm{T}}$$

式中, θ 为从刀尖测量第一个切削刃对应的径向浸没角; ϕ_p 为齿间角。

进给方向垂直于刀具轴线。然后, 得到相应的额外未变形切屑厚度, 即

$$\mathrm{uct}_{r1} = \rho_1\sin\kappa \cdot \cos\left(\phi_{r1}+\phi_z-(i-1)\phi_p\right)-\rho_1\sin\kappa \cdot \cos\left(\phi_{r1}+\phi_z-(i-2)\phi_p\right)$$

所以考虑了刀具跳动和主轴热误差的微元切削力模型为

$$\begin{cases} \mathrm{d}F_t = K_{te}\mathrm{d}S + \left(C_0+C_1 i_h+C_2 i_h^2+C_3 i_h^3\right)\left(U_{ct}^{all}+\mathrm{uct}_{r1}\right)\mathrm{d}b \\ \mathrm{d}F_r = K_{re}\mathrm{d}S + \left(C_4+C_5 i_h+C_6 i_h^2+C_7 i_h^3\right)\left(U_{ct}^{all}+\mathrm{uct}_{r1}\right)\mathrm{d}b \\ \mathrm{d}F_a = K_{ae}\mathrm{d}S + \left(C_8+C_9 i_h+C_{10} i_h^2+C_{11} i_h^3\right)\left(U_{ct}^{all}+\mathrm{uct}_{r1}\right)\mathrm{d}b \end{cases} \quad (2.81)$$

2.2.3　多工序误差耦合传递分析

2.2.3.1　薄壁件多工序误差传递研究

航空叶片等薄壁零件具有材料去除率大、结构易变形等特点, 零件制造需经多道工序加工完成, 切削力等过程物理量受多工序误差传递影响, 导致薄壁件加工精度演变具有不确定性。为揭示多工序误差耦合传递引起的工艺参数波动对零件加工精度的影响, 本书提出了一种薄壁件多工序加工精度预测方法。首先, 建立了一种考虑初始表面形貌的柔性切削力预测模型, 通过识别薄壁件加工过程由上道工序残留初始表面形貌和本道工序挠度引

起的轴向误差来预测切削力。其次，根据材料移除规律，分析薄壁件多工序加工刚度变化特性，建立了薄壁件多工序等效刚度解析解模型。最后，提出基于遗传算法优化人工神经网络(GA-BP)的多工序加工精度预测模型，利用切削力和等效刚度预测多工序铣削加工精度，为薄壁件多工序铣削加工切削余量等工艺参数优化及加工误差控制提供一定参考。

1. 考虑表面形貌误差的柔性切削力模型

薄壁零件加工过程中加工参数与零件动态行为之间存在非线性相关的特殊情况。为了更精确反映零件多工序加工过程，切削力预测模型需考虑上道工序加工表面形貌以及时变挠度来修正实际工艺参数。这是因为在以往切削力预测中，零件通常被认为是刚性零件，且初始形貌是基于工件模型确立的理想形面，但在薄壁零件多工序加工过程中是不合理的，因为薄壁件沿刀具轴线方向壁薄，极易发生变形。

对于平头铣刀三轴铣削加工切削力建模，刀具被离散为 N 层，每层上任何一段无限小的齿切削机理都假定具有与斜切削相同的特性。每个微元切削刃产生的切削力在刀触点处局部坐标下分解为切向力 $\mathrm{d}F_\mathrm{t}$、径向力 $\mathrm{d}F_\mathrm{r}$ 和轴向力 $\mathrm{d}F_\mathrm{a}$，$t\text{-}r\text{-}a$ 局部坐标系上的切向、径向、轴向切削力为

$$\begin{cases} \mathrm{d}F_\mathrm{t} = K_\mathrm{te}\mathrm{d}z + K_\mathrm{tc}U_\mathrm{ct}(\psi)\mathrm{d}z \\ \mathrm{d}F_\mathrm{r} = K_\mathrm{re}\mathrm{d}z + K_\mathrm{rc}U_\mathrm{ct}(\psi)\mathrm{d}z \\ \mathrm{d}F_\mathrm{a} = K_\mathrm{ae}\mathrm{d}z + K_\mathrm{ac}U_\mathrm{ct}(\psi)\mathrm{d}z \end{cases} \tag{2.82}$$

其中，K_rc、K_tc、K_ac 和 K_re、K_te、K_ae 是切削力系数，可通过实验标定获得；$\mathrm{d}z$ 是沿刀具轴向微元厚度；$U_\mathrm{ct}(\psi)$ 是未变形切屑厚度，由位置角 ψ 和每齿进给量决定。

为获得作用在刀具上的总切削力，需要将 $t\text{-}r\text{-}a$ 局部坐标系中的微元切削力转换到刀具坐标系中，转换方法如下：

$$\left[\mathrm{d}F_x, \mathrm{d}F_y, \mathrm{d}F_z\right]^\mathrm{T} = M_1\left[\mathrm{d}F_\mathrm{t}, \mathrm{d}F_\mathrm{r}, \mathrm{d}F_\mathrm{a}\right]^\mathrm{T} \tag{2.83}$$

其中，M_1 是从局部坐标到刀具坐标系的坐标变化矩阵，由下式得到：

$$M_1 = \begin{bmatrix} -\cos\psi & -\sin\psi & 0 \\ \sin\psi & -\cos\psi & 0 \\ 0 & 0 & 1 \end{bmatrix} \tag{2.84}$$

总切削力是通过对各切削刃产生的基本切削力进行积分获得，表示为

$$\left[\mathrm{d}F_x, \mathrm{d}F_y, \mathrm{d}F_z\right]^\mathrm{T} = \sum_{i=1}^{N}\int\left[\mathrm{d}F_x, \mathrm{d}F_y, \mathrm{d}F_z\right]^\mathrm{T} \tag{2.85}$$

由于上道工序加工残留的表面形貌非理想面，因此在计算切削力时需要考虑初始表面形貌偏差 $\delta_F(x,y,z)$，根据本道工序标称工艺参数来修正实际工艺参数。如果工件是刚性件，即变形可忽略不计时，实际切削深度 ap_r 可近似为标称切削深度 ap_n。但由于薄壁零件刚度沿轴线方向降低，在切削加工过程中切削力会导致让刀现象，如图 2.42 所示，实际切削深度与标称切削深度存在较大差距。考虑到薄壁件变形，可将切削深度表示为

$$ap_\mathrm{r}(x,y,z) = ap_\mathrm{n}(x,y,z) + \delta_\mathrm{T}(x,y,z) \tag{2.86}$$

其中，$\delta_\mathrm{T}(x,y,z)$ 是薄壁件实际变形误差，此误差在下一小节中基于结构力学分析获得解

析解。至此，我们获得考虑表面形貌的实际切削深度 $ap_a(x,y,z)$，进而获得柔性切削力预测模型：

$$ap_a(x,y,z) = ap_r(x,y,z) + \delta_F(x,y,z) \tag{2.87}$$

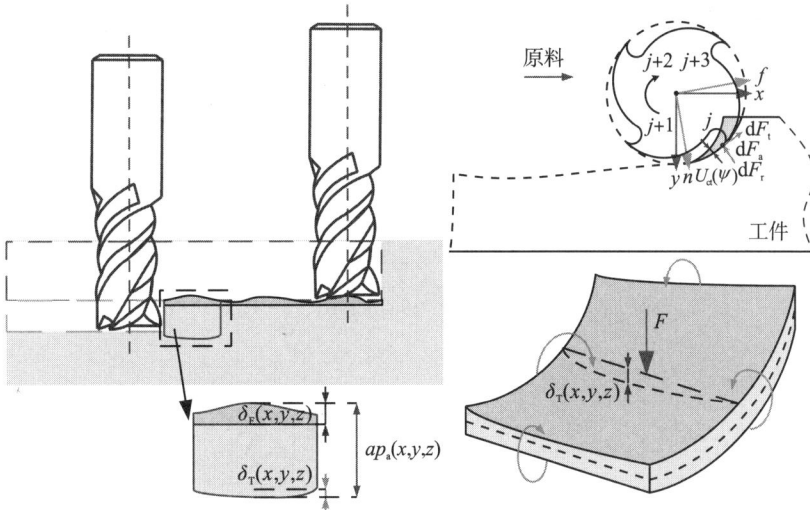

图 2.42　柔性切削力预测模型

2. 薄壁件加工过程刚度变化特性分析

航空薄壁件加工过程中，工件刚度数值随材料去除同步产生变化，工件等效刚度变化是导致结构件变形的主要影响因素。研究薄壁件加工过程等效刚度的演变规律，考虑刚度的时变特征是多工序铣削加工基于力、刚度致变形薄壁件几何精度预测的基础。

由于本书重点关注多工序间刚度变化特性，在单工序内刚度变化主要通过将工件坐标输入刚度模型中，进而近似反映单工序内随切削进程时变的刚度变化特性。本章结合实验设计将薄壁件简化为两对边简支、两对边自由的矩形薄板，如图 2.43 所示。由于切削时变且工件形状复杂，为简化计算，单工序切削将不考虑材料去除且表面承受均布荷载，现结合结构力学分析推导出均布荷载作用下的解析表达式，并可将均布荷载推广到一般荷载。

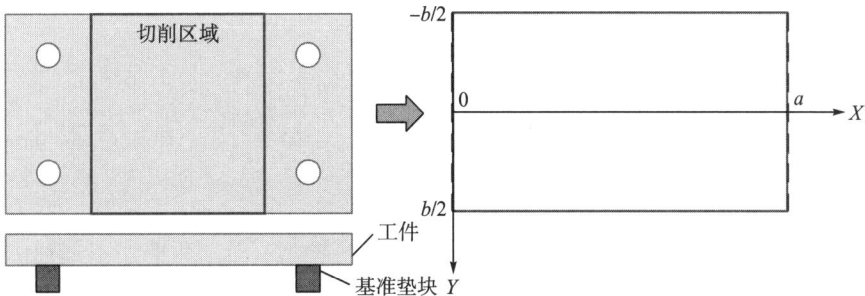

图 2.43　薄壁件受力分析图示

在均布荷载 q 作用下，薄壁件挠度 ω 满足弹性曲面的双调和微分方程：

$$D\nabla^4\omega = q \tag{2.88}$$

式中，$D = Eh^3\big/\left[12(1-\mu^2)\right]$，为薄壁件抗弯刚度；$\omega = \omega(x,y)$ 为任意一点 (x,y) 的挠度。

取挠度与荷载的表达式为单三角级数形式：

$$\begin{cases} \omega = \sum_{m=1}^{\infty} Y_m(y)\sin\dfrac{m\pi x}{a} \\[2mm] q = \sum_{m=1}^{\infty} F_m(y)\sin\dfrac{m\pi x}{a} \end{cases} \tag{2.89}$$

式中

$$F_m(y) = \frac{2}{a}\int_0^a q(x,y)\sin\frac{m\pi x}{a}\mathrm{d}x \tag{2.90}$$

因此，薄壁件受力方程可整理为

$$\sum_{m=1}^{\infty}\left[\left(Y_m\frac{m^4\pi^4}{a^4} - 2\frac{\partial^2 Y_m}{\partial y^2}\frac{m^2\pi^2}{a^2} + \frac{\partial^4 Y_m}{\partial y^4}\right)\sin\frac{m\pi x}{a}\right] = \sum_{m=1}^{\infty}\left[F_m(y)\sin\frac{m\pi x}{a}\Big/D\right] \tag{2.91}$$

比较可得

$$\frac{\partial^4 Y}{\partial y^4} - 2\frac{m^2\pi^2}{a^2}\frac{\partial^2 Y}{\partial y^2} + \frac{m^4\pi^4}{a^4}Y = \frac{F_m(y)}{D}$$

求解微分方程可知：

$$Y_m(y) = A_m\mathrm{ch}\frac{m\pi y}{a} + B_m\mathrm{sh}\frac{m\pi y}{a} + C_m\frac{m\pi y}{a}\cdot\mathrm{ch}\frac{m\pi y}{a} + D_m\mathrm{sh}\frac{m\pi y}{a}\cdot\frac{m\pi y}{a} + Y_m^*(y) \tag{2.92}$$

式中，特解 $Y_m^*(y) = \dfrac{1}{D}\int_0^y \psi_m(y-\eta)F_m(\eta)\mathrm{d}\eta + C$，$C$ 为任意常数，其中

$$\psi_m(y) = \frac{a^2}{2m^2\pi^2}\left(y\mathrm{ch}\frac{m\pi y}{a} - \frac{a}{m\pi}\mathrm{sh}\frac{m\pi y}{a}\right) \tag{2.93}$$

取特解为

$$Y_m^*(y) = \frac{4q_0 a^4}{D\pi^5 m^5} \qquad (m=1,3,5,\cdots) \tag{2.94}$$

可知

$$\omega = \sum_{m=1}^{\infty}\left[\begin{array}{l} A_m\mathrm{ch}\dfrac{m\pi y}{a} + B_m\mathrm{sh}\dfrac{m\pi y}{a} + C_m\dfrac{m\pi y}{a} \\[2mm] \times\mathrm{ch}\dfrac{m\pi y}{a} + D_m\dfrac{m\pi y}{a}\mathrm{sh}\dfrac{m\pi y}{a} + \dfrac{4q_0 a^4}{D\pi^5 m^5} \end{array}\right]\sin\frac{m\pi x}{a} \qquad (m=1,3,5,\cdots) \tag{2.95}$$

结合 $y=\pm b/2$ 时的边界条件 $\dfrac{\partial^2 w}{\partial y^2} + \mu\dfrac{\partial^2 w}{\partial x^2} = 0$、$\dfrac{\partial^3 w}{\partial y^3} + (2-\mu)\dfrac{\partial^3 w}{\partial y\partial x^2} = 0$，且知 q_0 作用下 ω 应为 y_m 的偶函数，即 $B_m = C_m = 0$，计算分析可得

$$\begin{cases} A_m = \dfrac{4\mu q_0 a^4}{D\pi^5 m^5} D_{22} / \left(D_{11}D_{22} - D_{12}D_{21}\right) \\[3mm] D_m = \dfrac{-4\mu q_0 a^4}{D\pi^5 m^5} D_{21} / \left(D_{11}D_{22} - D_{12}D_{21}\right) \end{cases} \tag{2.96}$$

其中

$$\begin{cases} D_{11} = \left(1-\mu\right)\mathrm{ch}\dfrac{m\pi\dfrac{b}{2}}{a} \\[4mm] D_{21} = \left(\mu-1\right)\mathrm{sh}\dfrac{m\pi\dfrac{b}{2}}{a} \\[4mm] D_{12} = 2\mathrm{ch}\dfrac{m\pi\dfrac{b}{2}}{a} + \left(1-\mu\right)\dfrac{m\pi\dfrac{b}{2}}{a}\mathrm{sh}\dfrac{m\pi\dfrac{b}{2}}{a} \\[4mm] D_{22} = \left(1+\mu\right)\mathrm{sh}\dfrac{m\pi\dfrac{b}{2}}{a} + \left(\mu-1\right)\dfrac{m\pi\dfrac{b}{2}}{a}\mathrm{ch}\dfrac{m\pi\dfrac{b}{2}}{a} \end{cases} \tag{2.97}$$

当薄壁件任意一点 (ξ,η) 受集中荷载 F 作用时，可利用本节求解思路，用微元 $\mathrm{d}x\mathrm{d}y$ 上的均布荷载 $F/(\mathrm{d}x\mathrm{d}y)$ 来代替荷载 q，求得相应挠度表达式。

刚度体现了构件抵抗变形的能力，在反映受弯板件抵抗弯曲变形时可用挠度表征。因此取薄壁件等效刚度模型为

$$\delta_{\mathrm{T}}\left(x,y,z\right) = \omega\left(x,y\right) + \delta_{\mathrm{e}}\left(x,y,z\right) \tag{2.98}$$

其中，(x,y) 表示单工序内切削时变坐标；z 表示多工序切削加工残留高度；$\delta_{\mathrm{e}}\left(x,y,z\right)$ 表示单工序内切削材料时变移除对刚度变化的误差。

3. 多工序误差耦合

在实际加工中，切削深度 a_{P}、进给速度 f 和主轴转速 n 等加工工艺参数的不同组合会对加工精度产生影响。工件的变形会对工件实际切削深度产生影响，导致部分区域欠切，从而引发加工误差。

在理论切削深度下，工件凹变形时中心的切削深度为 $a_{\mathrm{p}} - \delta_{\max}^{*}$，即工件欠切，在应力释放后会导致工件呈现向上凸的形状，进而影响加工精度。$\delta_{\max}^{*}$ 为工件的最大变形量，其与 $\delta_{\max}$ 存在差别是由于在实际过程中，工件的切削力与切削加工工艺系统的弹性形变具有非线性的相关性，铣削力使得工艺系统偏离理想加工位置，从而使切屑厚度发生变化，变化反过来形成新的切削力，新的切削力又产生新的切削形变和新的瞬时切屑厚度，往复循环，最终切削力与切削变形达到新平衡状态，因此理论变形量之间存在耦合关系，导致与实际测量存在差异。

以切削平面的加工工序为例，图 2.44 反映了加工变形与实际加工的关系：铣削前的毛坯为广义上的毛坯，即本道加工开始前的工件，影线部分为理想的材料去除量，在工件变形后会导致切削深度出现偏差，最终影响加工精度。

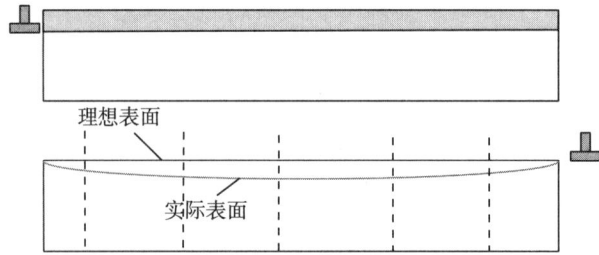

图 2.44 单工序工件变形

本书主要考虑力对粗铣、精铣相邻连续工序下工件变形的影响(图 2.45),根据上一节的描述可知,不同切削深度会产生不同的切削力,在相同路径上会导致工件的变形产生差异,进而影响下一道工序的实际切削深度。通过粗加工($\delta_s^{粗}$)和精加工($\delta_s^{精}$)过后理论工件最大变形 δ 为

$$\delta = \delta_s^{粗} + \delta_s^{精} \tag{2.99}$$

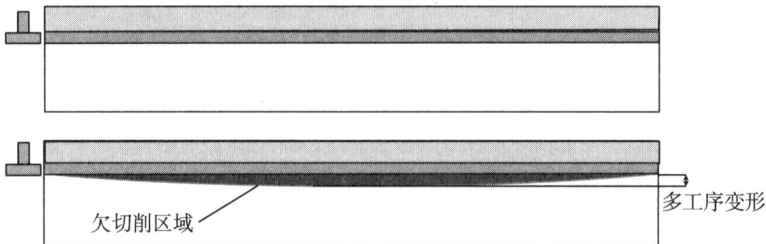

图 2.45 多工序工件变形误差

在实际加工中粗精加工会存在多工序耦合导致工件实际变形与理论存在差值,在工件应力释放后测量平面度时与理论存在差异。

4. 多工序加工精度预测模型

BP 神经网络是一种基于误差反向传播算法训练的多层前馈神经网络,是由大量的神经元相互链接构成的高效运算模型,用于预测各种系统中的数据。遗传算法是模拟达尔文进化论的自然选择和遗传学机理的生物进化的计算模型,是一种通过模拟自然进化过程搜索最优解的方法。由于 BP 神经网络的学习收敛速度慢、易陷入局部极小值、网络拓扑结构不稳定等问题,因此采用遗传算法优化的 BP 神经网络模型,以发现问题的全局最优解,以此来提高预测的精度。具体思路如下。

(1)BP 神经网络结构确定。确定输入层、隐含层和输出层神经元个数以及隐含层传递函数以确定神经网络拓扑结构,确定遗传算法的优化参数个数。

(2)GA 优化权重和阈值。种群个体包含网络所有权值和阈值,个体通过适应度函数计算个体适应度值,遗传算法通过选择、交叉和变异操作找到最优适应度值对应的个体。

(3)BP 进行训练、预测。用遗传算法得到最优个体对网络进行初始权值和阈值的赋值,网络基于实验数据经训练后预测样本输出。

在本书中，神经网络由三层构成，包括输入层、隐含层和输出层。输入层神经元包括切削力和等效刚度模型；输出层为工件加工表面形貌。其中，毛坯有初始误差，因此需要用实测切削力作为输出数据，或者在测量毛坯初始形貌后根据上述切削力预测模型计算。

神经元根据其重要性通过权重因子与相邻层中的其他神经元相连，为稳定和增强神经网络的训练，对输入输出数据进行归一化处理，范围为[0, 1]。网络的输出可表示为

$$\hat{y} = f_2\left(\sum_{j=1}^{m} w_{jk} \times f_1\left(\sum_{i=1}^{n} w_{ij} \times x_i + \varphi_j\right) + \varphi_k\right) \qquad (2.100)$$

其中，$\hat{y}$ 为输出值；x_i 为网络的输入值；w_{ij} 为输入层的第 i 个节点和隐含层第 j 个节点之间的连接权重；w_{jk} 为隐含层与输出层连接权重；φ_j 和 φ_k 分别为隐含层和输出层节点偏差；f_1 和 f_2 为激活函数。

薄壁零件的制造往往要经过多道工序才能切削完成，受到多工序耦合传递影响，多工序零件加工精度预测具体思路如下：根据实测或者计算得出的三向切削力结合等效刚度模型基于上述加工精度预测模型预测工序 1 工件变形情况；根据上道工序的变形情况即表面形貌，进而实现切削力预测，最终获得工序 2 工件加工形貌/变形，并基于最小二乘法计算平面度误差，后续工序同理。流程图如图 2.46 所示。

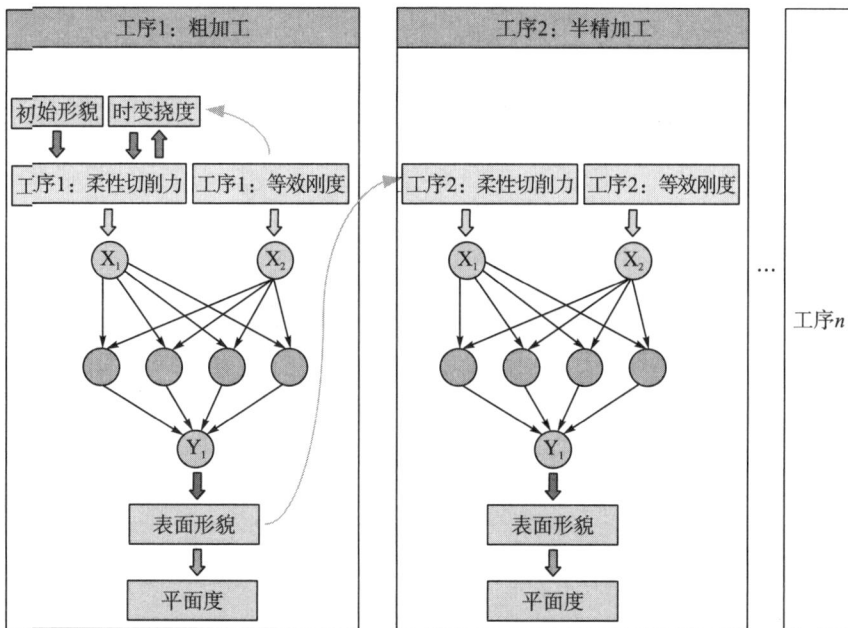

图 2.46　多工序加工精度预测模型

2.2.3.2　精密齿轮多工序误差传递研究

精密齿轮批量化加工涉及滚齿、热处理、抛丸、车削、磨削、磨齿等多道工序，前一道工序的加工面可能是后一道工序的定位面。因此在多工序的传递过程中，受到安装定位

面加工精度等的影响，零件加工误差同样会传递下去。本节以某型汽车精密齿轮为例，对汽车精密齿轮的多工序误差进行研究。

对于某型汽车的四挡齿轮带结合齿总成，其加工工序为滚齿—机倒棱—防渗—热处理—抛丸—硬车—磨齿—强喷前清洗—强力喷丸—清洗—压装—焊接—超声探伤—抛光—洗炭黑—珩孔—磨锥面。该零件为某型汽车的四挡与带结合齿的连接部件，主要由四挡齿轮与带结合齿焊接而成，如图 2.47 所示。本书主要讨论精密齿轮部分，故只研究压装前的工艺，零件毛坯及参数如图2.48 和表 2.13 所示。

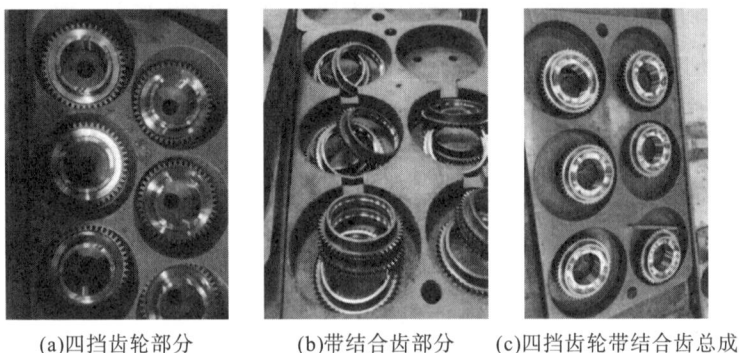

(a)四挡齿轮部分　　　　(b)带结合齿部分　　(c)四挡齿轮带结合齿总成

图 2.47　四挡齿轮带结合齿总成

图 2.48　零件毛坯

表 2.13　四挡齿轮参数

法向模数	齿数	压力角	变位系数	螺旋角	螺旋方向	材料
1.8	44	$17°30'$	-0.2951	$-33°26'54''$	左	20MnCr5

1. 多工序批量化精密齿轮工艺分析

1）滚齿—机倒棱

滚齿是形成齿廓的第一道工序，是重要的齿轮粗加工工序。该零件采用韩国 Cassiopeia SH210 干切滚齿机进行滚齿加工，滚齿工艺参数与刀具参数如表 2.14 与表 2.15 所示，关键精度要求如表 2.16 所示。目前批量化齿轮生产中，滚齿—机倒棱已经走向一体化，工人只需将工件放置于特定区域，机器臂就会进行滚齿、倒棱的自动上下料，如图 2.49 所示，滚齿—机倒棱后的零件如图 2.50 所示。倒棱对于齿面后续加工的影响较小，因此不做过多研究。

表 2.14　滚齿工艺参数

设备型号	主轴转速/(r/min)	进给量(mm/r)	切深/mm	进给次数/次
SH210	550~700	1.3~2.1	6.07	1

表 2.15　刀具参数

刀具头数/个	刀具外径/mm	刀具长度/mm	刀具槽数/个	刀具涂层	安装角度	修磨产量/次
3	75	200	17	TiAlCrN	−28°33′54″	3000

表 2.16　关键精度要求　　　　　　　　　　　　　　　　　　（单位：mm）

M 值	齿顶圆直径	齿根圆直径	跳动	齿距累计总偏差	齿面粗糙度
103.98±0.02	99.265±0.04	$87.255_{-0.25}^{0}$	0.03	0.03	Ra3.2

(a) 滚齿机　　　　　　　　(b) 上料机器人　　　　　　　(c) 倒棱机

图 2.49　滚齿—机倒棱自动化产线

图 2.50　滚齿—机倒棱后的零件

2) 防渗—热处理

对于转速高、承载能力强的汽车精密齿轮，需要进行热处理以增加齿轮表面硬度，提高齿轮耐磨性，改善齿轮力学性能。本书案例中的零件的热处理工艺为渗碳淬火，相关参数如表 2.17 所示。四挡齿轮需要与带结合齿相结合，为保证结合面的焊接性能，需要将结合面涂上涂料进行防渗处理，如图 2.51 所示。热处理现场如图 2.52 所示。热处理后，零件的几何尺寸会发生变化，因此需要记录热处理后的零件尺寸。

表 2.17　热处理参数　　　　　　　　　　　　　　　　　　（单位：℃）

预氧化	加热	强渗	扩散	中冷	二次加热	油槽	回火
400	910	930	900	630	860	70	160

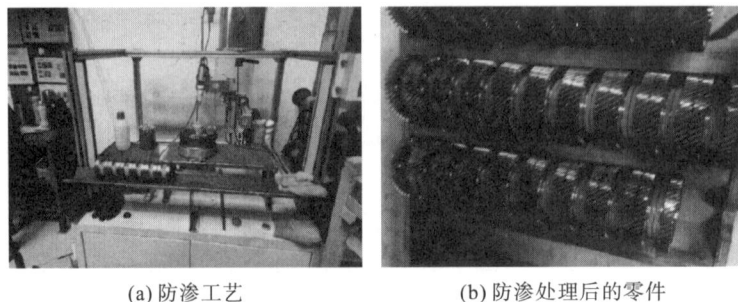

(a) 防渗工艺　　　　　　　　　　　　　(b) 防渗处理后的零件

图 2.51　防渗处理

(a) 赫菲斯热处理线　　　　　　　　　　(b) 热处理后的零件

图 2.52　热处理

3) 抛丸

热处理后进行抛丸处理,主要是对热处理后零件表面进行清理与初步强化。用钢丸喷零件表面,把氧化皮打掉,露出银白色基体,同时使得表面产生压应力,可以提高表面的疲劳强度、硬度和耐磨性。相关参数见表 2.18,抛丸现场如图 2.53 所示。

表 2.18　抛丸工艺参数

钢丸直径/mm	钢丸类型	钢丸硬度/HV	频率/Hz	抛丸电流/A	抛丸时间/min
0.8	清理钢丝切丸	480～580	40±2	18～25	30±5

(a) XIN HONG 抛丸机　　　　　　　　　(b) 抛丸后零件

图 2.53　抛丸

4) 硬车

硬车工序包括外圆粗车、外圆精车、内孔精车、端面精车、勾车五个工步。其中外圆粗车与外圆精车是加工四挡齿轮与带结合齿的结合面。内孔精车为车齿轮内孔，内孔是磨齿工序的安装定位面，其精度会影响下一道工序的精度。端面精车为加工齿轮的上端面，勾车为加工齿轮的下端面，该端面是磨齿工序的安装定位面，其精度同样会影响下一道工序的精度。硬车工艺参数见表 2.19，关键精度指标见表 2.20，加工现场与检测仪器如图 2.54、图 2.55 所示。

表 2.19　硬车工艺参数

工步	刀具型号	主轴转速/(r/min)	进给/(mm/r)	最大加工数量/件
外圆粗车	3 头 TNGA160408/3FA270	700±200	0.06-0.15	150
外圆精车	4 头 4NC-VNGA160404HS BNC300	700±200	0.1±0.05	200
内孔精车	3 头 TNGA160408/3FA270	700±200	0.1±0.05	350
端面精车	3 头 TNGA160408/3FA270	500±100	0.06±0.02	200
勾车	2 头 DGGW11T308LS-2	650±200	0.06±0.02	150

表 2.20　关键精度指标　　　　　　　　　　　　　（单位：mm）

内孔直径	外圆直径 1	长度尺寸 1	长度尺寸 2
$\phi 50.97^{+0.015}_{0}$	$\phi 64^{+0.039}_{+0.020}$	15.775±0.02	23.825±0.02
端面跳动	端面粗糙度 1	端面粗糙度 2	内孔粗糙度
0.01	Ra0.5	Ra1.6	Ra1.6

(a) 车床

(b) 车后零件

图 2.54　硬车

(a) SHLS气电量仪

(b) TRMOS测高仪

图 2.55　检测仪器

5) 磨齿

磨齿是形成齿廓几何精度的最后一道工序,其加工精度至关重要。该零件采用重庆机床 YS7232 蜗杆砂轮磨齿机进行磨齿加工,磨齿工艺参数如表 2.21 所示。磨齿精度指标见表 2.22,磨齿如图 2.56 所示。

表 2.21 磨齿工艺参数

参数	参数值		
磨削级数	1		2
本级前 M 值/mm	104.05		103.69
本级后 M 值/mm	103.69		103.62
本级切削量/mm	0.364		0.066
齿面切削量/mm	0.116		0.069
进刀次数/总进刀数	1/3	2/3	3/3
磨削线速度/(m/s)	40	40	40
径向进给量/mm	0.148	0.131	0.037
轴向进给速度/(mm/min)	200	160	100
磨削方式	逆磨		
窜刀方式	正向		
单次修整磨件数/件	41		
磨削总时长/s	61		

表 2.22 磨齿关键精度指标

M 值/mm	齿距累计总偏差/mm	单个齿距偏差/mm	径向跳动/mm	粗糙度	磨削烧伤/%
103.62±0.02	0.03	0.006	0.025	Ra0.4	≤10

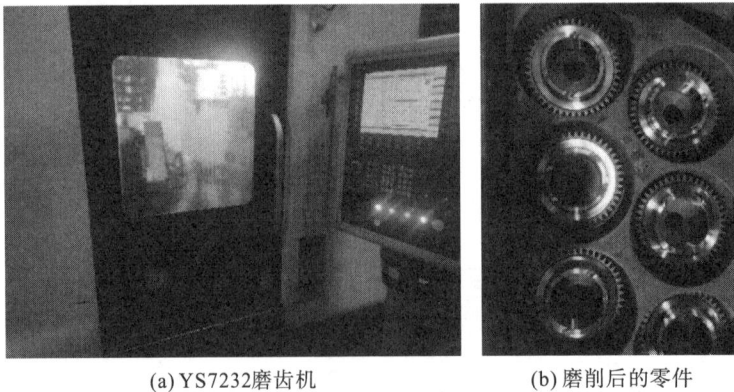

(a) YS7232磨齿机   (b) 磨削后的零件

图 2.56 磨齿

6) 强喷前清洗—强力喷丸

强力喷丸是利用高速喷射的细小钢丸撞击齿轮表面,使齿轮表面产生塑性变形与残余压应力,从而提高齿轮表面强度与疲劳强度,实现对齿轮表面进行强化。强力喷丸过程中,仅改变齿轮表面硬度、粗糙度等,对齿轮几何精度没有影响,因此对该工序及其后续工序不做过多研究。强喷前清洗与强力喷丸如图 2.57 所示。

(a) 清洗　　　　　　　　　　　　　　(b) 强力喷丸

图 2.57　强喷前清洗—强力喷丸

2. 多工序误差传递研究

基于多工序批量化精密齿轮的加工工艺,对最终齿轮的主要精度指标及中间工序精度指标进行分析,研究多工序误差的传递。以磨齿工序的齿轮跨球距(M 值)为例,其可能受到滚齿工序的 M 值、热处理/抛丸后的齿轮 M 值、车削后的内孔精度的影响。滚齿工序的 M 值、热处理/抛丸后的齿轮 M 值作为直接加工的对象,其会对磨齿的 M 值产生影响;车削后的内孔作为磨齿工序的安装定位面,对磨齿的 M 值同样会有影响。

对某一批零件的上述精度指标进行追踪监控,滚齿到抛丸的齿轮 M 值部分数据如图 2.58 所示。滚齿到热处理后,齿轮 M 值明显增大 $20\sim50\mu m$,M 值波动范围也由 $16\mu m$ 增大到 $39\mu m$。因此,受到热处理过程的影响,滚齿的 M 值偏差被热处理导致的偏差完全覆盖。在抛丸后,将热处理后的齿轮表面氧化皮清洗掉,因此可以明显看出,抛丸后的齿轮 M 值减小量在 $10\mu m$ 以内,且热处理后的齿轮 M 值与抛丸后的齿轮 M 值相关性很高。综上所述,在现行的工艺范围内,在热处理工艺的影响下,滚齿精度对磨齿精度的影响可以忽略,应主要关注热处理后的相关工序对磨齿精度的影响。

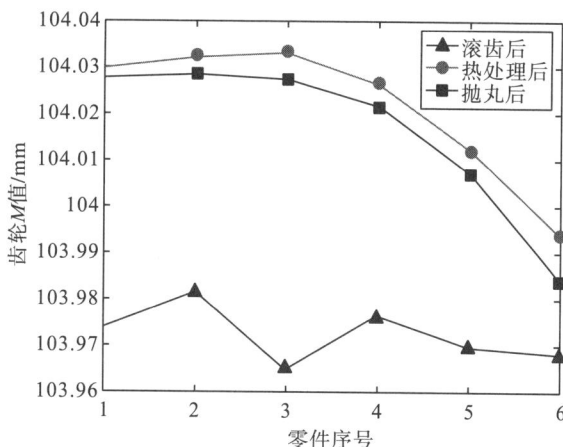

图 2.58　滚齿—热处理—抛丸的齿轮 M 值

　　该批齿轮，硬车、磨齿的相关精度如图 2.59 所示。磨齿前后 M 值变化如图 2.59(a)
所示，齿轮 M 值大幅度减小，减小幅度超过 300μm，波动范围同样大幅度减小至 3μm。
抛丸后的齿轮 M 值大小与磨削后的齿轮 M 值大小相关性不大。因此，在磨削三刀的情况
下，误差复映现象被较好地避免。车削工序中，内孔会作为磨齿的安装定位面，其精度会
影响磨齿加工 M 值。对于内孔直径偏差，其主要体现在内孔的直径尺寸问题，不会影响
磨齿加工的定位中心，从图 2.59(b) 也可以看出，虽然直径偏差相差较大，但齿轮 M 值偏
差仍较小；而对于圆柱度误差以及工艺未要求的同轴度误差，其会对磨齿加工的定位中心
产生影响。

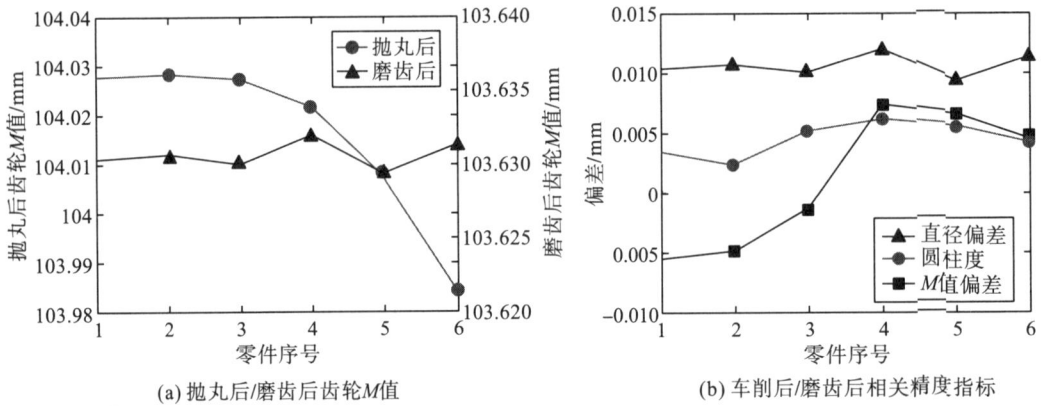

(a) 抛丸后/磨齿后齿轮 M 值　　　　　　　　(b) 车削后/磨齿后相关精度指标

图 2.59　抛丸—车削—磨齿相关精度指标

　　在大批量生产的条件下，磨齿前后的齿轮 M 值变化如图 2.60 所示，仍可以发现，磨
齿前后的 M 值相关性不大，M 值在一个磨削加工工序内逐渐增大，主要与机床温度有关，
详细内容在 2.1.2 节和 2.4.3 节中有所体现。因此，在现行的合理工艺范围内，齿轮的几何
精度主要由磨齿工序所保证。

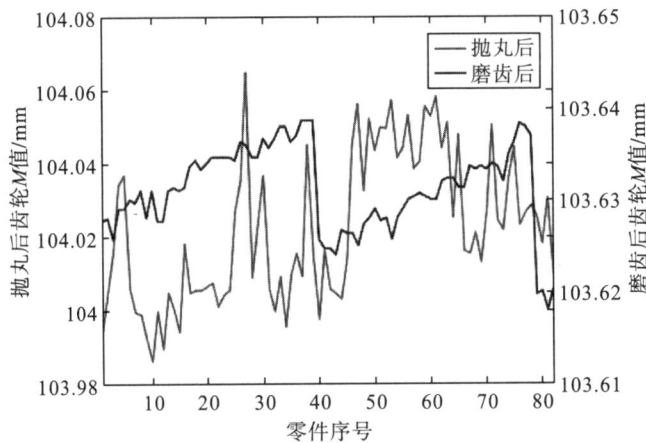

图 2.60　批量化生产下的抛丸后/磨齿后齿轮 M 值

2.3　数据驱动的零件加工误差建模方法

通过前文中的零件加工误差生成机理分析及耦合作用可以得到各误差源对零件加工误差的作用机制。但是受到零件的实际加工过程中各种因素的影响，理论分析并不能完全反映真实的误差变化。随着人工智能算法与大数据的发展，数据驱动的建模方法越来越多地应用在误差建模领域。基于理论分析，通过人工智能算法构建的误差模型，可以包含那些隐含的误差信息，提高误差模型的预测性能。

2.3.1　数据驱动的工艺参数致加工误差建模方法

零件的变形会影响其加工精度，进而影响零件的表面性能和服役寿命等。在复杂精密零件加工过程中，影响零件变形的两大关键因素：切削力和残余应力。其中，切削力会导致刀具和工件的局部变形，残余应力会影响零件的整体变形。因此为了获得高质量、高精度以及高性能的复杂精密零件，有必要优化和控制切削力和残余应力。

2.3.1.1　基于高斯过程回归算法的加工误差建模

精密切削加工过程中，切削力作用下的局部弹性变形和残余应力不均匀分布引起的整体加工变形是影响零件加工质量和精度的重要因素，本书利用经典的数据驱动预测算法——高斯过程回归算法，建立基于切削力和表面残余应力的零件法向精度预测模型。基于贝叶斯理论的标准高斯过程回归模型可表示为

$$Y(\omega) = f^{\mathrm{T}}(\omega)\beta + \varepsilon \tag{2.101}$$

式中，ω 为 k 维输入特征向量，$\omega = \{\mathrm{Rs}_{\mathrm{ave}}, F_{\mathrm{r}}\}$，其中 $\mathrm{Rs}_{\mathrm{ave}}$ 代表平均应力，F_{r} 代表三向合力平方根；Y 为工件的加工误差；β 为线性模型的权重向量，$\beta = [\beta_1, \cdots, \beta_k]^{\mathrm{T}}$；$f$ 为均值函数为 m、协方差函数为 k 的高斯过程分布函数，记为 $f \sim GP(m(\omega), k(\omega, \omega'))$；$\varepsilon$ 为服从高斯分布的切削过程噪声数据，它遵循高斯分布 $\varepsilon \sim N(0, \sigma_{\mathrm{n}}^2)$，$\sigma_{\mathrm{n}}$ 为噪声方差。

协方差函数的选取对模型的预测精度有很大影响。本书采用平方指数 $k(x, x')$ 作为方差函数。

$$k(x, x') = \sigma_{\mathrm{f}} \exp\left(\frac{-(x - x')^2}{2M^2}\right) \tag{2.102}$$

其中，最大允许协方差定义为 σ_{f}^2。

通过一个高斯噪声模型，每个观测都可以被认为与一个潜在的函数 $f(x)$ 有关，如式 (2.103) 所示。由于回归是对 $f(x)$ 的搜索，因此通过将噪声考虑进 $k(x, x')$ 中，改进的协方差函数如式 (2.104) 所示。

$$y = f(x) + N(0, \sigma_{\mathrm{n}}^2) \tag{2.103}$$

$$k(x,x') = \sigma_f \exp\left(\frac{-(x-x')^2}{2M^2}\right) + \sigma_n^2 \delta(x,x') \tag{2.104}$$

高斯过程回归中训练集 Y 和测试集 $Y(\omega_0)$ 的输出服从以下联合分布，其中噪声 ε 的影响已经嵌入矩阵 K 中。

$$\begin{bmatrix} Y \\ Y(\omega_0) \end{bmatrix} \sim \left(0 \quad \begin{bmatrix} K & K_0^T \\ K_0 & K_{00} \end{bmatrix} \right) \tag{2.105}$$

根据联合高斯分布的先验表达式，输入特征向量 ω_0（包含切削力和残余应力指标）时的预测精度值 $Y(\omega_0)$ 可以表示为

$$Y(\omega_0) = K_0 K^{-1} Y \tag{2.106}$$

$$\mathrm{MSE}(\omega_0) = K_{00} - K_0 K^{-1} K_0^T \tag{2.107}$$

矩阵 K、K_0、K_{00} 定义如下：

$$K = \begin{bmatrix} k(\omega_1,\omega_1) & k(\omega_1,\omega_2) & \cdots & k(\omega_1,\omega_k) \\ k(\omega_2,\omega_1) & k(\omega_2,\omega_2) & \cdots & k(\omega_2,\omega_k) \\ \vdots & \vdots & & \vdots \\ k(\omega_k,\omega_1) & k(\omega_k,\omega_2) & \cdots & k(\omega_k,\omega_k) \end{bmatrix} \tag{2.108}$$

$$K_0 = \begin{bmatrix} k(\omega_0,\omega_1) & k(\omega_0,\omega_2) & \cdots & k(\omega_0,\omega_k) \end{bmatrix} \tag{2.109}$$

$$K_{00} = k(\omega_0,\omega_0) \tag{2.110}$$

利用经典的最大似然估计方法求解模型中的超参数 $\theta = \left\{\sigma_f^2, l^2, \sigma_n^2\right\}$。根据贝叶斯原理，$P(\theta|Y,\omega) = \dfrac{P(\theta|Y,\omega)P(\theta)}{P(Y|\theta)}$，最大化 $P(\theta|Y, \omega)$ 的问题可以转化为求解 $\log(P(\theta|Y, \omega))$ 最大值的问题。梯度下降法用于求解函数 $M = \log(P(\theta|Y, \omega))$ 的最小值。在初始化超参数之后，利用优化算法获得优化的 θ。随后预测值及其方差可由式(2.108)和式(2.109)确定。

本书中建立切削力、残余应力以及它们相互耦合对零件的轴向加工误差映射模型，因此基于获得的切削力、残余应力数据对模型进行训练。基于训练数据利用迭代优化方法对以上超参数进行优化，设定均值函数指数、协方差函数向量和最大似然函数指数初始值分别为 3、$[0, 0, 0]$、-1。切削力-加工误差模型中均值函数指数为 0.27，协方差函数向量为 $[1.0944, -1.4150, -1.3504]$，最大似然函数指数为 -1.4652。残余应力-加工误差模型均值函数指数为 0.0731，协方差函数向量为 $[4.4419, -1.9940, -1.9465]$，最大似然函数指数为 -3.7107。切削力、残余应力耦合加工误差模型中耦合系数分别为 0.11、0.89。均值函数指数为 0.2701，协方差函数向量为 $[1.1146, -1.4237, -1.3691]$，最大似然函数指数为 -1.4766。

2.3.1.2　实验过程

基于铣削加工开展切削力和残余应力对零件加工精度的影响规律分析。考虑与实际加工情况的一致性，采用卧式加工零件表面的方法，利用垫块保持零件中部悬空，从而更好模拟实际加工情况，具体实验规划过程将在后文完整介绍。

1. 实验设置

对零件加工精度进行研究的过程中需要对整个表面进行加工,且零件在装夹过程中需要通过螺栓固定,在加工时需要避让钻孔区域,因此只能选择中间的部分区域进行切削。薄壁件尺寸为 160mm×90mm×5mm,考虑零件的结构,其表面加工区域如图 2.61(左)所示。采用 2 刃直径为 10mm 的端铣刀,蛇形加工的路径规划方案如图 2.61(右)所示。基于正交实验设计工艺参数,如表 2.23 所示。任意选择两组数据作为验证数据(本书中选择 7、8 两组数据),其余 7 组数据作为训练数据。

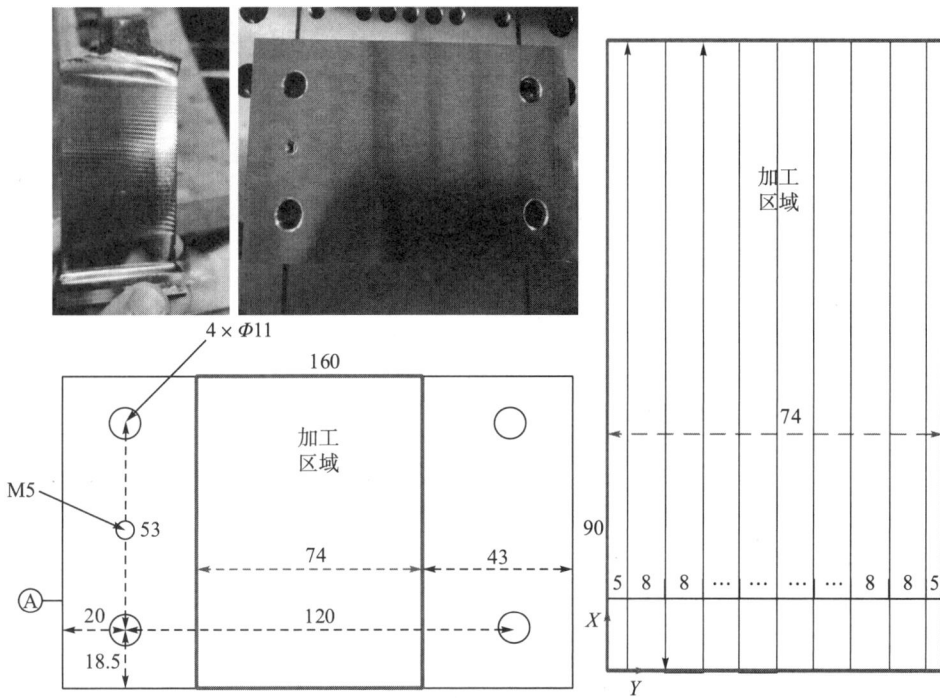

图 2.61   零件结构及加工区域(单位: mm)

表 2.23   实验参数

序号	转速 $n/(\text{r/min})$	进给速度 $f/(\text{mm/min})$	切深 a_p/mm	每齿进给量 f_{pt}/mm
1	3000	300	1	0.05
2	3000	400	1.25	0.066667
3	3000	500	1.5	0.083333
4	4000	300	1.25	0.0375
5	4000	400	1.5	0.05
6	4000	500	1	0.0625
7	5000	300	1.5	0.03
8	5000	400	1	0.04
9	5000	500	1.25	0.05

2. 实验过程及数据采集

　　基于设计的参数开展实验,对过程切削力、加工残余应力,以及加工精度进行采集,采用三轴铣削机床进行实验,基于 9139AA 测力计及配套的 5070 载荷放大器切削力信号进行采集,采样频率为 25000Hz,残余应力采用 PRPTO 残余应力测试仪进行采集,精度数据采用 Polyworks 软件进行处理,将理论模型(CAD 模型)与测量数据进行拟合,从而计算零件加工精度。在设计的路径上每隔 10mm 测量面分布的残余应力。为了便于研究切削力、残余应力分别与加工精度之间的映射关系,研究切削力与精度的映射关系过程中选择合力作为切削力指标,进而研究与精度之间的映射关系。研究残余应力与精度的映射关系过程中选择平均应力作为应力指标。数据分析过程与实验过程如图 2.62、图 2.63 所示,实验结果表 2.24 所示。

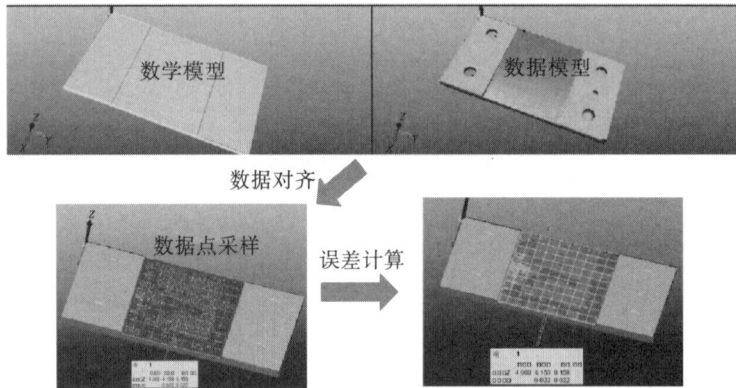

图 2.62　精度数据分析过程

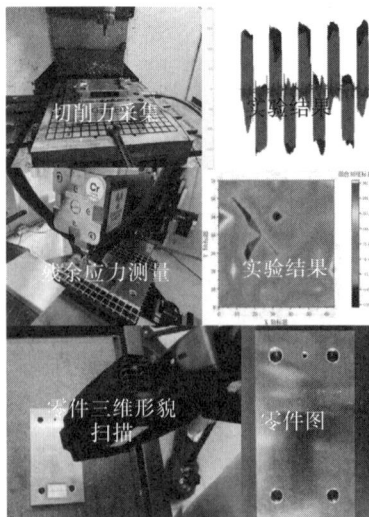

图 2.63　实验过程物理量采集

表 2.24　实验数据统计

序号	F_r/N	平均应力/MPa	轴向精度偏差/mm
1	68.1	38.3	0.124
2	100.7	26.4	0.174
3	135.6	40.9	0.175
4	89.0	55.1	0.193
5	112.0	53.2	0.130
6	84.7	66.8	0.125
7	82.8	68.5	0.154
8	67.8	86.8	0.141
9	96.6	67.9	0.116

2.3.1.3　加工误差建模及验证

1. 切削力致零件加工精度建模及验证

考虑到零件加工精度是受三向切削力共同影响,因此首先采用合力作为切削力指标建立与加工精度的映射模型,利用建立的高斯回归算法和验证数据对模型进行验证。结果如图 2.64 所示,预测结果与实验结果相比平均误差高达 18.5%。

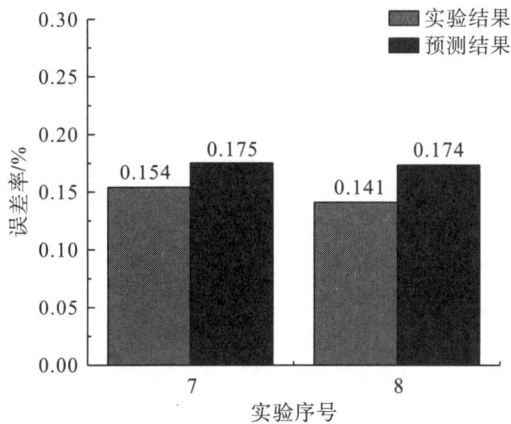

图 2.64　基于切削力的加工误差预测模型

2. 残余应力致零件加工精度建模及验证

基于目前对残余应力的研究,平均残余应力作为应力指标被广泛研究。因此本书采用加工表面的平均残余应力作为残余应力指标建立与加工精度的映射模型,基于建立的高斯回归算法进行实验验证。结果如图 2.65 所示,预测结果与实验结果相比平均误差依然高达 16.3%。

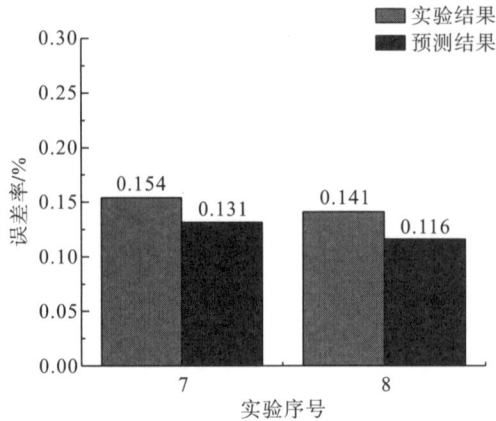

图 2.65   基于残余应力的加工误差预测模型

3. 切削力/残余应力致零件加工精度建模及验证

基于上述研究，选择平均切削力和平均残余应力耦合作为输入，结合验证数据对提出的高斯回归模型进行验证。结果如表 2.25 与图 2.66 所示，预测结果与实验结果拟合较之前预测精度更高，平均误差降为 13.8%。

表 2.25   切削力致精度验证结果

实验序号	加工误差（实验）	加工误差（切削力）	误差率/%	加工误差（残余应力）	误差率/%	加工误差（耦合）	误差率/%
7	0.154	0.175	13.6	0.131	14.9	0.139	9.8
8	0.141	0.174	23.4	0.116	17.7	0.166	17.7

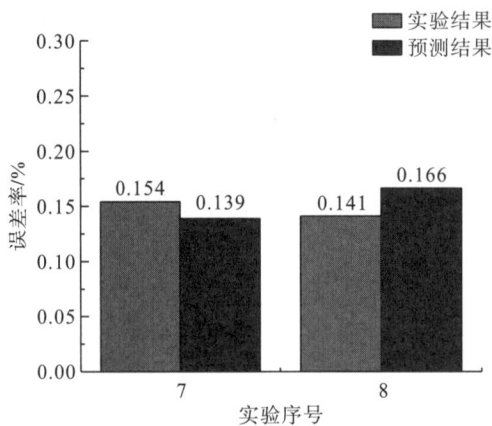

图 2.66   基于切削力/残余应力的加工误差预测模型

2.3.2   数据驱动的加工装备致加工误差建模方法

加工装备在运行过程中受到运动部件切削热、运动摩擦热、电机热、切削液等的影响，机床各部件会发生不规则的热变形，导致刀具相对工件的相对位姿发生变化，影响零件加工精度。结合 2.1.2 节中温度-机床变形-零件加工误差的作用机制，基于数据驱动方法，建立温度-零件加工误差模型，根据误差模型的计算值，可以运用机床误差补偿技术来提高零件加工精度。

2.3.2.1　零件加工误差的温度敏感点自适应选择方法

温度敏感点的选择是误差建模的重要步骤。合理的温度敏感点选择既可以减少实际应用中温度传感器的安装数量，节约成本，又可以使误差模型更加稳定、有效。本书采用改进的二进制蝗虫优化算法(improved binary grasshopper optimization algorithm，IBGOA)，全局搜索最优的温度敏感点组合。

1. 基于改进的二进制蝗虫优化算法的温度敏感子集生成方法

元启发式算法由于具有高搜索效率和准确性而被广泛使用。因此，采用一种元启发式算法——改进的二进制蝗虫优化算法(IBGOA)生成特征温度子集。蝗虫优化算法(grasshopper optimization algorithm，GOA)通过模拟蝗虫的社会互动(吸引和排斥)来调整每个个体，整个蝗虫种群逐渐收敛到当前的最优目标。该方法具有卓越的全局优化能力、出色的后期收敛能力和高效性。随后，基于蝗虫优化算法，进一步提出了二进制蝗虫优化算法(binary grasshopper optimization algorithm，BGOA)，适用于特征选择。但在 BGOA 中忽略了对最优目标的逼近。为了解决这一问题，提出了一个最优逼近准则来改进 BGOA 的阶跃向量更新公式，称为 IBGOA 算法。

1)基础二进制蝗虫优化算法

在 BGOA 中，初始蝗虫种群是随机生成的。蝗虫步进向量更新如下：

$$\Delta X_i^d = c\left(\sum_{\substack{j=1 \\ j \neq i}}^{N} c\frac{\mathrm{ub}_d - \mathrm{lb}_d}{2} s\left(d_{ij}\right)\hat{d}_{ij} \right) \tag{2.111}$$

式中，ΔX_i^d 为第 i 只蝗虫在 d 维空间中的位置；N 为蝗虫的数量；c 为线性衰减系数，$c = c_{\max} - a(c_{\max} - c_{\min})/A$，其中 a 为当前迭代次数，A 为最大迭代次数，$c_{\max}=1$，$c_{\min}=0.00001$；ub_d 为第 d 维的上界；lb_d 为第 d 维的下界；d_{ij}、$\hat{d}_{ij}$ 为第 i 只蝗虫和第 j 只蝗虫之间的距离和单位矢量。

$$\begin{cases} d_{ij} = \left| x_j^d - x_i^d \right| \\ \hat{d}_{ij} = \dfrac{x_j - x_i}{d_{ij}} \end{cases} \tag{2.112}$$

s 定义为社会力量强度：

$$s(r) = f\mathrm{e}^{\frac{-r}{l}} - \mathrm{e}^{-r} \tag{2.113}$$

式中，f 为吸引强度，通常为 0.5；l 为吸引长度标度，通常为 1.5；r 为映射到[1, 4]范围内的蝗虫间的距离。

ΔX_i^d 根据 Sigmoid 函数传递，如式(2.114)所示。

$$T\left(\Delta X_i^d\right)=\frac{1}{1+\mathrm{e}^{-\Delta X_i^d}} \tag{2.114}$$

当前蝗虫的位置将通过式(2.115)在二进制空间中更新。

$$X_i^d=\begin{cases}1, & \mathrm{rand}<T\left(\Delta X_i^d\right)\\ 0, & \mathrm{rand}\geqslant T\left(\Delta X_i^d\right)\end{cases} \tag{2.115}$$

式中，rand 为[0, 1]之间的随机数。

2) 阶跃矢量更新公式的改进

为了确保 BGOA 收敛到最优，参考二进制粒子群(binary particle swarm optimization，BPSO)算法，在式(2.111)中的阶跃向量更新公式中添加了一个最优近似准则，如式(2.116)所示。

$$\Delta X_i^d=c\left(\sum_{\substack{j=1\\j\neq i}}^{N}c\frac{\mathrm{ub}_d-\mathrm{lb}_d}{2}s\left(d_{ij}\right)\hat{d}_{ij}\right)+g\cdot\eta\cdot\left(G^d-X_i^d\right) \tag{2.116}$$

其中，g 表示迫使蝗虫逐渐接近最佳目标的线性增加系数，如式(2.117)所示。

$$g=g_{\min}+a\frac{g_{\max}-g_{\min}}{A} \tag{2.117}$$

式中，$g_{\max}=4$，$g_{\min}=0.01$；η 为[0, 1]之间的随机数；G^d 为 d 维空间中最佳蝗虫的位置；X_i^d 为上一次迭代中第 i 只蝗虫的位置。

2. 基于逐步回归的非显著点消除

IBGOA 的关键作用是生成最优的下一代子集。子集的质量主要取决于评价函数，本书根据建模拟合精度设计了评价函数。但具有良好拟合精度的子集可能包含具有多重共线性的温度特征。这些特征将大大降低误差模型的预测精度和鲁棒性。因此，使用逐步回归分析从每个子集中消除这些非显著点。

主要步骤如下：

(1)运用多元线性回归(MLR)方法，建立初始的温度-零件加工误差项(如齿轮 M 值)的映射模型。

(2)添加一个温度特征并更新模型；如果新模型通过 F 检验，则表明该特征是一个重要的温度特征；如果模型未能通过 F 检验，则表明该温度特征为非重要温度特征。

(3)当模型中的所有温度特征都为重要温度特征时，搜索终止。这些特征即构成了新的子集。

3. 基于交叉验证的子集评估

子集评估是温度特征选择中最重要的一步，直接关系到最终选择子集的质量。以误差模型的交叉预测准确性作为子集评估的关键指标，采用 5 倍交叉验证对温度-零件加工误差模型进行评估，详细地将数据依次划分为四个训练集和一个测试集。并计算平均均方根误差(AVG-R)，如式(2.118)所示，整体评估函数如式(2.119)所示。

$$\text{AVG-R} = \frac{1}{5}\sum_{i=1}^{5}\sqrt{\frac{1}{m_i}\sum_{j=1}^{m_i}(y_{\text{test}}^{(ij)} - \hat{y}_{\text{test}}^{(ij)})^2} \tag{2.118}$$

式中，m_i 为第 i 个测试集中的 m 组数据；$y_{\text{test}}^{(ij)}$ 为第 i 个测试集中的第 j 个零件加工误差项的真实数据；$\hat{y}_{\text{test}}^{(ij)}$ 为温度-零件加工误差项映射模型的预测结果。

$$\text{Evaluation} = q \cdot \text{AVG-R} + (1-q) \cdot \frac{n}{N} \cdot \text{AVG-R} \tag{2.119}$$

式中，n 为所选温度敏感特征的数量；N 为温度特征的总数；q 为权重系数。

评估函数不仅考虑交叉验证的结果，还减少了温度特征的数量，进一步降低了过度拟合的风险。温度敏感特征自适应选择方法流程图如图 2.67 所示。

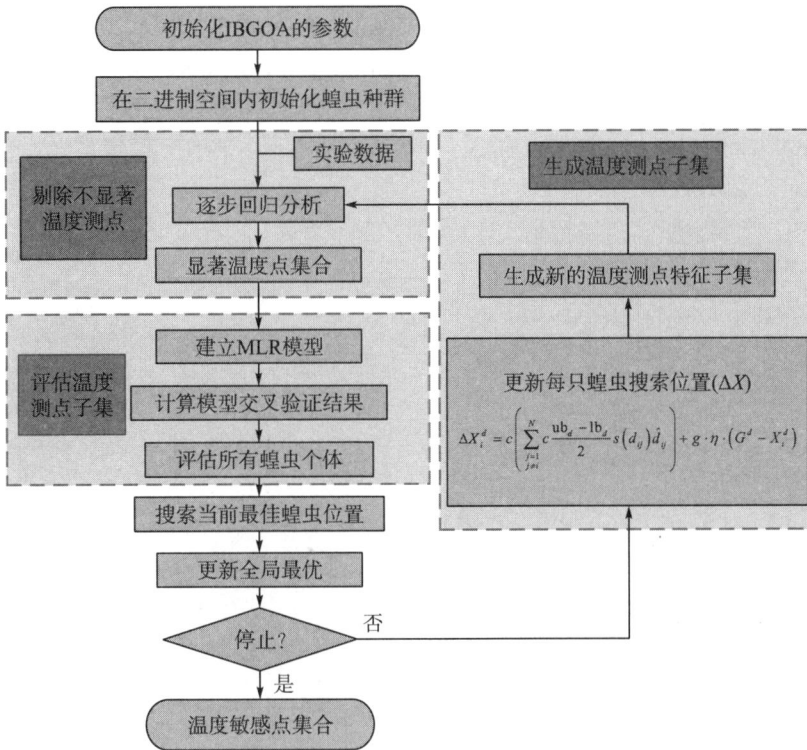

图 2.67　温度敏感特征自适应选择方法流程图

2.3.2.2　基于卷积神经网络的加工误差建模方法

卷积神经网络(convolutional neural network，CNN)能够模仿生物的视觉系统，是一种深度的监督学习下的机器学习模式，具有极强的适应性，善于挖掘数据局部特征，提取全局训练特征和分类。CNN 结构由输入层、卷积层、池化层、全连接层和输出层组成。

卷积层也称特征提取层，其目的是形成输入图像的特征图层。卷积层中，前一层特征图层与卷积核，即同一特征图层中神经元具有的共同权值进行卷积运算，运算结果经由激活函数后得到输出，并形成该层神经元，构成该层的特征图层。在特征图层中，前一层中的局部感受域连接该层神经元的输入，因此神经元提取前一层对应局部的特征，通过局部特征的提取，就确定了各局部特征之间的位置关系。一般情况下，卷积核会初始化为随机小数矩阵，随后在 CNN 的训练过程中通过机器学习进行优化，得到合理的卷积核数值。卷积核的存在减少了 CNN 中各层连接，简化了模型复杂度，也减小了过拟合的风险。

池化运算也称为下采样过程。对卷积运算后得到的输入图层进行分割，形成多个不重叠的区域，进行池化运算，以此来降低神经网络中特征图层的空间分辨率，即减小图层的大小。池化运算的目的是消除输入信号的扭曲及偏移，同时也简化了模型的复杂度。

经过卷积层和池化层的多次运算，会由输入数据得到多组数据的输出。因此，需要在全连接层将多组数据输出依次组合，最终成为一组数据输出。随后需要在算法中对该输出与实际值进行损失函数计算，确定当前神经网络模型的拟合精度，并通过梯度下降原理更新权值，实现 CNN 的多次迭代计算，使预测模型，即神经网络回归模型逐渐收敛。

CNN 具有三个结构特征，即本地连接、共享权重和多层。这些特征保证了 CNN 在处理高维数据时具有良好的特征提取性能。在开发的 CNN 结构中，采用两层卷积层和池化层交替处理输入的数据，如图 2.68 所示。

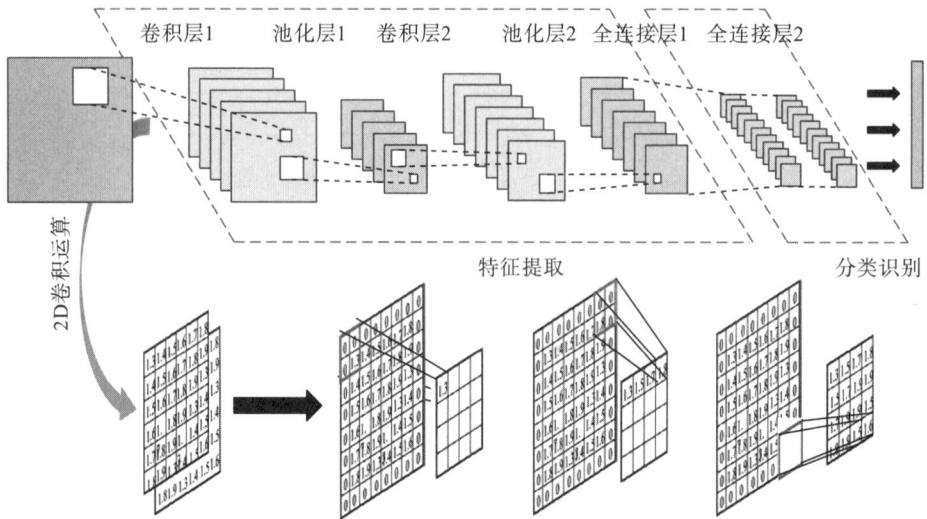

图 2.68　卷积神经网络模型结构

卷积神经网络算法处理分为以下几个步骤。

(1)将经过筛选后的温度特征转化成为一个一维的矩阵形式。

(2)一维矩阵首先被转化成为一个 16×16 的数字矩阵，卷积层通过卷积神经元提取图像的像素值能够提取温度的特性，并且它具有局部感知权重共享的特征。由于经过温度优化后维度较小，因此设置卷积层为 2，卷积层神经元数学表达式为

$$m_i^n = f(\sum_{j \in X} m_j^{n-1} * k_{ij}^n + b_i^n) \tag{2.120}$$

式中，m_i^n 为第 $n-1$ 层的第 j 个特征图对应的特征图矩阵；k_{ij}^n 为第 n 层的第 i 行第 j 列特征

图对应的权重矩阵，即卷积核；运算符"*"为卷积运算；b_i^n 为第 n 层的第 i 个特征图的偏差值；f 为激活函数，为 ReLU 函数；卷积后 m_i^n 是由第 n 层的第 i 个特征图神经元组成的特征图矩阵。

(3)每次卷积运算后交替由池化层进行池化运算，池化层将输入分成多个区域，并用该区域的整体统计特征替换特定位置的输出。它保持特征不变性并降低特征的维数，从而减小了温度特征的数量和计算量，其公式为

$$m_i^n = f(a_i^n \text{pool}(m_i^{n-1}) + b_i^n) \tag{2.121}$$

式中，pool 为池化函数；a_i^n、b_i^n 为每个特征图层不同的偏差值。

(4)全连接层最后作为分类器对提取的特征进行分类，将前序层中得到的多特征图层输入加权整合为单项输出。全连接运算的公式为

$$y = f(\alpha \sum m_i + \beta) \tag{2.122}$$

式中，y 为全连接运算的整合输出；α、β 为代表全连接运算的权值和偏置系数。

全连接运算的算法反向传播过程中，以每次迭代过程训练输出的均方根误差作为损失函数，即

$$\text{loss} = \sqrt{\sum_{i=1}^{n}(y_i - \hat{y}_i)^2} \tag{2.123}$$

其中，y_i 为对应训练输出的实际值，即零件加工误差实际值；$\hat{y}_i$ 为对应训练输出的预测值，即零件加工误差的预测值。

通过损失函数计算当前卷积核运算结果的 loss 值，通过梯度下降更新权值，并进行下一次运算，直到 loss 值达到允许范围或迭代次数达到上限，得到最终的卷积神经网络权值。

2.3.2.3　加工误差预测

1. 实验过程

以磨齿加工为例，在实际加工生产中，往往是磨削加工与砂轮修整的交替运行，因此，实际的齿轮磨削过程并非完全的连续加工。在磨削现场共进行了 17 组实验，同时测量磨削过程中的温度与磨削完成之后的齿轮径向 M 值，M 值测量三次取平均值，实验现场如图 2.69 所示。

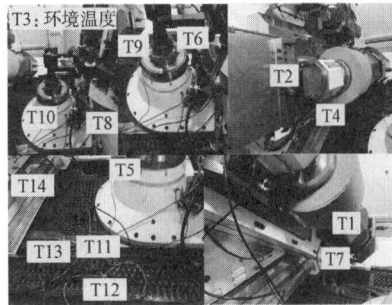

(a) 加工机床　　　　　　　　　　　(b) 温度传感器测点

(c) M值测量仪

(d) 齿轮零件

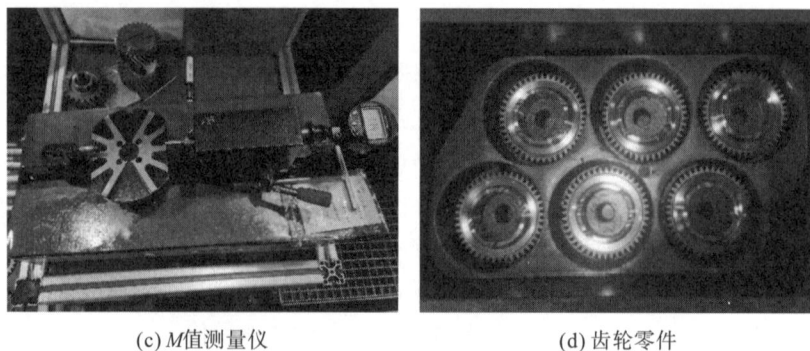

图 2.69　实验现场

T1：电机轴承；T2：小光座；T3：环境温度；T4：小托座轴承；T5：床身内侧；T6：工作台内侧；T7：大托座；T8：小立柱；T9：内侧导轨；T10：工作台外侧；T11：床身外侧；T12：床身油温；T13：外侧导轨；T14：大立柱

    每组磨削加工 27 只齿轮后砂轮进行修正，限于篇幅，此处仅展示部分组齿轮工件 M 值误差测量结果及对应磨削过程温度变化，分别如图 2.70、图 2.71、图 2.72 所示。

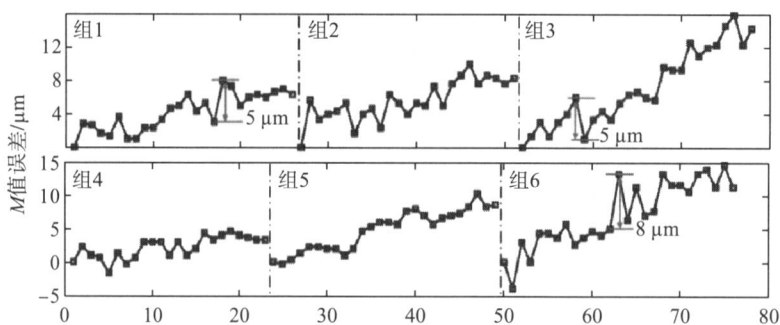

图 2.70　部分 M 值测量结果

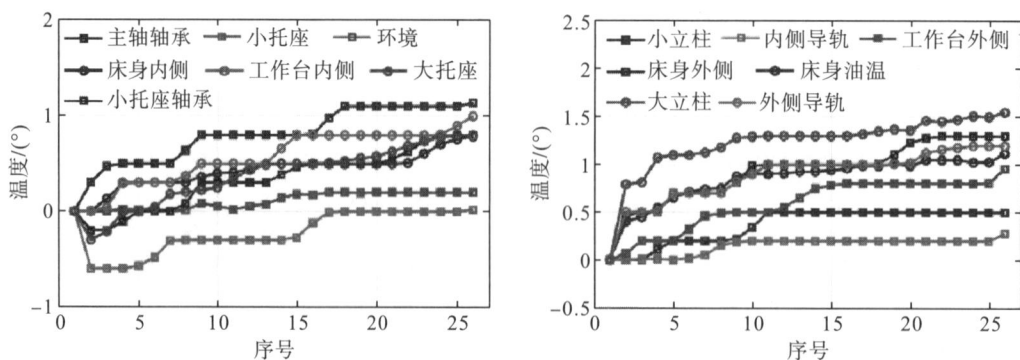

图 2.71　组 1 磨削过程温度变化

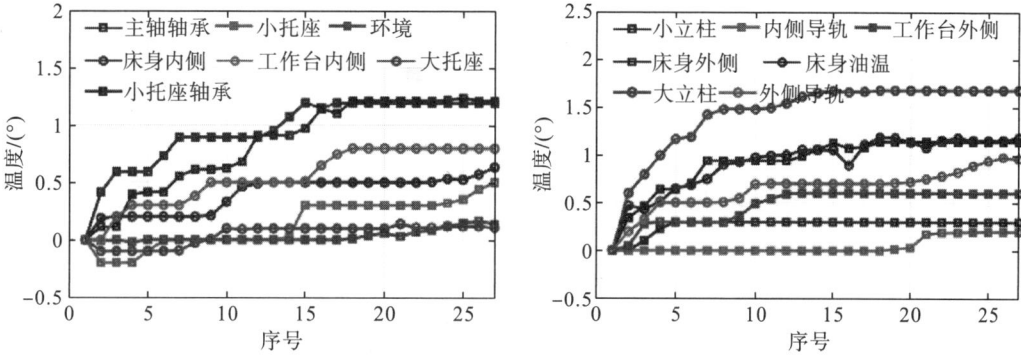

图 2.72　组 6 磨削过程温度变化

在组 1 与组 6 磨削过程中，14 个温度测点的温度上升较为均匀，这也是几乎所有组实验温度变化的共同特征；而 M 值误差的变化则较为波折，即使相邻两点 M 值，M 值误差相差也可能超过 5μm，如组 1、组 3、组 8 中相邻两件齿轮 M 值误差差值分别达到 5μm、5μm、8μm，这主要是人工测量以及齿轮 M 值本身的特点导致的。即使同一齿轮，其不同齿的 M 值也有差异，因此导致 M 值误差结果的波动。

2. 温度-M 值误差模型

以 15 组实验的温度与 M 值误差为建模组，温度敏感点为大托座处、工作台处、床身外侧处的温度测点，构建误差模型，对其他两组磨削加工的 M 值误差进行预测，预测结果如图 2.73 所示。

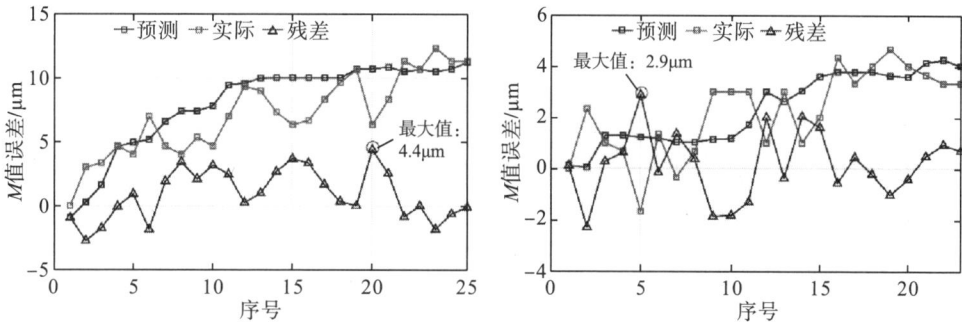

图 2.73　M 值误差预测结果

表 2.26 中汇总了两组预测的精度指标。对比两组 M 值误差曲线，当 M 值误差绝对数值较大时，残差比是较小的，误差可减小的幅度大；而对于 M 值误差绝对值较小的第 2 组，残差比较大，误差可减小的幅度小。

表 2.26　预测精度指标

测试	δ_{max}/μm	RMSE/μm	MAE/μm	残差比
预测 1	4.4	2.1	1.7	0.36
预测 2	2.9	1.3	1.0	0.60

2.4　基于数字孪生的零件加工精度预测技术

2.4.1　数字孪生系统搭建

随着传统制造业与信息技术的逐渐融合,传统制造向智能制造转变。智能制造的基础是物理空间与数字空间的互联互通,而数字孪生是实现物理空间与数字空间融合的最佳途径。数字孪生是充分利用物理模型、传感器更新、运行历史等数据,集成多学科、多物理量、多尺度的仿真过程,在虚拟空间中完成映射,从而反映实体装备的全生命周期过程。同时,零件的加工精度容易受到切削力/热、刀具磨损、残余应力等动态因素的影响,传统的预测模型具有精度差、鲁棒性低、自适应性不强等缺点,因此,可以充分利用数字孪生技术来预测零件的加工精度,为实现加工精度的精确调控奠定基础。面向加工全过程的数字孪生系统应该包括:数据采集及处理模块、数据通信模块、模型仿真和集成模块。

2.4.1.1　数据采集及处理模块

加工过程数据实时采集和感知是建立数字孪生系统的基础。面向加工全过程的数字孪生系统是以感知数据为基础进行的数字化建模,由于数控机床加工过程中的工作环境复杂及工作环境中存在大量的电子电气设备,可能存在噪声、人为等干扰信息,造成感知数据的异常。因此,需要对感知数据进行处理,排除异常数据的干扰,确保感知数据的质量。考虑零件加工过程中的关键物理量和工艺特征,搭建数字孪生系统的数据采集及处理模块。该模块包括切削力、能耗、声音、残余应力以及刀具/工件振动数据的采集与处理。采集模块如图 2.74 所示。

图 2.74　数据采集及处理模块

2.4.1.2　数据通信模块

数据通信模块是数据采集模块与模型仿真模块之间的桥梁,决定模型仿真模块是否由数据驱动。通过数据通信模块,物理实体与虚拟模型相互交流,从而实现孪生的效果。采用 TCP 通信作为连接 LabVIEW 和 Unity 3D 的桥梁,其中 LabVIEW 是数据的主要来源,作为 TCP 通信中的服务器端,Unity 3D 作为 TCP 通信的客户端,服务器端向客户端提供数据,客户端接收到数据后进行使用并向服务器反馈。LabVIEW 服务器端的接口和 Unity 3D 客户端的接口分别如图 2.75(a) 和 (b) 所示,LabVIEW 服务器端通过 TCP 模块创建套接字,使用套接字对 IP 地址和端口号进行绑定,并对其进行监听,Unity 3D 客户端使用套接字对相应的 IP 地址和端口号发送连接请求,两者建立联系之后,LabVIEW 服务器端开始向 Unity 3D 客户端发送数据,由于 LabVIEW 端发送的数据是持续不断的,所以采用 TCP 通信长连接模式,Unity 3D 将启用心跳模式,保持与服务器端的持续连接,LabVIEW 发送数据时,首先发送数据长度,再发送数据内容,方便客户端的接收和处理。

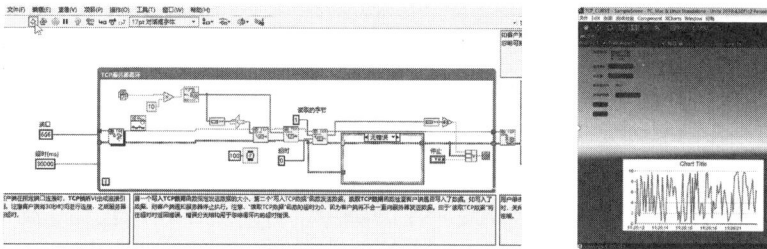

(a) LabVIEW服务器端通信构建　　　　(b) Unity 3D客户端通信构建

图 2.75　Unity 3D 通信协议

2.4.1.3　模型仿真和集成模块

加工过程模型仿真是建立数字孪生系统的核心。数字孪生是物理对象的数字化描述,数字孪生不仅包含对象的几何层面,还包含对象的物理层面,在对象的物理层面实现数字孪生需要融合物理规则。基于对象数字孪生物理层面的数据,利用可视化的方法,实现对象的物理状态的可视化预测及监控。因此,本书把数字孪生模型分为几何模型和物理模型。其中几何模型包括机床、刀具、工件以及夹具等实体的三维模型,其方法是利用商业三维建模软件建模,然后导入到 Unity 3D 软件中进行渲染和可视化;物理模型包括切削力、能耗、残余应力、加工精度等预测和监控模型,其方法是基于数据采集及处理模块得到实时加工数据,结合不同零件的加工机理,充分利用人工智能技术,实现模型和数据混合驱动的重要物理量预测及监控模型的建立。将几何模型和物理模型集成,通过几何模型得到实时切削几何形貌,并提供给物理模型,得到实时物理(切削力等)仿真结果。部分几何模型和物理模型如图 2.76 所示。

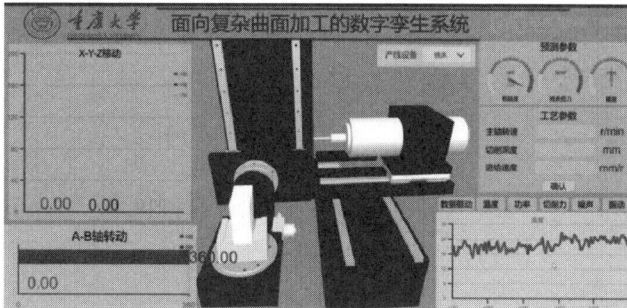

图 2.76　部分几何模型和物理模型

2.4.2 基于数字孪生的零件加工精度预测策略

数字孪生精度预测策略如图 2.77，详细步骤如下：

(1)确定机床、刀具以及工件等物理层设备；

(2)提取物理层设备的静态数据和动态数据，其中静态数据指机床型号、刀具参数以及工件材料等不随时间变化的数据，动态数据指进给速度、主轴转速(通过数控系统读取并用于本模型)等可以随时间变化的数据；

(3)建立该产线的几何、运动以及精度预测模型，其中精度预测模型是基于收集的历史加工数据利用高斯回归方法所建立的；

(4)利用数字孪生技术，实时收集当前工艺参数下的加工数据，并把数据传送到精度预测模型中进行实时预测；

(5)收集实时数据进一步储存到历史加工数据中，并用来不断迭代和更新精度预测模型的参数，使该模型具有更高的精度以及鲁棒性。

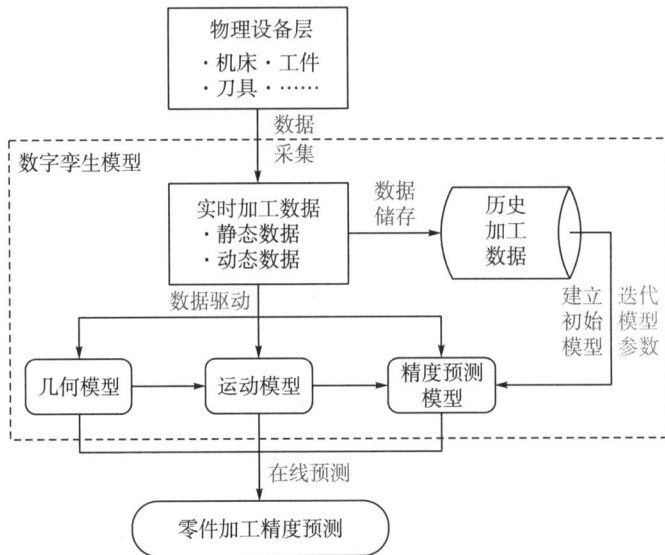

图 2.77　基于数字孪生的零件加工精度预测方法

2.4.3 零件加工精度预测实例

2.4.3.1 汽车精密齿轮

以 YS7232 磨齿机为研究对象，开展蜗杆砂轮磨齿机动态误差及齿轮加工误差测量实验。

1. 齿轮加工实验设置

为研究零件加工精度演变规律，建立零件精度预测模型，在浙江双环传动机械股份有限公司开展了齿轮加工实验，测量批量化产线中的齿轮加工精度、机床零部件变形、机床温度变化等。

实验机床为 2017 年产重庆机床 YS7232CNC，如图 2.78 所示。数显齿轮 M 值测量仪测量齿轮 M 值，其精度为 0.001mm，如图 2.79 所示。电涡流位移传感器置于工作台后方，C 轴下方，切削液喷射的反方向，用于测量工作台热变形，同时避免切削液影响，如图 2.79 所示。14 路 PT100 温度传感器布置在机床主要位置，如表 2.27、图 2.79 所示。本次实验在两种齿轮上进行了验证，齿轮及参数如图 2.80 与表 2.28 所示。各类数据采集参数如表 2.29 所示。

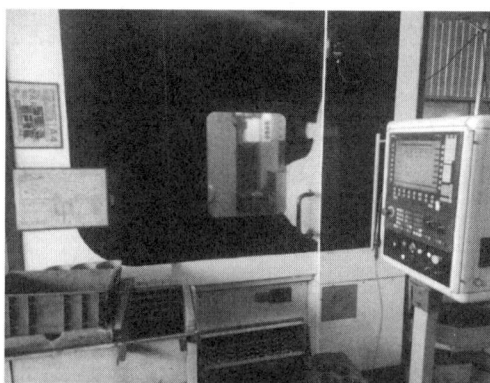

图 2.78　重庆机床 YS7232CNC

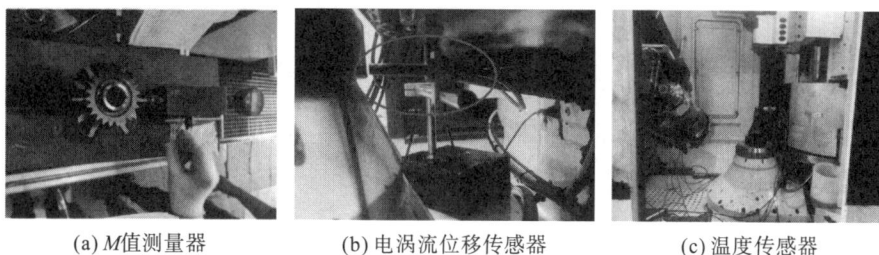

(a) M 值测量器　　　　　(b) 电涡流位移传感器　　　　　(c) 温度传感器

图 2.79　测量仪器

表 2.27　传感器分布表

项目	传感器						
	T1	T2	T3	T4	T5	T6	T7
位置	内侧床身	大托座	主轴轴承外部	外侧导轨	小托座	大立柱	电涡流夹具

项目	传感器						
	T8	T9	T10	T11	T12	T13	T14
位置	小立柱	内侧导轨	工作台	小托座端面	床身冷却油	环境	外侧床身

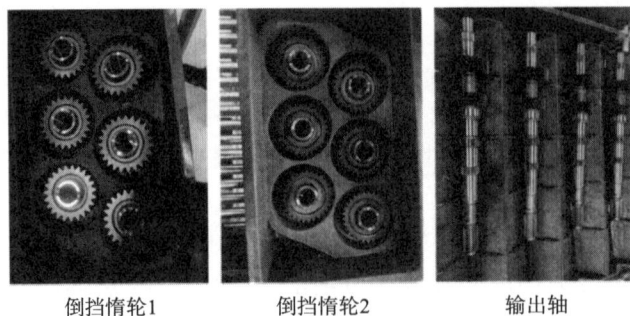

倒挡惰轮1　　　　　　倒挡惰轮2　　　　　　输出轴

图2.80　测试零件

表2.28　加工零件参数

	法向模数	齿数/个	压力角/(°)	螺旋角/(°)	变位/mm	跨球距/mm
倒挡惰轮1	3.15	23	21	18.5	0.792	81.81±0.02
倒挡惰轮2	2.678	29	24	24	0.777	97.46±0.02
输出轴	2.16	34	19	33.5	-0.0166	94.08±0.02

表2.29　数据采集参数

数据类型	采集设备	采样周期/s	通信方式
机床外部温度	SEND-DAM-7PT	2	RS485
位移	NI9202	0.01	以太网
机床内部温度	PC-HMI	2	以太网
机床系统参数	PC-HMI	2	以太网

2. 实验数据及分析

实测 M 值与处理后 M 值分别如图2.81、图2.82所示。实际加工中，工人频繁调整径向偏置值，导致 M 值变化失真，因此需要去除径向偏置值，得到图2.82中的 M 值，以排除人为因素的干扰。

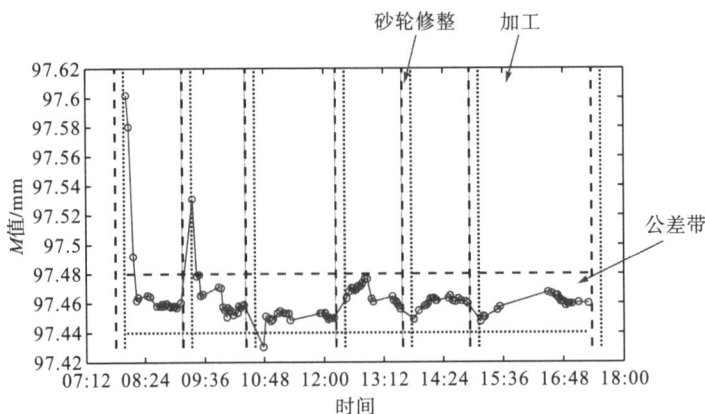

图2.81　惰轮2实测 M 值

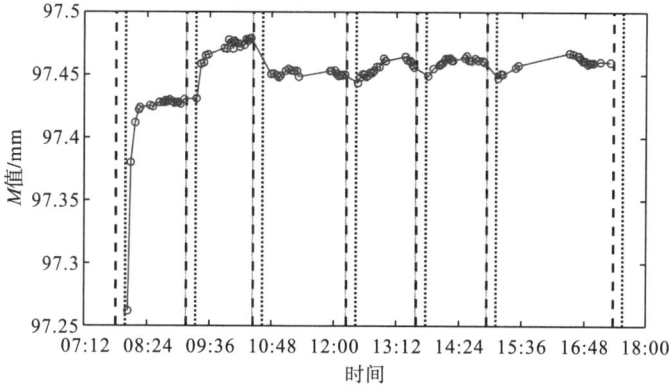

图 2.82 惰轮 2 偏置消除后 M 值

加工过程中部分温度数据如图 2.83 所示。整体规律为：加工过程中，温度逐渐升高，砂轮修整过程中温度降低。特别地，加工暂停时，由于失去冷却液，温度有不同程度升高，会导致暂停十几分钟，再一次加工时，M 值明显偏大。砂轮修整后，整体温度降低，这是修整后 M 值突然变小的重要原因之一。

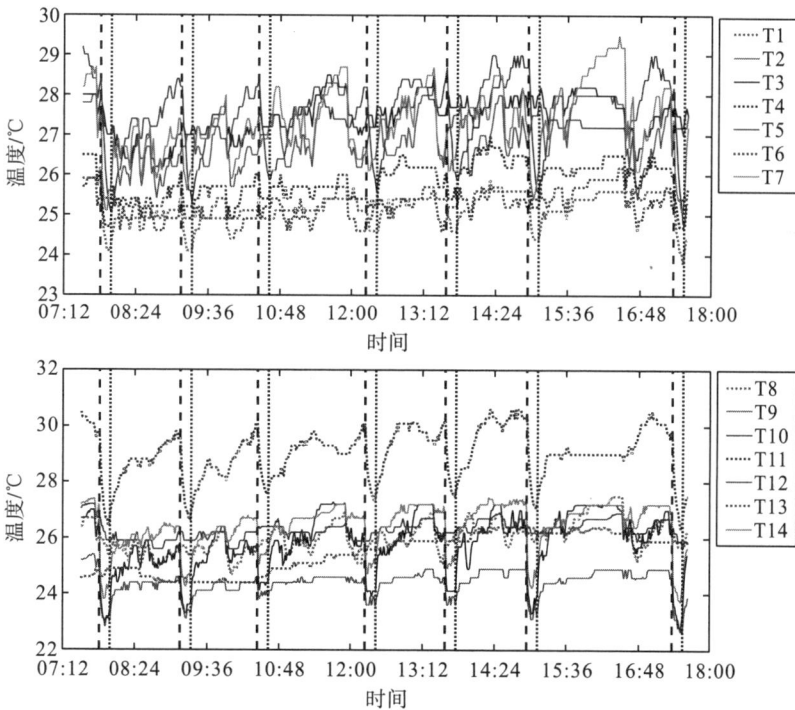

图 2.83 14 路温度数据

3. 模型验证

对某天生产的倒挡惰轮 1 和倒挡惰轮 2 的 M 值偏差量进行预测，如图 2.84 所示。受人工偏置值设置和测量的影响，部分偏差较大的 M 值被去除。

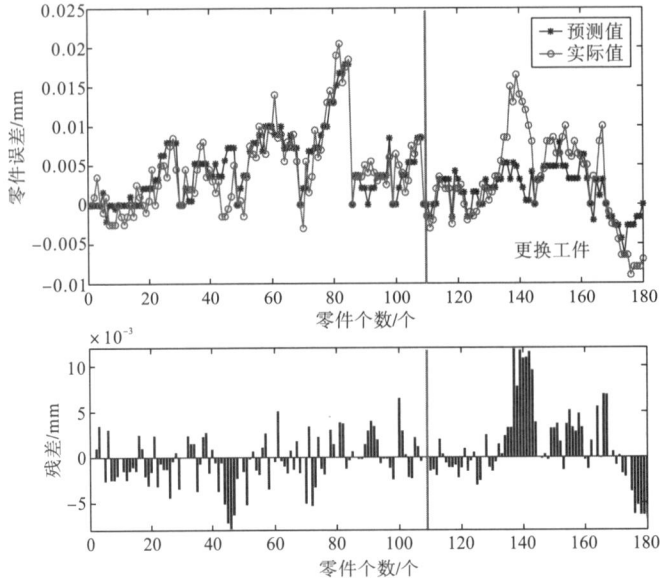

图 2.84　预测结果

从图 2.84 中看出，即使更换工件，M 值误差的整体趋势也是吻合的，波动范围由 $[-10\mu m, 25\mu m]$ 减小到 $[-8\mu m, 12\mu m]$。同种零件预测精度很高，残差范围仅为 $[-8\mu m, -5\mu m]$。不同零件预测精度下降，其原因可能为：

(1) 齿轮螺旋角不同，切削液喷射角度变化，导致温度分布发生变化，影响了模型精度。

(2) M 值测量精度，如是否及时进行校准。

2.4.3.2　航空叶片

1. 实验设置

为研究零件加工精度演变规律，建立零件精度预测模型，在项目参与单位中国航发航空科技股份有限公司开展了叶片加工实验。测量批量化产线中，粗铣和精铣中的加工功率、加工温度、加工噪声以及叶片加工精度等。

叶片的粗加工和精加工设备分别为 VMC1230 和 C.B.Ferrari A176，如图 2.85 所示。粗加工和精加工刀具如图 2.86 所示。加工叶片为第 5 级静子叶片，型号为 116T7325P0021，其三维模型如图 2.87 所示。叶片检测截面和检测指标分别如图 2.88 和表 2.30 所示。

(a) VMC1230　　　　　　　　　　(b) C.B.Ferrari A176

图 2.85　叶片加工机床

图 2.86　粗加工、精加工刀具

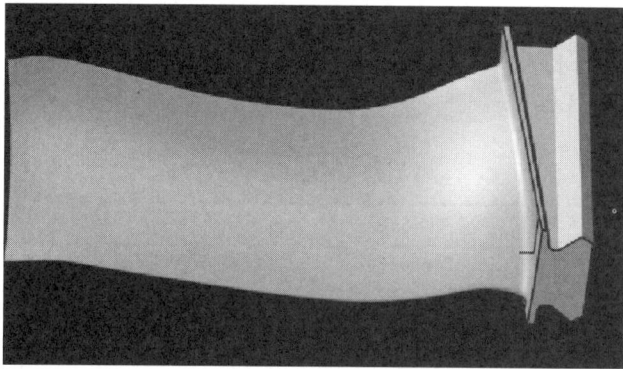

图 2.87　第 5 级静子叶片三维模型

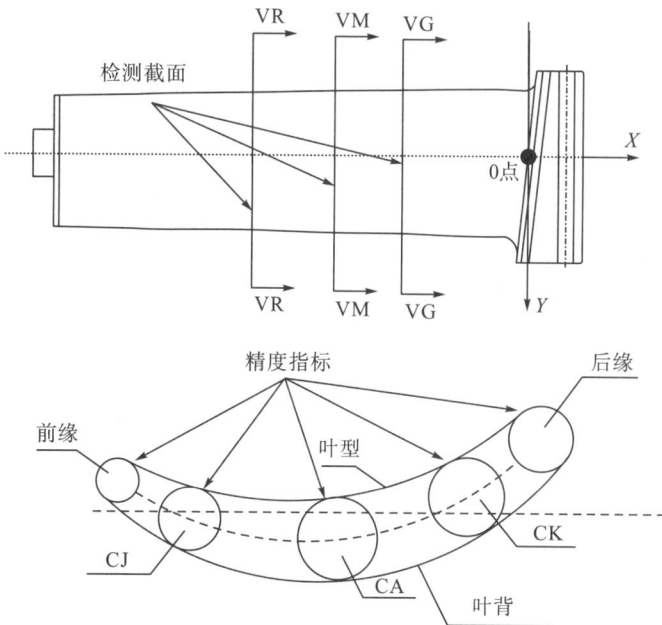

图 2.88　叶片检测截面

表 2.30 叶片截面精度指标及其公差带

型面 G/M/R（Z 轴方向叶型截面）	标称值（VG/VM/VR）	上极限偏差/下极限偏差
LE THK（前缘厚度）	4.4983/3.7922/3.6678	0.3040/-0.0847
LE THK（CJ）[CJ 处前缘厚度（X 方向内切圆直径）]	11.8770/9.2710/8.8697	0.5580/-0.1693
LE THK（CA）[CA 处前缘厚度（X 方向内切圆直径）]	13.4925/10.6197/10.4165	0.5580/-0.1270
LE THK（CK）[CK 处前缘厚度（X 方向内切圆直径）]	8.0239/6.5049/6.6294	0.5580/-0.1693
TE THK（后缘厚度）	1.8110/1.6485/1.5291	0.4564/-0.1355

利用 2.3.1 节中的高斯过程回归算法，基于表 2.31 和表 2.32 训练数据中的转速、进给速度以及叶片精度数据对模型进行训练。利用迭代优化方法对以上超参数进行优化，设定均值函数指数、协方差函数向量和最大似然函数指数初始值分别为 3、[2, 2, 2]、-1。训练过后误差模型中均值函数指数为 2.9875，协方差函数向量为 [2.0000, 1.7913, 2.0000]，最大似然函数指数为 -1.0334。

表 2.31 训练数据-工艺参数

实验代号	转速/(r/min)	进给速度/(mm/min)
1	1620	2200
2	1800	1800
3	2160	2400
4	1980	2200
5	1620	2000

表 2.32 训练数据-精度数据

实验代号	型面 G				
	LE THK	LE THK（CJ）	LE THK（CA）	LE THK（CK）	TE THK
1	0.1711	0.2851	0.4616	0.5672	0.5204
2	0.1157	0.1831	0.3554	0.4217	0.3804
3	0.0894	0.1629	0.3324	0.394	0.3571
4	0.116	0.2289	0.4122	0.4747	0.4121
5	0.1831	0.3608	0.4768	0.5566	0.5069

实验代号	型面 M				
	LE THK	LE THK（CJ）	LE THK（CA）	LE THK（CK）	TE THK
1	0.1873	0.2088	0.2336	0.2576	0.2324
2	0.1222	0.1541	0.1709	0.1715	0.1411
3	0.1015	0.1257	0.1483	0.1471	0.1217
4	0.1029	0.1189	0.1487	0.1543	0.1312
5	0.2258	0.2648	0.2831	0.3051	0.2824

续表

实验代号	型面 R				
	LE THK	LE THK (CJ)	LE THK (CA)	LE THK (CK)	TE THK
1	0.2204	0.2434	0.2687	0.2714	0.2455
2	0.1215	0.1638	0.1553	0.1883	0.1388
3	0.1044	0.1265	0.1208	0.1463	0.1145
4	0.1093	0.1445	0.1322	0.1746	0.1293
5	0.2598	0.2842	0.3263	0.3656	0.3017

2. 模型验证

为了验证所建立精度预测模型的准确性，选取了 5 种不同加工参数加工的叶片，并采集了相应截面的精度数据。其工艺参数和精度预测准确率如表 2.33 所示，其中 Pre 代表精度指标的预测值，Exp 代表精度指标的测量值。精度预测准确率公式：$P_{Acc}=1-P_{err}=1-\left|C_i^{pre}-C_i^{mea}\right|/C_i^{mea}\times100\%$。其中，$P_{Acc}$ 和 P_{err} 分别是预测准确率和预测误差率，C_i^{pre} 和 C_i^{mea} 分别是叶片第 i 个精度指标偏差的预测值和测量值。基于验证实验数据分析，预测值和测量值具有良好的一致性，其最低的预测准确率为 89.0%，最高的预测准确率为 92.4%，证明所建立模型具有较高的预测精度。

表 2.33　叶片精度预测值与测量值对比

转速 /(r/min)	进给速度 /(mm/min)	指标代号	型面 G				
			序号 1	序号 2	序号 3	序号 4	序号 5
			LE THK	LE THK (CJ)	LE THK (CA)	LE THK (CK)	TE THK
1800	2400	1 (Pre)	0.129	0.2136	0.438	0.4726	0.4001
		1 (Exp)	0.119	0.2039	0.399	0.4638	0.4312
1800	2000	2 (Pre)	0.1894	0.2841	0.4604	0.5288	0.4656
		2 (Exp)	0.2129	0.3298	0.4998	0.5744	0.5104
2160	2000	3 (Pre)	0.1809	0.2645	0.4204	0.5056	0.529
		3 (Exp)	0.1649	0.2948	0.4801	0.5903	0.4754
1980	2000	4 (Pre)	0.2033	0.2854	0.4708	0.5074	0.5205
		4 (Exp)	0.1734	0.2759	0.4619	0.589	0.5118
1800	2200	5 (Pre)	0.1291	0.2237	0.4281	0.4727	0.3902
		5 (Exp)	0.119	0.2039	0.399	0.4638	0.4312
		预测准确率/%	89.0	91.6	92.1	92.0	92.3

续表

转速/(r/min)	进给速度/(mm/min)	指标代号	型面 M				
			序号 1	序号 2	序号 3	序号 4	序号 5
			LE THK	LE THK (CJ)	LE THK (CA)	LE THK (CK)	TE THK
1800	2400	1 (Pre)	0.1129	0.1336	0.1597	0.171	0.1392
		1 (Exp)	0.1028	0.1236	0.1498	0.1611	0.1292
1800	2000	2 (Pre)	0.2485	0.1913	0.2188	0.2403	0.2055
		2 (Exp)	0.2243	0.2239	0.2492	0.2768	0.2402
2160	2000	3 (Pre)	0.1971	0.2185	0.2432	0.2671	0.242
		3 (Exp)	0.2074	0.2307	0.2601	0.2712	0.2181
1980	2000	4 (Pre)	0.202	0.2356	0.2686	0.2907	0.2392
		4 (Exp)	0.1922	0.2259	0.259	0.2812	0.2295
1800	2200	5 (Pre)	0.1129	0.1336	0.1798	0.131	0.1392
		5 (Exp)	0.1028	0.1236	0.1498	0.1611	0.1292
		预测准确率/%	91.9	91.9	90.2	91.4	91.0

转速/(r/min)	进给速度/(mm/min)	指标代号	型面 R				
			序号 1	序号 2	序号 3	序号 4	序号 5
			LE THK	LE THK (CJ)	LE THK (CA)	LE THK (CK)	TE THK
1800	2400	1 (Pre)	0.1167	0.1373	0.1406	0.1698	0.1341
		1 (Exp)	0.1066	0.1273	0.1306	0.1599	0.1241
1800	2000	2 (Pre)	0.2854	0.2683	0.2842	0.2908	0.2373
		2 (Exp)	0.2518	0.3024	0.3267	0.3375	0.2757
2160	2000	3 (Pre)	0.2301	0.253	0.2782	0.2209	0.2251
		3 (Exp)	0.2061	0.2356	0.2422	0.2244	0.1968
1980	2000	4 (Pre)	0.2315	0.2665	0.2954	0.2916	0.2531
		4 (Exp)	0.2218	0.2569	0.2859	0.2821	0.2435
1800	2200	5 (Pre)	0.1167	0.1373	0.1406	0.1898	0.1341
		5 (Exp)	0.1066	0.1273	0.1306	0.1599	0.1241
		预测准确率/%	90.3	92.4	90.7	91.3	90.3

第3章　零件加工误差成因追溯及在线诊断方法

本章通过设计复杂零件精密加工多源误差采集系统实现零件实时动态误差采集,同步感知加工参数、工序工艺参数及环境工况;通过数据挖掘对多源误差的产生及变化进行成因追溯,从而推导出加工参数、工序工艺参数与零件加工精度之间复杂的映射规律,实现复杂零件加工误差成因在线诊断。

3.1　批量化零件加工过程参数在线感知与动态采集技术

3.1.1　机床外部数据采集

机床外部数据即利用传感器等测量仪器测量得到的数据。通过测量的各种物理量与误差数据构建误差模型。外部数据是构建误差模型的数据基础。零件加工精度自愈过程中需要采集温度、振动、位移、噪声、力等多源加工状态信息。

3.1.1.1　面向零件加工过程动态采集的传感器选择

1. 温度采集

正如前面章节提到的,热误差是影响批量化零件加工精度的重要因素,因此,需要对数控机床在加工过程中的温度进行监控。常用的温度传感器主要有热电阻传感器、热电偶传感器等。考虑到机床工作时温度变化不会太大,一般只有十几度,此外,作为预测热误差的最主要物理量,其精度需要有严格的保证,因此系统采用精度较高的磁吸式铂电阻温度传感器 PT100。区别于振动等高频信号,温度是一个缓变的过程,因此温度采样率不需要太高,一般不超过 1Hz 即能满足使用要求。温度传感器参数如表 3.1 所示。

表 3.1　自愈系统温度传感器参数

型号	精度	分辨率/℃	采样率/Hz
PT100	A 级	0.1	1

2. 机床变形采集

加工状态中难以直接测得机床刀具相对工件的误差,但通过各类辅助测量设备,可以间接得到加工误差的相关信息,如布置在磨齿机工作台处的辅助测量系统。根据辅助测量系统得到的变形量是调整误差模型、实现精度自愈的重要物理量。

误差测量即微位移测量，一般分为接触式测量与非接触式测量，但在机床工作的情况下，机床一直处于运动中，此外零件加工中产生的大量切削液、切削也是需要考虑的问题。因此，采用抗油污、能在恶劣环境下工作的非接触式电涡流位移传感器。电涡流位移传感器是一种模拟量输出信号的传感器，本系统选用电压输出为 0～10V、量程为 2mm 的位移传感器。对于电涡流传感器的采样率，应与被检测对象的工作状态相关，如工作台转速。假设工作台转速为 $n(\mathrm{r\cdot min^{-1}})$，工作台旋转一周测量 p 个数据点，则采样率应大于 $pn/30$。该传感器在测量同种金属时，$\mathrm{deformation}(\mathrm{mm})=0.2\times\mathrm{Voltage}(\mathrm{V})$。此外，需要注意的是，电涡流位移传感器需要定时标定，以保证其精度。位移传感器采用米朗 ML33 电涡流位移传感器，参数如表 3.2 所示。

表 3.2　自愈系统位移传感器参数

型号	精度	分辨率/μm	采样率/Hz	输出信号/V	量程/mm
ML33	0.5%Fs	0.1	$pn/30$	0～10	2

3. 振动信号采集

由前面的理论方法可知，振动信号是监测机床健康状态、实现误差诊断、开展工艺优化的重要物理量。通过分析加工状态下的高频振动信号的特征，判断出数控机床当前的工作状况，对批量化零件加工做出指导。振动传感器选用 PCB 352C34，具体参数如表 3.3 所示。

表 3.3　自愈系统振动传感器参数

型号	灵敏度	带宽分辨率	频率范围	输出信号	量程
PCB 352C34	100mV/g	0.00015g·rms	0.5Hz～10kHz	±5V	±50g·pk

4. 声发射采集

加工装备运行过程中，在各种载荷作用下，关键运动部件会出现裂纹等早期缺陷，可以通过检测声发射信号来发现运动部件的早期缺陷。因此，声发射信号是检测机床健康状态、实现误差诊断、检测机床碰撞等重要的辅助物理量。机床声发射传感器采用 AE144S，具体参数如表 3.4 所示。

表 3.4　自愈系统声发射传感器参数

型号	灵敏度/dB	谐振频率/kHz	静态电容/%	输出信号/V
AE144S	70±3	140±20%	120±20	±5

5. 噪声采集

噪声信号是实现误差诊断、检测机床碰撞、开展工艺优化等重要的辅助物理量。特别是在绿色制造的大环境下，降低生产中的噪声也是一项重要的指标。该型噪声传感器换算关系为：Noise(dB)=30+18×Voltage(V)。噪声传感器采用山东威盟士科技有限公司 VMS 噪声传感器，具体参数如表 3.5 所示。

表 3.5　自愈系统噪声传感器参数

型号	精度	分辨率	采样率	输出信号	量程	音频范围
VMS-3002-ZS-V05	±0.5dB	0.1dB	100Hz	0～5V	30～120dB	20Hz～12.5kHz

6. 应变采集

检测数控机床关键零部件长久的应变变化，是判断机床精度退化的重要手段。采用 BF350-3AA 应变片，具体参数如表 3.6 所示。

表 3.6　自愈系统应变采集方案

型号	基长×基宽 /mm×mm	栅长×栅宽 /mm×mm	对标称值 公差/Ω	对标准值 偏差/Ω	灵敏 系数	应变极限 /(μm/m)
BF350-3AA	6.9×4	3.2×3.1	350±3	0.4	2	20000

3.1.1.2　面向零件加工过程动态采集的传感器布置原则

零件加工过程中，各种因素相互耦合，相互影响。不合理的测量位置会影响测量数据的有效性，降低模型性能。因此，传感器的安装必须遵循一定的原则。

1) 主因素原则

主因素原则是指传感器在安装位置获得的物理量要与最终被监控物理量具有一定的相关性。如在零件加工过程中，其精度会受到机床热误差的影响，为监控该误差源，就需要与机床热误差具有高度相关性的机床温度信息。再如，刀具的磨损、工装夹具的异常松动会导致加工过程中产生异常振动与噪声，这就需要对与这些误差源高度相关的机床振动、噪声等信息进行采集。

2) 能观测性原则

能观测性原则是指被监控的物理量能够直接或间接通过传感器获得。如通过数控机床的光栅，可以直接得到机床的位置情况。数控机床的零部件热变形有些部位可以通过位移传感器直接测量得到，有些部位则可以通过温度传感器的数据经过计算间接得到。刀具的切削力难以直接测量，可以通过数控机床的驱动电流来间接得到当前的切削力。

3) 互不相关原则

互不相关原则是指根据主因素原则选取了一些传感器测量的物理量，但是很多情况下，单个传感器测得的物理量不能完全反映被监控物理量。这就需要多个传感器融合，共同监控该物理量，这要求这些传感器测得的物理量不能高度相关。传感器被测物理量的高相关性引起的共线性会导致模型精度下降，不能精确反映被监控物理量。例如，机床热误差监控中，如果多个温度测点之间具有相关性，即可互相表达，把这些温度测点全部用于建模，会因温度测点之间相关而导致互相影响，致使热误差估计精度下降，因此，需要对温度测点进行一定的优选。

4）最少布点原则

最少布点原则指在满足需求的情况下，布置最少的传感器。正如"互不相关原则"中提到的，传感器并非越多越好，过多的传感器反而会因为共线性问题导致模型性能下降。因此，在满足模型精度的前提下，传感器数量应越少越好。例如，在利用温度传感器监控机床热误差时，在满足模型精度的条件下，放宽残差限度，逐步在建模中减少温度测点，可以使用于热误差建模的温度传感器测点数减少到最低限度。

5）最大敏感原则

最大敏感原则指各类传感器应安装在被测物理量最敏感的区域。如果传感器未安装在敏感区域，其有效信号特征可能被噪声所淹没，或者提取到较为迟钝的信息，这会降低模型的性能。例如，在测试振动的过程中，加速度传感器的安装位置应在振动的敏感方向，同时要避开谐振频率。在测量机床部件热变形时，应测量其对零件加工误差的敏感方向，如磨/滚齿机 X 方向、车床的 Z 方向等。

6）最线性原则

最线性原则是指被测的物理量与被监控的物理量之间存在的线性关系应最佳。线性模型与传统的非线性模型相比，训练速度更快、更好的外推性、模型更加稳定。例如，利用温度监控数控机床热误差，当测点温度与机床热误差保持高度线性时，在建模的温度范围内精度高的同时，在温度范围之外的精度同样有保障，模型稳定性高。

需要指出的是，以上六个原则相互之间是有影响和联系的，有些仅是彼此考虑的角度不同。例如，在数控机床热误差监控中，在满足了主因素原则、能观测性原则后，温度传感器应安置在对热误差最敏感且受其他温度测点干扰最小的位置，但一般难以同时满足这两个要求，有时为了获得测点温度间最小的相关性，不得不放弃对热误差的灵敏性要求。所以，在传感器布置点的具体选择过程中，还要根据实际情况和条件进行全面综合的考虑。

3.1.1.3　多源数据采集系统开发

针对批量化零件加工动态数据采集的需求，基于 LabVIEW 开发了数据采集系统。采集卡硬件为 NI cDAQ-9188，数据采集箱搭配 NI9234、NI9202、NI9216 等数据采集卡。通过以太网通信，实现上位机与采集卡的连接。

整个系统采用生产者循环-消费者循环模式，分为采集循环、数据处理循环、数据应用循环、数据保存循环。采集循环，即"沟通"数据采集卡，获取实时信号数据，并在人机交互界面上实时显示采集的波形时频域数据。数据处理循环，即对采集的数据进行初步的处理，提取相关特征。数据应用循环，即应用采集的数据，执行相关策略。数据保存循环，即对原始数据、数据计算的结果进行保存。这里主要介绍的是数据采集模块，分为振动信号采集模块、温度信号采集模块、多功能模拟量信号采集模块，所有模块均包括采集设置、数据保存设置、时域信息显示等功能。

1. 振动信号采集模块

振动信号采集模块如图 3.1 所示。

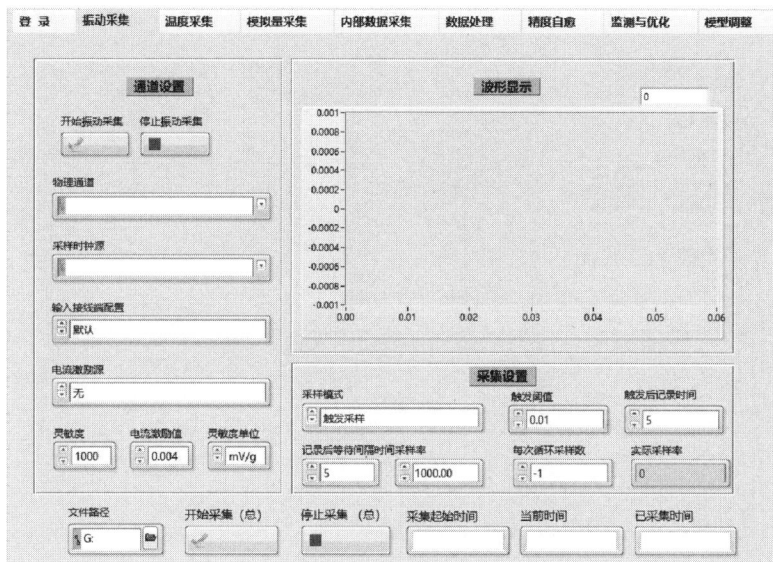

图 3.1　振动数据采集

　　设置物理通道、采样时钟、接线方式、激励源、灵敏度等通道参数，使系统可以采集到正确的加速度信号。设置采样模式、采样率等参数，使加速度信号可以按照用户的想法进行采集。本系统主要有两种采集方式，一种为连续采集，即不间断的采集；另一种为触发采集，即当幅值超过设定值时，才会开始采集。采集到的数据保存到以时间命名的 tdms 文件中，也可保存至数据库中。数据保存过程中，将数据保存时长设置为可调整，并通过数据类型加具体时间的文件命名方式，解决每个文件的保存先后问题，突出了数据的时间周期信息，以时间周期信息为归集指标分类归集。该采集模块同样适用于声发射信号的采集。

　　2. 温度信号采集模块

　　该温度信号采集模块最大支持 8 路温度信号采集。通过设置物理通道、采样模式、采样率、采样数等参数，正确采集温度信息。温度采集同样有两种采集方式，即连续采集与触发采集。采集到的数据保存到以时间命名的 tdms 文件中，也可保存至数据库中。温度信号采集模块如图 3.2 所示。

　　3. 多功能模拟量信号采集模块

　　在实际应用中，很多信号是以 ±10V 或 4～20mA 的模拟量输出的，如位移、噪声、应变等信号。这些物理量都可以用模拟量信号采集卡进行采集。多功能模拟量信号采集模块如图 3.3 所示。该模块最大支持 16 路模拟量信号采集(±10V)。通过设置物理通道、采样模式、采样率、采样数等参数，正确采集模拟量信息。模拟量信号采集同样有两种采集方式，即连续采集与触发采集。采集到的数据保存到以时间命名的 tdms 文件中，也可保存至数据库中。

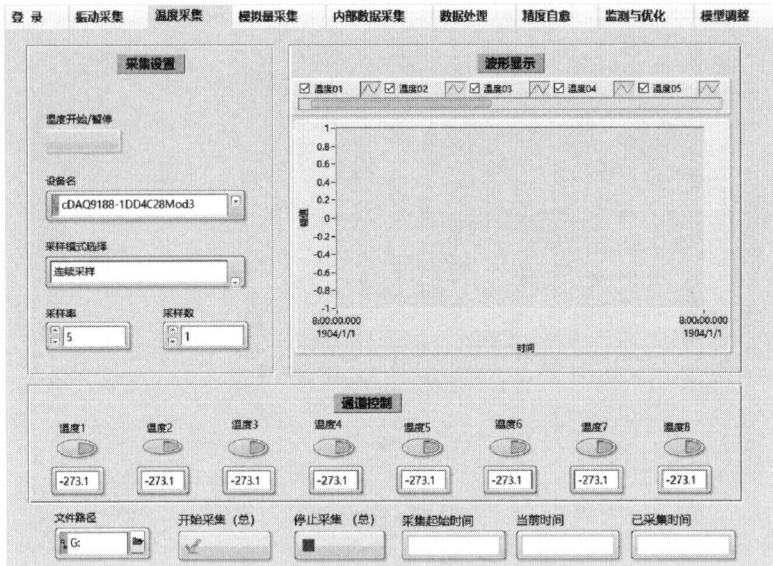

图 3.2   温度数据采集

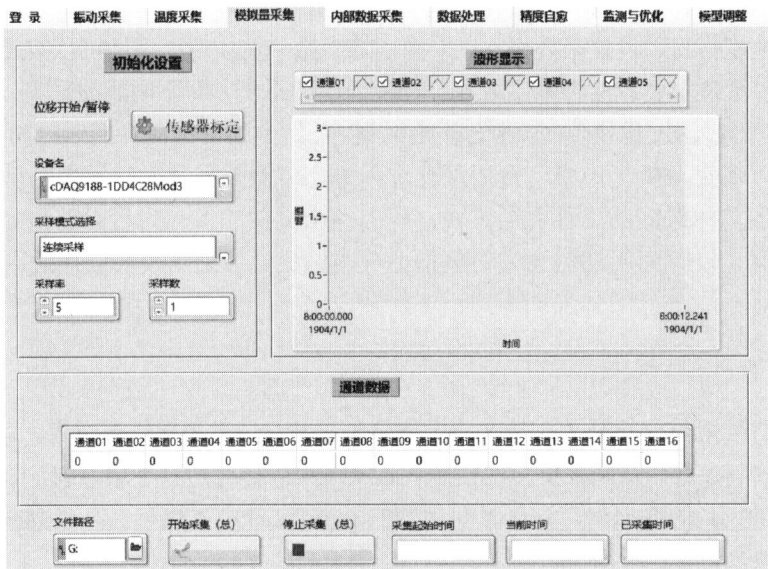

图 3.3   模拟量数据采集

要通过模拟量电压测量位移、噪声、应变等物理量，需要进行标定，即建立这些物理量与模拟量电压之间的线性关系(图 3.4)。该系统提供了模拟量标定模块，通过输入对应的物理量数值以及电压值，可以自动得到物理量-模拟量电压拟合方程，直接将模拟量电压转换为对应的物理量。

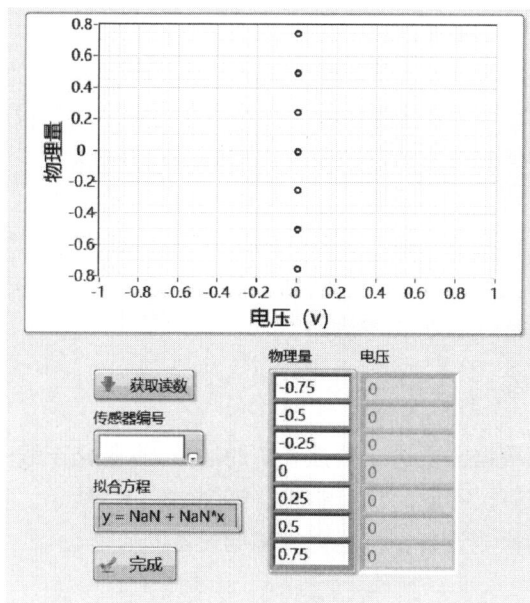

图 3.4　模拟量标定

3.1.2　数控机床内部信息提取

3.1.2.1　零件加工过程数控系统数据需求

批量化零件加工产线中生产设备内部具有丰富的生产相关数据,对于精度自愈具有重要作用。根据前文研究内容,自愈系统需要从生产设备获取的数据如下。

1) 切削参数

主轴转速、进给率等切削参数通过影响切削力、刀具磨损的速度、机床运动部件发热量等因素进一步影响零件加工质量和加工效率,获取切削参数对掌控零件加工工艺具有重要意义。此外,实际切削参数与指令切削参数的差异,也可以间接反映机床当前的健康状态,以评估机床当前的加工能力。

2) 机床坐标位置

数控机床的诸多误差元素是与机床位置相关的,因此,在误差补偿过程中需要根据当前的坐标位置来得到当前位置的机床误差量。根据当前机床的位置,可以得到机床的切削深度,切削深度同样是非常重要的工艺参数,它直接影响切削力、切削热等,是影响加工质量的重要参数。此外,对于全闭环控制的精密加工机床,通过检测其指令位置与光栅检测的位置,可以对数控机床复杂轨迹的轮廓误差进行监控。

3) 机床驱动数据

机床驱动数据包括主轴电机、进给轴电机、旋转轴电机的驱动电流、驱动电压、扭矩等。这些数据对于监控机床加工状态、健康状态具有重要作用。通过机床驱动数据,可以计算出在加工状态下难以直接测量的切削力等物理量,对于指导零件加工过程具有重要意义。此外,在绿色制造的背景下,能耗相关的机床驱动数据是重要的优化目标。

4）数控代码

数控代码是控制机床运动、实现零件加工的指令，获取数控代码可以直接得到当前工序的刀具路径、切削参数等。通过对比数控代码指令与实际加工状态，可以得到数控机床当前的健康状态，并实现对当前代码的优化，实现精度自愈。

5）其他相关参数

其他工艺相关的机床参数、用户参数、PLC 参数，如西门子数控机床的 R 参数等用户变量，是用来辅助加工的重要参数。例如，某型西门子数控系统的磨齿机，齿轮模数、压力角、螺旋角等参数均保存在 R 参数中。

3.1.2.2 数控系统通信

采集数控系统内部数据需要进行数控系统的通信。批量化产线中加工装备的数控系统繁多，不同系统的通信协议不同，常用的通信协议如表 3.7 所示。它包括国内外常用的数控系统的通信，还包括检测设备、机器臂等辅助设备的通信。

表 3.7 复杂零件加工产线状态信息采集方式

序号	系统型号	协议	传输权限
1	FANUC	FOCAS	
2	SIMENS	OPC UA	☑读☑写☑监控
3	华中数控	HNC API	
4	科德	Socket	

1. FANUC 数控系统

FANUC 数控系统仍是目前国内中高端机床的主流操作系统，市场占有率非常高。其为用户提供了功能强大的 FOCAS 协议，通过调用相关的.dll 动态链接库，经过高速串行总线（high-speed serial bus，HSSB）或以太网（TCP/IP）接口，实现与 FANUC 机床的数据通信（图 3.5）。FOCAS 可以实现主轴、伺服轴的相关数据的读取，NC 程序的上传和下载，刀具偏置参数、工件坐标系偏置参数、用户宏程序变量、宏程序变量以及误差补偿参数的读写，历史记录、报警记录历史信息记录的读取，可编程机床控制器（programmable machine controller，PMC）数据的读取等功能。

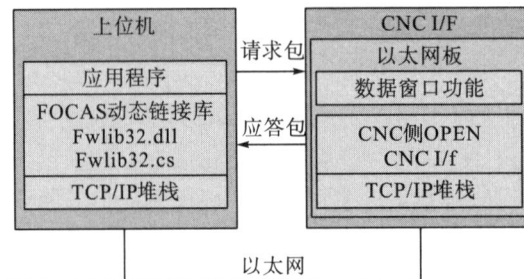

图 3.5 FOCAS 通信

2. 西门子数控系统

西门子数控系统是目前国内高端数控机床的主流操作系统，其通过 OPC UA 通信协议建立信息通信接口。

OPC UA 是由 OPC 基金会在 2006 年推出的工业通信接口标准，它由经典的 OPC 技术和 OPC XML-DA 技术规范发展而来，弥补了协议不能安全稳定地进行跨平台通信等缺点。OPC UA 由于具备跨平台通信能力、安全的通信性能、统一的地址空间模型等优点，成为目前工业采集使用的主流协议。OPC UA 采用 C/S (客户端/服务器) 的模式实现信息通信，具体的通信流程如图 3.6 所示。

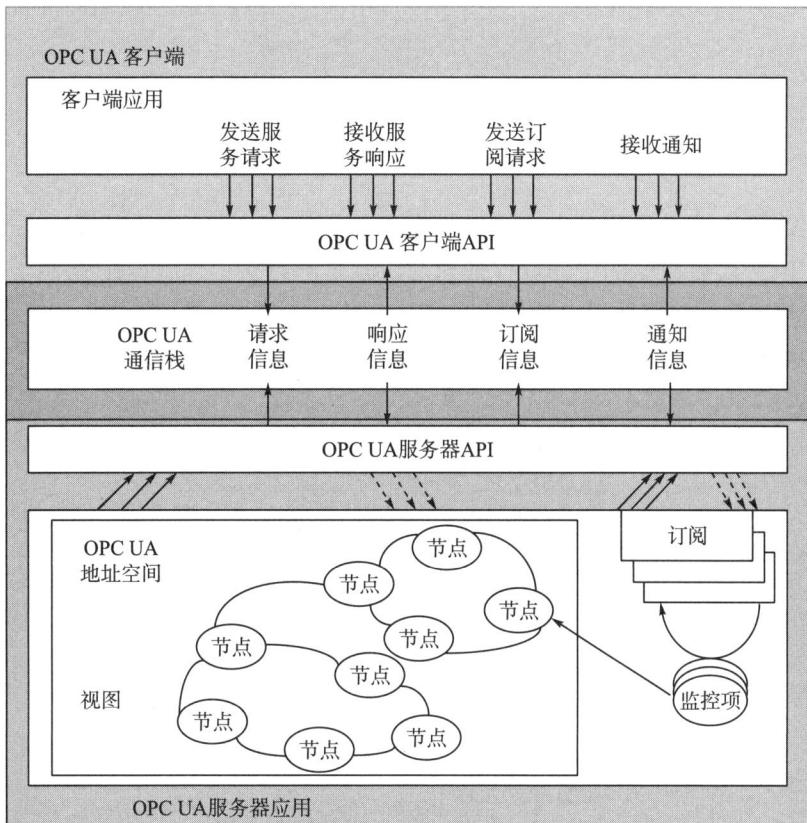

图 3.6 OPC UA 通信

3. 华中数控系统

华中 8 型数控系统是优秀的国产数控系统，近些年在大数据智能化方向上发展迅速，其提供了 HNC API 供用户进行数据采集 (图 3.7)。其提供以太网接口，支持标准 TCP/IP 协议，经过简单参数配置即可实现外部系统与数控系统的通信，实现对数控系统轴数据、通道数据、系统数据、G 代码等重要数据的读写。

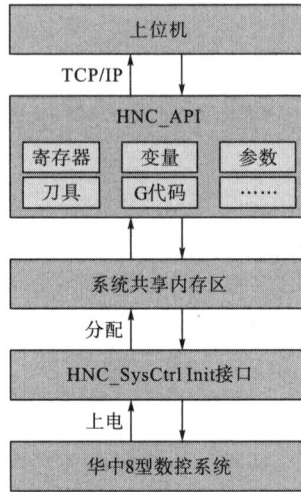

图 3.7 HNC API

4. 科德数控系统

国产科德数控系统采用 Socket 套节字实现工业互联网间的数据通信。Socket 是应用层与 TCP/IP 协议族通信的中间软件抽象层，它是一组接口。Socket 起源于 Unix，而 Unix/Linux 基本哲学之一就是"一切皆文件"，都可以用"打开->读写->关闭"模式来操作，Socket 是这一模式的一种实现。Socket 通信采用"三次握手四次挥手"的方式进行，具体通信流程如图 3.8 所示。

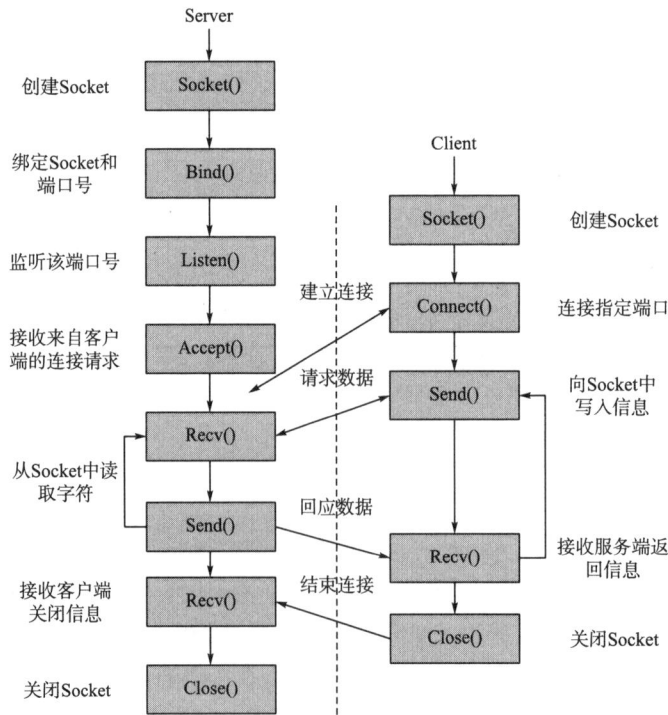

图 3.8 Socket 通信流程

服务器端先初始化 Socket, 然后与端口绑定, 对端口进行监听, 调用请求阻塞, 等待客户端连接。在这时如果客户端初始化一个 Socket, 然后连接服务器, 若连接成功, 这时客户端与服务器端的连接就建立了。客户端发送数据请求, 服务器端接收请求并处理请求, 然后把回应数据发送给客户端, 客户端读取数据, 最后关闭连接, 一次交互结束。

3.1.2.3 系统内部数据采集模块

基于上述数控系统通信协议, 借助对应的 dll 动态链接库, 开发系统内部数据采集模块(图 3.9)。如 Fanuc 借助 Focas 协议中的 Fwlib32.dll, 华中数控借助 HncNetDll.dll, 西门子借助 LabVIEW 自带的 OPC UA 模块, 通过输入 IP 地址与端口号建立与数控系统的联系。通过系统内部数据采集模块, 可以得到机床坐标位置、主轴转速、进给速度、主轴倍率、进给倍率、主轴负载、伺服电流等数据。采集到的数据保存到以时间命名的 tdms 文件中, 也可保存至数据库中。

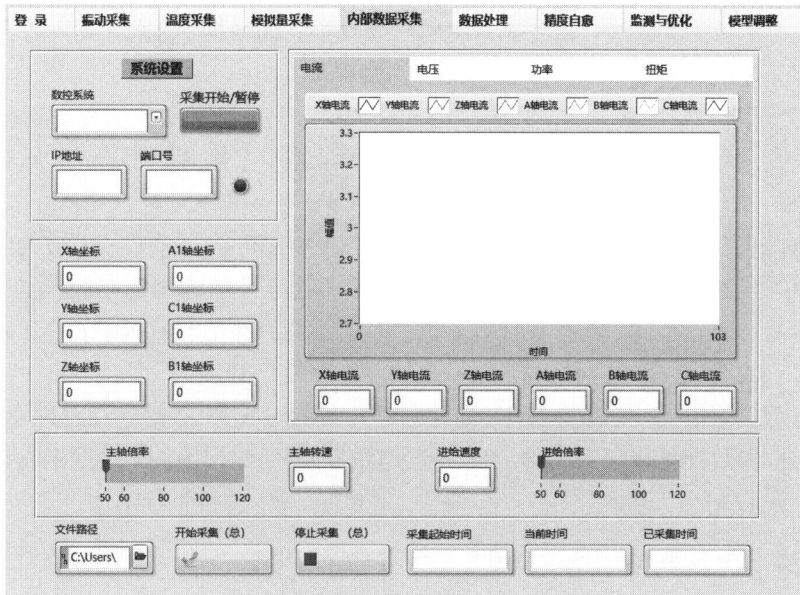

图 3.9 系统内部数据采集模块

3.1.3 数据预处理

数据预处理是指在主要的处理以前对数据进行的一些处理。现实世界中数据大体上都是不完整、不一致的脏数据, 无法直接进行数据挖掘, 或挖掘结果差强人意。为提高数据挖掘的质量, 产生了数据预处理技术。

3.1.3.1 数据清洗

数据清理又称数据净化、数据清洗, 是对数据进行重新审查和校验的过程, 目的在于删除重复信息、纠正存在的错误，并提高数据一致性。其在数据仓库与数据挖掘中有着广泛的应用和重要的意义，是数据仓库建设和利用的基础。数据清理从数据的准确性、完整性、一致性、唯一性、适时性、有效性几个方面来处理数据的丢失值、越界值、不一致代码、重复数据等问题。

数据清理的方法很多，具体实现的过程大致分成 3 个阶段：数据分析，定义错误类型；搜索、识别错误记录；修正错误。

由于调查、编码和录入误差，数据中可能存在一些无效值和缺失值，需要给予适当的处理。常用的处理方法有：估算、整例删除、变量删除和成对删除。

(1) 估算。最简单的办法就是用某个变量的样本均值、中位数或众数代替无效值和缺失值。这种办法简单，但没有充分考虑数据中已有的信息，误差较大。另一种办法就是根据调查结果，通过变量之间的相关分析或逻辑推论进行估计。例如，某一产品的拥有情况可能与家庭收入有关，可以根据调查对象的家庭收入推算拥有这一产品的可能性。

(2) 整例删除。即剔除含有缺失值的样本。很多样本都可能存在缺失值，这种做法可能导致有效样本量大大减少，无法充分利用已经收集到的数据。因此，其只适合关键变量缺失，或者无效值或缺失值的样本比重很小的情况。

(3) 变量删除。如果某一变量的无效值和缺失值很多，而且该变量对于所研究的问题不是特别重要，则可以考虑将该变量删除。这种做法减少了供分析用的变量数目，但没有改变样本量。

(4) 成对删除。即用一个特殊码(通常是 9、99、999 等)代表无效值和缺失值，同时保留数据集中的全部变量和样本。但是，在具体计算时只采用有完整答案的样本，因而不同的分析因涉及的变量不同，其有效样本量也会有所不同。这是一种保守的处理方法，最大限度地保留了数据集中的可用信息。

给定两个数据模型，在模型之间建立起数据元素的对应关系，这一过程称为数据映射。数据映射是很多数据集成任务的第一步，例如数据迁移、数据清洗、数据集成、语义网构造、P2P 信息系统。

3.1.3.2 数据降噪

监测数据从采集到存储的过程，由于受到自然或人为因素的影响而不可避免地带有噪声。噪声是测量中的随机误差或偏差。为了提高数据挖掘的质量，应当选择合适的降噪方法对工程中监测到的数据进行降噪处理。此处以小波分析和小波包分析为例。

顾名思义，"小波"就是小的波形。所谓"小"是指它具有衰减性；而称之为"波"则是指它的波动性，其振幅正负相间。与傅里叶变换相比，小波变换是时间(空间)频率的局部化分析，它通过伸缩平移运算对信号(函数)逐步进行多尺度细化，最终达到高频处时间细分、低频处频率细分，能自动适应时频信号分析的要求，从而可聚焦到信号的任意细节，解决了傅里叶变换的不足。

小波函数源于多分辨分析，其基本思想是将经过平移和缩放操作后的函数 $f(t)$ 表示为一系列逐次逼近的表达式，其中每一个表达式都是 $f(t)$ 经过平滑后的形式，它们分别对应不同的分辨率。多分辨分析又称多尺度分析，是建立在函数空间概念基础上的理论，其思想的形成来源于工程，创建者马拉特(Mallat)在研究图像处理问题时建立了这套理论。当时人们研究图像的一种很普遍的方法是将图像在不同尺度下分解，并将结果进行比较，以取得有用的信息。梅耶尔(Meyer)正交小波基的提出，使得 Mallat 想到是否可用正交小波基的多尺度特性将图像展开，以得到图像不同尺度间的"信息增量"。这种思想促使了多分辨分析理论的建立。多分辨分析不仅为正交小波基的构造提供了一种简单的方法，而且为正交小波变换的快速算法提供了理论依据。其思想又同多采样率滤波器组不谋而合，从而可将小波变换同数学滤波器的理论结合起来。因此，多分辨分析在正交小波变换理论中具有非常重要的地位。

　　小波包分解也可称为小波包或子带树及最佳子带树结构。其用分析树来表示小波包，即利用多次迭代的小波转换分析输入信号的细节部分。从函数理论的角度来看，小波包分解是将信号投影到小波包基函数张成的空间中。从信号处理的角度来看，它是让信号通过一系列中心频率不同但带宽相同的滤波器。

　　小波分析的方法能够对采集到的振动信号作出更加精细化的多尺度分析，能够在时域和频域上对信号的局部性质进行更加深入的研究。它能够实现对原始信号进行多尺度的细分工作，通过伸缩或者平移等相应的变换来达到时频域的局部化。具体来说，小波分析能够使得信号在高频段具有比较好的时间分辨力，即对时间进行细分，但是对频率的分辨力则较差；相反，小波分析能够使得信号在低频段具有较好的频率分辨力，即对频率细分，但是对时间上的分辨力就较差。

　　小波分析的缺点是它只对原始信号的低频成分进行相应的分解，但是对原始信号的高频部分不再进行细分，因此很难观察到高频部分的细节特征，所以小波分析在处理以低频成分为主的信号上具有较为明显的优势，但是对于振动信号这类包含较多高频成分的信号则存在一定的局限性，小波包分析的出现解决了这个问题。相比于小波分析，小波包分析能够将信号划分得更加细致，特别是在高频上的分辨能力进步了很多，而且小波包分析能够根据采集得到的信号自适应地选择合适的频带，提高了时域和频域的分辨能力(图 3.10)。

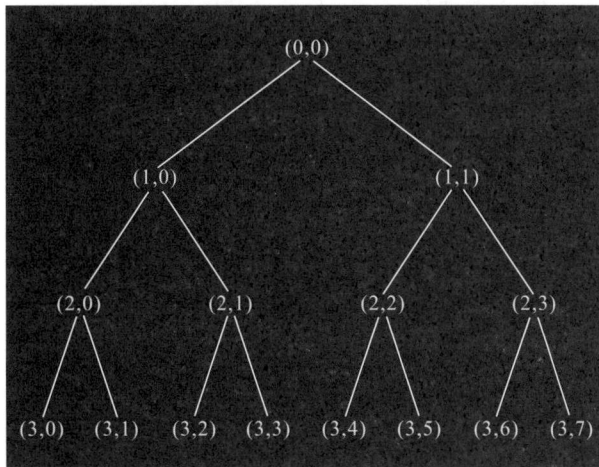

图 3.10　三层小波包分解

3.2 加工装备误差溯源与诊断方法

加工装备误差是影响零件加工误差的重要因素。装备误差是指由于几何误差、热误差等因素导致刀具相对工件的空间位姿变化引起的误差，是加工装备的固有属性。因此只有使加工装备误差处于一个较低的水平，才能保证零件的加工精度。本节以五轴机床为例，介绍加工装备空间误差的建模、诊断与溯源。

3.2.1 加工装备空间误差建模

3.2.1.1 五轴数控机床结构分析

五轴数控机床是在三轴数控机床的基础上增加了两个旋转轴，旋转轴按照其绕 X、Y、Z 轴旋转分别称为 A、B、C 轴，根据五轴机床旋转轴的类型可以分为 AB 型、BC 型和 AC 型；根据旋转轴的分布位置可以分为双摆头型 (TTTRR)、摆头转台型 (RTTTR) 和双转台型 (RRTTT) 三大类，其中 R 代表旋转轴，T 代表平动轴。

本书以常见的 AC 型双转台 (RRTTT) 五轴数控机床为例，如图 3.11 (a) 所示。机床的运动链可以分为两个：与刀具相连的运动链称为刀具链，其组成为机床-Y 轴-X 轴-Z 轴-刀具；与工件相连的运动链称为工件链，其组成为机床-A 轴-C 轴-工件。机床的拓扑结构如图 3.11 (b) 所示。

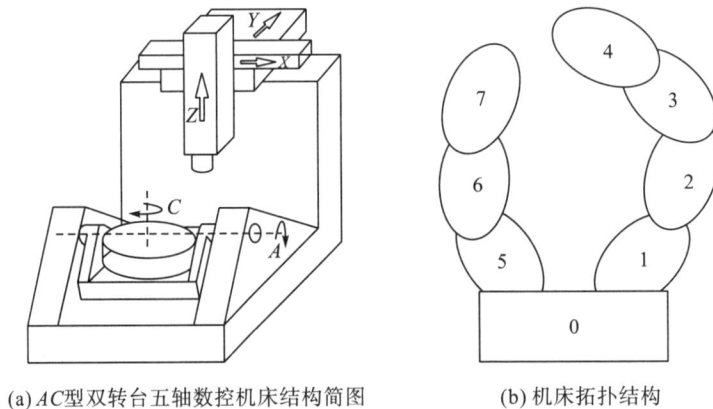

(a) AC型双转台五轴数控机床结构简图　　　(b) 机床拓扑结构

图 3.11　AC 型双转台五轴数控机床

0. 床身；1. Y 轴；2. X 轴；3. Z 轴；4. 刀具；5. A 轴；6. C 轴；7. 工件

3.2.1.2 五轴数控机床误差分析

机床误差可以分为位置相关误差与位置无关误差。顾名思义，位置相关误差与机床指令位置相关，随着机床的运动位置发生变化；位置无关误差与指令位置无关，在机床运动过程中保持不变，是常数值。

1. 五轴数控机床直线轴误差分析

五轴数控机床的直线轴，即 X 轴、Y 轴和 Z 轴，在进给的过程中会产生沿 6 个自由度方向的位置相关误差。以 Y 轴为例，Y 轴在运动的过程中，滚转误差会产生沿 Y 轴方向的定位误差 $\delta_y(y)$，沿 X、Z 方向的直线度误差 $\delta_x(y)$、$\delta_z(y)$，滚转误差 $\varepsilon_y(y)$，俯仰误差 $\varepsilon_x(y)$ 以及偏转误差 $\varepsilon_z(y)$。Y 轴的位置相关误差如图 3.12(a) 所示，X 轴、Z 轴同理，因此直线轴共有 18 项位置相关误差。直线轴之间还存在 3 项位置无关误差，即 X 轴与 Y 轴之间的垂直度误差 S_{xy}，Z 轴和 Y 轴之间的垂直度误差 S_{yz}，X 轴和 Z 轴之间的垂直度误差 S_{xz}。直线轴的位置无关误差如图 3.12(b) 所示。因此，直线轴共存在 21 项误差。

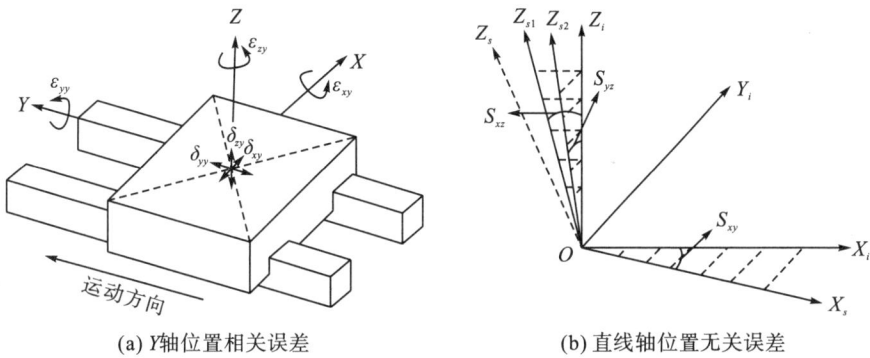

(a) Y 轴位置相关误差　　　　　　　　(b) 直线轴位置无关误差

图 3.12　直线轴误差

2. 五轴数控机床旋转轴误差分析

五轴数控机床的旋转轴，即 A 轴和 C 轴，与直线轴类似，每个轴在运动过程中会产生 6 项位置相关误差。以 C 轴为例，C 轴在旋转过程中会产生 3 项位置误差 $[\delta_x(c)$、$\delta_y(c)$、$\delta_z(c)]$ 和三项角度误差 $[\varepsilon_x(c)$、$\varepsilon_y(c)$、$\varepsilon_z(c)]$，C 轴的位置相关误差如图 3.13(a) 所示。同理，A 轴在旋转的过程中会产生 3 项位置误差 $[\delta_x(a)$、$\delta_y(a)$、$\delta_z(a)]$ 和三项角度误差 $[\varepsilon_x(a)$、$\varepsilon_y(a)$、$\varepsilon_z(a)]$。因此，五轴数控机床旋转轴共存在 12 项位置相关误差。

位置无关误差如图 3.13(b) 所示，两个旋转轴共存在 8 项位置无关误差，分别为 δ_{xAM}、δ_{yAM}、δ_{zAM}、δ_{yCA}、α_{AM}、β_{AM}、γ_{AM}、β_{CA}。其中 δ_{xAM}、δ_{yAM}、δ_{zAM} 分别为 A 轴相对于机床沿 X 轴、Y 轴、Z 轴方向的位置误差，α_{AM}、β_{AM}、γ_{AM} 分别为 A 轴相对于机床绕 X 轴、Y 轴、Z 轴方向的转角误差，δ_{yCA}、β_{CA} 分别为 C 轴相对于 A 轴沿 Y 轴方向的位置误差和绕 Y 轴的转角误差。

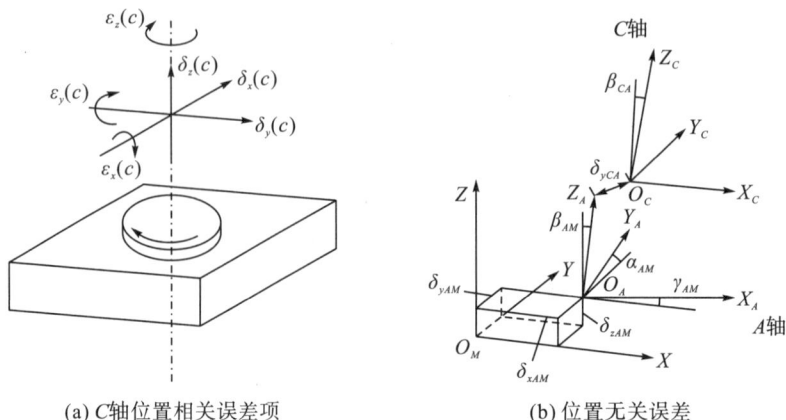

(a) C 轴位置相关误差项　　　　　　　(b) 位置无关误差

图 3.13　旋转轴误差

由此可知,用相对表示法表示双转台型五轴数控机床误差时,直线轴存在 18 项位置相关误差、3 项位置无关误差;旋转轴共存在 12 项位置相关误差、8 项位置无关误差,合计 20 项误差。因此,五轴数控机床共存在 41 项误差,如表 3.8 所示。

表 3.8　五轴机床误差项

运动轴	位置相关误差	位置无关误差
X	$\delta_x(x)$、$\delta_y(x)$、$\delta_z(x)$、$\varepsilon_x(x)$、$\varepsilon_y(x)$、$\varepsilon_z(x)$	
Y	$\delta_x(y)$、$\delta_y(y)$、$\delta_z(y)$、$\varepsilon_x(y)$、$\varepsilon_y(y)$、$\varepsilon_z(y)$	S_{xz}、S_{xy}、S_{yz}
Z	$\delta_x(z)$、$\delta_y(z)$、$\delta_z(z)$、$\varepsilon_x(z)$、$\varepsilon_y(z)$、$\varepsilon_z(z)$	
A	$\delta_x(a)$、$\delta_y(a)$、$\delta_z(a)$、$\varepsilon_x(a)$、$\varepsilon_y(a)$、$\varepsilon_z(a)$	δ_{xAM}、δ_{yAM}、δ_{zAM}、δ_{yCA}、
C	$\delta_x(c)$、$\delta_y(c)$、$\delta_z(c)$、$\varepsilon_x(c)$、$\varepsilon_y(c)$、$\varepsilon_z(c)$	α_{AM}、β_{AM}、γ_{AM}、β_{CA}

3.2.1.3　五轴数控机床误差建模

在理想情况下,不存在误差时,机床在数控代码的控制下运动至其指令位置处,但是由于误差的存在,机床运动位置与其指令位置会产生偏差。建立五轴数控机床空间误差模型的目的是得到五轴数控机床刀具相对于工件的位姿与误差关系的数学表达式,为后续误差诊断与溯源打好基础。基于齐次坐标变换理论得到相邻刚体间的运动变换矩阵,再基于旋量理论建立数控机床空间误差模型,基于旋量理论的建模不需要建立机床局部坐标系,因此可以大大简化建模过程。旋量理论的相关基础推导可自行参考文献[167]。

1. 理想情况下的空间运动变换矩阵

在理想情况下,即不考虑机床误差的情况下,当直线轴 Y 轴移动距离 y,X 轴移动距离 x,Z 轴移动距离 z 后,刀具坐标系相对于机床坐标系的齐次变换矩阵为

$$g_{\mathrm{bt}}\left(\theta_y,\theta_x,\theta_z\right)=\mathrm{e}^{\xi_y\theta_y}\mathrm{e}^{\xi_x\theta_x}\mathrm{e}^{\xi_z\theta_z}g_{\mathrm{bt}}\left(0\right) \tag{3.1}$$

其中，θ_y、θ_x、θ_z 分别表示 Y 轴、X 轴、Z 轴的运动位移；ξ_y、ξ_x、ξ_z 分别表示 Y 轴、X 轴、Z 轴的运动旋量；$g_{\mathrm{bt}}(0)$ 表示在所有直线轴位移为 0 时刀具坐标系相对于机床坐标系的齐次变换矩阵。

当旋转轴 A 轴转动角度 a，旋转轴 C 轴转动角度 c 时，工件坐标系相对于机床坐标系的齐次变换矩阵为

$$g_{\mathrm{bw}}\left(\theta_a,\theta_c\right)=\mathrm{e}^{\xi_a\theta_a}\mathrm{e}^{\xi_c\theta_c}g_{\mathrm{bw}}\left(0\right) \tag{3.2}$$

其中，θ_a、θ_c 分别表示 A 轴、C 轴的运动位移；ξ_a、ξ_c 分别表示 A 轴、C 轴的运动旋量；$g_{\mathrm{bw}}(0)$ 表示在所有旋转轴位移为 0 时工件坐标系相对于机床坐标系的齐次变换矩阵。

因此，在理想情况下，刀具相对于工件的齐次坐标变换矩阵为

$$\begin{aligned}g_{\mathrm{wt}}\left(\theta_c,\theta_a,\theta_y,\theta_x,\theta_z\right)&=\left[g_{\mathrm{bw}}\left(\theta_a,\theta_c\right)\right]^{-1}g_{\mathrm{bt}}\left(\theta_y,\theta_x,\theta_z\right)\\&=\left[g_{\mathrm{bw}}\left(0\right)\right]^{-1}\mathrm{e}^{-\xi_c\theta_c}\mathrm{e}^{-\xi_a\theta_a}\mathrm{e}^{\xi_y\theta_y}\mathrm{e}^{\xi_x\theta_x}\mathrm{e}^{\xi_z\theta_z}g_{\mathrm{bt}}\left(0\right)\end{aligned} \tag{3.3}$$

2. 有误差存在情况下的空间运动变换矩阵

当机床存在误差时，轴的运动位置会偏离其指令位置，刀具相对于工件的位姿也会随之发生变化，造成机床加工误差。利用旋量对误差进行建模，以 X 轴为例，可以将 X 轴的位置相关误差分为三组旋量运动：第一组为沿 X 方向移动 $\delta_x\left(x\right)$ 和绕 X 轴转动 $\varepsilon_x\left(x\right)$；第二组为沿 Y 方向移动 $\delta_y\left(x\right)$ 和绕 Y 轴转动 $\varepsilon_y\left(x\right)$；第三组为沿 Z 方向移动 $\delta_z\left(x\right)$ 和绕 Z 轴转动 $\varepsilon_z\left(x\right)$。此外，$X$ 轴和 Y 轴之间还存在垂直度误差 S_{xy}。用旋量可分别表示为

$$\xi_{xx}=\left[\delta_x\left(x\right),0,0,\varepsilon_x\left(x\right),0,0\right]^{\mathrm{T}},\quad \xi_{yx}=\left[0,\delta_y\left(x\right),0,0,\varepsilon_y\left(x\right),0\right]^{\mathrm{T}}$$

$$\xi_{zx}=\left[0,0,\delta_z\left(x\right),0,0,\varepsilon_z\left(x\right)\right]^{\mathrm{T}},\quad \xi_{xs}=\left[0,0,0,0,0,S_{xy}\right]^{\mathrm{T}}$$

则 X 轴的实际坐标变换矩阵用指数积形式可表示为

$$\mathrm{e}^{\xi_{xr}}=\mathrm{e}^{\xi_x\theta_x}\cdot\mathrm{e}^{\xi_{xs}}\cdot\mathrm{e}^{\xi_{xx}}\cdot\mathrm{e}^{\xi_{yx}}\cdot\mathrm{e}^{\xi_{zx}} \tag{3.4}$$

同理：Y 轴的实际坐标变换矩阵用指数积形式可表示为

$$\mathrm{e}^{\xi_{yr}}=\mathrm{e}^{\xi_y\theta_y}\cdot\mathrm{e}^{\xi_{xy}}\cdot\mathrm{e}^{\xi_{yy}}\cdot\mathrm{e}^{\xi_{zy}} \tag{3.5}$$

Z 轴的实际坐标变换矩阵用指数积形式可表示为

$$\mathrm{e}^{\xi_{zr}}=\mathrm{e}^{\xi_z\theta_z}\cdot\mathrm{e}^{\xi_z\theta_z}\cdot\mathrm{e}^{\xi_{xz}}\cdot\mathrm{e}^{\xi_{yz}}\cdot\mathrm{e}^{\xi_{zz}} \tag{3.6}$$

A 轴的实际坐标变换矩阵用指数积形式可表示为

$$\mathrm{e}^{\xi_{ar}}=\mathrm{e}^{\xi_{xas}}\cdot\mathrm{e}^{\xi_{yas}}\cdot\mathrm{e}^{\xi_{zas}}\cdot\mathrm{e}^{\xi_a\theta_a}\cdot\mathrm{e}^{\xi_{xa}}\cdot\mathrm{e}^{\xi_{ya}}\cdot\mathrm{e}^{\xi_{za}} \tag{3.7}$$

C 轴的实际坐标变换矩阵用指数积形式可表示为

$$\mathrm{e}^{\xi_{cr}}=\mathrm{e}^{\xi_c\theta_c}\cdot\mathrm{e}^{\xi_{cs}}\cdot\mathrm{e}^{\xi_{xc}}\cdot\mathrm{e}^{\xi_{yc}}\cdot\mathrm{e}^{\xi_{zc}} \tag{3.8}$$

由式 (3.3) 可得，在有误差情况下，刀具相对于工件的齐次坐标变换矩阵为

$$g_{\mathrm{wt}}^r\left(\theta_c,\theta_a,\theta_y,\theta_x,\theta_z\right)=\left[g_{\mathrm{bw}}\left(0\right)\right]^{-1}\mathrm{e}^{-\xi_{cr}}\mathrm{e}^{-\xi_{ar}}\mathrm{e}^{\xi_{yr}}\mathrm{e}^{\xi_{xr}}\mathrm{e}^{\xi_{zr}}g_{\mathrm{bt}}\left(0\right) \tag{3.9}$$

3. 五轴数控机床综合误差模型

数控机床实际情况下的空间误差变换矩阵可以表示为理想情况下运动变换矩阵与误差矩阵 E 的乘积，因此，误差矩阵 E 可表示为

$$E = \left[g_{wt}\left(\theta_c, \theta_b, \theta_y, \theta_x, \theta_z\right) \right]^{-1} \cdot g_{wt}^r\left(\theta_c, \theta_b, \theta_y, \theta_x, \theta_z\right) \tag{3.10}$$

基于六自由度理论和小误差假设理论，误差矩阵 E 也可表示为

$$E = \begin{bmatrix} 1 & -\Delta\gamma & \Delta\beta & \Delta x \\ \Delta\gamma & 1 & -\Delta\alpha & \Delta y \\ -\Delta\beta & \Delta\alpha & 1 & \Delta z \\ 0 & 0 & 0 & 1 \end{bmatrix} \tag{3.11}$$

其中，Δx、Δy、Δz、$\Delta\alpha$、$\Delta\beta$、$\Delta\gamma$ 分别表示 X、Y、Z 方向的空间位置误差分量和空间姿态误差分量。

3.2.2　基于球杆仪的加工装备空间误差诊断方法

3.2.2.1　球杆仪误差测试原理

球杆仪安装测试图如图 3.14(a) 所示，其中无线球杆仪的详细结构如图 3.14(b) 所示。无线球杆仪主要包括一个球杆仪传感器、一个固定的中心球、一个可动的传感器球。球杆仪测量时，将环形槽和中心座移动到相应位置，将无线球杆仪中心球安装在环形槽上，传感器球安装在中心杯上，运行球杆仪测试程序，球杆仪分析软件会计算出测量结果。

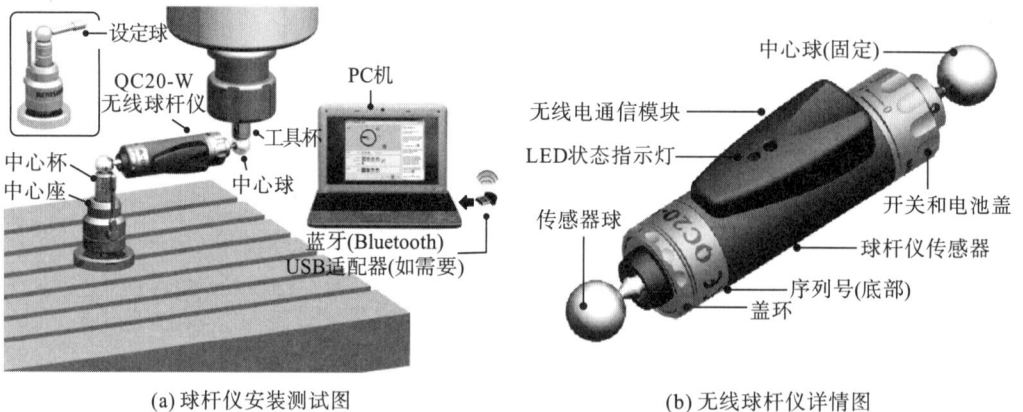

(a) 球杆仪安装测试图　　　　　　　　　　　(b) 无线球杆仪详情图

图 3.14　球杆仪 QC20-W 示意图

用球杆仪测量误差时，安装在刀具侧的小球称为刀具球，安装在工作台侧的小球称为工件球。当测量直线轴时，工件球静止不动，刀具球随着直线轴的插补运动绕工件球转动。设工件球的坐标为 $P_1(x_1, y_1, z_1)$，刀具球运动的指令位置为 $P_2(x_2, y_2, z_2)$，但实际情况下，由于直线轴误差的存在，刀具球的实际运动位置会偏离其指令位置，假设此时工件球的实

际坐标为 $P_2'\left(x_2',y_2',z_2'\right)$，此时机床的误差可表示为

$$
\begin{cases}
\Delta x = x_2' - x_2 \\
\Delta y = y_2' - y_2 \\
\Delta z = z_2' - z_2
\end{cases}
\tag{3.12}
$$

其中，Δx、Δy、Δz 分别表示 X、Y、Z 方向误差分量。球杆仪杆长可以表示为

$$
\left(R + \Delta R\right)^2 = \left(x_2' - x_1\right)^2 + \left(y_2' - y_1\right)^2 + \left(z_2' - z_1\right)^2
\tag{3.13}
$$

其中，R 表示球杆仪标称长度；ΔR 表示球杆仪杆长变化量。则球杆仪杆长变化量与误差的关系可表示为

$$
\left(R + \Delta R\right)^2 = \left(x_2 + \Delta x - x_1\right)^2 + \left(y_2 + \Delta y - y_1\right)^2 + \left(z_2 + \Delta z - z_1\right)^2
\tag{3.14}
$$

在初始安装位置处存在 $R^2 = \left(x_2 - x_1\right)^2 + \left(y_2 - y_1\right)^2 + \left(z_2 - z_1\right)^2$，将式(3.14)左右两边展开，并去掉二次项及高阶项，可得

$$
\Delta R = \frac{1}{R}\left[\left(x_2 - x_1\right)\Delta x + \left(y_2 - y_1\right)\Delta y + \left(z_2 - z_1\right)\Delta z\right]
\tag{3.15}
$$

该方程表示的是球杆仪杆长变化量和误差之间的数学模型，是误差诊断的关键。

3.2.2.2　基于球杆仪的直线轴误差诊断

1. 直线轴误差的球杆仪测试

由于球杆仪常用的测试模式是圆测试，无法由单个直线轴驱动球杆仪进行测试，因此利用直线轴的圆弧插补功能，分别在 XY、YZ、XZ 平面内执行球杆仪测试，XY 平面内球杆仪可以进行 360°圆测试，YZ 和 XZ 平面内由于行程限制，执行 220°圆弧测试，三个平面内的测试模式如图 3.15 所示。

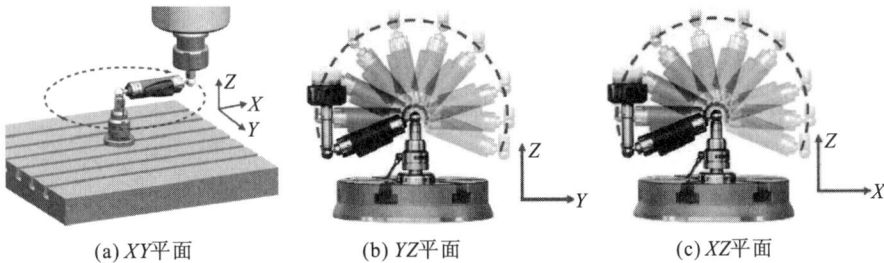

(a) XY平面　　　　　(b) YZ平面　　　　　(c) XZ平面

图 3.15　直线轴球杆仪测量模式

在 XY 平面进行测量时，工件球的位置坐标为 $P_{10}\left(0,0,0\right)$，在运动过程中保持静止；刀具球的初始安装位置为 $P_{20}^{XY}\left(a,0,0\right)$，绕工件球做圆周运动，理想情况下，当 X、Y 轴的运动位移分别为 x、y 时，X 轴和 Y 轴的坐标变换矩阵 T_{xi}、T_{yi} 分别为

$$T_{xi} = \begin{bmatrix} 1 & 0 & 0 & x \\ 0 & 1 & 0 & 0 \\ 0 & 0 & 1 & 0 \\ 0 & 0 & 0 & 1 \end{bmatrix}, \quad T_{yi} = \begin{bmatrix} 1 & 0 & 0 & 0 \\ 0 & 1 & 0 & y \\ 0 & 0 & 1 & 0 \\ 0 & 0 & 0 & 1 \end{bmatrix}$$

刀具球理想运动位置 $P_2^{XY}(x_2, y_2, z_2)$ 为

$$P_2^{XY} = T_{xi}T_{yi}P_{20}^{XY} = \begin{bmatrix} a+x & y & 0 & 1 \end{bmatrix}^T \tag{3.16}$$

实际情况下，X 轴和 Y 轴的坐标变换矩阵 T_{xr}、T_{yr} 分别为

$$T_{xr} = \begin{bmatrix} 1 & -\varepsilon_z(x)-S_{xy} & \varepsilon_{yx}(x) & x+\delta_x(x) \\ \varepsilon_z(x)+S_{xy} & 1 & -\varepsilon_x(x) & \delta_y(x) \\ -\varepsilon_y(x) & \varepsilon_x(x) & 1 & \delta_z(x) \\ 0 & 0 & 0 & 1 \end{bmatrix}$$

$$T_{yr} = \begin{bmatrix} 1 & -\varepsilon_z(y) & \varepsilon_y(y) & \delta_x(y) \\ \varepsilon_z(y) & 1 & -\varepsilon_x(y) & y+\delta_y(y) \\ -\varepsilon_y(y) & \varepsilon_x(y) & 1 & \delta_z(y) \\ 0 & 0 & 0 & 1 \end{bmatrix}$$

刀具球的实际运动位置为 $P_2^{XY\prime}(x_2{}', y_2{}', z_2{}')$，且

$$P_2^{XY\prime} = T_{xr}T_{yr}P_{20}^{XY} \tag{3.17}$$

则 XY 平面的误差分量为

$$\Delta_{XY} = \begin{bmatrix} \Delta x_{XY}, \Delta y_{XY}, \Delta z_{XY}, 0 \end{bmatrix}^T = P_2^{XY\prime} - P_2^{XY} \tag{3.18}$$

将式 (3.18) 化简并去掉二阶及高阶项之后可简化得

$$\begin{cases} \Delta x_{XY} = \delta_x(x) + \delta_x(y) - y\varepsilon_z(x) - yS_{xy} \\ \Delta y_{XY} = \delta_y(x) + \delta_y(y) + a\varepsilon_z(x) + a\varepsilon_z(y) + aS_{xy} \\ \Delta z_{XY} = \delta_z(x) + \delta_z(y) + y\varepsilon_x(x) - a\varepsilon_y(x) - a\varepsilon_y(y) \end{cases} \tag{3.19}$$

将式 (3.16) 和式 (3.19) 代入式 (3.15) 中，可得在 XY 平面内测量时，球杆仪杆长变化量与误差的关系为

$$\Delta R_{XY} = \frac{1}{R}\Big[(a+x)\big(\delta_x(x)+\delta_x(y)-y\varepsilon_z(x)-yS_{xy}\big) \\ + y\big(\delta_y(x)+\delta_y(y)+a\varepsilon_z(x)+a\varepsilon_z(y)+aS_{xy}\big)\Big] \tag{3.20}$$

同理，可得在 YZ 平面内测量时，球杆仪杆长变化量与误差的关系为

$$\Delta R_{YZ} = \frac{1}{R}\Big[(a+y)\big(\delta_y(y)+\delta_y(z)-z\varepsilon_x(y)\big) \\ + z\big(\delta_z(z)+\delta_z(y)+a\varepsilon_x(y)+a\varepsilon_x(z)+aS_{yz}\big)\Big] \tag{3.21}$$

同理，可得在 XZ 平面内测量时，球杆仪杆长变化量与误差的关系为

$$\Delta R_{XZ} = \frac{1}{R}\Big[(a+x)\big(\delta_x(x) + \delta_x(z) - z\varepsilon_y(x)\big) \\ + z\big(\delta_z(z) + \delta_z(x) - a\varepsilon_y(x) - a\varepsilon_y(z) - aS_{xz}\big)\Big] \tag{3.22}$$

2. 直线轴误差参数化建模

由前文的杆长与误差关系式可知，无法根据球杆仪的测量直接诊断出直线轴的误差。直线轴的位置相关误差与机床的运动位移有关，可以表示为运动位移的多项式，因此本节用多项式对直线轴的位置相关误差进行参数化建模，再代入式(3.20)～式(3.22)中解耦出直线轴的误差。

定位误差可用不含常数项的多项式表示，为简化计算，省略四次及更高阶的多项式，因此定位误差用多项式表示为

$$\delta_x(x) = a_1 x + a_2 x^2 + a_3 x^3 , \quad \delta_y(y) = b_1 y + b_2 y^2 + b_3 y^3 , \quad \delta_z(z) = c_1 z + c_2 z^2 + c_3 z^3$$

直线度误差主要是丝杠轴承装配不当和导轨不直所导致，直线度误差定义为在运动轴垂直方向的偏差，可以用多项式表示为

$$\delta_y(x) = d_2 x^2 + d_3 x^3 , \quad \delta_z(x) = e_2 x^2 + e_3 x^3 , \quad \delta_x(y) = f_2 y^2 + f_3 y^3$$

$$\delta_z(y) = g_2 y^2 + g_3 y^3 , \quad \delta_x(z) = h_2 z^2 + h_3 z^3 , \quad \delta_y(z) = k_2 z^2 + k_3 z^3$$

摇摆角和偏摆角误差是绕每个轴垂直方向的转角误差，它们受丝杠轴承装配不当和导轨的几何形状影响，与每个轴运动轨迹的实际轮廓相关，可以看作是由运动轨迹形状的变化引起的。例如，沿 Y 轴运动时绕 X 轴的摇摆角误差 $\varepsilon_x(y)$ 就可以用 $\delta_z(y)$ 的偏微分来表示，即

$$\varepsilon_x(y) = \partial\big(\delta_z(y)\big)\big/\partial y = 2g_2 y + 3g_3 y^2$$

同理，沿 Y 轴运动时绕 Z 轴的偏摆角误差可以表示为 $\delta_x(y)$ 的偏微分，即

$$\varepsilon_z(y) = -\partial\big(\delta_x(y)\big)\big/\partial y = -2f_2 y - 3f_3 y^2$$

同理，其他轴运动时的摇摆角和偏摆角误差可以表示为

$$\varepsilon_y(x) = -\partial\big(\delta_z(x)\big)\big/\partial x = -2e_2 x - 3e_3 x^2 , \quad \varepsilon_z(x) = \partial\big(\delta_y(x)\big)\big/\partial x = 2d_2 x + 3d_3 x^2$$

$$\varepsilon_x(z) = -\partial\big(\delta_y(z)\big)\big/\partial z = -2k_2 z - 3k_3 z^2 , \quad \varepsilon_y(z) = -\partial\big(\delta_x(z)\big)\big/\partial z = -2h_2 z - 3h_3 z^2$$

滚角误差定义为绕运动轴自身的转角偏差。沿每个运动轴的滚角误差可表示成位置的多项式，即

$$\varepsilon_x(x) = l_1 x + l_2 x^2 + l_3 x^3 , \quad \varepsilon_y(y) = m_1 y + m_2 y^2 + m_3 y^3 , \quad \varepsilon_z(z) = n_1 z + n_2 z^2 + n_3 z^3$$

3. 直线轴误差诊断

将误差参数化模型的多项式形式代入式(3.20)～式(3.22)中，可得

$$\Delta R_{XY} = \frac{1}{R} \begin{bmatrix} x_1 & x_1^2 & x_1^3 & x_1^4 & y_1^2 & y_1^3 & y_1^4 & x_1 y_1 & x_1 y_1^2 & x_1 y_1^3 & x_1^2 y_1 & x_1^3 y_1 \\ x_2 & x_2^2 & x_2^3 & x_2^4 & y_2^2 & y_2^3 & y_2^4 & x_2 y_2 & x_2 y_2^2 & x_2 y_2^3 & x_2^2 y_2 & x_2^3 y_2 \\ \vdots & & & & & & \vdots & & & & & \vdots \\ x_n & x_n^2 & x_n^3 & x_n^4 & y_n^2 & y_n^3 & y_n^4 & x_n y_n & x_n y_n^2 & x_n y_n^3 & x_n^2 y_n & x_n^3 y_n \end{bmatrix} \begin{bmatrix} aa_1 \\ a_1 + aa_2 \\ a_2 + aa_3 \\ a_3 \\ b_1 - af_2 \\ b_2 - 2af_3 \\ b_3 \\ -S_{xy} \\ f_2 \\ f_3 \\ -d_2 \\ -2d_3 \end{bmatrix}$$

(3.23)

显然，式(3.23)中矩阵方程 $B=AX$ 的系数矩阵 A 每列之间的数量级相差较大，求解矩阵方程的时候导致数量级较小列的值近似可为 0，从而导致求解结果错误。在进行测量的时候，X 轴的测量范围为 $0\sim 2a$，Y 轴的测量范围是 $-a\sim a$，为了防止矩阵 A 每列数量级相差过大，对式(3.23)进行如下处理：

$$\Delta R_{XY} = A_{XY} X_{XY}$$

(3.24)

其中：

$$A_{XY} = \frac{1}{R} \begin{bmatrix} a^3 x_1 & a^2 x_1^2 & ax_1^3 & x_1^4 & a^2 y_1^2 & ay_1^3 & y_1^4 & a^2 x_1 y_1 & ax_1 y_1^2 & x_1 y_1^3 & ax_1^2 y_1 & x_1^3 y_1 \\ a^3 x_2 & a^2 x_2^2 & ax_2^3 & x_2^4 & a^2 y_2^2 & ay_2^3 & y_2^4 & a^2 x_2 y_2 & ax_2 y_2^2 & x_2 y_2^3 & ax_2^2 y_2 & x_2^3 y_2 \\ \vdots & & & & & & \vdots & & & & & \vdots \\ a^3 x_n & a^2 x_n^2 & ax_n^3 & x_n^4 & a^2 y_n^2 & ay_n^3 & y_n^4 & a^2 x_n y_n & ax_n y_n^2 & x_n y_n^3 & ax_n^2 y_n & x_n^3 y_n \end{bmatrix}$$

$$X_{XY} = \begin{bmatrix} \dfrac{aa_1}{a^3} & \dfrac{a_1 + aa_2}{a^2} & \dfrac{a_2 + aa_3}{a} & a_3 & \dfrac{b_1 - af_2}{a^2} & \dfrac{(b_2 - 2af_3)}{a} & b_3 & \dfrac{-S_{xy}}{a^2} & \dfrac{f_2}{a} & f_3 & -d_2 & -2d_3 \end{bmatrix}^{\mathrm{T}}$$

式(3.24)解决了矩阵每列之间数量级相差较大的问题。将 XY 平面内的测量数据代入式(3.24)可以解耦出 a_1、a_2、a_3、b_1、b_2、b_3、d_2、d_3、f_2、f_3、S_{xy}。

同理，YZ 平面用上述方法求得 c_1、c_2、c_3、k_2、k_3、g_2、g_3、S_{yz}，XZ 平面用上述方法求得 e_2、e_3、h_2、h_3、S_{xz}。至此，已经诊断出球杆仪除了 $\varepsilon_x(x)$、$\varepsilon_y(y)$、$\varepsilon_z(z)$ 之外的其他 18 项误差。当在 XY 平面进行测量时，认为 Z 方向的误差分量近似 0，即 $\Delta z_{XY} \approx 0$，因此，将诊断结果代入式(3.19)，并令 $\Delta z_{XY} \approx 0$，即可诊断出 $\varepsilon_x(x)$。在 YZ 平面与 XZ 平面同理。

至此，使用球杆仪诊断出了直线轴的 21 项误差，基于球杆仪的直线轴误差诊断的流程图如图 3.16 所示，只需要在 XY、YZ、ZX 三个平面内进行 3 次球杆仪实验，即可诊断出 21 项误差，大大地简化了实验过程。

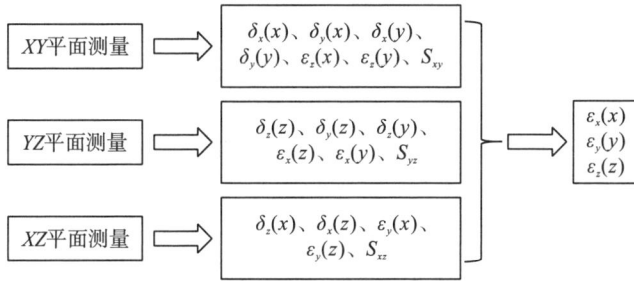

图 3.16　直线轴误差辨识流程图

3.2.2.3　基于球杆仪的旋转轴误差诊断

1. 旋转轴位置无关误差诊断

根据误差的分析，五轴数控机床旋转轴共有 8 项位置无关误差，本节使用球杆仪来诊断旋转轴位置无关误差。用球杆仪测量位置无关误差的诊断模式为"径向-切向-轴向"，即分别在旋转轴的径向方向、切向方向和轴向方向安装球杆仪，在球杆仪测试的过程中，旋转轴转动的同时直线轴执行直线插补运动，使工件球和刀具球同步转动，球杆仪在测量过程中的姿态保持不变。A 轴和 C 轴的球杆仪径向-切向-轴向测量模式如图 3.17 所示。

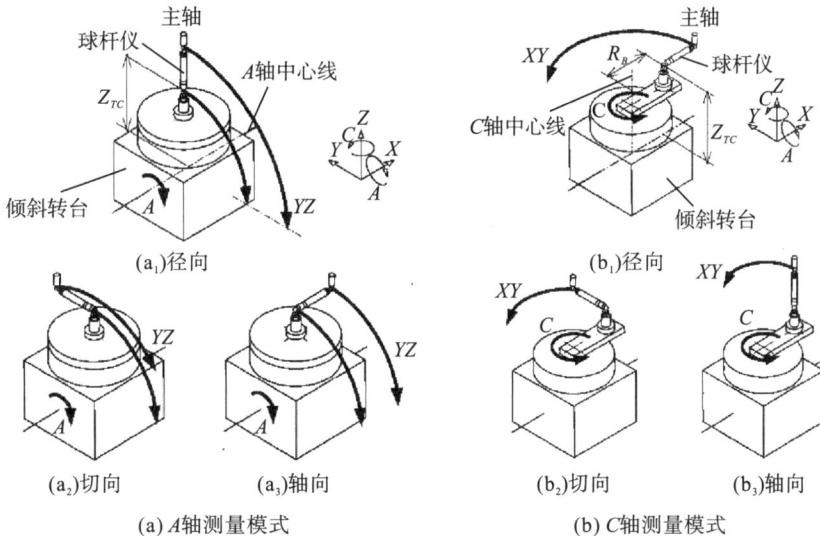

(a₁)径向　(a₂)切向　(a₃)轴向　(a)A轴测量模式　(b₁)径向　(b₂)切向　(b₃)轴向　(b)C轴测量模式

图 3.17　旋转轴位置无关误差测量模式

如图 3.17(a)所示的测量模式中，A 轴旋转，C 轴静止，YZ 轴插补运动，工件球安装在工作台上，随 A 轴一起转动，刀具球安装在机床主轴上，在 YZ 轴的插补运动作用下与工件球保持相对静止。在三种测量模式中，工件球在 C 轴坐标系中的安装位置都为 $P_1(0,0,Z_{TC})$，其中 Z_{TC} 为工件球球心到 A 轴轴线的距离。球杆仪运行测试过程中，当 A 轴转动角度 a 时，工件球在机床坐标系中的位置为

$$P_1' = E_a T_{ai} E_c [0,0,Z_{TC},1]^T \tag{3.25}$$

其中，E_c、E_a、T_{ai} 分别表示 C 轴的误差变换矩阵、A 轴的误差变换矩阵、A 轴的运动变换矩阵，且

$$E_c = \begin{bmatrix} 1 & 0 & \beta_{CA} & 0 \\ 0 & 1 & 0 & \delta_{yCA} \\ -\beta_{CA} & 0 & 1 & 0 \\ 0 & 0 & 0 & 1 \end{bmatrix}, \quad E_a = \begin{bmatrix} 1 & -\gamma_{AM} & \beta_{AM} & \delta_{xAM} \\ \gamma_{AM} & 1 & -\alpha_{AM} & \delta_{yAM} \\ -\beta_{AM} & \alpha_{AM} & 1 & \delta_{zAM} \\ 0 & 0 & 0 & 1 \end{bmatrix}, \quad T_{ai} = \begin{bmatrix} 1 & 0 & 0 & 0 \\ 0 & \cos a & -\sin a & 0 \\ 0 & \sin a & \cos a & 0 \\ 0 & 0 & 0 & 1 \end{bmatrix}$$

代入式 (3.25) 中，并去掉高阶小项，可得工件球在机床坐标系中的位置为

$$P_1' = \begin{bmatrix} \delta_{xAM} + Z_{TC}(\beta_{CA} + \beta_{AM}\cos a + \gamma_{AM}\sin a) \\ \delta_{yAM} + \delta_{yCA}\cos a - Z_{TC}(\sin a + \alpha_{AM}\cos a) \\ \delta_{zAM} + \delta_{yCA}\sin a - Z_{TC}(-\cos a + \alpha_{AM}\sin a) \\ 1 \end{bmatrix}_c \tag{3.26}$$

当球杆仪径向安装 [图 3.17(a_1)] 时，刀具球在 C 轴坐标系中的安装位置为 $P_2(0,0,L_0+Z_{TC})$，其中 L_0 为球杆仪的标称长度。测量过程中刀具球和工件球同步转动，因此刀具球可以看作是绕 A 轴转动，则刀具球在机床坐标系中的位置可表示为

$$P_2' = T_{ai} \begin{bmatrix} 0 \\ 0 \\ Z_{TC}+L_0 \\ 1 \end{bmatrix} = \begin{bmatrix} 0 \\ -(Z_{TC}+L_0)\sin a \\ (Z_{TC}+L_0)\cos a \\ 1 \end{bmatrix} \tag{3.27}$$

球杆仪杆长可表示为

$$R = \left\| P_1' - P_2' \right\| \tag{3.28}$$

将式 (3.26)、式 (3.27) 代入式 (3.28) 并去掉高阶小项得

$$L_1^2 \approx L_0^2 + 2L_0(\delta_{yAM}\sin a - \delta_{zAM}\cos a) \tag{3.29}$$

由式 (3.29) 可知，只需将 $a=0°$ 和 $a=90°$ 时的球杆仪测量结果代入式中进行计算，即可求解出 δ_{yAM} 和 δ_{zAM}，但是在实际测量中，球杆仪的测量结果并非只受误差的影响，还受反向间隙、周期误差等因素的影响，因此，球杆仪的数据并非平滑变化的，而是有波动。只考虑若干个测量点处的测量结果，会导致辨识结果产生较大偏差，要根据所有数据的特征对误差进行辨识。将式 (3.29) 进行变形，在等式右边加上一个高阶小项，得

$$L_1^2 \approx L_0^2 + 2L_0(\delta_{yAM}\sin a - \delta_{zAM}\cos a) + (\delta_{yAM}\sin a - \delta_{zAM}\cos a)^2 \tag{3.30}$$

对式 (3.30) 进行简化可得

$$L_1 \approx L_0 + \delta_{yAM}\sin a - \delta_{zAM}\cos a \tag{3.31}$$

同理，球杆仪切向安装[图 3.17(a_2)]时，得到

$$L_2 \approx L_0 - \left(\delta_{yAM} \cos a + \delta_{zAM} \sin a + \delta_{yCA} - Z_{TC} \alpha_{AM} \right) \tag{3.32}$$

球杆仪轴向安装[图 3.17(a_3)]时，得到

$$L_3 = L_0 - \left(\delta_{xAM} + Z_{TC} \beta_{CA} + Z_{TC} \beta_{AM} \cos a + Z_{TC} \gamma_{AM} \sin a \right) \tag{3.33}$$

如图 3.17(b)所示的测量模式中，C 轴旋转，A 轴静止，XY 轴插补运动，工件球安装在工作台上，随 C 轴一起转动，刀具球安装在机床主轴上，在 XY 轴的插补运动作用下与工件球保持相对静止。在三种测量模式中，工件球在 C 轴坐标系中的位置为 $P_2 \left(R_b, 0, Z_{TC} \right)$，其中 R_b 表示工件球球心距离 C 轴轴线的距离。工件球在机床坐标系中的位置为

$$P_1' = E_a E_c T_{ci} \left[R_b, 0, Z_{TC}, 1 \right]^{\mathrm{T}} \tag{3.34}$$

其中，T_{ci} 表示 C 轴的运动变换矩阵，且

$$T_{ci} = \begin{bmatrix} \cos c & -\sin c & 0 & 0 \\ \sin c & \cos c & 0 & 0 \\ 0 & 0 & 1 & 0 \\ 0 & 0 & 0 & 1 \end{bmatrix}$$

代入式(3.34)并进行化简得

$$P_1' = \begin{bmatrix} \delta_{xAM} - R_b \left(\gamma_{AM} \sin c - \cos c \right) + Z_{TC} \left(\beta_{AM} + \beta_{CA} \right) \\ \delta_{yAM} + \delta_{yCA} + R_b \left(\sin c + \gamma_{AM} \cos c \right) - Z_{TC} \alpha_{AM} \\ \delta_{zAM} - R_b \left(\beta_{AM} \cos c + \beta_{CA} \cos c - \alpha_{AM} \sin c \right) + Z_{TC} \\ 1 \end{bmatrix}_c \tag{3.35}$$

当球杆仪径向安装[图 3.17(b_1)]时，刀具球在 C 轴坐标系中的安装位置为 $P_2 \left(R_b + L_0, 0, Z_{TC} \right)$，则刀具球在机床坐标系中的位置为

$$P_2' = T_{ci} \begin{bmatrix} R_b + L_0 \\ 0 \\ Z_{TC} \\ 1 \end{bmatrix} = \begin{bmatrix} \left(R_b + L_0 \right) \cos c \\ \left(R_b + L_0 \right) \sin c \\ Z_{TC} \\ 1 \end{bmatrix} \tag{3.36}$$

将式(3.35)、式(3.36)代入式(3.28)并去掉高阶小项简化得

$$L_4 \approx L_0 - \left[\left(\delta_{xAM} + Z_{TC} \beta_{AM} + Z_{TC} \beta_{CA} \right) \cos c + \left(\delta_{yAM} + \delta_{yCA} - Z_{TC} \alpha_{AM} \right) \sin c \right] \tag{3.37}$$

同理，当球杆仪切向安装[图 3.17(b_2)]时，得到

$$L_5 \approx L_0 + R_b \gamma_{AM} + \left[\left(\delta_{xAM} + Z_{TC} \beta_{AM} + Z_{TC} \beta_{CA} \right) \sin c - \left(\delta_{yAM} + \delta_{yCA} - Z_{TC} \alpha_{AM} \right) \cos c \right] \tag{3.38}$$

当球杆仪轴向安装[图 3.17(b_3)]时，得到

$$L_6 \approx L_0 - \delta_{zAM} + R_b \left(\beta_{AM} + \beta_{CA} \right) \cos c - R_b \alpha_{AM} \sin c \tag{3.39}$$

由式(3.31)～式(3.33)、式(3.37)～式(3.39)可知，在 6 种测量模式中球杆仪杆长与位置无关误差的关系可以表示为如下形式：

$$L_i \approx L_0 + \Delta l + e_1 \cos \theta + e_2 \sin \theta \quad \left(i = 1, 2, 3, 4, 5, 6 \right) \tag{3.40}$$

式中，Δl 为圆半径变化量；e_1 为 x 方向圆心偏移量；e_2 为 y 方向圆心偏移量。

用仿真法分析 Δl、e_1、e_2 对球杆仪测量结果的影响，分别给 Δl、e_1、e_2 赋值 d，d 为正值，通过仿真计算球杆仪测量结果，仿真结果如图 3.18 所示。

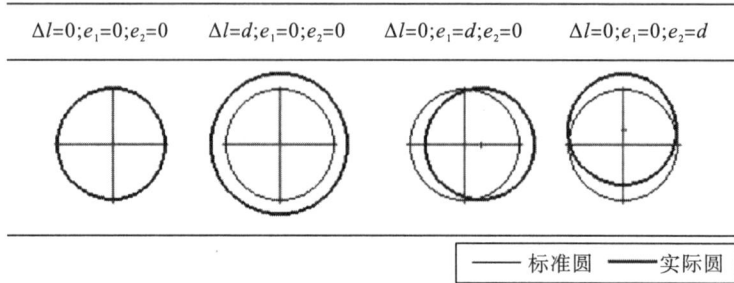

图 3.18　球杆仪测量圆仿真结果

由图 3.18 可知，当不存在误差时，即 $\Delta l = 0, e_1 = 0, e_2 = 0$ 时，球杆仪杆长 $L = L_0$，则球杆仪测量结果是一个标准圆。当 $\Delta l = d, e_1 = 0, e_2 = 0$ 时，球杆仪杆长 $L = L_0 + \Delta l$，则球杆仪的测量结果是一个圆，但圆的半径比标准圆的半径大 Δl。当 $\Delta l = 0, e_1 = d, e_2 = 0$ 时，球杆仪测量结果半径不变，圆心向 X 正向偏移 d。当 $\Delta l = 0, e_1 = 0, e_2 = d$ 时，球杆仪测量结果半径不变，圆心向 Y 正向偏移 d。

依据以上结论对位置无关误差进行诊断，由式(3.31)可得

$$\delta_{zAM} = -e_{y1} \tag{3.41}$$

$$\delta_{yAM} = e_{z1} \tag{3.42}$$

其中，e_{y1} 为测量模式 1[图 3.17(a_1)]中 Y 轴方向圆心偏差；e_{z1} 为测量模式 1[图 3.17(a_1)]中 Z 轴方向圆心偏差。

由式(3.32)可得

$$Z_{TC}\alpha_{AM} - \delta_{yCA} = \Delta l_2 \tag{3.43}$$

其中，Δl_2 为测量模式 2[图 3.17(a_2)]中的半径变化量。

由式(3.33)可得

$$\beta_{AM} = -\frac{e_{y3}}{Z_{TC}} \tag{3.44}$$

$$\gamma_{AM} = -\frac{e_{z3}}{Z_{TC}} \tag{3.45}$$

$$\delta_{xAM} + Z_{TC}\beta_{CA} = -\Delta l_3 \tag{3.46}$$

其中，e_{y3} 为测量模式 3[图 3.17(a_3)]中 Y 轴方向圆心偏差；e_{z3} 为测量模式 3[图 3.17(a_3)]中 Z 轴方向圆心偏差；Δl_3 为测量模式 3[图 3.17(a_3)]中的半径变化量。

由式(3.41)～式(3.46)可知，通过 A 轴的径向-切向-轴向三种模式测量后，可以诊断出 δ_{yAM}、δ_{zAM}、β_{AM}、γ_{AM}，以及 $Z_{TC}\alpha_{AM} - \delta_{yCA}$ 和 $\delta_{xAM} + Z_{TC}\beta_{CA}$。

由式(3.39)可得

$$\beta_{AM} + \beta_{CA} = \frac{e_{y6}}{R_b} \tag{3.47}$$

$$\alpha_{AM} = -\frac{e_{z6}}{R_b} \tag{3.48}$$

其中，e_{y6} 为测量模式 6[图 3.17(b$_3$)]中 Y 方向圆心偏差；e_{z6} 为测量模式 6[图 3.17(b$_3$)]中 Z 轴方向圆心偏差。

将式(3.44)、式(3.46)和式(3.47)结合可以诊断出 δ_{xAM}、β_{CA}。将式(3.48)的结果代入式(3.43)即可诊断出 δ_{yCA}。

至此，已诊断出球杆仪的 8 项位置无关误差，实际诊断过程中只使用到 A 轴径向-切向-轴向以及 C 轴轴向测量模式的结果，即使用 4 种测量模式就可以诊断出 8 项位置无关误差，大大地简化了测量过程。

2. 旋转轴位置相关误差诊断

五轴数控机床有两个旋转轴，每个旋转轴存在 6 个位置相关误差。C 轴的位置相关误差为 $\delta_x(c)$、$\delta_y(c)$、$\delta_z(c)$、$\varepsilon_x(c)$、$\varepsilon_y(c)$、$\varepsilon_z(c)$，A 轴的位置相关误差为 $\delta_x(a)$、$\delta_y(a)$、$\delta_z(a)$、$\varepsilon_x(a)$、$\varepsilon_y(a)$、$\varepsilon_z(a)$。下面以 C 轴为例，介绍旋转轴位置相关误差诊断过程。

C 轴位置相关误差球杆仪测量模式如图 3.19 所示，球杆仪需要 3 次对中、6 次安装测量。测量模式 1～5 中，刀具球安装在 C 轴轴线上，且在测量过程中保持静止。测量模式 1 和测量模式 2 中，工件球安装在 X 轴正向 $x=d$ 处，分别采用 r_1 和 r_2 两种长度的球杆仪进行测试；测量模式 3 和测量模式 4 中，工件球安装在 Y 轴正向 $y=d$ 处，分别采用 r_1 和 r_2 两种长度的球杆仪进行测试；测量模式 5 中，工件球安装在 X 轴负向 $x=-d$ 处，只采用 r_1 长度的球杆仪进行测试；测量模式 6 中，工件球安装在 Y 轴正向 $y=d$ 处，刀具球安装在 $y=d$、$x=-60$mm、$z=80$mm 处，在测量过程中，刀具球在 X、Y 轴的联动作用下跟随 C 轴一起转动，球杆仪位姿保持不变。

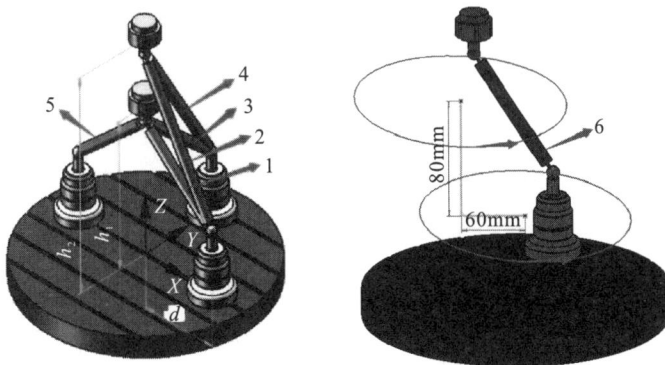

图 3.19　球杆仪 C 轴位置相关误差测量模式

在测量模式 1 中，球杆仪的标称长度为 r_1，工件球的安装坐标为 $P_{10}(d,0,0)$，刀具球的安装坐标为 $P_{20}(0,0,h_1)$，此时 $r_1^2 = d^2 + h_1^2$。则工件球运动过程中理想坐标为

$$P_1 = \begin{bmatrix} d\cos c & d\sin c & 0 & 1 \end{bmatrix}^T \tag{3.49}$$

工件球在机床坐标系中的理想位置和实际位置的偏差为

$$\begin{cases} \Delta x = \delta_x(c) - d\sin c \cdot \varepsilon_z(c) \\ \Delta y = \delta_y(c) + d\cos c \cdot \varepsilon_z(c) \\ \Delta z = \delta_z(c) - d[\cos c \cdot \varepsilon_y(c) - \sin c \cdot \varepsilon_x(c)] \end{cases} \tag{3.50}$$

代入式(3.15)可得测量模式1中球杆仪杆长变化量：

$$\Delta r_1 = \frac{d}{r_1}\Big[\cos c \cdot \delta_x(c) + \sin c \cdot \delta_y(c)\Big] - \frac{h_1}{r_1}\Big[d\sin c \cdot \varepsilon_x(c) - d\cos c \cdot \varepsilon_y(c) + \delta_z(c)\Big] \tag{3.51}$$

同理，在测量模式2中，球杆仪的标称长度为 r_2，工件球的安装坐标为 $P_{10}(d,0,0)$，刀具球的安装坐标为 $P_{20}(0,0,h_2)$，此时 $r_2^2 = d^2 + h_2^2$。测量模式2中球杆仪杆长变化量为

$$\Delta r_2 = \frac{d}{r_2}\Big[\cos c \cdot \delta_x(c) + \sin c \cdot \delta_y(c)\Big] - \frac{h_2}{r_2}\Big[d\sin c \cdot \varepsilon_x(c) - d\cos c \cdot \varepsilon_y(c) + \delta_z(c)\Big] \tag{3.52}$$

在测量模式3中，球杆仪的标称长度为 r_1，工件球的安装坐标为 $P_{10}(0,d,0)$，刀具球的安装坐标为 $P_{20}(0,0,h_1)$。工件球运动过程中的理想坐标为

$$P_1 = \begin{bmatrix} -d\sin c & d\cos c & 0 & 1 \end{bmatrix}^T \tag{3.53}$$

工件球在机床坐标系中的理想位置和实际位置的偏差为

$$\begin{cases} \Delta x = \delta_x(c) - d\cos c \cdot \varepsilon_z(c) \\ \Delta y = \delta_y(c) - d\sin c \cdot \varepsilon_z(c) \\ \Delta z = \delta_z(c) + d\Big[\cos c \cdot \varepsilon_x(c) + \sin c \cdot \varepsilon_y(c)\Big] \end{cases} \tag{3.54}$$

代入式(3.15)可得测量模式3中球杆仪杆长变化量：

$$\Delta r_3 = \frac{d}{r_1}\Big[-\sin c \cdot \delta_x(c) + \cos c \cdot \delta_y(c)\Big] - \frac{h_1}{r_1}\Big[d\cos c \cdot \varepsilon_x(c) + d\sin c \cdot \varepsilon_y(c) + \delta_z(c)\Big] \tag{3.55}$$

同理，在测量模式4中，球杆仪的标称长度为 r_2，工件球的安装坐标为 $P_{10}(0,d,0)$，刀具球的安装坐标为 $P_{20}(0,0,h_2)$。测量模式4中球杆仪杆长变化量为

$$\Delta r_4 = \frac{d}{r_2}\Big[-\sin c \cdot \delta_x(c) + \cos c \cdot \delta_y(c)\Big] - \frac{h_2}{r_2}\Big[d\cos c \cdot \varepsilon_x(c) + d\sin c \cdot \varepsilon_y(c) + \delta_z(c)\Big] \tag{3.56}$$

在测量模式5中，球杆仪的标称长度为 r_1，工件球的安装坐标为 $P_{10}(-d,0,0)$，刀具球的安装坐标为 $P_{20}(0,0,h_1)$。则工件球运动过程中理想坐标为

$$P_1 = \begin{bmatrix} -d\cos c & -d\sin c & 0 & 1 \end{bmatrix}^T \tag{3.57}$$

工件球在机床坐标系中的理想位置和实际位置的偏差为

$$\begin{cases} \Delta x = \delta_x(c) + d\sin c \cdot \varepsilon_z(c) \\ \Delta y = \delta_y(c) - d\cos c \cdot \varepsilon_z(c) \\ \Delta z = \delta_z(c) + d\Big[\cos c \cdot \varepsilon_y(c) - \sin c \cdot \varepsilon_x(c)\Big] \end{cases} \tag{3.58}$$

代入式(3.15)可得测量模式5中球杆仪杆长变化量：

$$\Delta r_5 = \frac{-d}{r_1}\Big[\cos c \cdot \delta_x(c) + \sin c \cdot \delta_y(c)\Big] - \frac{h_1}{r_1}\Big[-d\sin c \cdot \varepsilon_x(c) + d\cos c \cdot \varepsilon_y(c) + \delta_z(c)\Big] \quad (3.59)$$

在测量模式 6 中，将引入 X 轴、Y 轴与 C 轴联动，工件球跟随 C 轴转动的同时，刀具球在 X 轴、Y 轴联动运动中跟随 C 轴一起转动，球杆仪在测量过程中位姿保持不变，球杆仪的标称长度为 r_1，工件球的安装坐标为 $P_{10}(0,d,0)$，刀具球的安装坐标为 $P_{20}(-60,d,80)$。则刀具球运动过程中理想坐标为

$$P_2 = T_{ci} \cdot \begin{bmatrix} x_{20} \\ y_{20} \\ z_{20} \\ 1 \end{bmatrix} = \begin{bmatrix} -60\cos c - d\sin c \\ d\cos c - 60\sin c \\ 80 \\ 1 \end{bmatrix} \quad (3.60)$$

将式(3.53)、式(3.54)、式(3.60)代入式(3.15)可得测量模式 6 中球杆仪杆长变化量：

$$\Delta r_6 = \frac{1}{r_1}\Big(60\cos c \cdot \delta_x(c) + 60\sin c \cdot \delta_y(c) - 80\big\{\delta_z(c) + d\big[\cos c \cdot \varepsilon_x(c) + \sin c \cdot \varepsilon_y(c)\big]\big\}\Big) \\ - \frac{60d}{r_1}\varepsilon_z(c) \quad (3.61)$$

综合式(3.51)、式(3.52)、式(3.55)、式(3.56)、式(3.59)、式(3.61)，可得误差辨识矩阵表达式[式(3.62)]。结合球杆仪读数与式(3.62)可以辨识出 C 轴的 6 项位置相关误差。

$$\begin{bmatrix} \Delta r_1 \\ \Delta r_2 \\ \Delta r_3 \\ \Delta r_4 \\ \Delta r_5 \\ \Delta r_6 \end{bmatrix} = \begin{bmatrix} \frac{d}{r_1}\cos c & \frac{d}{r_1}\sin c & -\frac{h_1}{r_1} & -\frac{h_1}{r_1}d\sin c & \frac{h_1}{r_1}d\cos c & 0 \\ \frac{d}{r_2}\cos c & \frac{d}{r_2}\sin c & -\frac{h_2}{r_2} & -\frac{h_2}{r_2}d\sin c & \frac{h_2}{r_2}d\cos c & 0 \\ -\frac{d}{r_1}\sin c & \frac{d}{r_1}\cos c & -\frac{h_1}{r_1} & -\frac{h_1}{r_1}d\cos c & -\frac{h_1}{r_1}d\sin c & 0 \\ -\frac{d}{r_2}\sin c & \frac{a}{r_2}\cos c & -\frac{h_2}{r_2} & -\frac{h_2}{r_2}d\cos c & -\frac{h_2}{r_2}d\sin c & 0 \\ -\frac{d}{r_1}\cos c & -\frac{d}{r_1}\sin c & -\frac{h_1}{r_1} & \frac{h_1}{r_1}d\sin c & -\frac{h_1}{r_1}d\cos c & 0 \\ \frac{60}{r_1}\cos c & \frac{60}{r_1}\sin c & -\frac{80}{r_1} & -\frac{80}{r_1}d\cos c & -\frac{80}{r_1}d\sin c & -\frac{60d}{r_1} \end{bmatrix} \begin{bmatrix} \delta_x(c) \\ \delta_y(c) \\ \delta_z(c) \\ \varepsilon_x(c) \\ \varepsilon_y(c) \\ \varepsilon_z(c) \end{bmatrix} \quad (3.62)$$

3.2.3　基于敏感性分析的加工装备关键空间误差项诊断方法

3.2.3.1　基于 Sobol 法的误差敏感度分析

敏感度分析方法可以分为局部敏感度分析方法和全局敏感度分析方法。局部敏感度分析方法只能计算出单个误差元素对空间误差的影响，而不能反映误差之间的耦合作用对空间误差的影响。微分法是常用的局部敏感度分析方法，即通过空间误差对每个误差求微分，得出的结果就是该误差项的敏感度系数。微分法只适用于线性模型，不能处理非线性模型。全局敏感度分析相对局部敏感度分析的优势在于不仅能计算出单个误差对空间误差的敏

感度系数，还可以计算出若干个误差相互耦合对空间误差的影响，常用的全局敏感度分析方法包括索博尔(Sobol)法和莫里斯(Morris)法等。Sobol法是基于方差的敏感度分析方法，用误差对应的函数值的方差与模型的总方差的比值作为敏感度系数。为了方便分析和比较，一般只取其一阶敏感度系数和全局敏感度系数进行分析，它不仅适用于线性模型，还可用于较复杂的非线性模型。Morris法主要分析误差在全局范围内变化时对空间误差的影响，用"基本效应"来进行分析。假设某一误差项的"基本效应"服从分布 F_i，用该分布的均值和标准差作为敏感指数，来反映该误差项的敏感性大小。

由于分析的机床空间误差模型较复杂，不具备较好的线性特性，因此本书采用 Sobol 法进行敏感度分析。Sobol 法不仅可以很好地处理非线性模型，且具备强大的计算功能，不仅能计算出任意维数模型的敏感度系数，还可以得到误差项之间的耦合作用的影响。

1. Sobol 法的基本原理

用 Sobol 法分析误差敏感度的基本步骤如下：首先，建立机床空间误差模型，在3.2.1节中已经建立了机床误差模型，得到了机床空间误差分量；其次，确定各输入量误差的范围，对机床误差进行多次重复测量后，得到机床各误差项的范围，位置误差的范围为 $[-20\mu m, 20\mu m]$，角度误差的范围为 $[-0.8\mu rad, 0.4\mu rad]$；再次，对误差进行采样，生成采样矩阵；最后，通过计算得到各误差项的敏感度系数。

Sobol 法是基于方差分解的改进蒙特卡洛方法，采用 Sobol 法对模型 $Y = f(x)$ 进行全局敏感度分析，其中 $x = (x_1, x_2, \cdots, x_n)$ 表示 n 个输入参数，在五轴数控机床误差敏感度分析中，误差模型为

$$Y = f(e) \tag{3.63}$$

其中，$e = (e_1, e_2, \cdots, e_{41})$。定义一个 n 维单元体 R^n 作为输入参数的空间域，R^n 可表达为

$$R^n = (e_i / 0 \leqslant e_i \leqslant 1; i = 1, 2, \cdots, n; n = 41) \tag{3.64}$$

根据 Sobol 法对式(3.63)进行方差分解，可分解为如下形式：

$$Y = Y_0 + \sum_{i=1}^{n} Y_i + \sum_{i=1}^{n} \sum_{j>i}^{n} Y_{ij} + \cdots + Y_{12\cdots n} \tag{3.65}$$

其中，Y_0 表示模型的期望值；$Y_i = f(e_i)$ 表示输入参数 e_i 对应的模型输出值；$Y_{ij} = f(e_i, e_j)$ 表示输入参数 e_i 和 e_j 共同作用时对应的模型的输出值。其他高阶项同理。

式(3.65)为方差分析表达式，且是唯一的分解形式，且式(3.65)中的各子项相互正交，因此，存在如下关系：

$$\int_0^1 Y_{12\cdots n}(e_1, e_2, \cdots, e_n) de_k = 0 \tag{3.66}$$

其中，$k = 1, 2, \cdots, n$。因此，可得

$$Y_0 = E(Y) \tag{3.67}$$

$$Y_i = E_{e_{-i}}(Y / e_i) - E(Y) \tag{3.68}$$

$$Y_{ij} = E_{e_{-ij}}(Y / e_i, e_j) - Y_i - Y_j - E(Y) \tag{3.69}$$

其中，e_{-i} 表示除了第 i 个误差项之外的所有误差；e_{-ij} 表示除了第 i 个和第 j 个误差项之外的所有误差项。

方差的计算方法可表示为

$$V = E\left(Y^2\right) - \left[E\left(Y\right)\right]^2 = \int Y^2 \mathrm{d}e - Y_0^{\,2} \tag{3.70}$$

分别对式 (3.68) 和式 (3.69) 求方差可得

$$V_i = V_{e_i}\left[E_{e_{-i}}\left(Y / e_i\right)\right] \tag{3.71}$$

$$V_{ij} = V_{e_i, e_j}\left[E_{e_{-ij}}\left(Y / e_i, e_j\right)\right] - V_{e_i}\left[E_{e_{-i}}\left(Y / e_i\right)\right] - V_{e_j}\left[E_{e_{-j}}\left(Y / e_j\right)\right] \tag{3.72}$$

其他高阶项的方差计算方法同理。对式 (3.65) 求方差可得模型的总方差为

$$V = \sum_{i=1}^{n} V_i + \sum_{i=1}^{n}\sum_{j>i}^{n} V_{ij} + \cdots + V_{12\cdots n} \tag{3.73}$$

式 (3.73) 在等式两边同时除以 V 可得

$$\sum_{i=1}^{n} S_i + \sum_{i=1}^{n}\sum_{j>i}^{n} S_{ij} + \cdots + S_{12\cdots n} = 1 \tag{3.74}$$

其中，$S_i = V_i / V$，$S_{ij} = V_{ij} / V$。S_i 表示误差 e_i 的一阶敏感度系数，反映误差 e_i 对模型输出量的影响程度，一阶误差敏感度系数值越大，说明误差项对模型输出量的影响越大。同理，S_{ij} 为二阶敏感度系数，表示误差 e_i 和 e_j 共同作用对模型输出量的影响。高阶项同理。

Sobol 法通常用一阶敏感度系数和全局敏感度系数来衡量误差的敏感度，误差 e_i 的全局敏感度系数表示误差 e_i 对模型输出量的总体影响，包括 e_i 与其他误差项耦合作用对模型输出量的影响，因此，误差 e_i 的全局敏感度系数 S_{Ti} 的计算公式可表示为

$$S_{Ti} = \frac{V_{Ti}}{V} = 1 - \frac{V_{e_{-i}}\left[E_{e_i}\left(Y / e_{-i}\right)\right]}{V} \tag{3.75}$$

其中，$V_{e_{-i}}\left[E_{e_i}\left(Y / e_{-i}\right)\right]$ 表示所有不包含 e_i 的一阶和高阶方差之和，因此 V_{Ti} 可理解为所有包含 e_i 的方差之和。

2. 蒙特卡洛估算

蒙特卡洛方法，也称统计模拟方法，是一种以概率统计理论为指导的数值计算方法。当所求解问题是某种随机事件出现的概率，或者是某个随机变量的期望值时，通过某种"实验"的方法，以这种事件出现的频率估计这一随机事件的概率，或者得到这个随机变量的某些数字特征，并将其作为问题的解。蒙特卡洛方法的解题过程可以归结为三个主要步骤：构造或描述概率过程、实现从已知概率分布抽样、建立各种估计量。

误差的分布属于正态分布，结合上文误差的分布范围，使用蒙特卡洛方法对误差项进行采样，得到误差的估算值。通过蒙特卡洛采样法生成两个相对独立的 $k \times n$ 随机数样本矩阵，记为 A 和 B，其中 k 为每个输入变量的采样个数，n 为输入变量的个数。

$$
A = \begin{bmatrix} a_{11} & a_{12} & a_{13} & \cdots & \cdots & a_{1n} \\ a_{21} & \ddots & & & & \vdots \\ a_{31} & & \ddots & & & \vdots \\ \vdots & & & \ddots & & \vdots \\ \vdots & & & & \ddots & \vdots \\ a_{k1} & \cdots & \cdots & \cdots & \cdots & a_{kn} \end{bmatrix} \quad B = \begin{bmatrix} b_{11} & b_{12} & b_{13} & \cdots & \cdots & b_{1n} \\ b_{21} & \ddots & & & & \vdots \\ b_{31} & & \ddots & & & \vdots \\ \vdots & & & \ddots & & \vdots \\ \vdots & & & & \ddots & \vdots \\ b_{k1} & \cdots & \cdots & \cdots & \cdots & b_{kn} \end{bmatrix}
$$

再定义矩阵 C_i，其中矩阵 C_i 除第 i 列元素之外，其他元素与矩阵 A 的元素相同，且第 i 列元素与矩阵 B 第 i 列元素相同。

$$
C_i = \begin{bmatrix} a_{11} & a_{12} & \cdots & b_{1i} & \cdots & a_{1n} \\ a_{21} & \ddots & & b_{2i} & & \vdots \\ a_{31} & & \ddots & \vdots & & \vdots \\ \vdots & & & \vdots & \ddots & \vdots \\ \vdots & & & \vdots & & \vdots \\ a_{k1} & \cdots & \cdots & b_{ki} & \cdots & a_{kn} \end{bmatrix}
$$

得到以上矩阵之后，可通过式(3.76)～式(3.79)对敏感度进行估算。

$$
\hat{E}(Y) \approx \frac{1}{k} \sum_{m=1}^{k} f(A)_m \tag{3.76}
$$

$$
\hat{V}_i \approx \frac{1}{k} \sum_{m=1}^{k} f(B)_m \left[f(C_i)_m - f(A)_m \right] \tag{3.77}
$$

$$
\hat{V}_{Ti} \approx \frac{1}{2k} \sum_{m=1}^{k} \left[f(A)_m - f(C_i)_m \right]^2 \tag{3.78}
$$

$$
\hat{V} \approx \frac{1}{k} \sum_{m=1}^{k} f(A)_m^{\ 2} - \left[\frac{1}{k} \sum_{m=1}^{k} f(A)_m \right]^2 \tag{3.79}
$$

其中，m 表示矩阵的第 m 行。把式(3.76)～式(3.79)代入式(3.73)和式(3.75)中可得

$$
\hat{S}_i \approx \frac{\hat{V}_i}{\hat{V}} \tag{3.80}
$$

$$
\hat{S}_{Ti} \approx \frac{\hat{V}_{Ti}}{\hat{V}} \tag{3.81}
$$

式(3.80)、式(3.81)即为敏感度系数的估算值，将计算结果代入即可得到误差的一阶敏感度系数和全局敏感度系数。

3.2.3.2　敏感度分析实例

用 Sobol 法进行敏感度分析时要选取机床的指令位置，机床不同指令位置处误差对空间误差的敏感度有较大差别，在对三轴机床空间误差敏感度进行分析时，可以在整个空间范围内取若干个点计算敏感度系数之后求平均值，但是对五轴机床来说，由于多了两个旋转轴，进行敏感度分析时如果像三轴机床一样在空间取足够的点计算，计算量很大，且计算出的结果不能准确地表示机床整个运动空间内的敏感度情况。如果针对某一形状的工件，分析误差在其加工过程中的敏感度，再有针对性地对该加工过程中的关键性误差进行

辨识或补偿，则敏感度分析就更有意义，能更高效快速地提高工件的加工精度。

加工中心试验条件：ISO10791-7[168]定义了圆锥形试件，用于检测五轴数控机床联动精度，如图 3.20 所示。以该圆锥台为研究对象，分析误差对该工件加工过程中的空间误差的敏感度系数。

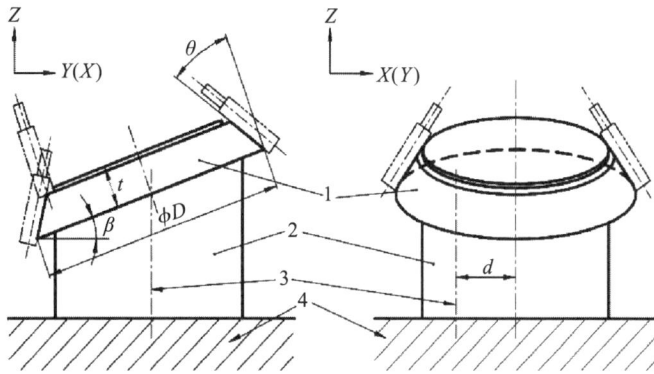

图 3.20 圆锥形试件

1-圆锥台试件；2-夹具；3-工作台轴平均线；4-工作台；ϕD-圆锥台试件最大直径；t-圆锥台试件厚度；

β-圆锥台试件安装倾角；d-圆锥台试件轴线到工作台轴平均线的距离

由于圆锥台试件的加工点较密集，若要对每个加工点位置处进行敏感度分析，则计算量大且没有意义，因为两个距离较近的加工点处的敏感度情况基本相似，因此从整个加工过程中均匀地选择若干个加工位置点，分析这些加工位置处误差对空间误差的敏感度系数，并求其平均值，即可表示整个工件加工过程中误差对空间误差的敏感度情况。为了简化计算过程且要尽可能表示整个加工过程，加工点的个数不能太多也不能太少，在本例中，在工件上选择 13 个加工点，分析其敏感度。

在敏感度分析的过程中，为了使表达更简单，对误差元素项进行编号，如表 3.9 所示。

表 3.9 误差及其编号

误差	误差编号
$\delta_x(x)$、$\delta_y(x)$、$\delta_z(x)$、$\varepsilon_x(x)$、$\varepsilon_y(x)$、$\varepsilon_z(x)$、S_{xy}	1、2、3、4、5、6、7
$\delta_x(y)$、$\delta_y(y)$、$\delta_z(y)$、$\varepsilon_x(y)$、$\varepsilon_y(y)$、$\varepsilon_z(y)$	8、9、10、11、12、13
$\delta_x(z)$、$\delta_y(z)$、$\delta_z(z)$、$\varepsilon_x(z)$、$\varepsilon_y(z)$、$\varepsilon_z(z)$、S_{xz}、S_{yz}	14、15、16、17、18、19、20、21
$\delta_x(a)$、$\delta_y(a)$、$\delta_z(a)$、$\varepsilon_x(a)$、$\varepsilon_y(a)$、$\varepsilon_z(a)$、δ_{xAM}、δ_{yAM}、δ_{zAM}、α_{AM}、β_{AM}、γ_{AM}	22、23、24、25、26、27、28、29、30、31、32、33
$\delta_x(c)$、$\delta_y(c)$、$\delta_z(c)$、$\varepsilon_x(c)$、$\varepsilon_y(c)$、$\varepsilon_z(c)$、δ_{yCA}、β_{CA}	34、35、36、37、38、39、40、41

1. 床空间位置误差敏感度分析

分别计算这些加工位置处误差对 X、Y、Z 方向空间位置误差分量 Δx、Δy、Δz 的敏感度，再对其求平均值，得到误差对工件加工过程中的空间位置误差分量的敏感度。计算结果如图 3.21～图 3.23 所示。

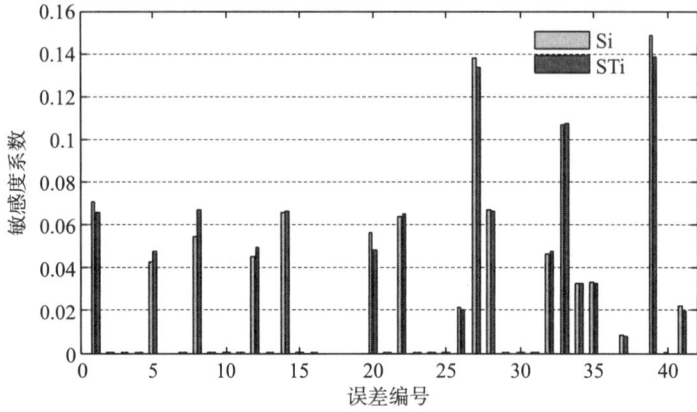

图 3.21 X 方向位置误差分量敏感度系数

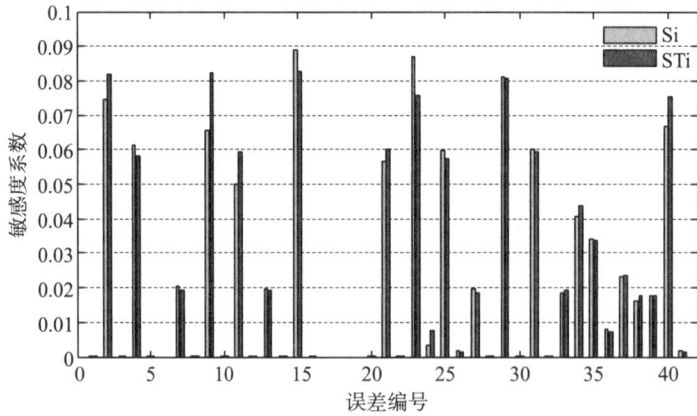

图 3.22 Y 方向位置误差分量敏感度系数

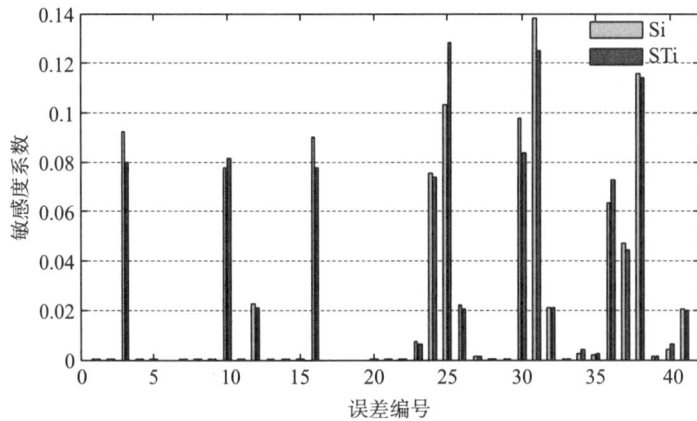

图 3.23 Z 方向位置误差分量敏感度系数

机床空间总位置误差的平方可表示为各姿态误差分量的平方和，即

$$\Delta = \sqrt{\left(\Delta x^2 + \Delta y^2 + \Delta z^2\right)}$$

分析误差对空间总位置误差分量的敏感度，分析结果如图 3.24 所示。

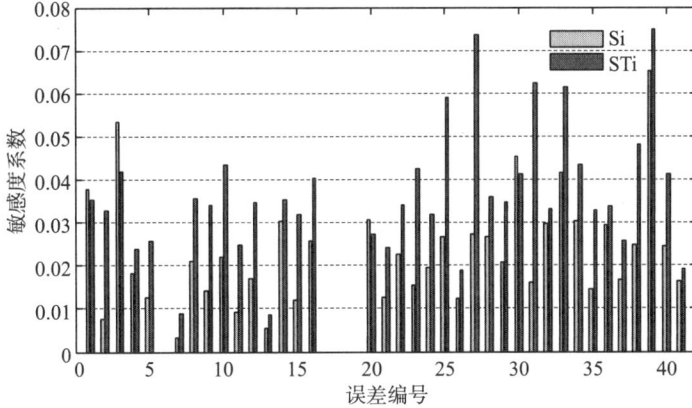

图 3.24　空间总位置误差敏感度系数

由图 3.21～图 3.24 所示的机床空间位置误差敏感度分析结果可得出如下结论。

(1) 对 X 方向位置误差分量影响较大的误差元素有 $\delta_x(x)$、$\varepsilon_y(x)$、$\delta_x(y)$、$\varepsilon_y(y)$、$\delta_x(z)$、S_{xz}、$\delta_x(a)$、$\varepsilon_z(a)$、δ_{xAM}、β_{AM}、γ_{AM}、$\varepsilon_z(c)$。

(2) 对 Y 方向位置误差分量影响较大的误差元素有 $\delta_y(x)$、$\varepsilon_x(x)$、$\varepsilon_y(y)$、$\varepsilon_x(y)$、$\delta_y(z)$、S_{yz}、$\delta_y(a)$、$\varepsilon_x(a)$、δ_{yAM}、α_{AM}、$\delta_x(c)$、$\delta_y(c)$、$\delta_y CA$。

(3) 对 Z 方向位置误差分量影响较大的误差元素有 $\delta_z(x)$、$\delta_z(y)$、$\delta_z(z)$、$\delta_z(a)$、$\varepsilon_x(a)$、δ_{zAM}、α_{AM}、$\delta_z(c)$、$\varepsilon_x(c)$、$\varepsilon_y(c)$。

(4) 除 $\varepsilon_z(x)$、$\varepsilon_x(z)$、$\varepsilon_y(z)$、$\varepsilon_z(z)$ 这几项误差元素外，其他误差元素都对空间总位置误差有一定的影响，且各误差对空间总位置误差的影响程度差别不大。

(5) 对 X、Y、Z 方向的位置误差分量来说，一阶敏感度系数和全局敏感度系数相差不大，说明误差元素之间的耦合作用对 X、Y、Z 方向位置误差分量的影响不显著。但对空间总位置误差来说，一阶敏感度系数和全局敏感度系数相差较大，说明误差元素之间的耦合作用对空间总位置误差的影响较大。

(6) 位置误差和角度误差对机床空间位置误差都会产生一定的影响。

2. 机床空间姿态误差敏感度分析

分别计算 13 个加工位置处误差对 X、Y、Z 方向空间姿态误差分量 $\Delta\alpha$、$\Delta\beta$、$\Delta\gamma$ 的敏感度，并对计算结果求平均值，得到误差对工件加工过程中的空间姿态分量的敏感度系数，结果如图 3.25～图 3.27 所示。

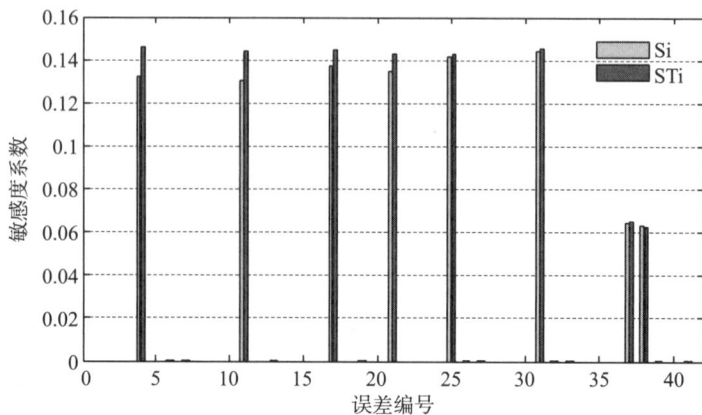

图 3.25 X 方向姿态误差分量敏感度系数

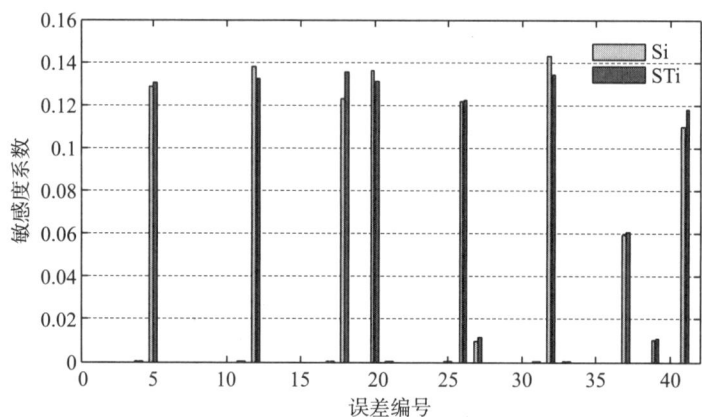

图 3.26 Y 方向姿态误差分量敏感度系数

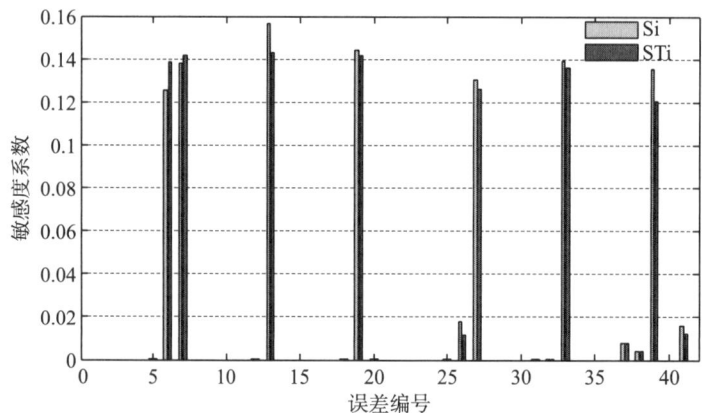

图 3.27 Z 方向姿态误差分量敏感度系数

空间总姿态误差的平方可表示为各姿态误差分量的平方和，即

$$\Delta = \sqrt{\left(\Delta\alpha^2 + \Delta\beta^2 + \Delta\gamma^2\right)}$$

分析误差对空间总姿态误差分量的敏感度，分析结果如图 3.28 所示。

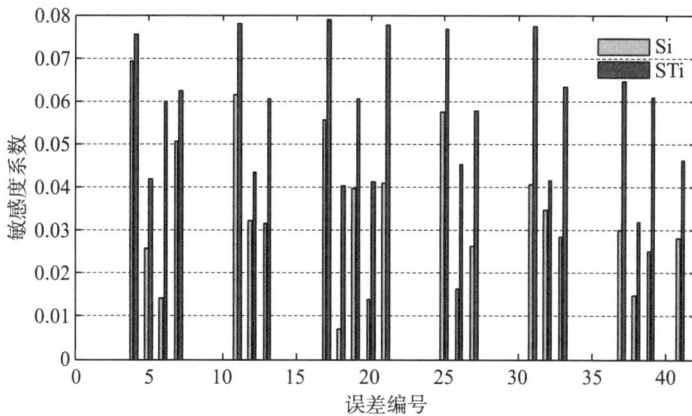

图 3.28　空间总姿态误差敏感度系数

由图 3.25～图 3.28 所示的机床空间姿态误差敏感度分析结果可得出如下结论。

（1）对 X 方向姿态误差分量影响较大的误差元素有 $\varepsilon_x(x)$、$\varepsilon_x(y)$、$\varepsilon_x(z)$、S_{yz}、$\varepsilon_x(a)$、α_{AM}、$\varepsilon_x(c)$、$\varepsilon_y(c)$。

（2）对 Y 方向姿态误差分量影响较大的误差元素有 $\varepsilon_y(x)$、$\varepsilon_y(y)$、$\varepsilon_x(z)$、S_{xz}、$\varepsilon_y(a)$、β_{AM}、$\varepsilon_x(c)$、β_{CA}。

（3）对 Z 方向姿态误差分量影响较大的误差元素有 $\varepsilon_z(x)$、S_{xy}、$\varepsilon_z(y)$、$\varepsilon_z(z)$、$\varepsilon_y(a)$、γ_{AM}、$\varepsilon_z(c)$。

（4）各角度误差项对空间总姿态误差分量的影响差别不大。

（5）仅角度误差会对空间姿态误差产生影响，位置误差不影响空间姿态误差。

（6）对 X、Y、Z 方向的姿态误差分量来说，一阶敏感度系数和全局敏感度系数相差不大，说明误差元素之间的耦合作用对 X、Y、Z 方向姿态误差分量的影响不显著。但对空间总姿态误差来说，一阶敏感度系数和全局敏感度系数相差较大，说明误差元素之间的耦合作用对空间总姿态误差的影响较大。

3.3　数据模型混合驱动的零件加工工序误差溯源诊断方法

3.3.1　基于振动信号特征提取的滚齿加工过程误差诊断方法

零件加工过程中，受到切削力、刀具磨损等影响，引起的加工误差称为工序误差。工序误差对于不同的加工方式具有不同的表现形式。本书以滚齿与铣削加工为例，介绍零件

加工过程工序精度的诊断方法。

3.3.1.1　基于振动冲击模型的误差诊断方法

滚齿机在高速切削过程中会产生强烈的自激激励与强迫振动,随着滚刀不断切削工件会产生冲击振动信号。滚刀的滚齿在切削工件过程中,会存在一定磨损情况,不同阶段的滚刀切削工件时产生的冲击振动具有一定差异性。因此,滚刀主轴振动信号的冲击成分一定程度反映了滚刀在滚齿加工过程中的磨损情况,需要对振动信号冲击的产生机理及特征提取进行研究。由于滚齿机本身的结构以及加工工艺比较复杂,直接对其进行分析不利于研究的进行。分析滚齿机的装配结构,刀杆和滚刀之间使用花键连接,保证滚刀在切削过程中与刀杆没有相对运动,可以将刀杆与滚刀近似看成一根整轴。滚刀切削过程中主要是表面涂层触碰到加工工件,而滚刀表面涂层厚度在 0.2~0.7mm,因此可以将滚刀看成硬度刚度一致的整轴。故而对滚齿机切削系统进行简化,将滚刀近似为一根简支梁。滚刀通过圆周运动使滚齿与工件不停撞击发生振动,滚刀的齿数表示滚刀旋转一周滚齿撞击工件的次数。因此,滚刀旋转速度和滚刀齿数与振动信号频率相关。直观上讲,滚刀转速与切削力有着直接联系,切削力的大小必然会反馈到滚刀主轴的振动上,切削力越大,滚刀主轴振动信号的幅值也越大。同时,滚刀切削工件过程中伴随着环境多种因素的影响,因此,对工件进行误差诊断需要对滚刀主轴振动信号进行分析,而滚刀主轴旋转速度与滚刀齿数是本书主要关注的两个参数。

根据上述滚刀主轴结构表示与切削运动分析,将滚齿机的滚刀切削系统简化成简支梁后,可以用基于一个单位脉冲力作用下的简支梁自由振动响应模型来模拟一个滚刀的齿切削工件所产生的振动冲击信号(图 3.29)。

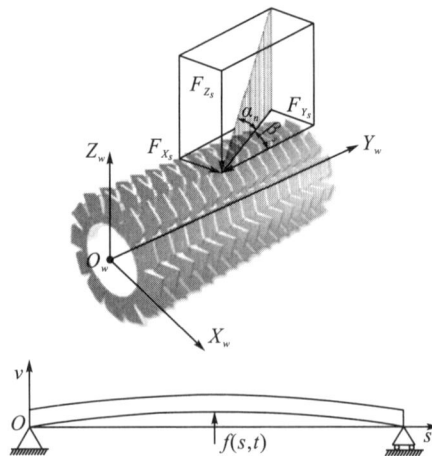

图 3.29　滚刀主轴动力学建模示意图

X_w,Y_w,Z_w 为滚刀坐标系;F_{X_s}、F_{Y_s}、F_{Z_s} 为切削力在 X_w、Y_w、Z_w 方向上的分力;α_n、β_s 为切削力的方向角;$f(s,t)$ 为单位脉冲力;v 为变形挠度;s 为简支梁的长度

切削力主要来自滚刀齿与工件撞击产生的冲击波。图 3.30 为单位冲击脉冲信号示意图，冲击脉冲的时间间隔可以通过滚刀转速与滚齿数确定。将每一个冲击表示为冲击函数后，可以在数学上用狄拉克冲击函数表示：

$$\delta(t) = \begin{cases} 1, & t = nT \quad (n = 0, 1, 2, \cdots) \\ 0, & \text{其他} \end{cases} \tag{3.82}$$

其中，$\delta(t)$ 表示狄拉克冲击函数；T 表示一个脉冲周期，其值和滚刀旋转速度与滚齿数相关，即与滚刀啮合频率相关。

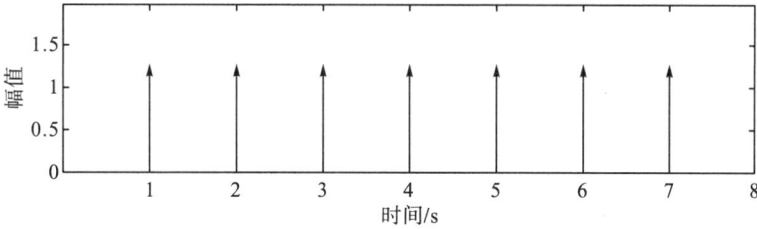

图 3.30 单位冲击脉冲信号示意图

将滚刀主轴系统视作弱阻尼的自由振动，则系统振动方程表达式为

$$m\ddot{x} + c\dot{x} + kx = \delta(t) \tag{3.83}$$

根据式 (3.83)，可以得到滚刀主轴系统的单位脉冲响应，如图 3.31 所示。

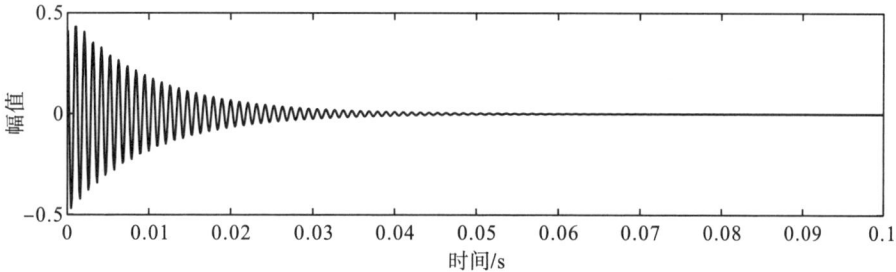

图 3.31 单位脉冲信号响应示意图

$$h(t) = A e^{-\xi 2\pi f_n t} \cos(2\pi f_d t + \varphi) \tag{3.84}$$

$$\xi = \frac{c}{2\sqrt{mk}} \tag{3.85}$$

$$f_n = \frac{1}{2\pi} \sqrt{\frac{k}{m}} \tag{3.86}$$

$$f_d = f_n \sqrt{1 - \xi^2} \tag{3.87}$$

其中，A 和 φ 表示滚刀主轴系统的振动幅值和相位；ξ 表示系统的阻尼比；f_n 表示系统的固有频率；f_d 表示系统的有阻尼固有频率。

由上文可知，除了滚刀切削啮合频率，滚刀振动信号还和滚齿加工过程中的切削力有关。而影响滚刀切削力大小的因素有很多，例如切削工况、工件与滚刀的状态、切削温度等，至今没有准确的数学公式可以表达，以下是通过大量实验总结归纳后，得到的经验公式：

$$Q = \frac{2000M_n^{0.95}S_a^{0.8}T^{0.15}e^{0.012\beta}C_g}{V^{0.28}i^{0.7}A^{0.6}}e^{0.65XZ^{-0.35}}C_W \times 9.8 \tag{3.88}$$

其中，M_n 为法向模数；S_a 为轴向进给量；T 为吃刀深度；V 为切削速度；i 为滚刀沟槽数；C_W 为工件材料系数；A 为滚刀系数；X 为齿形修正系数；Z 为工件齿数；β 为螺旋角；C_g 为滚刀头数系数；e 为自然底数。

在实际滚齿加工过程中，会出现实际工况中的常见情况，例如滚刀主轴不对中、滚齿尺寸精度差异、滚刀磨损程度变化等，切削力会随着滚齿加工过程有所波动，并不会一直保持不变，如图 3.32 所示。在滚齿加工过程中，根据经验公式，滚刀主轴 Z 轴方向上的切削力数学表达式为

$$A(t) = Q\cos\alpha_n \cdot \sin\beta_s \cdot \left[1 + \lambda\cos(2\pi f_r t + \sigma)\right] \tag{3.89}$$

其中，α_n 为齿形角；β_s 为滚刀导程角；f_r 为滚刀转动频率；λ 为波动因子；σ 为滚刀转动相位。

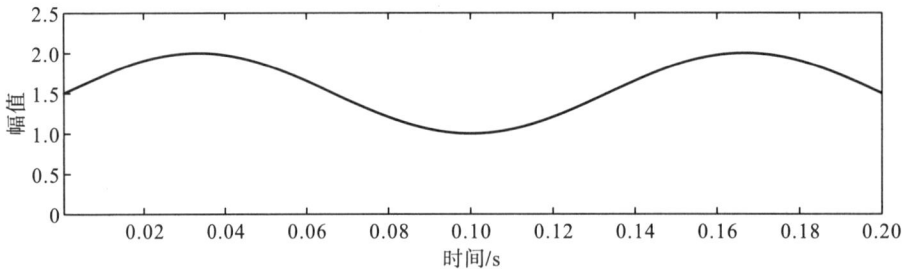

图 3.32　滚刀主轴纵轴方向载荷示意图

由上文可知，滚刀切削过程和周期性冲击与滚刀主轴切削力相关，如图 3.33 所示，将滚刀主轴周期冲击响应模型定义如下：

$$f(t) = A(t) \cdot \delta(t) \tag{3.90}$$

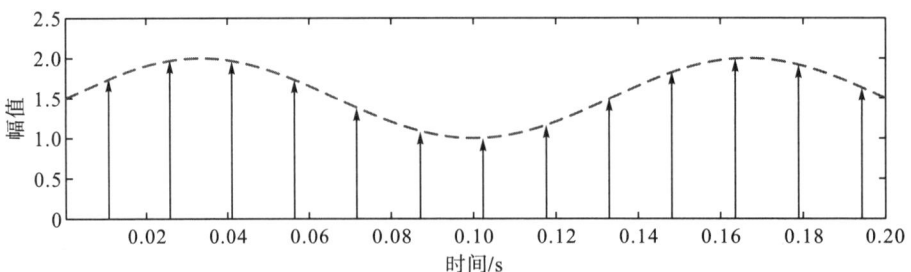

图 3.33　滚刀冲击脉冲结合示意图

滚齿加工过程中，滚刀滚齿不断撞击工件产生振动，因此，滚刀主轴振动信号模型应为一组重复阻尼振动信号的序列叠加。结合上文周期性冲击响应模型，将周期冲击与滚刀

系统单位冲击响应进行卷积，模拟滚刀主轴振动信号，可得

$$x(t) = [A(t) \cdot \delta(t)] \cdot h(t) = \int_{-\infty}^{+\infty} [A(t) \cdot \delta(t)]h(t-\tau)\mathrm{d}\tau \tag{3.91}$$

将式 (3.89) 和式 (3.90) 代入式 (3.91) 后可得滚刀主轴振动信号的数学表达式：

$$x(t) = [Q\cos\alpha_n \sin\beta_s + F_m \cos(2\pi f_r t + \sigma)] \cdot \delta(t) \cdot h(t)$$
$$= \int_{-\infty}^{+\infty} [Q\cos\alpha_n \sin\beta_s + F_m \cos(2\pi f_r t + \sigma)]\delta(t)h(t-\tau)\mathrm{d}\tau \tag{3.92}$$

其中，$F_m = Q\cos\alpha_n \sin\beta_s \lambda$。

综上所述，滚刀主轴振动信号模型如下所示：

$$\begin{cases} x(t) = \sum_{i=1}^{N} A(t) \cdot h\left(t - iT_0 - \tau_i\right) + n(t) \\ A(t) = Q\cos\alpha_n \cdot \sin\beta_s \cdot [1 + \lambda\cos(2\pi f_r t + \sigma)] \\ h(t) = Ae^{-\xi 2\pi f_n t} \cos(2\pi f_d t + \varphi) \end{cases} \tag{3.93}$$

其中，$h(t)$ 为单位脉冲冲击响应信号；$n(t)$ 为噪声；$A(t)$ 为冲击振幅；T_0 为最小脉冲周期，与滚刀切削参数有关；τ_i 为第 i 次冲击在平均周期 T_0 内的波动。滚刀主轴振动信号模型如图 3.34 所示。

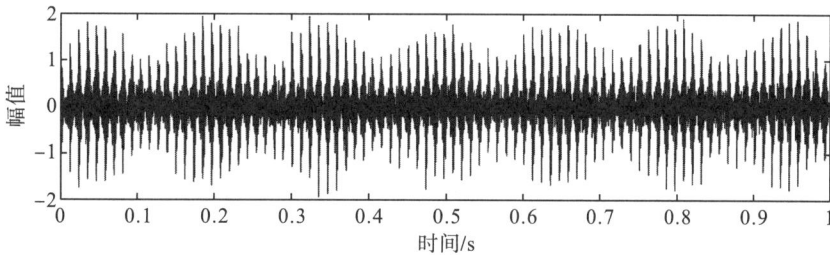

图 3.34   滚刀主轴振动模拟信号示意图

3.3.1.2   基于奇异值分解的 VMD 算法参数设置

滚刀主轴振动信号可以表征滚刀在加工过程中的磨损状态，但由于实际加工环境下有噪声干扰，冲击振动强烈，滚刀磨损信息在其振动信号中不能直接获取，故而需要对振动信号特征进行提取分析。变分模态分解 (variational mode decomposition，VMD) 将原始信号分解为 K 个内涵模态函数 (intrinsic mode functions，IMF)，以重构分量的方法提取原始信号的主要信息。在分解结果中选择能量最大的分量作为主分量，主分量中包含原始信号中最多的信息成分。而在主分量提取中最重要的是根据变分模态分解原理进行分量个数确定和主分量带宽优化设置，为了更好地提取出原始信号的主分量，需要对变分模态分解进行参数设置。

对于模态个数 K，如果在参数设定时将模态个数 K 的取值取得过小，则原始信号中的多种特征将无法分解开，易造成 IMF 分量包含大量冗余信息，加大后续特征提取的难度；由于 VMD 算法固定了分解后的 IMF 分量个数，如果将模态个数 K 设定得过大，则会造成对原始信号的过度分解，将会在分解结果中得到大量虚假信息，同时不同的 IMF 分量之间会存在重叠的有用信息，容易造成中心频率混叠等情况，对信号处理及特征提取不利。

对于约束平衡参数 α，在每一次更新迭代过程中，约束平衡参数都起到了维纳滤波器的控制作用。在 VMD 算法中，约束平衡参数总体起到控制信号重构精度的作用，直接影响了 VMD 算法的分解结果，同时由于分解过程中的每一次循环都用到了这个参数，对于算法的收敛速度和每个分量的带宽都有着较大的影响。如果将约束平衡参数 α 设置过大，维纳滤波器的滤波效应会大大增强，直观上会影响 VMD 算法的分解结果，IMF 分量的带宽减小，造成过滤掉的信息过多，重构的信号信息量不够，对一些重要特征可能也存在过滤功能。反之，如果将约束平衡参数 α 设置得太小，在信号重构过程中，重构精度不足，则容易造成 VMD 算法结果不精确，分解后的 IMF 分量中信号特征不明显。因此，需要对 VMD 算法中的模态个数 K 以及约束平衡参数 α 进行参数选优处理，针对多种工况下的滚齿加工过程中振动信号的自适应处理，提高该方法在信号处理时的适应性和普适性。而主成分分析是考察多个变量间相关性的一种多元统计方法，研究如何通过少数几个主成分来揭示多个变量间的内部结构，即从原始变量中导出几个主要成分，使它们尽可能多地保留原始变量的信息，且彼此间互不相关。因此利用主成分分析法结合变分模态分解对原始信号进行特征提取能够有效获取信号中的相应成分(图 3.35)。

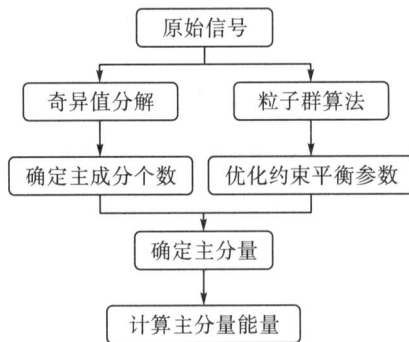

图 3.35　特征提取流程图

奇异值分解作为一种矩阵分解方法，在信号处理领域有着重要应用(图 3.36)。奇异值分解在一些应用场合与 Hermite 矩阵基于特征向量的对角化类似。然而这两种矩阵分解尽管有其相关性，但还是有明显的不同。奇异值分解假设有一个 $m\times n$ 的 A 矩阵，则存在一个分解，使得

图 3.36　奇异值分解示意图

$$A=U \sum V^*$$ (3.94)

式中，U 是 $m \times m$ 的矩阵；$\sum$ 是半正定 $m \times n$ 阶对角矩阵；V^* 是 V 的共轭转置，是 $n \times n$ 的矩阵。$\sum$ 对角线上的元素 $\sum_i$ 就是矩阵 A 的奇异值。将奇异值由大到小排列后，$\sum$ 便可由 A 唯一确定。

奇异值分解即对原始矩阵进行去噪声的操作，保留前 K 个较大奇异值，可以保留原始矩阵大部分信息，从而过滤掉一些相对不重要的信息，可以缩小保存原始数据的空间，在保留大部分信息的基础上对原始信号进行分析过滤。从上述原理可知，前 K 个相对大的奇异值表示原始信号的主要成分，且可以将 K 个奇异值之后的部分看成是信号的噪声部分，K 的取值可以通过奇异值分布曲线直观表达。当奇异值的数值由极大值快速下降的时候，在奇异值分布曲线中表现为奇异值分布曲线斜率的最小值。而 VMD 算法中在处理初始信号时，也是在主要分解成 K 个 IMF 分量后，留下一个剩余分量，并对其做滤波处理，在满足滤波条件后结束迭代。因此，本书认为奇异值分解后产生的奇异值分布曲线中的斜率最小值体现了 VMD 算法中分量个数 K 的有效值，可以对原始信号进行奇异值分解，从而进行 VMD 算法中分解个数 K 的参数择优(图 3.37)。

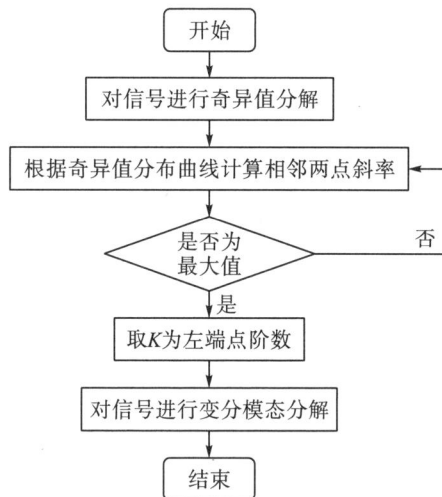

图 3.37　基于奇异值分解的参数优化流程图

对于未知信号的处理需要一个量化指标，奇异值分布曲线中的斜率可以作为这个指标。在之前有很多学者通过经验对奇异值进行选择，人为判断奇异值序列中的极大值与极小值，这在本书所处理的问题中是低效率且不可取的。在处理实际信号中，奇异值变化虽然可以做成一个曲线趋势图，但是奇异值突变点不易观察，通过人工判断既达不到高效率，也不能严谨地判断出 VMD 算法中需要的有效分解个数。针对该问题，本书提出一种基于奇异值分解的自适应择优 VMD 算法中分解个数 K 的方法。基于奇异值分解的变分模态分解 K 值择优方法的具体流程如图 3.35 所示，具体如下：

(1)通过对原始信号的扩展处理，使其可以进行奇异值分解；

(2)作出奇异值分布曲线，并计算每个阶次对应的奇异值分布曲线导数值；

(3) 依次对每个阶次的奇异值分布曲线导数值进行比较，取绝对值的最大值；

(4) 令步骤 (3) 中的绝对值最大值的左端点为 K 值，对原始信号进行变分模态分解。

3.3.1.3 基于粒子群算法的约束平衡参数设置

由上述分析得知，约束平衡参数 α 在 VMD 算法中是贯穿迭代过程的，主要起到控制算法执行过程中每一层迭代的维纳滤波器的滤波效果。VMD 算法中模态个数和约束平衡参数 α 是事先设定的，并且根据设定的参数不同，分解效果也有很大差异。从原理层面上讲，不同的约束平衡参数 α 会影响每一次的 VMD 算法运行，因此，约束平衡参数 α 是 VMD 算法中最重要的参数，需要对原始信号中的约束平衡参数 α 做事先判断。粒子群算法在 1995 年被提出，是一种基于随机初始解的全局搜索算法，其主要关键词为 "群体" 和 "优化"。标准粒子群算法将每个符合条件的解看成搜索空间中的一个粒子，每个粒子都具有自身的速度与位置，并且每个粒子都会根据自身的经验和整体的种群经验对自身的位置和速度进行动态调整。每个粒子都通过迭代寻找搜索空间中的最优解的位置，通过迭代更新自身位置和速度后，在搜索空间中寻找最优解。粒子群算法的基本思想是设计一种质量为零的粒子来模拟生物群中的生物，以下代称为鸟。粒子具有两个属性值：速度和位置。速度代表粒子移动的快慢和方向，位置代表自身在搜索空间中的位置坐标。每个粒子在搜索空间中进行单独寻优求解，并将自身求得的解作为个体极值，与鸟群中的其他鸟通过数据共享，最终在整个鸟群的个体极值中找到当前全局的最优解。粒子群中的所有鸟都根据自身当前个体最优解和种群中的当前全局最优解进行对比调整自身的速度与位置属性，可以较好地在全局中找到符合设定条件的最优值，满足 VMD 参数优化的需求。

PSO 算法中最主要的变量为每个粒子自身的两个属性，即速度和位置，算法中每次迭代更新也主要围绕这两者进行。在每一次迭代过程中，粒子通过跟踪对比当前个体最优解和种群当前全局最优解来更新自身属性[71]。通过下列两个公式更新自身速度和位置：

$$v_{\text{id}}^{k+1} = \omega v_{\text{id}}^{k} + c_1 r_1 (p_{\text{id}}^{k} - x_{\text{id}}^{k}) + c_2 r_2 (p_{\text{gd}}^{k} - x_{\text{id}}^{k}) \tag{3.95}$$

$$x_{\text{id}}^{k+1} = x_{\text{id}}^{k} + v_{\text{id}}^{k} \tag{3.96}$$

其中，c_1、c_2 表示每个粒子的学习因子，通常为 2；r_1、r_2 表示 0~1 的随机数；x 和 v 分别表示粒子当前的位置和速度；k 表示迭代次数；id 表示第 id 个粒子；p_{id} 表示第 id 个粒子的个体最优；p_{gd} 表示全局最优值。ω 是一个非负的常数，称为惯性因子，其值控制了 PSO 算法的全局寻优能力和局部寻优能力，惯性因子越大，算法全局寻优能力越强，相对的局部寻优能力越弱。固定的惯性因子会让粒子群算法寻优能力固定，目前使用较多的是动态惯性因子，采用线性递减权值策略：

$$\omega^t = \frac{(\omega_{\text{ini}} - \omega_{\text{end}})(G_k - g)}{G_k} + \omega_{\text{end}} \tag{3.97}$$

其中，G_k 为最大迭代次数；ω_{ini} 和 ω_{end} 分别为初始惯性因子和最大迭代次数时的惯性因子，具有普适性的取值是 $\omega_{\text{ini}}=0.9$，$\omega_{\text{end}}=0.4$。算法流程图如图 3.38 所示。

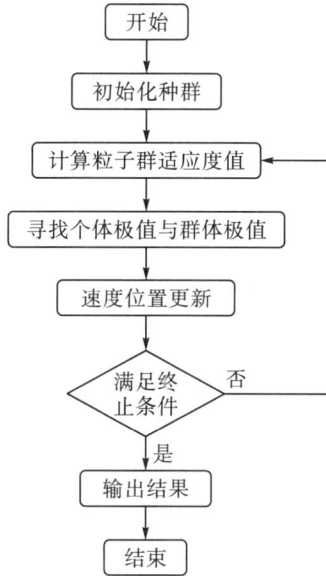

图 3.38　粒子群算法流程图

在 PSO 算法中需要对算法适应度函数做出选择，粒子在每一次更新自身速度与位置两个属性时计算一次适应度值，因此寻找合适的适应度函数对于粒子群算法来说十分重要，这需要对本书待处理的数据进行初始分析。VMD 在分解效果方面的评判标准比较宽泛，基本上没有一致的量化标准。本书所处理的原始信号是滚齿加工过程中滚刀 Z 轴方向的振动信号，信号来源是实际工况下的加工产线，因此具有噪声较大、信号复合度较高的特点。根据 VMD 算法分解原理得知，从直观上讲需要对信号分解更加彻底。包络熵可以很好地体现信号的稀疏性，该值的大小直接反映了序列中概率分布的均匀性，如信号为白噪声(等概率分布)则具有最大的熵值。该熵值计算公式如下：

$$\begin{cases} E_p = -\sum_{j=1}^{N} p_j \lg p_j \\ p_j = \dfrac{a(j)}{\sum\limits_{j=1}^{N} a(j)} \end{cases} \tag{3.98}$$

式中，p 是 $a(j)$ 的归一化结果；$a(j)$ 是原始信号的包络信号。

滚齿加工过程中的滚刀振动信号在经过变分模态分解方法完全分解后，得到的几个分量如果稀疏性较弱，说明该分量冲击特征不明显，换句话说就是 VMD 算法分解不完全，因此包络熵值较大。反之，若经过 VMD 算法分解之后，分量的冲击特征十分明显，该分量的稀疏性较强，包络熵值较小。因此，可以通过计算 VMD 算法分解后所有 IMF 分量的包络熵值，求包络熵的极小值来量化 VMD 算法的分解效果。算法寻优步骤如下：

(1)通过上述奇异值分解方法确定分解个数 K；

(2)以约束平衡参数 α 作为粒子的位置参数，随机产生一定数量粒子初始位置，并随机初始化每个粒子的移动速度；

(3)根据每个粒子的自身参数对信号做 VMD 算法分解,计算每个粒子对应的适应度值;

(4)对比适应度值的大小,更新每个粒子的自身寻优值与整个种群的全局寻优值;

(5)根据步骤(4)更新粒子的位置与速度值;

(6)转到步骤(3)迭代,迭代次数达到初始设定值后输出最佳适应度值及粒子的位置。

为验证粒子群算法对 VMD 算法中分解个数 K 及约束平衡参数 α 择优的可行性,以图 3.39 所示仿真信号进行论证说明。

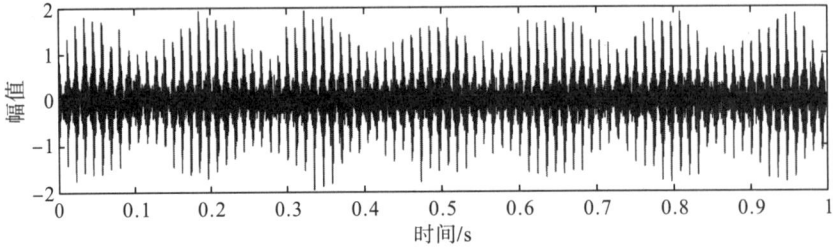

图 3.39　滚刀主轴振动模拟信号图

对仿真复合信号进行奇异值分解处理,得到奇异值分布曲线,根据计算得到奇异值分布曲线斜率绝对值最大值左端点为 3,由仿真信号可知这与直观印象一致,因此可以根据上述基于奇异值分布曲线方法确定 VMD 算法中分解分量个数 $K=3$。后续对该信号进行变分模态分解,以不同的约束平衡参数作为粒子群算法的位置参考,以所有 IMF 分量的包络熵值为适应度函数进行约束平衡参数优化。图 3.40 所示为不同约束平衡参数下的变分模态分解效果参考。

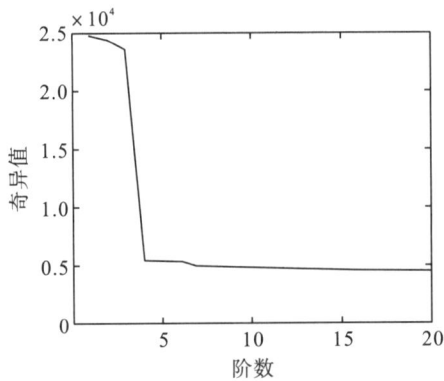

图 3.40　奇异值分布曲线图

对以上仿真复合信号进行 VMD 处理后,初始设置约束平衡因子 α 为 2000(该参数由下文择优方法确定具体值,此处建议取约束平衡参数 $\alpha=2000$,具有普适性),分量个数 $K=3$。根据图 3.41 中结果可以看到,VMD 将仿真复合信号分解成 3 个分量,重构分解后的 IMF 分量将原始信号频域图中较高的 3 个频域分量分解出来,并且重构后的信号频域图清晰可见，分量单一，直观上证明了 3 个分量能被较好地分解，且混叠的影响较小，基本不存在相互干扰的现象。

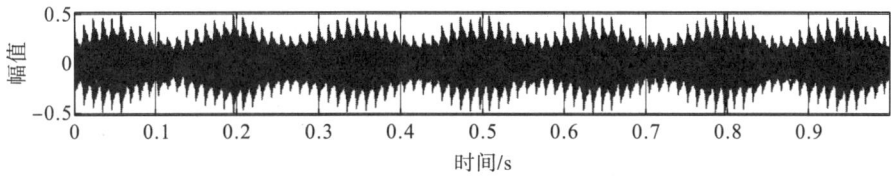

(a) VMD第一IMF分量时域图

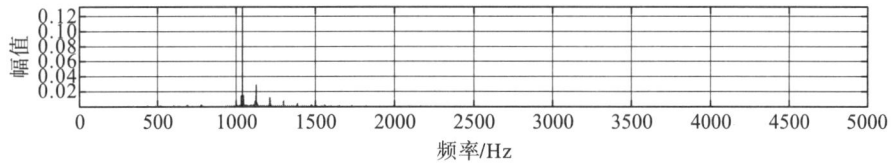

(b) VMD第一IMF分量频域图

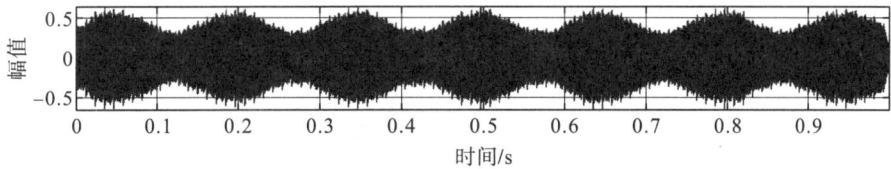

(c) VMD第二IMF分量时域图

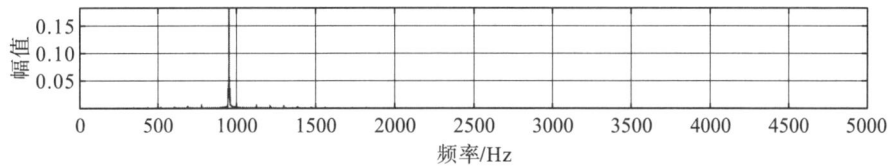

(d) VMD第二IMF分量频域图

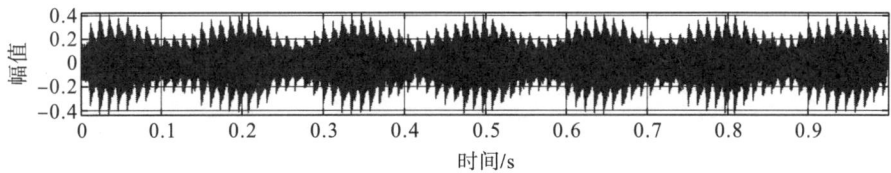

(e) VMD第三IMF分量时域图

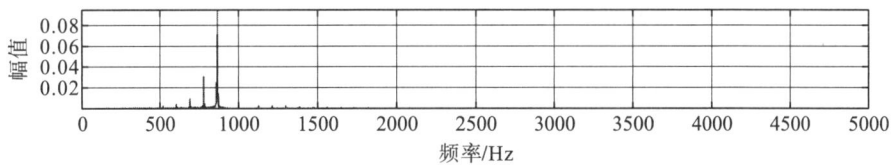

(f) VMD第三IMF分量频域图

图 3.41 滚刀主轴振动模拟信号时频域图

　　经过粒子群算法迭代优化后，得到约束平衡参数 $\alpha = 3100$ 为最优值，图 3.41 所示是变分模态分解效果参考。

　　将上述分解结果和其他取值的分解结果进行对比，取分解个数 K 为 3，同时取约束平衡参数 $\alpha = 2000$ 和 $\alpha = 4000$，得到分解结果对比图如图 3.42、图 3.43 所示。

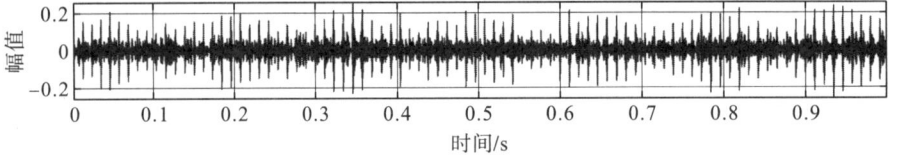

(a) VMD第一IMF分量时域图

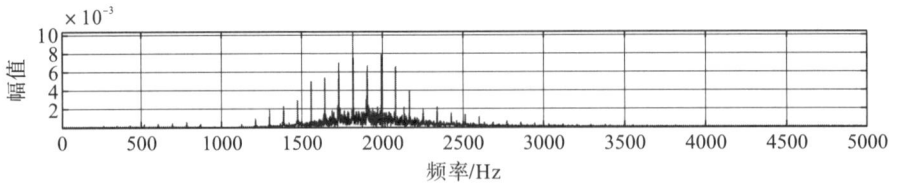

(b) VMD第一IMF分量频域图

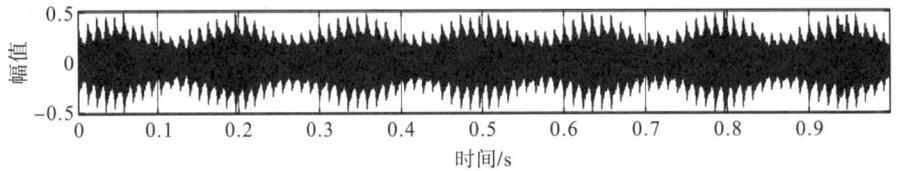

(c) VMD第二IMF分量时域图

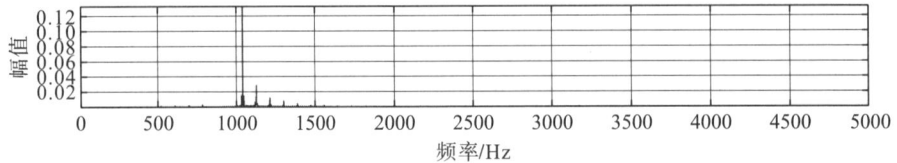

(d) VMD第二IMF分量频域图

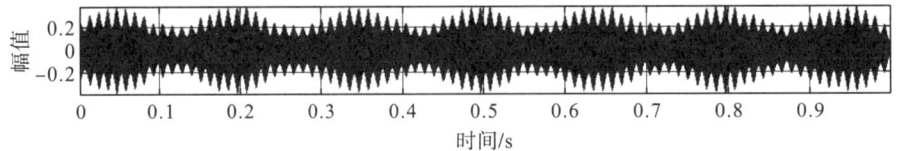

(e) VMD第三IMF分量时域图

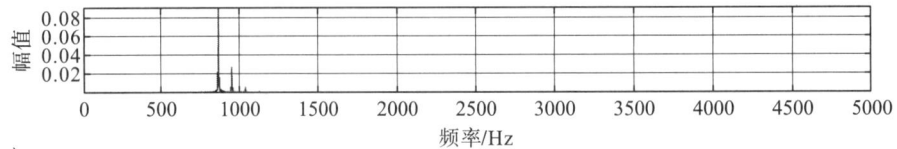

(f) VMD第三IMF分量频域图

图 3.42　滚刀主轴振动模拟信号 α=2000 分解图

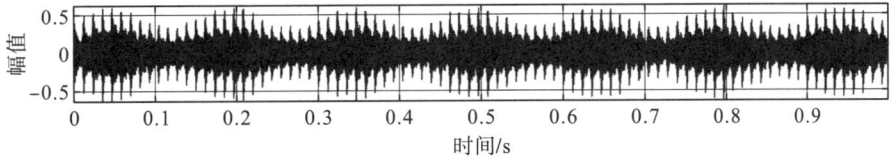

(a) VMD第一IMF分量时域图

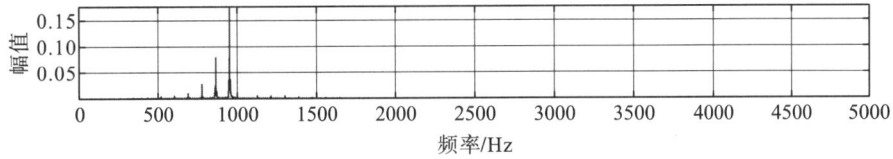

(b) VMD第一IMF分量频域图

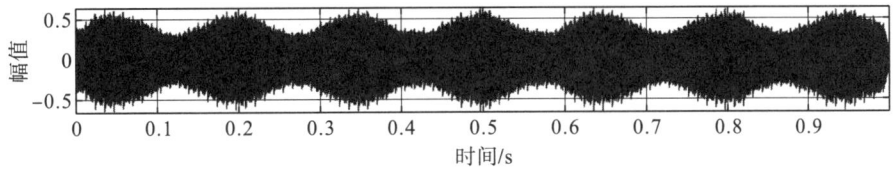

(c) VMD第二IMF分量时域图

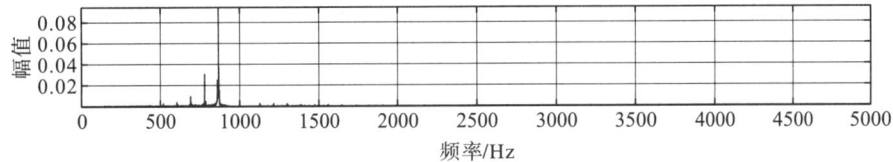

(d) VMD第二IMF分量频域图

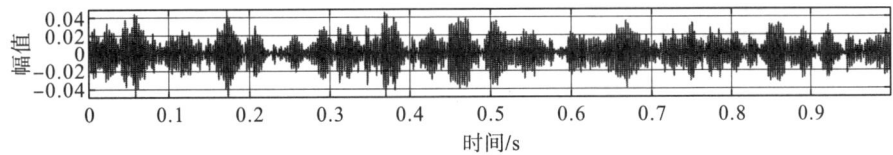

(e) VMD第三IMF分量时域图

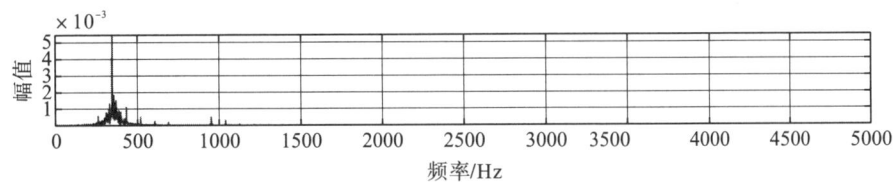

(f) VMD第三IMF分量频域图

图 3.43　滚刀主轴振动模拟信号 $\alpha=4000$ 分解图

　　由图 3.42、图 3.43 可知，在约束平衡参数太小时，维纳过滤器的过滤能力不足，不足以将主要成分过滤出来，因此在 VMD 算法的每一次迭代过程中，容易造成单次分解程度不够，故而形成分解不完全的局面。可以看到，约束平衡参数取 2000 时，出现了杂波，这是由于每一次迭代的分解不完全，算法并不足以将原始信号分解成三个模态分量，但是VMD算法初始设定参数严格设定模态分量个数为3，于是将多余噪声部分归为一个分量，从结果来讲，VMD只将原始信号分解成了两个模态分量。当约束平衡参数取4000时，第三个模态分量出现了信息量严重不足的情况，这是由于当约束平衡参数取得过大的时候，维纳滤波器的滤波效果过强，在VMD算法的每一次迭代过程中，过滤效果不变，从而把一些有效信息从原始信号中过滤掉，造成重构形成的分量中信息量不足，对后续特征提取会造成不良后果。

3.3.1.4 诊断结果

基于前文所述，将实验信号实例通过奇异值分解、基于包络熵适应度函数的粒子群算法确定VMD算法参数，并对滚刀磨损状态评估实验中所有工件序号实例进行变分模态分解。由于重构的分量中主分量具有特征量大、幅值大等特点，因此将主分量的均方根值作为新的评价指标对滚刀在滚齿加工过程中的磨损情况进行评估。图3.44是主分量的均方根趋势图，图中拟合趋势线为四阶多项式拟合曲线，由图可知，在初始阶段，均方根趋势平稳且基本处于较低值，在工件序号57～100中，该指标呈现上升趋势，并在工件序号100之后稳定在较高值。图3.45、图3.46所示为根据主分量均方根趋势图分析的各个阶段中时频域图的细节变化。

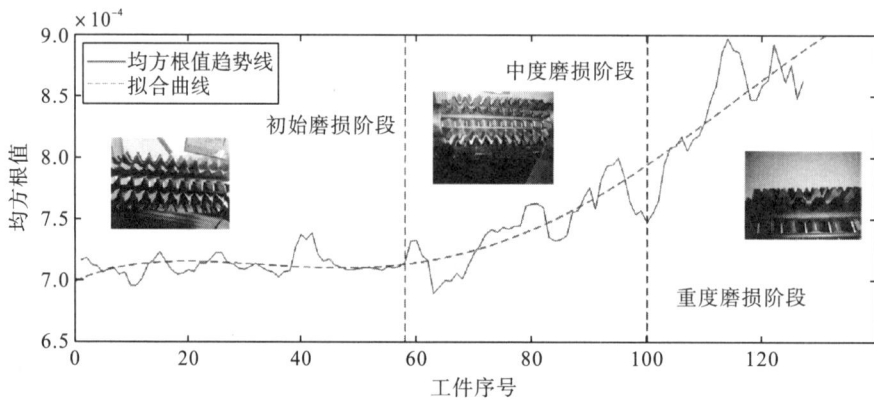

图3.44 主分量均方根趋势图

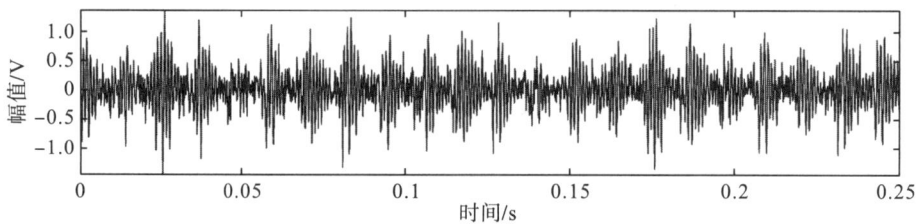

(a) 初始磨损阶段时域图

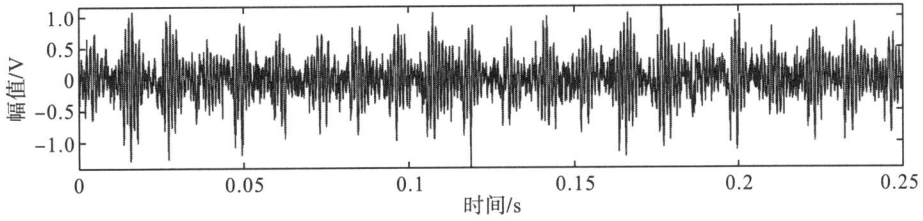

(b) 中度磨损阶段时域图

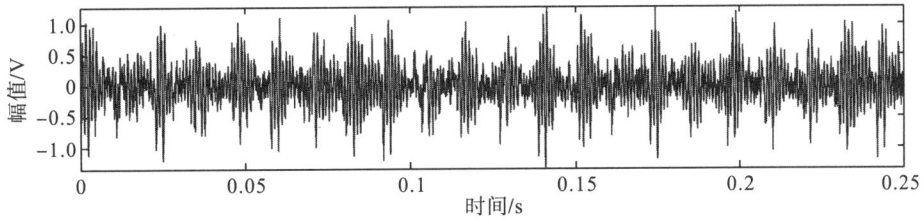

(c) 重度磨损阶段时域图

图 3.45　各个磨损阶段时域图

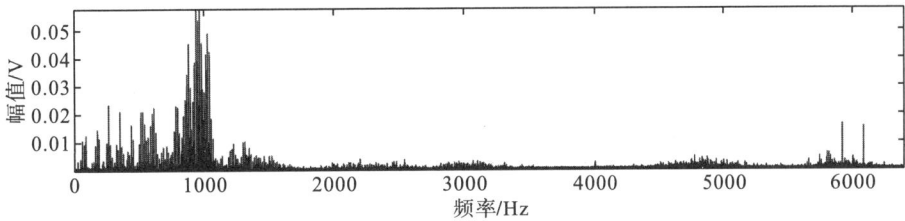

(a) 初始磨损阶段频域图

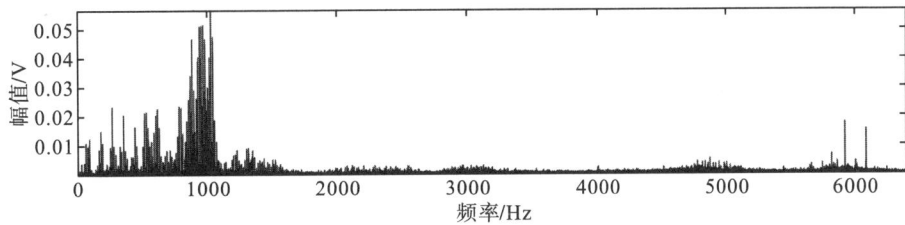

(b) 中度磨损阶段频域图

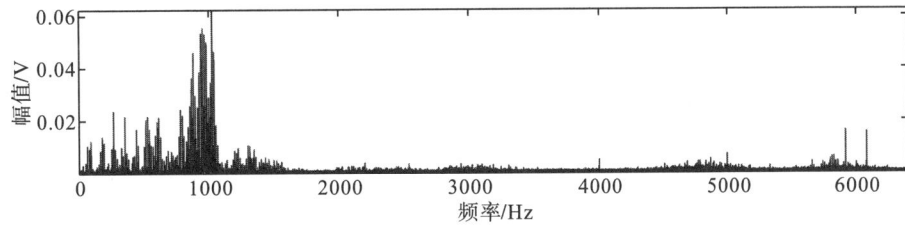

(c) 重度磨损阶段频域图

图 3.46　各个磨损阶段频域图

1. 初始磨损阶段

在初始磨损阶段，崭新的滚刀涂层完整，切削过程顺畅，此时加工后工件齿廓总偏差较小，滚刀切削工件振动平稳，噪声较小，因此滚刀主轴振动信号中滚刀磨损特征量幅值较小。虽然在实际加工过程中由于噪声或人为因素存在一定的波动，但从整体来看波动较小。在实验信号的时域图中截取 0.05s 相似片段进行分析，如图 3.47 所示，为 4 个滚刀齿加工工件产生的冲击振动信号，可知在初始磨损阶段，对应齿的加工冲击产生的振动信号幅值较小，如图中 0.020~0.025s 段，且时域图中的峰值所在位置较为光滑，如图中 0.025~0.035s 段。

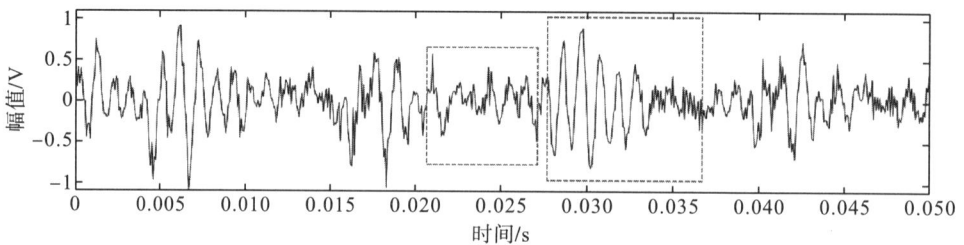

图 3.47 初始磨损阶段时域细节图

2. 中度磨损阶段

在中度磨损阶段，滚刀表面涂层开始损耗，切削过程由于涂层厚度影响，幅值开始出现轻微增长，刀具在切削工件时出现一定的磨损，导致均方根值趋势线处于抬升阶段，并且相对初始磨损阶段更易受到工厂环境因素影响，波动有所增大，但整体抬升缓慢，此时刀具消耗使用寿命，但切削总体稳定。在实验信号的时域图中截取 0.05s 相似片段进行分析，如图 3.48 所示，为 4 个滚刀齿加工工件产生的冲击振动信号，可知在中度磨损阶段，对应齿的加工冲击产生的振动信号幅值仍较小，但冲击产生的振荡现象更明显，如图中 0.025~0.035s 段，峰值所在位置出现较多振荡。

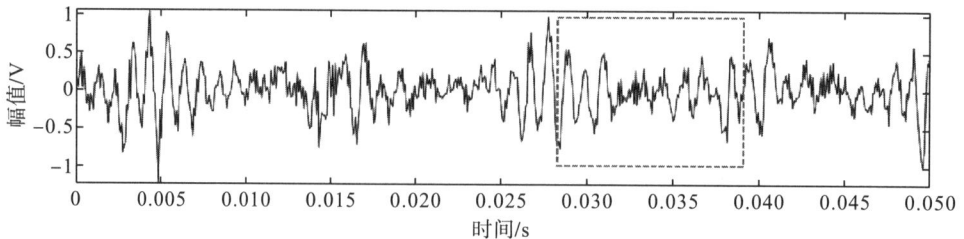

图 3.48 中度磨损阶段时域细节图

3. 重度磨损阶段

在重度磨损阶段，滚刀表面涂层已出现缺口，滚刀的部分齿已经出现轻微裂痕，导致在该阶段均方根趋势线一直处于幅值较高位置，并且波动增大。在该阶段加工过程中，机床噪声增大，振动信号中表征为振动幅值增大，如图 3.49 所示。刀具的磨损，导致切削过程中裁切不如初始磨损阶段平滑，如图中 0.015～0.025s 段，幅值明显相对增大，同时时域信号中峰值所在位置振荡现象仍旧保持高频率出现，基本每个峰值部分都没有初始磨损阶段平滑。

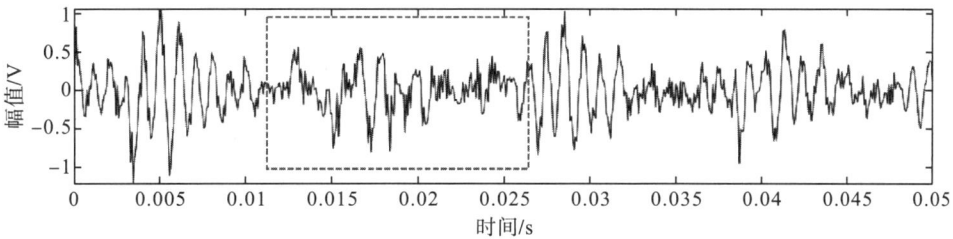

图 3.49　重度磨损阶段时域细节图

综上所述，经过 VMD 算法分解的滚刀主轴振动信号主分量均方根值趋势可以有效评估刀具在滚齿加工过程中的磨损状态。通过分析实际加工过程的滚刀主轴振动信号验证了该方法的有效性。

3.3.2　基于特征融合和卷积神经网络的铣削误差源诊断方法

3.3.2.1　基于铣削力模型的误差诊断方法

1. 铣削力模型

本节的研究对象是在刚性支撑下端铣加工的薄壁件，轴向切削深度会影响薄壁件铣削过程的加工稳定性，一般轴向切削深度取值在 1mm 以下，可认为铣削载荷全部作用于刀尖处。因此，切削力可利用瞬时切削层截面积和单位面积切削载荷的乘积来计算。端铣平面的几何位置关系如图 3.50 所示，设铣刀的角速度和转速分别为 ω 和 n，铣削时间为 t，可得铣刀某一时刻的旋转角 $\varphi(t)$、接触工件的切入角 φ_E 和离开工件的切出角 φ_A 为

$$\begin{cases} \varphi(t) = \omega t = \left(\dfrac{2\pi n}{60}\right)t \\ \varphi_E = 0 \\ \varphi_A = \dfrac{\pi}{2} \end{cases} \tag{3.99}$$

如果 $\varphi(t) \in [\varphi_E, \varphi_A]$，则表示此刻该铣刀刀齿处于有效铣削范围内。

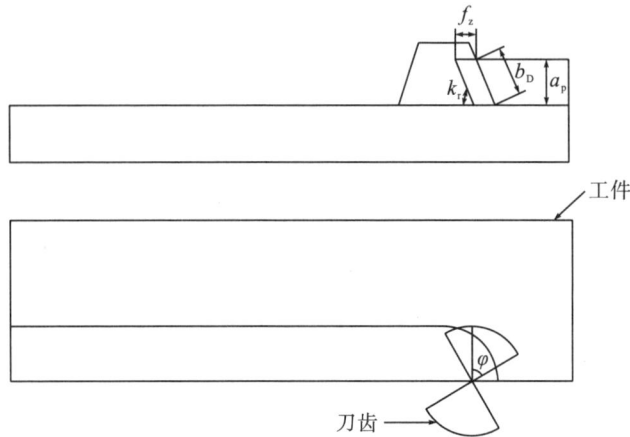

图 3.50　铣削几何位置关系

设定刀具相对工件进给方向为 X 向，垂直于进给方向为 Y 向，刀具轴向进给方向为 Z 向，设刀具主偏角为 k_r，切削深度为 a_p，每齿进给量为 f_z，则名义切削厚度和切削宽度为

$$h_D(t) = \begin{cases} f_z \sin \varphi(t) \sin k_r, & \varphi_E \leqslant \varphi(t) \leqslant \varphi_A \\ 0, & \text{其他} \end{cases} \tag{3.100}$$

$$b_D = a_p / \sin k_r \tag{3.101}$$

其中，b_D 表示刀具与工件的实际接触宽度。

根据刀具和工件之间的受力情况，可以得到铣刀的瞬时切向力为

$$F_T = A_c c_s = h_D(t) b_D c_s = \frac{a_p h_D(t) c_s}{\sin k_r} \tag{3.102}$$

其中，c_s 表示单位横截面的切削载荷，可表示为

$$c_s = c (h_D(t))^{-\alpha} (1 - 0.01\gamma_0) \tag{3.103}$$

其中，c 和 α 表示与工件材料有关的系数和指数；γ_0 表示铣刀的前角。

令 $r = 1 - \alpha$，则刀具受到的切向力为

$$F_T = \frac{a_p c (h_D(t))^{1-r} (1 - 0.01\gamma_0)}{\sin k_r} = c a_p f_z^r \sin^{r-1} k_r \sin^r \varphi(t)(1 - 0.01\gamma_0) \tag{3.104}$$

刀具受到的径向力和轴向力分别为

$$F_R = F_T (0.44 - 0.013\gamma_f) \tag{3.105}$$

$$F_A = F_T \frac{f_z + a_p \cot k_r}{a_p} (0.88 - 0.013\gamma_p) \tag{3.106}$$

其中，γ_p 表示铣刀的轴向前角；γ_f 表示铣刀的径向前角。

在计算出以刀齿与工件为坐标系的三维切削力后，需要将切削力转换为机床直角坐标系。根据刀齿与机床的几何位置关系，可以得到单个刀齿对工件的铣削力在 X、Y、Z 方向的瞬时铣削力分量为

$$\begin{bmatrix} F_x \\ F_y \\ F_z \end{bmatrix} = \begin{bmatrix} -\sin\varphi & \cos\varphi & 0 \\ \cos\varphi & \sin\varphi & 0 \\ 0 & 0 & 1 \end{bmatrix} \begin{bmatrix} F_T \\ F_R \\ F_A \end{bmatrix} = \begin{bmatrix} A\sin^r\varphi(\sin\varphi + B\cos\varphi) \\ A\sin^r\varphi(\cos\varphi + B\sin\varphi) \\ A\sin^r\varphi C \end{bmatrix} \tag{3.107}$$

其中

$$\begin{cases} A = ca_p f_z \sin^{r-1} k_r (1 - 0.01\gamma_0) \\ B = 0.44 - 0.013\gamma_f \\ C = (f_z + a_p \cot k_r)(0.88 - 0.013\gamma_p)a_p^{-1} \end{cases} \tag{3.108}$$

2. 考虑刀具磨损的前角与附加摩擦力修正

前文建立了假设刀具完全锋利的铣削力模型，但是在实际铣削加工过程中刀具磨损不可避免，前刀面磨损会引起刀具前角发生变化，后刀面磨损会引起工件加工表面与后刀面的接触状态变化，因此铣削性能和工件表面质量会随之变化。

在计算切削力时假设第三变形区没有接触力，但是实际的切削力包括第一变形区的剪切力 F_{tc}、F_{fc}、F_{rc} 和第三变形区的剪切力 F_{te}、F_{fe}、F_{re}。因此实际切削力表达式应为

$$\begin{cases} F_t = F_{tc} + F_{te} \\ F_f = F_{fc} + F_{fe} \\ F_r = F_{rc} + F_{re} \end{cases} \tag{3.109}$$

在高温高压条件下的第三变形区，工件表面和刀具后刀面发生相对位移将导致刀具后刀面磨损，由摩擦产生的剪切力 F_{tc}、F_{fc}、F_{rc} 也会随着后刀面磨损而变化。在高温高压条件下的第二变形区，切屑和刀具前刀面发生相对位移，将会导致前刀面磨损，引起刀具前角发生变化，进而导致剪切力 F_{te}、F_{fe}、F_{re} 变化。综上可知，刀具磨损与切削力有着密不可分的联系，为了保证工件的加工质量，构建刀具磨损与切削力的物理模型，为振动信号监测与分析提供理论依据。

1）前刀面磨损

通常将前刀面月牙洼磨损作为前刀面磨损的衡量标准，前刀面磨损的简化模型如图 3.51 所示，其中，KT 为月牙洼最大深度，l_c 为切屑和刀具的接触长度。研究人员发现，KT 一般位于切削刃 $l_c/3$ 处，假设前刀面磨损曲线表达式为

$$f(x) = f(l_c, KT, x) \tag{3.110}$$

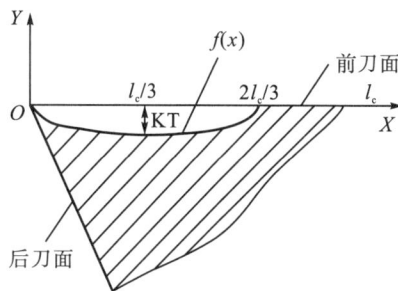

图 3.51 前刀面磨损示意图

根据前刀面的磨损特征可得初始条件 $f(0)=0, f'(l_c/3)=0, f(2l_c/3)=0$ ，则前刀面的磨损曲线为

$$f(x)=\frac{9\mathrm{KT}}{l_c^2}x^2-\frac{6\mathrm{KT}}{l_c}x \tag{3.111}$$

磨损曲线的斜率为

$$f'(x)=\frac{18\mathrm{KT}}{l_c^2}x-\frac{6\mathrm{KT}}{l_c} \tag{3.112}$$

前角的变化位于切削刃处，其斜率为

$$f'(0)=-\frac{6\mathrm{KT}}{l_c} \tag{3.113}$$

综上可得，前刀面磨损导致前角由初始值 γ_0 变为 γ_w ，表达式为

$$\gamma_w=\gamma_0+180\left|\arctan\left(-\frac{6\mathrm{KT}}{l_c}\right)\right|\pi^{-1} \tag{3.114}$$

2）后刀面磨损

后刀面磨损会导致刀具后刀面与工件表面之间发生接触和挤压，在接触表面会产生附加摩擦力，其大小与后刀面磨损量 VB 和切削宽度 b 有关。依据国际标准，在刀具切削刃面并且垂直于切削刃的位置测量后刀面磨损，因此斜角切削的有效后刀面磨损量 VB′ 比测得的后刀面磨损量 VB 要大。

根据几何关系，斜角切削中有效后刀面磨损量为

$$\mathrm{VB}'=\mathrm{VB}/\cos\lambda_s \tag{3.115}$$

其中，λ_s 为刃倾角。

设 F_{tw} 为沿切削速度方向的作用力。F_{fw} 为垂直于切削速度方向的作用力，不存在径向作用力 F_{re}，对于直角切削，后刀面磨损量 VB 导致的摩擦力公式为

$$\begin{cases} F_{te}=\int_0^b C_{tw}\cdot\mathrm{VB}\cdot\mathrm{d}b=C_{tw}\cdot\mathrm{VB}\cdot b \\ F_{fe}=\int_0^b C_{fw}\cdot\mathrm{VB}\cdot\mathrm{d}b=C_{fw}\cdot\mathrm{VB}\cdot b \end{cases} \tag{3.116}$$

其中，C_{tw} 和 C_{fw} 是由试验标定得到的磨损力密度因子。

对于斜角切削，有效后刀面磨损量 VB′ 与 VB 不同，因此需要对上述公式进行修正，其导致的摩擦力为

$$\begin{cases} F_{tw}=\int_0^b C_{tw}\mathrm{VB}'\mathrm{d}b=\dfrac{C_{fw}\cdot b\cdot\mathrm{VB}}{\cos\lambda_s} \\ F_{fw}=\int_0^b C_{fw}\mathrm{VB}'\mathrm{d}b=\dfrac{C_{fw}\cdot b\cdot\mathrm{VB}}{\cos\lambda_s} \end{cases} \tag{3.117}$$

综上所述，通过 γ_w 来表现前刀面磨损导致的前角变化，通过附加剪切力来表现后刀面磨损导致的切削力变化，通过对铣削力进行修正，从而实现对铣削力的精准理论建模。

3. 考虑工件变形的切削深度模型

铣削加工过程中，铣刀对薄壁件施加周期性的载荷，在 t 时刻薄壁件发生瞬态变形

$w(t)$，如图 3.52 所示。虚直线为施加载荷前的工件状态，实弧线为实际铣削时的工件状态，可以看出铣削深度由于工件变形的存在而发生变化。

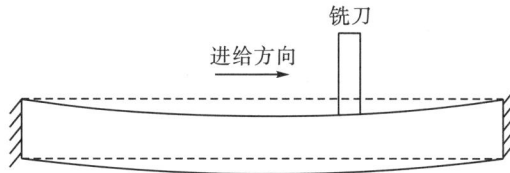

图 3.52　薄壁件变形

　　薄壁件在端铣加工过程中，工件的法线方向刚度最差，对振动最为敏感。刀具通过夹具固定在机床主轴上，因此刀具 z 向的刚度非常高，假设刀具 z 向不发生变形。薄壁件受到刀具的 z 向铣削力作用可以表示为薄板在竖直方向上的受迫振动。根据弹性力学可知，薄板在受迫振动条件下的微分方程可以表示为

$$\nabla^4 w + \frac{\overline{m}}{D}\frac{\partial^2 w}{\partial t^2} = \frac{q_t}{D} \tag{3.118}$$

其中，q_t 为动力载荷；w 为挠度；D 为抗弯刚度。将动力载荷展开为振型函数的级数，即

$$q_t(x,y,t) = \sum_{m=1}^{\infty} F_m(t) W_m(x,y) \tag{3.119}$$

　　求解式(3.119)即得薄板在任一瞬时的挠度：

$$w = \sum_{m=1}^{\infty} w_m = \sum_{m=1}^{\infty}\left[A_m\cos\omega_m t + B_m\sin\omega_m t + \tau_m(t)\right]W_m(x,y) \tag{3.120}$$

其中，$\tau_m(t)$ 表示方程的任一特解，根据初始条件可得到系数 A_m 和 B_m，简支边矩形薄板的振型函数为

$$W_{mn} = \sin\frac{m\pi x}{a}\sin\frac{n\pi y}{b} \tag{3.121}$$

　　设载荷的大小以频率 ω 随时间动态变化，则简支边矩形薄板上施加的动力载荷可表示为

$$q_t = q_0(x,y)\cos\omega t \tag{3.122}$$

　　设薄板在受到载荷作用前处于平衡状态，则初始条件可表示为

$$w_0 = (w)_{t=0} = 0,\ v_0 = \left(\frac{\partial w}{\partial t}\right)_{t=0} = 0 \tag{3.123}$$

$$w = \sum_{m=1}^{\infty}\sum_{n=1}^{\infty}\frac{C_{mn}}{\overline{m}\left(\omega_{mn}^2 - \omega^2\right)}\left(\cos\omega t - \cos\omega_{mn}t\right)\sin\frac{m\pi x}{a}\sin\frac{n\pi y}{b} \tag{3.124}$$

其中，系数 C_{mn} 的表达式为

$$C_{mn} = \frac{4}{ab}\int_0^n\int_0^b q_0(x,y)\sin\frac{m\pi x}{a}\sin\frac{n\pi y}{b}\,\mathrm{d}x\mathrm{d}y \tag{3.125}$$

　　切削深度模型公式可表示为

$$\overline{a_p} = a_p - w \tag{3.126}$$

4. 铣刀振动建模

1)受力分析与弯曲振动

在分析铣刀的弯曲变形时，刀具拉伸或压缩的变形可以不考虑，为了研究铣刀水平面内的振动，根据铣削加工的特点可将铣刀简化为一端为固定支座，另一端为自由端的悬臂梁模型。铣刀所受的切削力分布在刀刃上，由于刀刃上受力部位沿 z 向的高度与铣刀长度相比较小，所以可将刀刃受到的分布力化简为集中力。建立笛卡尔坐标系，将固定端设为坐标系原点，x 轴为刀具进给方向，y 轴垂直刀具进给方向，z 轴为机床主轴方向，中心轴上坐标为 z 的点在 y 轴方向的位移为 $w(z,t)$。将铣刀受到的铣削力分解到 x、y、z 三个方向上，铣刀的受力图如图 3.53 所示。铣刀的弯曲变形主要在 xOy 平面，因此忽略 z 向的轴向力，铣刀可简化为双向横振动悬臂梁。

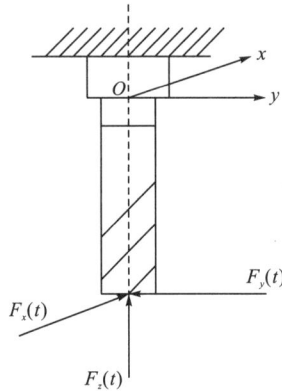

图 3.53　铣刀受力模型

中心对称的铣刀不存在对称平面，考虑到铣刀为小变形并且为了简化计算过程，假设铣刀过中轴线对称。端界面的平面假定是分析铣刀弯曲振动的基础，即铣刀在弯曲变形的过程中端截面始终为平面。设铣刀某一截面法线方向与 z 轴的角度为 θ，则截面上的点在 z 轴方向的位移与转角 θ 和变形前的 y 坐标成正比，即变形前这个点与变形后中性轴的距离为

$$u = -\theta y \tag{3.127}$$

则 z 方向的应力为

$$\sigma_z = E\varepsilon_z = E\frac{\partial u}{\partial z} \tag{3.128}$$

其中，ε_z 表示应变；E 表示刀具材料的弹性模量。

铣刀的中轴线在弯曲变形后，刀具偏离 z 向的转角与中性轴的斜率相同，数学表达式为

$$\theta = \frac{\partial w}{\partial z} \tag{3.129}$$

设铣刀悬伸量为 l，不计 x 方向的影响，横截面面积为 $S(z)$，材料密度为 ρ，抗弯刚度为 $EI(z)$，铣刀的端截面二次矩用 $I(z)$ 表示，$f(z,t)$ 表示沿 z 轴作用在铣刀上的分布载荷。在铣刀中性轴上选取某一微元体，厚度为 $\mathrm{d}z$，F_S 为截面的剪力，M 为弯矩，则微元

体在 y 方向上的受力情况为

$$\left(F_S + \frac{\partial F_S}{\partial z}\mathrm{d}z\right) - F_S - \rho S(z)\frac{\partial^2 w}{\partial t^2}\mathrm{d}z + f(z,t)\mathrm{d}z = 0 \tag{3.130}$$

选取右截面上某点作为矩心，力矩平衡条件可以表示为

$$\left(M + \frac{\partial M}{\partial z}\mathrm{d}z\right) - M - F_S\mathrm{d}z + f(z,t)\frac{(\mathrm{d}z)^2}{2} = 0 \tag{3.131}$$

不计 $\mathrm{d}z$ 的高阶项，可以表示为

$$F_S = \frac{\partial M}{\partial z} \tag{3.132}$$

弯矩 M 与挠度 $w(z，t)$ 的平衡方程为

$$M = -EI(z)\frac{\partial^2 w}{\partial z^2} \tag{3.133}$$

结合式(3.130)~式(3.133)，铣刀在 yOz 平面内的弯曲振动方程表示为

$$\frac{\partial^2}{\partial z^2}\left[EI(z)\frac{\partial^2 w(z,t)}{\partial z^2}\right] + \rho S(z)\frac{\partial^2 w(z,t)}{\partial t^2} = f(z,t) \tag{3.134}$$

因此，已知 4 个边界条件和 2 个初始条件即可求解出挠度方程。

2) 铣刀的自由振动

为了研究铣刀的自由振动，令方程(3.134)中的 $f(z,t) = 0$ ，则

$$\frac{\partial^2}{\partial z^2}\left[EI(z)\frac{\partial^2 w(z,t)}{\partial z^2}\right] + \rho S(z)\frac{\partial^2 w(z,t)}{\partial t^2} = 0 \tag{3.135}$$

该方程的解变量分离后得到的式子可以表示为

$$w(z,t) = \phi(z)q(t) \tag{3.136}$$

将式(3.135)代入式(3.136)可以得到

$$\frac{\ddot{q}(t)}{q(t)} = -\frac{\left[EI(z)\phi''(z)\right]''}{\rho S(z)\phi(z)} \tag{3.137}$$

式(3.137)两边是不同变量函数，其值一定为常数，记作 $-\omega^2$ ，可以得到

$$\ddot{q}(t) + \omega^2 q(t) = 0 \tag{3.138}$$

$$\left[EI(z)\phi^n(z)\right]^n - \omega^2 \rho S(z)\phi(z) = 0 \tag{3.139}$$

式(3.138)是单自由度线性振动方程，它的通解为

$$q(t) = \alpha\sin(\omega t + \theta) \tag{3.140}$$

式(3.139)为变系数微分方程，难以得到解析解。该方程的固有频率 $\omega_i(i=1,2,\cdots)$ 有无数个，对应的模态函数为 $\phi_i(z)(i=1,2,\cdots)$ ，铣刀第 i 阶主振型表达式为

$$w_i(z,t) = \alpha_i\phi_i(z)\sin(\omega_i t + \theta_i) \tag{3.141}$$

铣刀的自由振动为各个固有频率的主振型叠加而成，其表达式为

$$w(z,t) = \sum_{i=1}^{\infty}\alpha_i\phi_i(z)\sin(\omega_i t + \theta_i) \tag{3.142}$$

其中，积分常数 α_i 和 $\theta_i (i=1,2,\cdots)$ 由铣刀的两个初始条件确定。

根据铣刀的边界条件和约束条件计算如下：

$$z=0, w(0)=0, w'(0)=0 \tag{3.143}$$

$$z=l, w''(l)=0, w'''(l)=0 \tag{3.144}$$

根据梁固有振型挠度公式和运动微分方程可得模态函数表达式为

$$\phi(z)=c_1\cos kz+c_2\sin kz+c_3\cosh kz+c_4\sinh kz \tag{3.145}$$

对式 (3.145) 求一、二、三阶导数可得

$$\begin{cases} \phi'=-c_1 k\sin kx+c_2 k\cos kx+c_3 k\sinh kx+c_4 k\cosh kx \\ \phi''=-c_1 k^2\cos kx-c_2 k^2\sin kx+c_3 k^2\cosh kx+c_4 k^2\sinh kx \\ \phi'''=c_1 k^3\sin kx-c_2 k^3\cos kx+c_3 k^3\sinh kx+c_4 k^3\cosh kx \end{cases} \tag{3.146}$$

将式 (3.143) 和式 (3.144) 代入式 (3.145) 和式 (3.146) 中可得

$$\begin{cases} c_1+c_3=c_2+c_4=0 \\ -c_1\cos kx-c_2\sin kx+c_3\cosh kx+c_4\sinh kx=0 \\ c_1\sin kx-c_2\cos kx+c_3\sinh kx+c_4\cosh kx=0 \end{cases} \tag{3.147}$$

因此可得

$$\begin{cases} c_1=-c_3 \\ c_2=-c_4 \end{cases} \tag{3.148}$$

代入式 (3.147) 中得

$$\begin{cases} -c_4(\sin kl+\sinh kl)+c_3(\cosh kl+\cosh kl)=0 \\ c_4(\cos kl+\cosh kl)+c_3(\sinh kl-\sin kl)=0 \end{cases} \tag{3.149}$$

求解式 (3.149) 即可得到 c_3 和 c_4，但 $c_3=c_4=0$ 这组解对求解模态函数并没有意义，因此有非零解的条件为

$$\begin{vmatrix} \sin kl+\sinh kl & \cosh kl+\cos kl \\ \cos kl+\cosh kl & \sinh kl-\sin kl \end{vmatrix}=0 \tag{3.150}$$

展开并化简式 (3.150) 可得频率方程：

$$\cos kl\cdot\cosh kl=-1 \tag{3.151}$$

求解式 (3.151) 可以得到无穷多个 k 值，从而得到一系列固有频率，第 i 阶的固有频率表达式为

$$\omega_i=k_i^2\sqrt{\frac{EJ}{\rho A}} \quad (i=1,2,\cdots) \tag{3.152}$$

将 k_i 值代入式 (3.150) 可求出 c_3 和 c_4 的比值：

$$\xi_i=\left(\frac{c_3}{c_4}\right)_i=-\frac{\cosh k_i l+\cos k_i l}{\sinh k_i l+\sin k_i l}=-\frac{\sinh k_i l-\sin k_i l}{\cosh k_i l+\cos k_i l} \tag{3.153}$$

最后将式 (3.153) 代入式 (3.145) 得到第 i 阶的振型函数：

$$\phi_i(z)=\cosh k_i z-\cos k_i z+\xi_i(\sinh k_i z+\sin k_i z) \tag{3.154}$$

　　3) 铣刀对激励的响应

　　在工程应用中，激振力对系统的作用不是周期函数或是冲击函数，因此常用杜哈梅积分 (Duhamel's integral) 将激振力函数分解为无穷多个脉冲的组合，分别求出系统对每个脉冲的响应，再利用线性叠加原理将它们叠加起来得到系统在激振力作用下的响应。根据牛顿第二定律建立系统的振动微分方程，即

$$m\ddot{h} + c\dot{h} + kh = F_0 \sin \omega t \tag{3.155}$$

令 $k/m = \omega_n^2, c/m = 2n, F_0/m = q$，代入式 (3.155) 中，得

$$\ddot{h} + 2n\dot{h} + \omega_n^2 h = q \sin \omega t \tag{3.156}$$

脉冲的大小以冲量 I 表示，在极短时间间隔 $\mathrm{d}\tau$ 内，系统受到一个冲量 I 的作用：

$$I = F(\tau)\mathrm{d}\tau \tag{3.157}$$

根据动量原理，物体所受外力的冲量等于物体动量的增量，则有

$$m\mathrm{d}\dot{h} = F(\tau)\mathrm{d}\tau \tag{3.158}$$

故有

$$\mathrm{d}\dot{h} = \frac{F(\tau)}{m}\mathrm{d}\tau = q(\tau)\mathrm{d}\tau \tag{3.159}$$

其中，$q(\tau)$ 为单位质量的激振力。

　　由于把时间分成许多用 $\mathrm{d}\tau$ 表示的极短暂的间隔，于是系统可以按初位移为 $x_0 = 0$、初速度为 $\mathrm{d}\dot{h} = q(\tau)\mathrm{d}\tau$ 的有阻尼振动来处理，时间为 t 时铣削系统的位移增量为

$$\begin{cases} \mathrm{d}h = \mathrm{e}^{-n(t-\tau)}\dfrac{q\mathrm{d}\tau}{\omega_r}\sin\omega_r(t-\tau) \\[2mm] \xi = \dfrac{c}{2\sqrt{mk}} \\[2mm] \omega_n = \sqrt{\dfrac{k}{m}} \\[2mm] \omega_r = \omega_n\sqrt{1-\xi^2} \end{cases} \tag{3.160}$$

其中，ξ 为铣刀系统的阻尼比。这样，在 $\tau = 0$ 和 $\tau = t$ 之间，冲量 $q\mathrm{d}\tau$ 连续作用的所有响应叠加起来便是系统对激振函数 $F(\tau)$ 的响应，即

$$h = \frac{\mathrm{e}^{-nt}}{\omega_r}\int_0^t \mathrm{e}^{n\tau}q(\tau)\sin\omega_r(t-\tau)\mathrm{d}\tau \tag{3.161}$$

　　式 (3.161) 称为杜哈梅积分。若 $\tau = 0$ 时还有初始位移 h_0 和初始速度 $\dot{h}_0$，则需将式 (3.161) 与自由振动的解相加，此时系统响应为

$$h = \mathrm{e}^{-nt}\left[h_0\cos\omega_r t + \frac{\dot{h}_0 + nh_0}{\omega_r}\sin\omega_r t + \frac{1}{\omega_r}\int_0^t \mathrm{e}^{n\tau}q(\tau)\sin\omega_r(t-\tau)\mathrm{d}\tau \right] \tag{3.162}$$

5. 振动信号仿真分析

1）激振力下的振动响应

试验用铣刀为两刃，纵向进给为铣削刀齿的半径，根据铣刀的动力学模型，用悬臂梁来模拟铣刀系统。如图 3.54 所示，铣削力由周期性的激振力函数组成，激振力函数可近似表示为

$$F(t)=\begin{cases} F_0\sin\omega t, & 0<t<T_0/4 \\ 0 & , & T_0/4<t<T_0/2 \end{cases} \tag{3.163}$$

其中，T_0 为铣刀的转动周期；ω 为激振力频率。

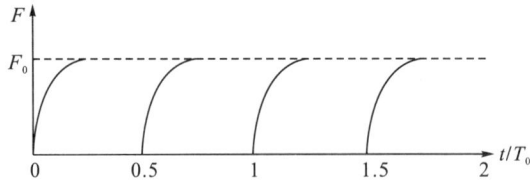

图 3.54   铣削力示意图

将激振力函数代入式(3.162)，当 $0<t<T_0/4$ 时，则得

$$h=\frac{q_0}{\omega_r}\int_0^t\sin\omega\tau\cdot\sin\omega_r(t-\tau)\mathrm{d}\tau \tag{3.164}$$

其中，$q_0=F_0/m$，将积分号内被积函数应用三角函数的积化和差公式，改写为

$$h=\frac{q_0}{2\omega_r}\int_0^t\Big[\cos(\omega\tau-\omega_r t+\omega_n\tau)-\cos(\omega\tau+\omega_r t-\omega_n\tau)\Big]\mathrm{d}\tau \tag{3.165}$$

积分后，得到的系统响应为

$$h(t)=\frac{q_0}{\omega_r^2-\omega^2}\left(\sin\omega t-\frac{\omega}{\omega_r}\sin\omega_d t\right) \tag{3.166}$$

当 $T_0/4<t<T_0/2$ 时，激振力函数为零，系统按有阻尼固有频率进行自由振动，令 $t_1=T_0/4$，则以 $t=t_1$ 时的位移 h_1 和速度 $h_1^\bullet$ 为初始条件，当 $t=t_1$ 时：

$$h_1=\frac{q_0}{\omega_r^2-\omega^2}\left(\sin\omega t_1-\frac{\omega}{\omega_r}\sin\omega_r t_1\right) \tag{3.167}$$

$$h_1^\bullet=\frac{q_0\omega}{\omega_r^2-\omega^2}\left(\sin\omega t_1-\sin\omega_r t_1\right) \tag{3.168}$$

故在激振力条件下的振动信号方程为

$$h(t)=\mathrm{e}^{-n(t-t_1)}\left[h_1\cos\omega_r(t-t_1)+\frac{h_1^\bullet+nh_1}{\omega_r}\sin\omega_r(t-t_1)\right] \tag{3.169}$$

2）幅值波动

在铣削过程中，施加在铣刀上的载荷主要来自切削力，铣削力大小及相位与铣削情况、工件、铣刀的结构等因素相关，由于铣削转速稳定，铣削力具有明显的周期性。如果不考

虑铣削力大小的波动，则施加在铣刀上的力如图 3.54 所示。但是实际生产过程中由于铣刀安装误差、振动、刀齿尺寸精度和磨损程度不同等因素影响，两个刀齿对工件的铣削力不同，因此切削力的幅值随着铣刀转动而有所波动，波动情况如图 3.55 所示，F_0 为切削力幅值和相位不变条件下的铣削力，λ_1 和 λ_2 为两个刀齿的铣削力幅值波动因子。

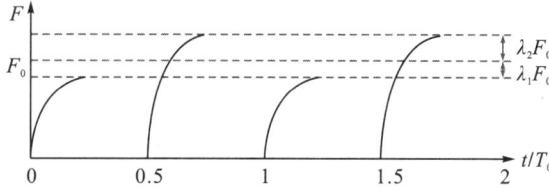

图 3.55　幅值波动示意图

在不考虑铣削力相位和大小变化的情况下，铣削力模型可以表示为

$$Q(t)=\sum_{k=0}^{N}F\left(t-kT_0/2\right)+F\left(t-NT_0/2\right) \tag{3.170}$$

$$N=\left[\frac{2t}{T_0}\right] \tag{3.171}$$

其中，N 表示组成铣削力的完整激振力函数个数；[]表示向下取整操作。

铣刀振动信号模型为一系列激振力振动响应信号的叠加，则相应的系统响应为

$$x(t)=\sum_{k=0}^{N}h\left(t-kT_0/2\right)+h\left(t-NT_0/2\right) \tag{3.172}$$

考虑到铣削力幅值的波动现象，分别考虑每个刀齿产生的激振力，此条件下铣削力模型为

$$Q'(t)=\begin{cases}\left(1+\lambda_1\right)\left[\sum_{k=0}^{N/2}F\left(t-kT_0/2\right)+F\left(t-NT_0/2\right)\right],0<t\%T_0<T_0/2\\\left(1+\lambda_2\right)\left[\sum_{k=0}^{N/2}F\left(t-kT_0/2\right)+F\left(t-NT_0/2\right)\right],T_0/2<t\%T_0<T_0\end{cases} \tag{3.173}$$

其中，%表示取余操作。在一定的时间周期条件下振动信号响应随铣削力变化而具有明显的周期性，当铣削力出现幅值的波动时，振动信号响应也随之出现一定的波动，即

$$x'(t)=\begin{cases}\left(1+\lambda_1\right)\left[\sum_{k=0}^{N/2}h\left(t-kT_0/2\right)+h\left(t-NT_0/2\right)\right],0<t\%T_0<T_0/2\\\left(1+\lambda_2\right)\left[\sum_{k=0}^{N/2}h\left(t-kT_0/2\right)+h\left(t-NT_0/2\right)\right],T_0/2<t\%T_0<T_0\end{cases} \tag{3.174}$$

为了表示信号幅值的波动情况，可以令铣削力幅值波动函数为

$$A(t)=\begin{cases}1+\lambda_1,& t=kT_0/2\,(k=1,2,\cdots)\\1+\lambda_2,& t=kT_0\,(k=1,2,\cdots)\end{cases} \tag{3.175}$$

其中，用 $A(t)$ 来模拟振动幅值大小的波动变化，其波动如图 3.56 所示，可以看到幅值波动函数随时间周期变化。

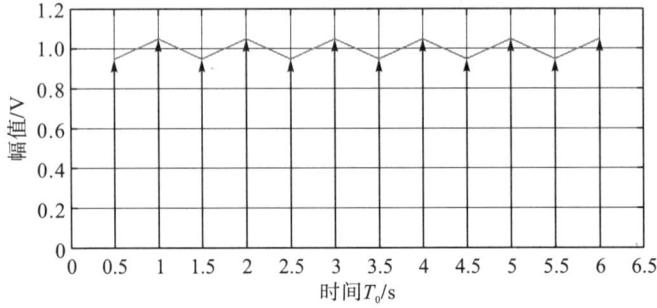

图 3.56　振动幅值变化

3）相位偏移

在不考虑铣削力相位和大小变化的情况下，由一系列激振力组成的铣削力模型可以表示为

$$F(t) = F(t + T) \tag{3.176}$$

则相应的系统振动响应为

$$h(t) = h(t + T) \tag{3.177}$$

如图 3.57 所示，当铣削力出现相位的波动时，振动响应信号也随之出现一定的波动，即

$$F(t) = F(t + T + \Delta t) \tag{3.178}$$

$$h(t) = h(t + T + \Delta t) \tag{3.179}$$

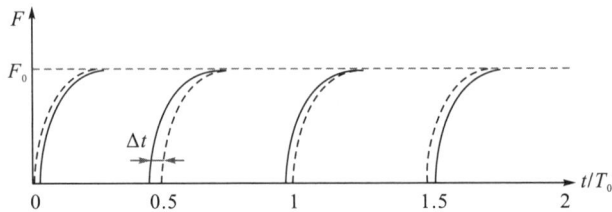

图 3.57　相位偏移示意图

信号的周期性将在一定范围内发生波动，这种现象称为相位偏移，Δt 表示在周期性信号中出现的时间波动因子，本书将其视为一个随机变化量，用正态分布来模拟相位的波动变化。

4）振动信号仿真模型

铣刀振动信号模型为一系列激振力振动响应信号的叠加。结合激振力振动响应和振动幅值波动函数，可以用铣削力幅值波动函数和激振力下的振动响应的卷积来模拟铣刀的振动信号，表达式如下：

$$x(t) = A(t) * h(t) = \int_{-\infty}^{+\infty} A(t) h(t - \tau) \mathrm{d}\tau \tag{3.180}$$

其中，*为卷积操作表达式。综合考虑幅值波动、相位偏移和噪声等因素的影响，可得到铣刀的振动模拟信号模型如下：

$$x(t) = \sum_{i=1}^{N} A(t) \cdot h(t - iT_0 - i\Delta t_i) + n(t) \tag{3.181}$$

其中，

$$A(t) = \begin{cases} 1 + \lambda_1, & t = kT_0/2 \quad (k = 1, 2, \cdots) \\ 1 + \lambda_2, & t = kT_0 \quad (k = 1, 2, \cdots) \\ 0, & \text{其他} \end{cases} \tag{3.182}$$

$$h(t) = \begin{cases} \dfrac{q_0}{\omega_r^2 - \omega^2}\left(\sin\omega t - \dfrac{\omega}{\omega_r}\sin\omega_d t \right), & 0 < t < \dfrac{T_0}{4} \\ e^{-n(t-t_1)}\left[h_0\cos\omega_r(t-t_1) + \dfrac{\dot{h}_0 + nh_0}{\omega_r}\sin\omega_r(t-t_1) \right], & \dfrac{T_0}{4} < t < \dfrac{T_0}{2} \end{cases} \tag{3.183}$$

$$N = \left[\frac{2t}{T_0} \right] \tag{3.184}$$

其中，$x(t)$ 表示模拟振动信号；$h(t)$ 表示振动响应；$n(t)$ 表示固定噪声；$A(t)$ 表示振动振幅波动函数；T_0 表示铣刀的转动周期；Δt_i 表示第 i 次刀齿铣削相对于平均周期 T_0 的波动因子；λ_i 表示第 i 个刀齿振动幅值波动因子。

　　根据实际铣削过程的加工情况，进行刀具的振动信号仿真，并对刀具振动信号进行频谱分析，仿真结果如图 3.58 所示。图 3.58(a) 为高速铣削振动信号的时域图，从时域图中可以看出，振动信号波形呈现周期性信号的特征，存在明显的波峰和波谷。这是由于在铣削过程中刀具切入和切出工件切削区有较大的冲击，进而引起振动信号幅值的变化。图 3.58(b) 为高速铣削振动信号的频域图，从频域图中可以看出幅值较大的频率为 267Hz 及其整数倍，这说明振动信号的能量集中在以刀具转频为基频的若干次谐波处，由于铣刀受安装误差、振动、尺寸精度和磨损等因素影响，两个刀齿对工件施加的铣削力不同，进而导致振动信号幅值大小不同。

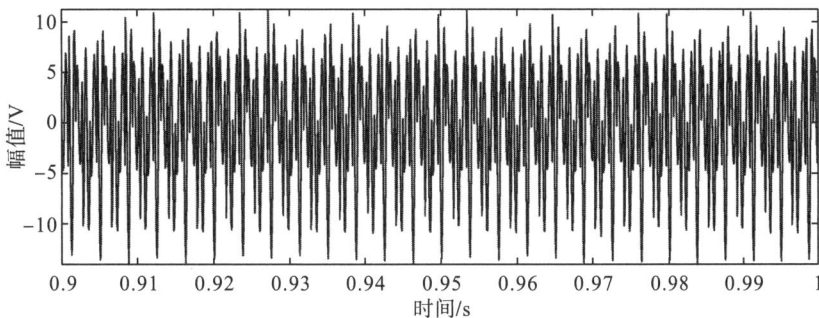

(a) 仿真信号时域波形

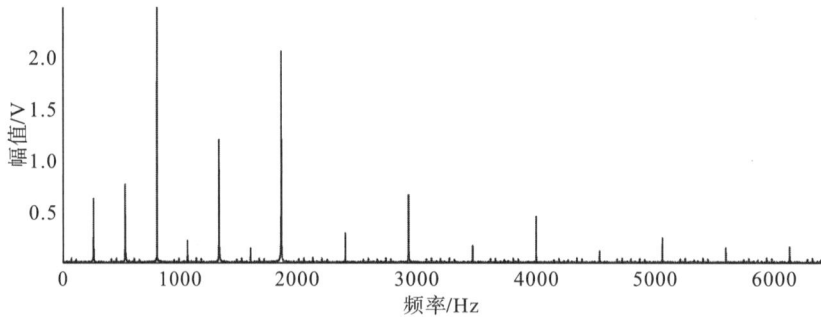

(b) 仿真信号频域波形

图 3.58　仿真信号

3.3.2.2　基于特征融合和卷积神经网络的铣削误差源诊断方法

零件加工过程中，工件变形和刀具磨损是影响工件表面粗糙度不可忽视的重要因素。前文提出了基于循环统计能量、小波包变换、希尔伯特黄变换的特征提取技术，它针对工件变形和刀具磨损过程中振动信号的不同特性，提取信号不同频带的能量特征。这些特征提取方法往往需要研究人员具备先验知识，通过信号特性选择合适的方法来提取特征，这会导致误差分类的实时性和通用性较差，而深度学习在特征提取和模式识别两方面虽然具有独特的优势和可行性，但是提取特征不够充分。本书提出了一种基于谱图重构和卷积神经网络的薄壁件加工误差来源诊断方法，即对铣削过程中的振动信号进行时域、频域、时频域的特征提取。另外，根据铣削频率将快速傅里叶变换所得频率的幅值序列进行重构，重构得到的特征图作为卷积神经网络的输入，并利用全连接层进行特征融合来实现薄壁件加工误差来源诊断。

1. 谱图重构

1) 重构方法

由于卷积神经网络从原始振动信号中提取的特征难以体现出不同类别数据之间的细微差异，研究人员通常采用信号处理方法将一维振动信号转换为二维矩阵。传统的时频分析方法存在着时频能量不集中等缺点，本章结合铣削加工过程的信号特性提出了一种基于谱图重构的特征图构造方法，该方法能够很好地表现非平稳振动信号的频域特征。

首先假设冲击试验中采集到的振动信号采样点数为 N，采样频率为 f_s，对振动信号初始数据进行离散傅里叶变换并绘制频谱，运算过程如下：

$$s_k = \sum_{n=0}^{N-1} x_n \mathrm{e}^{-\frac{2j\pi kn}{N}} \qquad \left(k = 0, 1, \cdots, \frac{N-1}{2} \right) \tag{3.185}$$

则频率轴上最小频率间隔为

$$f_0 = \frac{f_s}{N} \tag{3.186}$$

原始振动信号经过快速傅里叶变换后得到序列 S，重构后的矩阵大小为 $m \times n$，则从序列 S 截取长度为 n 的子序列并将子序列按顺序排列形成重构矩阵 M，具体过程如图 3.59 所示。

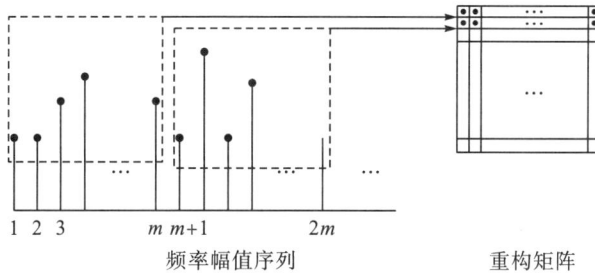

图 3.59 频谱重构流程

2）参数选择

对于重构的光谱图，影响诊断效果的因素主要是重构矩阵的阶数，选取合适的矩阵阶数能够有效避免频谱分散和谱间干扰，因此需要根据振动信号的时频域特征来合理选择矩阵阶数。在铣削加工过程中，铣削频率是一种重要的参数指标，针对铣削振动信号，可以以铣削频率的基频为依据选择矩阵长度。铣削频率可以由式(3.187)计算得到。

$$f_H = \frac{n}{60} \tag{3.187}$$

式中，n 为铣刀转速，r/min。

2. 卷积神经网络误差诊断方法

1）卷积神经网络结构

卷积神经网络是一种深层前馈网络模型，在 2.3.2 节中有所介绍。但此处针对具体应用场景略有不同，2.3.2 节中是利用卷积神经网络建立回归模型，此处为分类模型，此外在池化方法、损失函数上有所区别。

卷积层是利用多个卷积核与图像进行卷积操作，与偏置相加后经过一个激活函数获得一系列特征图，其中卷积过程可以表示为

$$y_j^{l+1} = f\left[\sum_{i=1}^{M} \left(x_i^l \otimes k_{ij}^l \right) + b_j^l \right] \tag{3.188}$$

式中，y_j^{l+1} 可表示为第 $l+1$ 层的第 j 个神经元的输入值；M 为特征图数量；x_i^l 为第 l 层第 i 个神经元的输出值；$\otimes$ 为卷积操作；k_{ij}^l 为第 l 层的第 i 个神经元与第 $l+1$ 层的第 j 个神经元的卷积核；b_j^l 为第 l 层第 j 个神经元的偏置；f 为激活函数，通常用 ReLU 函数，其公式为

$$a_i^{l+1}(j) = f\left[y_i^{l+1}(j) \right] = \max\left[0, y_i^{l+1}(j) \right] \tag{3.189}$$

式中，$a_i^{l+1}(j)$ 为最终的激活值。

为了解决卷积层后的数据量过大和网络过拟合现象，通常将池化窗口的最大值或平均值作为输出值，然后滑移池化窗口再次提取。池化层可以降低输入数据量，减少冗余信息，常用的池化方法有最大值池化和平均值池化。由于最大值池化可以保持特征纹理，因此采用最大值池化方法，公式为

$$p_i^{l+1}(j) = \max\left[q_i^l(t) \right] \qquad (j-1)W + 1 \leqslant t \leqslant jW \tag{3.190}$$

式中，$q_i^l(t)$ 为第 l 层第 t 个神经元的输出值；W 为池化窗口的宽度；$p_i^{l+1}(j)$ 为第 $l+1$ 层神经元的输出值。

全连接层是网络输出层之前的最后一层网络，主要用于将图像经过卷积层的特征提取和池化层特征降维后输出为特征向量并进行分类。全连接层的输入为特征图展开的一维特征向量，需要进行加权求和：

$$z_j^{l+1}(j) = f\left(\sum_{i=1}^{n} w_{ij}^l p_j^l + b_j^l \right) \tag{3.191}$$

式中，$z_j^{l+1}(j)$ 为位于第 $l+1$ 层的第 i 个神经元输出值；w_{ij}^l 为第 l 层第 i 个神经元与 $l+1$ 层第 j 个神经元的权重值；b_j^l 表示网络偏置；f 为激活函数 ReLU。

Softmax 是一种二值分类器，可以将全连接最后一层的神经元输出值转化成和为 1 的概率分布，可以表示为

$$q(z_j) = \mathrm{Softmax}(z_j) = \frac{\exp(z_j)}{\sum_{n=1}^{N} \exp(z_j)} \tag{3.192}$$

式中，z_j 为第 j 个输出神经元；N 为输出层神经元的个数；q 为各个输出神经元的概率。

池化层的输出展开为一维的特征向量，通过全连接层神经元增加非线性能力，最后利用 Softmax 分类器进行分类。

损失函数是网络预测值与真实样本标签之间误差大小的衡量依据，网络的主要训练目标就是将损失函数最小化，因此选择一个合适的损失函数对于预测精度尤为重要。卷积神经网络中最常见的损失函数为交叉熵损失函数，它可以被用来衡量输出与真实标签的距离，公式为

$$E = -\frac{1}{n} \sum_{k=1}^{n} \left[y_k \ln t_k + (1-y_k) \ln(1-t_k) \right] \tag{3.193}$$

式中，n 为某一类的样本数；t 为预测值；y 为真实值。

2) 优化算法

为了避免深度神经网络在训练过程中出现过拟合现象，学者相继提出了各种优化算法。这些优化算法主要用于对网络训练过程中学习速率的优化，以使网络能够更快地达到要求的精度。常用的优化算法有随机梯度下降法、自适应梯度算法、自适应动量优化算法和均方根传递算法。随机梯度下降算法的公式为

$$\begin{cases} w = \dfrac{\partial L\left[y^i, f\left(x^i; w \right) \right]}{\partial w} \\ w_i = w_{i-1} - \eta w \end{cases} \tag{3.194}$$

式中，x^i 为样本数据；y^i 为样本标记；L 为损失函数；w 为梯度累计量；w_i 为被更新的权值；η 为学习率。

动量梯度下降算法使用每次迭代的梯度来确定梯度变化量，避免了随机梯度下降算法只使用当前迭代的梯度来计算导致的更新过程稳定性差的问题。公式如下：

$$\begin{cases} w = \dfrac{1}{m}\sum_{j=1}^{m}\dfrac{\partial L\left[y^{i},f\left(x^{i};w\right)\right]}{\partial w} \\ v_{i} = \beta_{1}v_{i-1} - \alpha w \\ w_{i} = w_{i-1} + v_{i} \end{cases} \tag{3.195}$$

式中，w 为梯度累计量；α 为学习率；β_{1} 为动量参数；w_{i} 为被更新的权值；v_{i} 为动量项。

自适应梯度算法在进行参数更新时学习速率要除以梯度平方累积量的平方根,所以它的学习速率衰减得更快,加速收敛。但是在实际应用过程中由于学习速率下降过快导致效果并不理想,而均方根传递算法改进了自适应梯度算法,引入衰减因子来控制历史梯度的累加速度。

$$\begin{cases} r_{i} = \beta_{2}r_{i-1} + \left(1-\beta_{2}\right)(w)^{2} \\ w_{i} = w_{i-1} - \dfrac{\alpha}{\sqrt{v_{i}}+\delta}w \end{cases} \tag{3.196}$$

式中，α 为学习率；r_{i} 为累计平方梯度；β_{2} 为学习衰减参数；w 为梯度累计量；w_{i} 为被更新的权值。

自适应动量优化算法结合了动量梯度下降算法和均方根传递算法各自的优点,使得参数更新后学习速率具有一定的稳定性,因此这种方法是目前深度学习中使用最广泛的算法。公式为

$$\begin{cases} w = \dfrac{1}{m}\sum_{j=1}^{m}\dfrac{\partial L\left[y^{i},f\left(x^{i};w\right)\right]}{\partial w} \\ v_{i} = \beta_{1}v_{i-1} + \left(1-\beta_{1}\right)w \\ r_{i} = \beta_{2}r_{i-1} + \left(1-\beta_{2}\right)(w)^{2} \\ w_{i} = w_{i-1} - \dfrac{\alpha}{\sqrt{r_{i}}+\delta}v_{i} \end{cases} \tag{3.197}$$

式中，w 为梯度累积量；β_{1} 为动量参数；β_{2} 为学习衰减参数；α 为学习率；w_{i} 为被更新的权值。

3）特征融合

为了提高特征提取的效率和准确性,提出一种基于人工特征和卷积特征融合的特征提取方法,通过对振动信号进行基于人工选择的特征向量和基于卷积神经网络的特征向量的拼接,实现全连接层分类前的特征融合,具体流程如图 3.60 所示。

假设振动信号提取时域指标向量 F_{t}、频域指标向量 F_{f}、时频域指标向量 F_{tf} 以及循环统计能量指标向量 F_{x},利用极大极小值归一方法对人工特征进行归一化处理,得到人工特征向量 $F=[F_{t},F_{f},F_{tf},F_{x}]$。

卷积神经网络是一种具有深层神经结构的监督学习网络,其卷积层和池化层是实现卷积神经网络特征提取的主要部分。全连接层是网络输出层之前的最后一层网络,主要用于将图像经过卷积层的特征提取和池化层特征降维后输出为特征向量,假设 CNN 提取得到的特征向量为 M,其矩阵阶数为 $(n_{f},(w-f)/s_{f}+1)$,其中 w 为输入矩阵阶数,f 为卷积核尺寸,n_{f} 为卷积核个数,s_{f} 为卷积核步长。

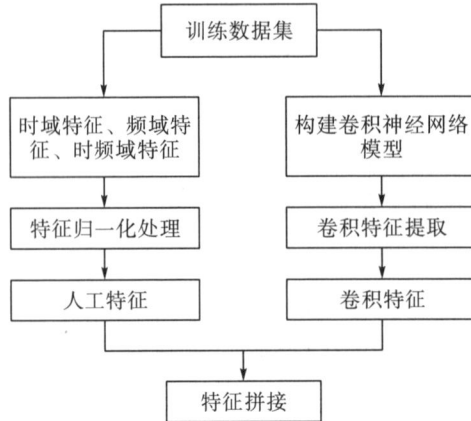

图 3.60　特征融合流程图

本书构建的卷积神经网络结构包括多个卷积层、池化层和一个全连接层,将卷积特征和人工特征进行展开并沿列方向进行拼接,得到融合后的特征向量,最后在全连接层使用Softmax 函数对得到的融合特征向量进行分类。

3.3.2.3　误差诊断应用

为了验证本书所提出方法的有效性和可行性,将其应用于薄壁件高速铣削误差来源诊断。将铣削状态分为无磨损无变形、变形、磨损、变形+磨损四类,对在不同铣削状态下采集的振动信号进行分析和诊断。

1. 误差诊断模型建立

(1)无磨损无变形。在工件变形的情况下采集到的原始振动信号如图 3.61 所示,其中图 3.61 (a)为振动信号时域波形图,图 3.61 (b)为振动信号频域波形图。从时域图可以看出振动信号具有较为明显的周期性,从频域图可以看出 267Hz 处的频率幅值较大,而 267Hz是刀具主轴的铣削频率,说明振动信号的能量主要来自刀具铣削工件产生的振动。

(2)磨损。在刀具磨损情况下采集到的原始振动信号如图 3.62 所示,其中图 3.62 (a)为振动信号时域波形图,图 3.62 (b)为振动信号频域波形图。从时域图可以看出,振动信号较为杂乱,从频域图可以看出 1067Hz、1333Hz、1600Hz 以及 4800Hz 处的频率幅值较大,这说明能量主要分布在刀具转速为基频的若干次谐波处,此外,在这些频率的附近也有较大的幅值,总体上看能量分布在 0~2000Hz 和 4000~6000Hz 范围内,与无磨损无变形相比,刀具磨损导致了各个频段的能量均有所上升。

(3)变形。在工件变形的情况下采集到的原始振动信号如图 3.63 所示,其中图 3.63 (a)为振动信号时域波形图,图 3.63 (b)为振动信号频域波形图。从时域图可以看出振动信号具有较为明显的周期性,从频域图可以看出 267Hz、1333Hz 以及 1600Hz 处的频率幅值较大,这说明能量主要分布在刀具转速为基频的若干次谐波处,此外,这些频率的附近也有较大的幅值,总体上看能量分布在 0~2000Hz 范围内,与无磨损无变形相比,工件变形导致了低频段的能量有所上升。

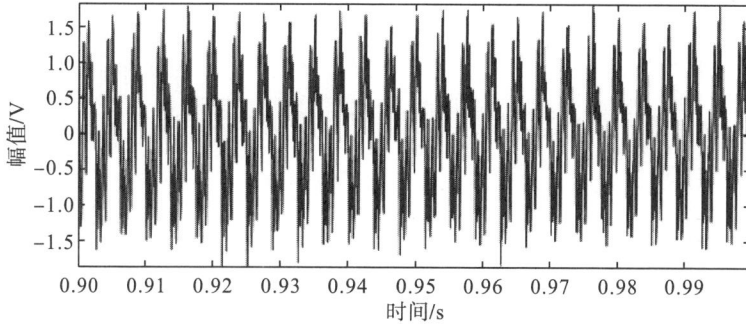

(a) 振动信号时域波形

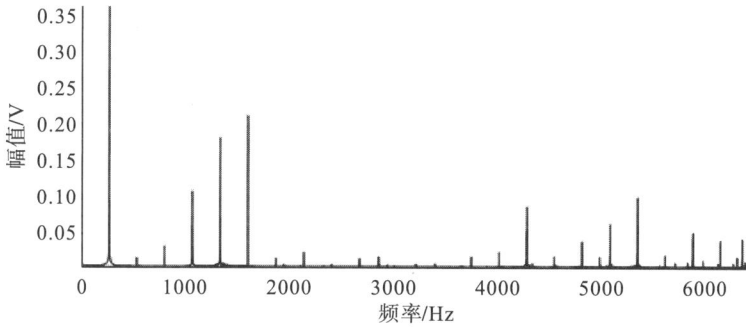

(b) 振动信号频域波形

图 3.61　无磨损无变形条件下的振动信号

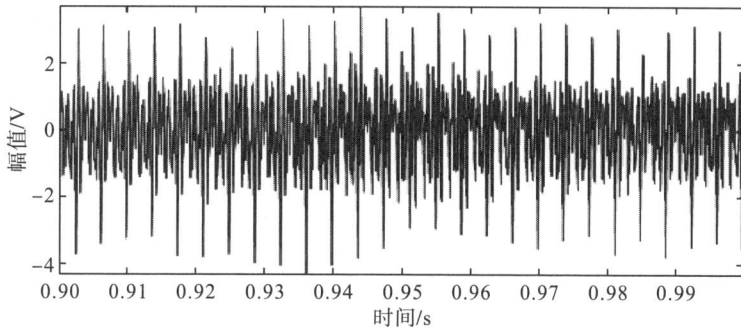

(a) 振动信号时域波形

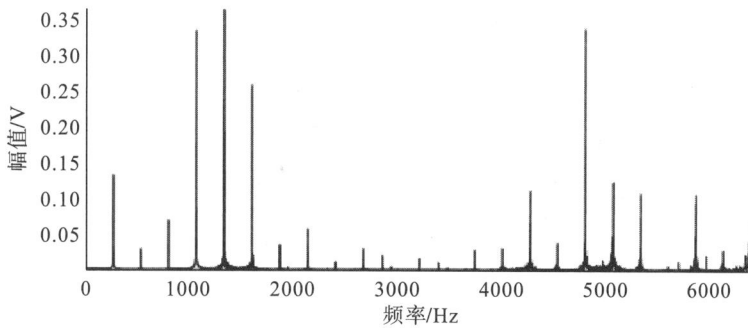

(b) 振动信号频域波形

图 3.62　磨损条件下的振动信号

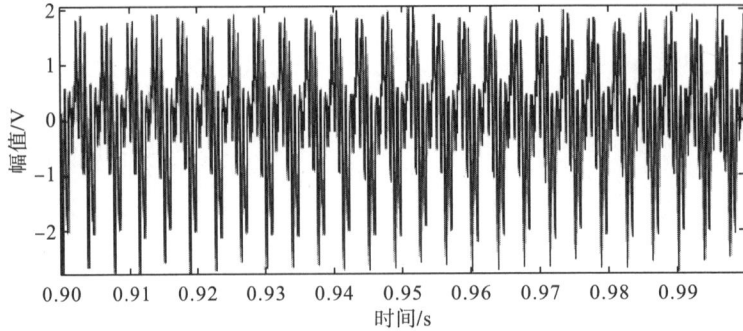

(a) 振动信号时域波形

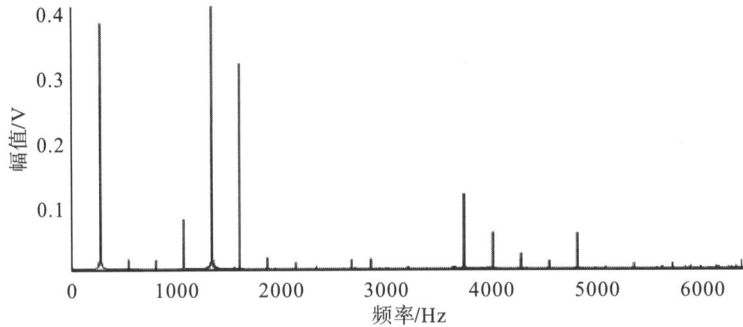

(b) 振动信号频域波形

图 3.63　变形条件下的振动信号

(4) 磨损+变形。在刀具磨损和工件变形情况下采集到的原始振动信号如图 3.64 所示，其中图 3.64(a) 为振动信号时域波形图，图 3.64(b) 为振动信号频域波形图。从时域图可以看出振动信号较为杂乱，从频域图可以看出 267Hz、1333Hz、4000Hz 以及 4800Hz 处的频率幅值较大，这说明能量主要分布在刀具转速为基频的若干次谐波处，此外，在这些频率的附近也有较大的幅值，这是由于刀具磨损引起的。而在 2000Hz 以下的低频部分相对于无磨损无变形幅值有一定程度的提高，这是工件变形引起振动发生变化所导致的。

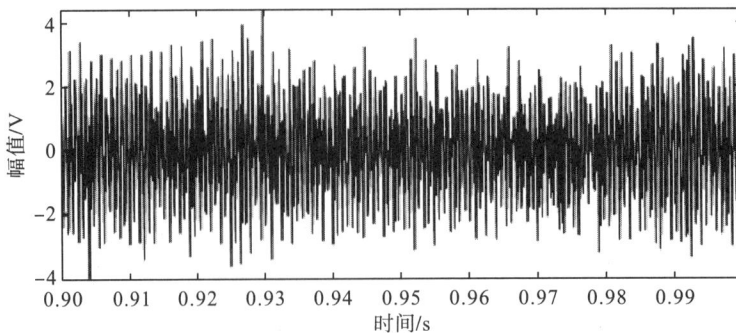

(a) 振动信号时域波形

(b) 振动信号频域波形

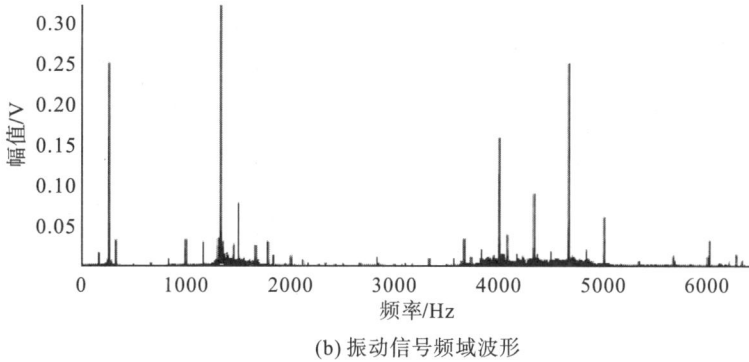

图 3.64　磨损+变形条件下的振动信号

与四类铣削状态相对应，实验数据也分为四类，即磨损、变形、磨损+变形、无磨损无变形。比例设置为训练集：验证集：测试集=7：1：2。每个类别分别构建 420 个训练样本、60 个验证样本和 120 个测试样本，因此四类铣削状态一共构建了 2400 个样本，如表 3.10 所示。

表 3.10　不同类别样本数量及标签设置

类别	训练样本数量	验证样本数量	测试样本数量	样本标签
磨损	420	60	120	1
变形	420	60	120	2
磨损+变形	420	60	120	3
无磨损无变形	420	60	120	4
样本总数	1680	240	480	—

图 3.65 为不同铣削条件下振动信号的光谱图，由图可知，不同铣削条件下的光谱图表现出明显的区别，其在频率分布和能量变化上均有较大差异，且频率分布具有明显的周期性。

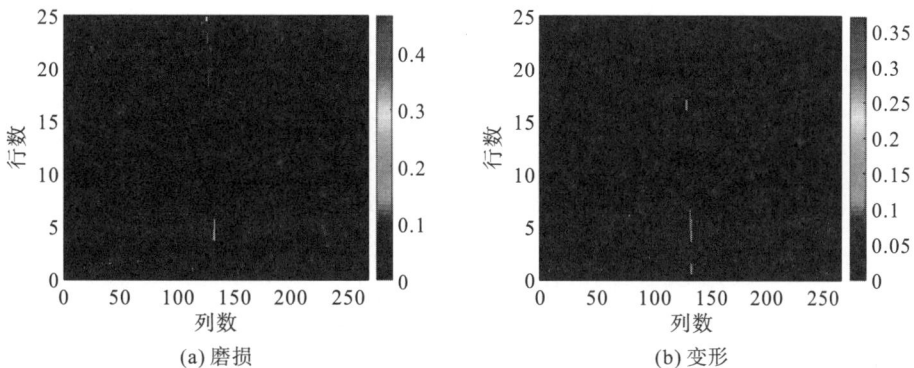

(a) 磨损

(b) 变形

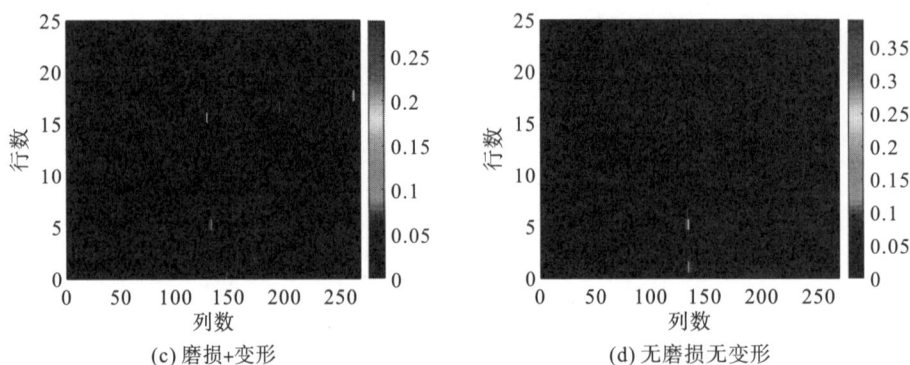

图 3.65   不同铣削条件下的光谱图

如图 3.65(a)所示，刀具磨损情况下的光谱图显示振动信号能量分布集中于铣削频率及其倍频处，且高、低频段均存在。此外，可以看出振动信号在铣削频率及其倍频的附近存在能量较弱的频率幅值。如图 3.65(b)所示，在工件变形情况下的光谱图显示振动信号主要能量分布在铣削频率及其倍频处，但与磨损条件下不同的是振动信号的能量在低频部分较多。如图 3.65(c)所示，在刀具磨损和工件变形的光谱图中出现上、下两个沿横向分布的较亮区域，说明在高、低频带中存在两个能量集中频带，并且分布于铣削频率的倍频附近。如图 3.65(d)所示，刀具无磨损且工件无变形情况下的光谱图与变形的光谱图较为相似，但仍存在区别，无磨损无变形条件下的能量在低频带更为集中。通过对比图 3.65(a)～(d)可以看出，不同铣削状态下光谱图表现出的差异明显，变化特点更直观，这充分说明了利用谱图重构可充分展现不同铣削状态的频域特性。

为了更加直观地分析本书提出诊断方法的有效性，通过 t-SNE 方法将全连接层输出特征降维至二维平面，并进行可视化分析，如图 3.66 所示，网络模型提取的特征经过降维后表现出良好的聚类效果，不同类别的数据能够得到很好地区分，验证了该方法提取特征的有效性。

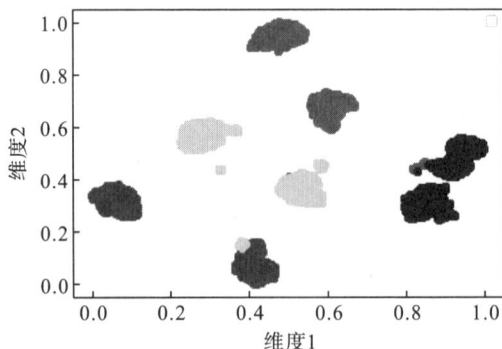

图 3.66   特征可视化

图 3.67 为验证集的准确率和损失率随训练步数的变化情况，由图可知，诊断准确率持续提高，损失率持续下降，当训练步数到达 300 步后准确率和损失率开始收敛，准确率

稳定在 98.80%。图 3.68 为最终测试结果的混淆矩阵,由图可知变形和磨损这两种类别的铣削状态识别精度最高,而无磨损无变形和磨损+变形的识别精度略低。总体上看,不同类型的铣削状态都得到了很好的分类。

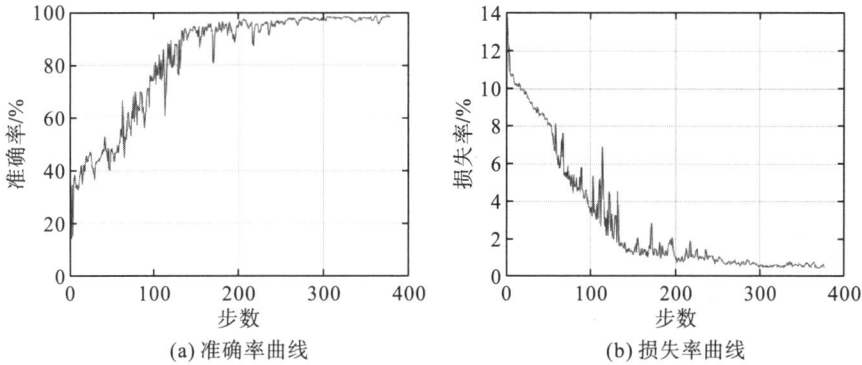

(a) 准确率曲线　　　　　　　　　　　(b) 损失率曲线

图 3.67　训练过程

图 3.68　测试结果的混淆矩阵

2. 方法比较

为了进一步验证本章提出的误差诊断方法的优越性,本节将时域特征+频域特征+时频域特征+SVM、时域特征+频域特征+时频域特征+BP 神经网络、一维信号+CNN、短时傅里叶变换+CNN、离散小波变换+CNN 等多种方法进行对比,表 3.11 为不同诊断方法的准确率结果。由表可知,时域特征+频域特征+时频域特征+SVM 和时域特征+频域特征+时频域特征+BP 神经网络这两种方法的准确率较低,可能的原因是传统的机器学习方法诊断准确率依赖于人工选择的特征,容易丢失有效信息,并且浅层网络结构的特征表示能力不足。同时,可以看出本书提出的特征融合+CNN 以及谱图重构+CNN 的诊断方法准确率达到98%以上，要优于一维信号+CNN、短时傅里叶变换+CNN、离散小波变换+CNN，这不仅说明了深度学习方法对误差来源诊断具有良好的效果，同时体现了本书提出的基于特征融合和卷积神经网络的诊断方法的有效性和优越性。

表 3.11   不同诊断方法的精度

诊断方法	测试样本数量	准确率/%
时域特征+频域特征+时频域特征+SVM	480	64.29
时域特征+频域特征+时频域特征+BP 神经网络	480	73.91
一维信号+CNN	480	82.67
短时傅里叶变换+CNN	480	91.20
离散小波变换+CNN	480	92.91
谱图重构+CNN	480	98.20
特征融合+CNN	480	98.80

3. 模型鲁棒性验证

在实际生产应用中，铣削加工采集到的振动信号往往包含有一定的噪声信号，其中包括周围环境、切削液和传感器本身引起的干扰和噪声。为了验证训练后的网络模型的适用性，对振动信号添加一定比例的高斯白噪声。通常用信噪比(signal-to-noise ratio，SNR)来表示信号和噪声的相对强度关系，公式为

$$\mathrm{SNR}_{\mathrm{dB}} = 10\log_{10}\left(\frac{P_{\mathrm{signal}}}{P_{\mathrm{noise}}}\right) = 20\log_{10}\left(\frac{A_{\mathrm{signal}}}{A_{\mathrm{noise}}}\right) \tag{3.198}$$

式中，SNR 为信噪比，dB；P_{signal} 为信号功率；P_{noise} 为噪声功率；A_{signal} 为信号幅值；A_{noise} 为噪声幅值。

通过在原始信号中添加不同信噪比的白噪声构建对比数据集，在图 3.69 中展示了包含不同信噪比的振动信号。为了验证提出的诊断方法具有良好的鲁棒性，选用时域特征+频域特征+时频域特征+BP 神经网络、短时傅里叶变换+CNN、特征融合+CNN 的方法分别处理-4dB、-2dB、0dB、2dB 和 4dB 信噪比的含噪振动信号，噪声水平由强到弱。三种诊断方法在不同信噪比下的诊断准确率如表 3.12 所示。随着信噪比的提高，三种诊断方法的准确率均随之提高。在不同的噪声等级下，可以看出基于传统机器学习的诊断方法对含噪信号的诊断准确率最多下降了 20.46%，短时傅里叶变换+CNN 的方法下降了 9.02%，而特征融合+CNN 的平均准确率达到 95%以上，前两者的平均准确率均低于 90%。综上所述，通过比较三种诊断方法在不同信噪比下的诊断准确率变化，可以看出特征融合+CNN 的抗噪性能要优于传统机器学习方法和短时傅里叶变换+CNN，从图 3.70 可以直观地看出诊断准确率的变化。

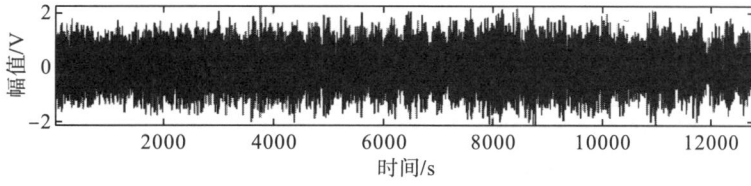

(a) 原始信号

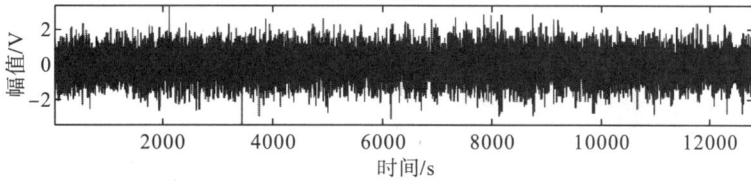

(b) SNR=4dB的含噪信号

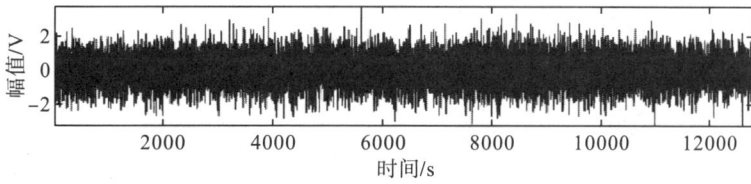

(c) SNR=2dB的含噪信号

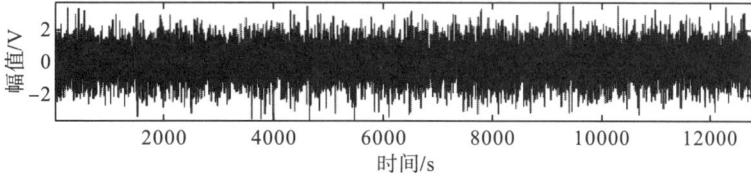

(d) SNR=0dB的含噪信号

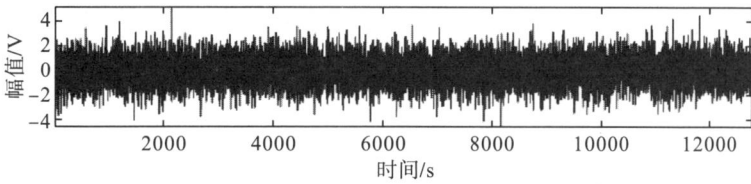

(e) SNR=−2dB的含噪信号

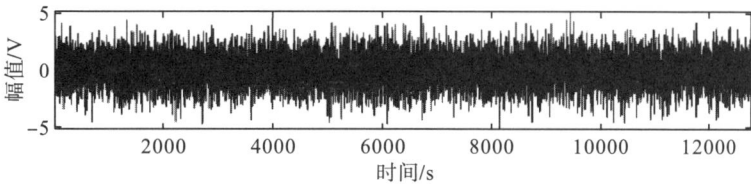

(f) SNR=−4dB的含噪信号

图 3.69　不同信噪比的含噪信号

表 3.12　不同信噪比下的诊断准确率对比 (%)

诊断方法	-4dB	-2dB	0dB	2dB	4dB
时域特征+频域特征+时频域特征+BP 神经网络	50.45	55.38	62.64	66.55	70.91
短时傅里叶变换+CNN	81.23	83.05	85.21	88.14	90.25
特征融合+CNN	94.88	95.35	96.14	97.55	98.01

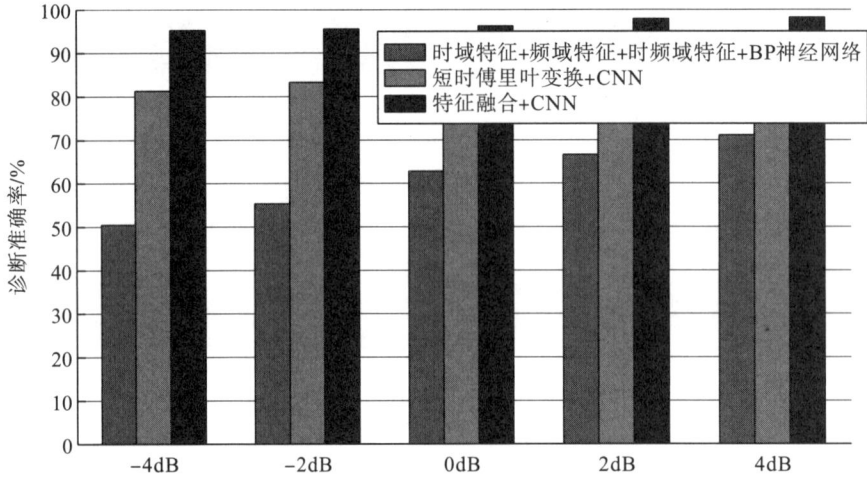

图 3.70　不同信噪比条件下的准确率

第4章　数控装备精度退化机理及稳健自愈方法

数控装备稳健性是指数控装备在产线复杂工况下能长期保持装备加工的性能。本章研究批量化制造产线中各误差源对装备精度的影响规律，明确误差源作用下的误差模型失效机制；研究数控装备精度退化机理，构建数控装备关重件的几何精度退化模型；结合误差模型失效机制与数控装备精度退化，提出双闭环稳健性建模方法，根据模型适用指标与辅助测量系统，自适应调整模型参数；同时，根据不同数控系统特性，开发误差补偿系统。

4.1　数控装备动态误差模型稳健性影响因素

4.1.1　动态误差模型稳健性影响因素分析

数控机床动态误差模型能够在多种影响因素的影响下，抵御外部干扰并长久保持较高的预测精度，使得误差补偿精度长期有效的性质即为稳健性。经过研究发现，数控装备运动参数、环境温度、温度敏感点是影响动态误差模型稳健性的重要因素。

4.1.1.1　数控装备运动参数的变化因素

经过研究发现，数控机床主轴运动参数变化(如主轴转速变化)后，其热变形规律不同。例如，图 4.1 所示为两种不同转速下的数控机床动态误差，二者具有明显的数值差异。随

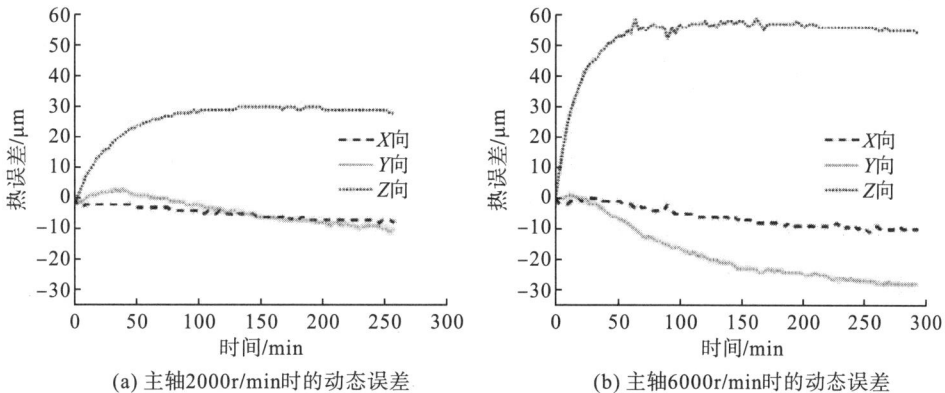

(a) 主轴2000r/min时的动态误差　　　　　(b) 主轴6000r/min时的动态误差

图 4.1　不同转速下的数控机床动态误差

着时间变化，数控机床三轴热变形在各批次实验中所表现的热变形趋势类似，均为先快速变化，随着机床逐渐达到热平衡，变化速率逐渐下降，最后趋于稳定。但三个方向的热误差变化量不同：X向热误差较小，不超过10μm；Y向呈现明显的坐标轴负方向偏移；Z向热误差变化量最大，为正方向偏移，变化量可达60～70μm。

因此可发现，仅在主轴转速这一参数单独变化时热误差的变化量存在明显的差异，数控机床的其他参数变化，如进给量、切削深度作为单一因素变化时，也会导致机床的热误差规律发生变化。数控装备运动参数变化后，在某一运动参数下建立的误差模型的预测精度必然下降。

4.1.1.2 环境温度的影响

环境温度对机床热误差的影响不可忽略，根据研究发现，环境温度在一年四季中的变化对于热误差的预测模型稳健性影响巨大，从而模型需要经常进行修正。图4.2为两组环境温度不同、其他因素相同情况下的数控机床动态误差，二者具有明显的数值差异。在环境温度为10℃时，机床的X轴方向最大热误差约为10μm，Y轴方向最大热误差约为30μm，Z轴方向最大热误差超过50μm。而在环境温度为20℃时，机床的X轴方向最大热误差约为5μm，Y轴方向最大热误差约为15μm，Z轴方向最大热误差约为40μm。即在不同的环境温度下，同一台机床进行相同的实验所产生的热误差数据存在差异，环境温度极大地影响误差模型的稳健性。

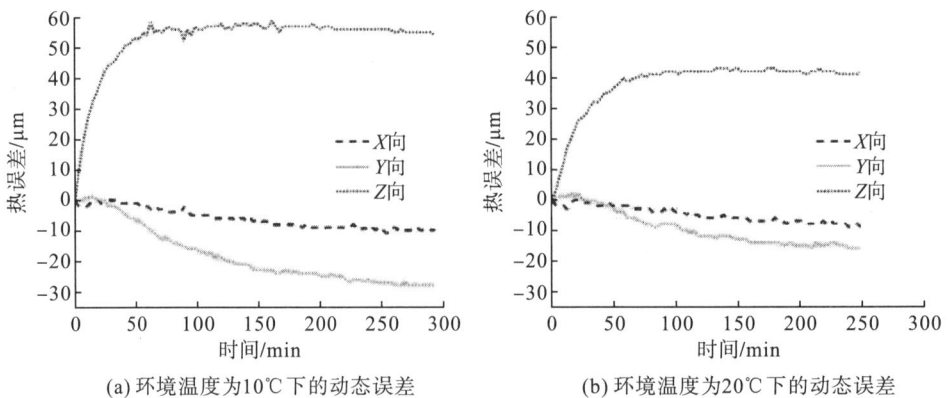

(a) 环境温度为10℃下的动态误差   (b) 环境温度为20℃下的动态误差

图4.2   不同环境温度下的数控机床动态误差

4.1.1.3 温度敏感点的选择

温度敏感点是热变形预测模型的因变量，意义重大。不同的温度敏感点对误差模型的预测精度有重要影响。如图4.3所示为在两组不同的温度敏感点下对同一机床动态误差进行预测，其预测精度差别很大，图4.3(a)的模型残差值最大达到15μm，而图4.3(b)的模型残差最大值在5μm附近。故选择正确的温度敏感点对于所建立的模型精度有着重要影响。

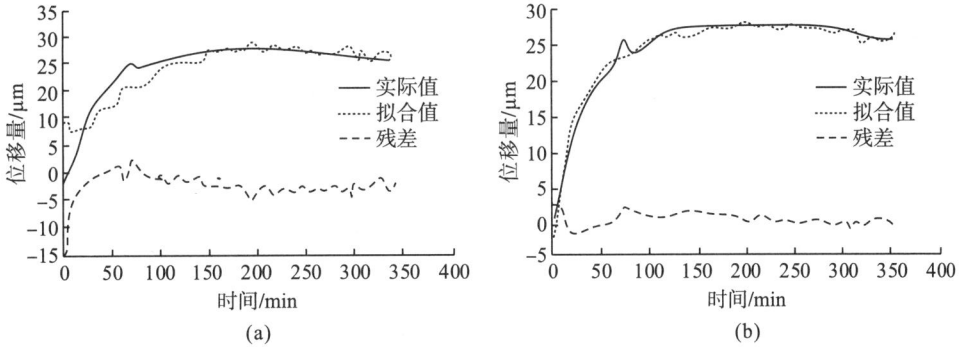

图 4.3　不同温度敏感点的预测效果

在研究过程中发现，环境的变化会造成温度敏感点的变动，这个规律常被科研人员所忽略，导致所建热误差补偿模型稳健性较差，预测精度时好时坏，无法在工程实践中应用。动态地选择温度敏感点或者运用对温度敏感点变动敏感性较差的建模算法是解决该问题的有效方法。

4.1.2　数控装备误差最佳建模转速图谱

转速作为数控机床热误差最重要的影响因素之一，一直被学者研究。目前，研究人员对数控机床热误差的研究，多是按照国际标准《机床试验法规·第 3 部分：热效应测定》(ISO 230-3—2020)中规定的机床热特性检验方式进行。标准中规定了两种转速类型，即转速变化图谱形式以及恒定转速形式。但国际标准中的机床转速的选择方法是为了给用户提供机床热特性而设置的，而不是针对机床热误差稳健补偿来使用的。为此，本章对数控机床主轴转速图谱进行了相关探究，并对实验数据进行分析，以验证分析结果。

4.1.2.1　转速图谱设计

在国际标准中，为了识别因主轴旋转发热而产生的内部热源对机床结构变形的影响，给出了相应的转速验证图谱(图 4.4)，以验证机床的相关性能。

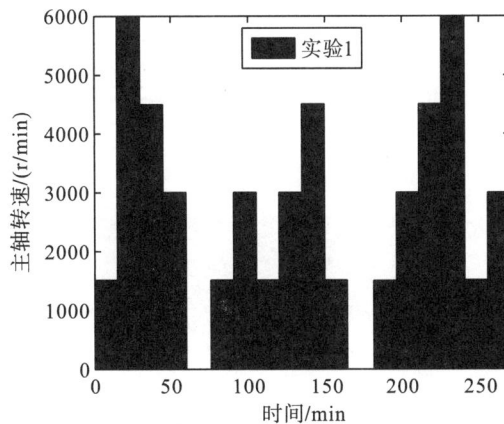

图 4.4　国际标准中的转速图谱

按照图中的转速，共进行 270min 实验，每隔 15min 改变一下转速，即按照 1500-6000-4500-3000-0-1500-3000-1500-3000-4500-1500-0-1500-3000-4500-6000-1500-3000（单位为 r/min）的转速进行实验。但是这种实验转速图谱能否适应任何情况下的热误差补偿，尚不明确。因此，针对此问题，设计了变转速图谱和恒定转速两种状态，各转速状态又分三种，即共计六组实验来进行实验分析。

第一种状态为机床主轴按照变转速图谱进行实验。该状态中的第一批次实验按照国际标准的图谱形式进行，如图 4.4 所示；将国际标准变转速图谱中第一部分和第三部分进行调换，形成第二种转速图谱，如图 4.5 所示；考虑到恒定转速的独特特性，故在国际标准变转速图谱的基础上，将第二部分改为恒定转速 4000r/min，形成第三种转速图谱，如图 4.6 所示。

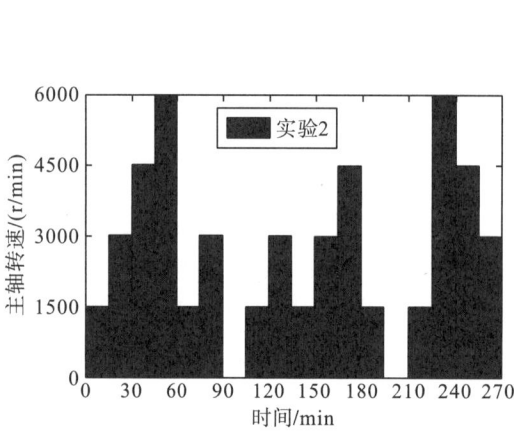

图 4.5   第二种转速图谱

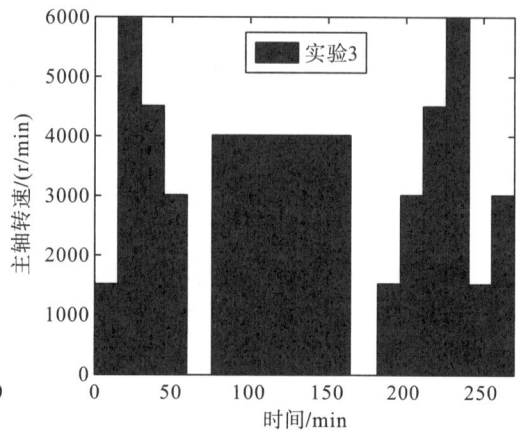

图 4.6   第三种转速图谱

第二种状态为机床主轴按照恒定转速进行实验，三组实验的转速分别为 2000r/min、4000r/min 和 6000r/min，如图 4.7 所示。

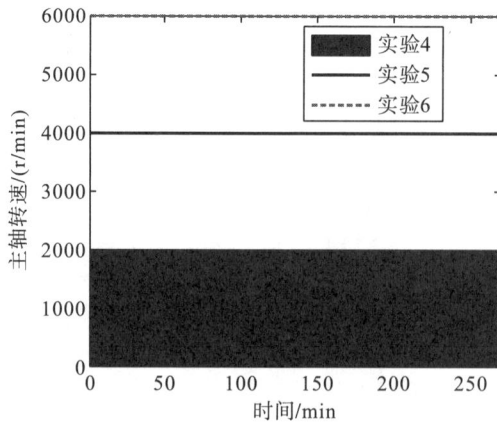

图 4.7   恒定转速图谱

按照转速图谱进行，共 6 批次数据，具体如表 4.1 所示。

表 4.1　各批次实验转速安排

批次	转速/(r/min)
K1	1500-6000-4500-3000-0-1500-3000-1500-3000-4500-1500-0-1500-3000-4500-6000-1500-3000
K2	1500-6000-4500-3000-0-4000-0-1500-3000-4500-6000-1500-3000
K3	1500-3000-4500-6000-1500-3000-0-1500-3000-1500-3000-4500-1500-1500-6000-4500-3000
K4	2000
K5	4000
K6	6000

4.1.2.2　实验结果

根据 K1～K6 批次数据得到的热误差和敏感点 T1、T7 的温度数据如图 4.8 所示。

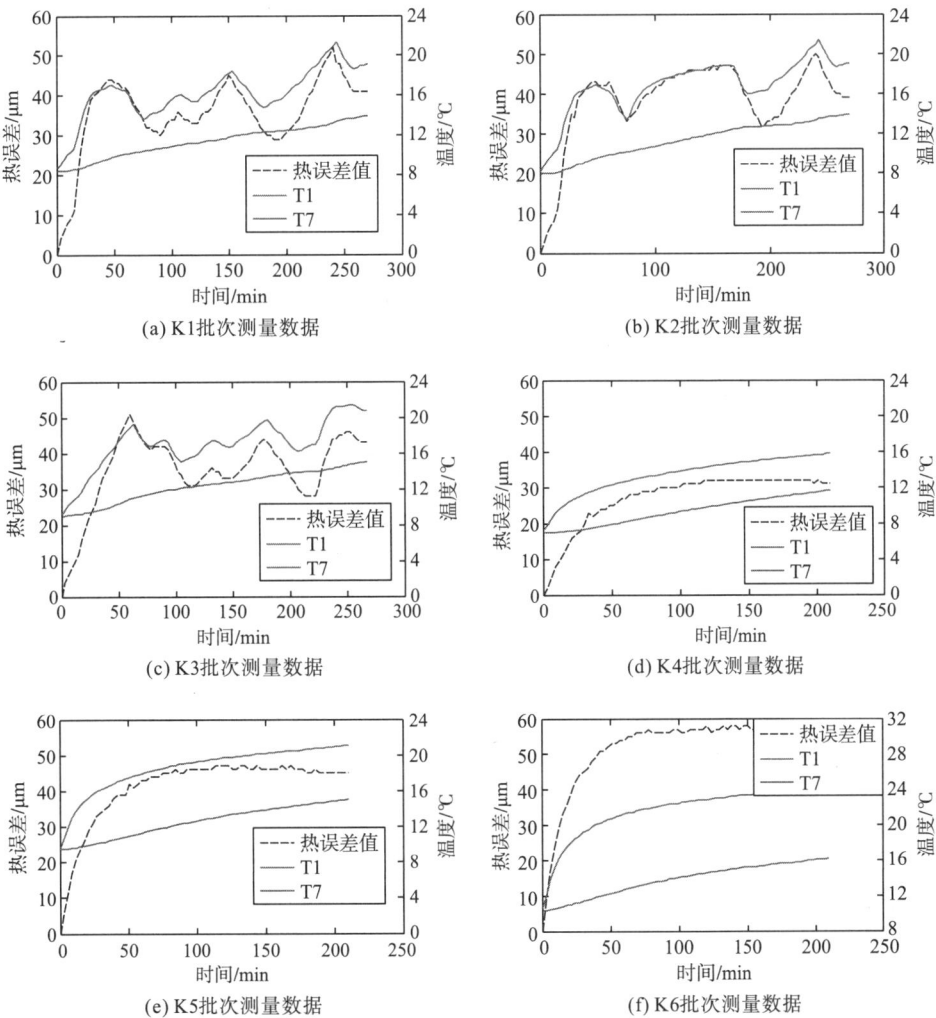

(a) K1批次测量数据

(b) K2批次测量数据

(c) K3批次测量数据

(d) K4批次测量数据

(e) K5批次测量数据

(f) K6批次测量数据

图 4.8　测量数据

4.1.2.3　最佳转速图分析

采用多元线性回归方法建立 K1～K6 批次误差模型 Y1～Y6，分别对 K1～K6 批次数据预测精度进行验证。分析可知，对于预测恒定转速的热误差均具有较好的预测精度和模型稳健性，而根据恒定转速所建立的模型，对于变转速图谱热误差的预测精度和模型稳健性明显变差。因此，变转速图谱下，建立的误差模型稳健性更高。

4.1.3　环境温度影响下的热误差补偿模型失效分析

4.1.3.1　实验设计

采用工作台不动、主轴空转方式，每次实验持续 4h 以上，每隔 3min 测量一组数据。这样全年共得到 18 批次实验数据，限于篇幅，18 批次中部分批次数据被略去。具体参数及 18 批次实验数据中机床主轴 Z 向热误差如表 4.2、图 4.9 所示。

表 4.2　全年 18 批次实验数据

数据批次	主轴转速/(r/min)	环境温度/℃	月份
K1	2000	6.56～11.00	1
K2	4000	5.31～10.40	12
⋮	⋮	⋮	⋮
K5	4000	12.90～14.90	3
K6	6000	10.50～13.30	11
⋮	⋮	⋮	⋮
K8	6000	14.40～19.70	10
⋮	⋮	⋮	⋮
K11	2000	23.60～27.50	6
K12	4000	25.00～29.60	9
⋮	⋮	⋮	⋮
K17	4000	29.20～32.30	8
K18	6000	33.10～37.50	7

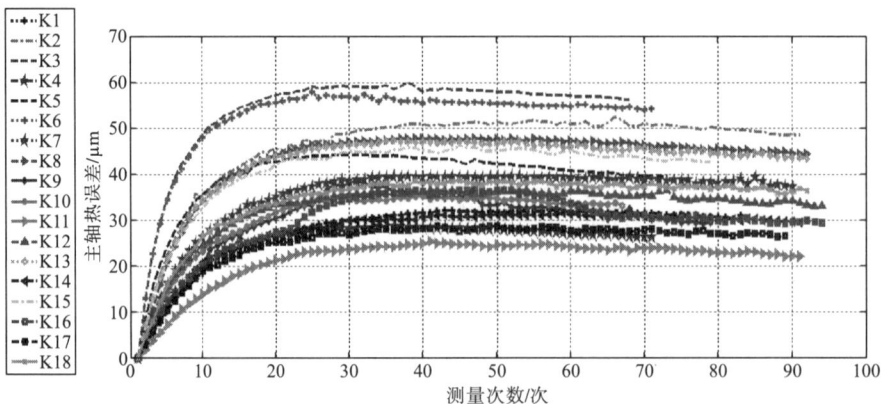

图 4.9　18 批次机床主轴热误差

4.1.3.2　模型失效分析

首先，基于稳健性算法——岭回归算法建立了热误差补偿模型(图 4.10)。当用低温段(R-M1~R-M10)数据建立的误差补偿模型预测低温段误差时，预测精度均值为 4.72μm，效果较好；同样，用高温段(R-M11~R-M18)数据建立的误差补偿模型预测高温段误差时，预测精度均值为 4.53μm，效果较好。而高温段模型预测低温段误差时，预测精度为 13.09μm；低温段模型预测高温段误差时，预测精度为 9.22μm，预测精度急剧下降，如图 4.11、表 4.3 所示。

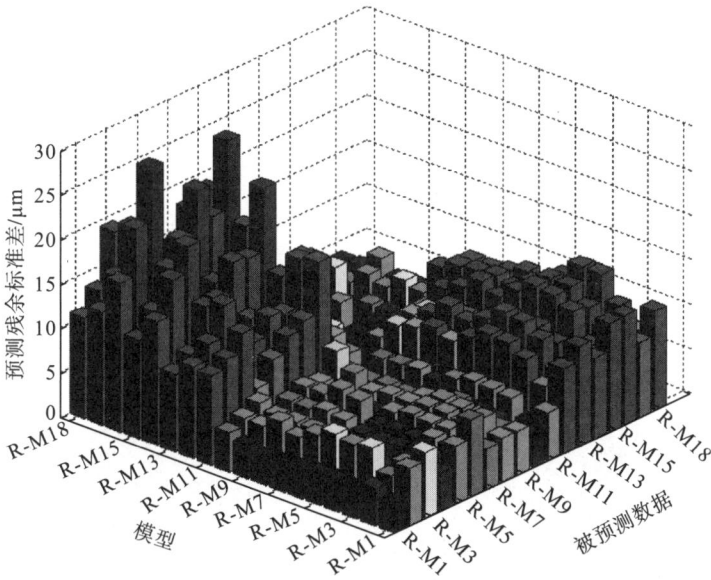

图 4.10　基于岭回归算法的各批次模型预测结果的三维模型

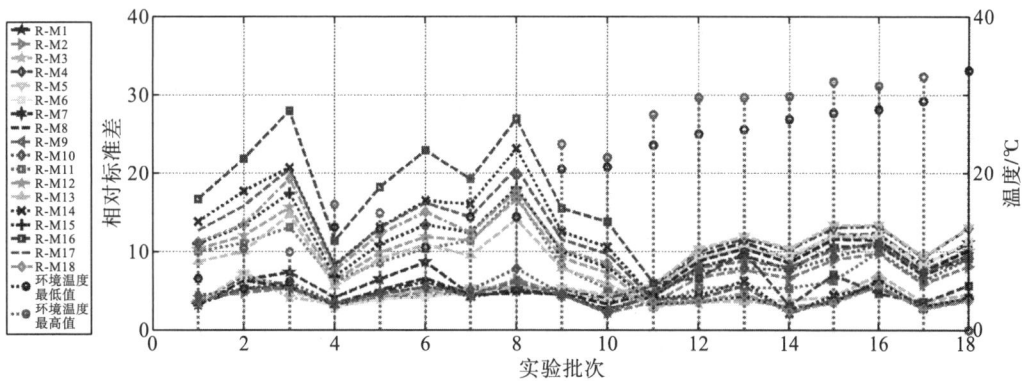

图 4.11　基于岭回归算法的全年 18 批次数据模型预测精度变化趋势

表 4.3　岭回归算法模型温度敏感区间数据分析　　　　　　　　（单位：μm）

项目	数值
低温段（R-M1～R-M10）预测高温段（R-M11～R-M18）的预测精度均值	9.22
低温段（R-M1～R-M10）预测低温段的预测精度均值	4.72
高温段（R-M11～R-M18）预测低温段（R-M1～R-M10）的预测精度均值	13.09
高温段（R-M11～R-M18）预测高温段的预测精度均值	4.53

　　其次，基于稳健性算法——主成分回归算法建立了热误差补偿模型（图 4.12）。当用低温段（R-M1～R-M10）数据建立的误差补偿模型预测低温段误差时，预测精度均值为 5.22μm；同样，用高温段（R-M11～R-M18）数据建立的误差补偿模型预测高温段误差时，预测精度均值为 4.99μm。而高温段模型预测低温段误差时，预测精度为 15.73μm；低温段模型预测高温段误差时，预测精度为 10.18μm，预测精度急剧下降，如图 4.13、表 4.4 所示。

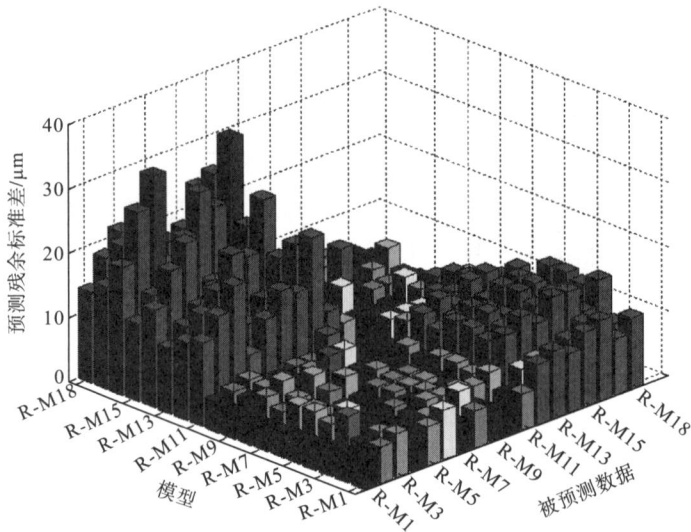

图 4.12　基于主成分回归算法建立的各批次模型预测结果的三维模型

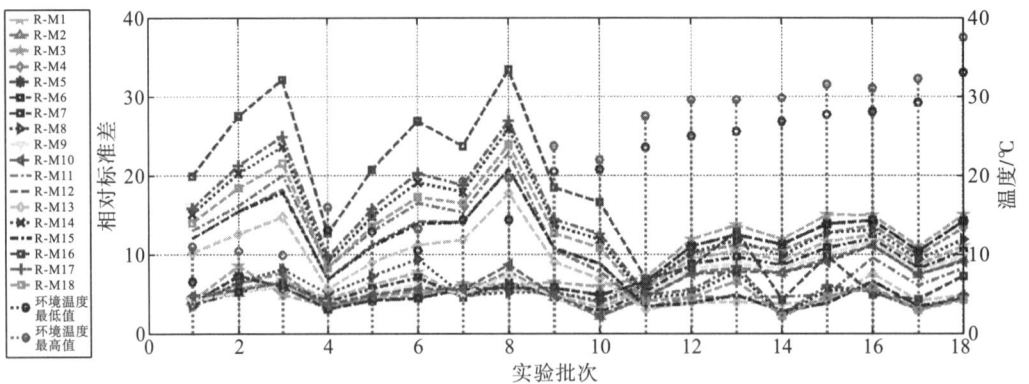

图 4.13　基于主成分回归算法的全年 18 批次数据模型预测精度变化趋势

表 4.4　主成分回归算法模型温度敏感区间数据分析　　　　　　（单位：μm）

项目	数值
低温段(R-M1～R-M10)预测高温段(R-M11～R-M18)的预测精度均值	10.18
低温段(R-M1～R-M10)预测低温段的预测精度均值	5.22
高温段(R-M11～R-M18)预测低温段(R-M1～R-M10)的预测精度均值	15.73
高温段(R-M11～R-M18)预测高温段的预测精度均值	4.99

综上，环境温度会导致数控机床误差补偿模型失效，严重影响热误差补偿精度。

4.1.4　温度敏感点变动性特征

4.1.4.1　实验设计

按照季度分，共进行 8 次实验，每个季度两次实验。分别记为 A1～A4、B1～B4。具体实验参数见表 4.5。

表 4.5　8 批次实验参数

数据批次	实验日期/月	环境温度/℃
A1	2	5.3～7.5
B1	2	5.5～8.6
..	...	...
B4	12	11.6～15.1

实验时，机床主轴以恒定转速旋转，主轴每工作 3min 测量一次主轴 Z 向的热变形。通过模糊聚类和灰色关联度结合的方法进行温度敏感点选择，得出各批次温度敏感点，如表 4.6 所示。

表 4.6　各批次数据温度敏感点选择结果

数据批次	温度敏感点	数据批次	温度敏感点
A1	T1、T7	B1	T1、T7
A2	T1、T7	B2	T1、T7
A3	T7、T8	B3	T7、T8
A4	T1、T8	B4	T1、T8

由表 4.6 中可以看出，不同季度温度敏感点选择的结果并不相同。

为了研究温度敏感点的变动性，进一步开展了 18 组实验，运用相同的方法选择温度敏感点，结果如表 4.7 所示。

表 4.7　温度敏感点的选择结果

数据批次	温度敏感点	数据批次	温度敏感点
C1	T1、T7	C10	T7、T8
C2	T1、T7	C11	T1、T7
C3	T1、T7	C12	T1、T10
C4	T1、T7	C13	T7、T8
C5	T1、T10	C14	T7、T8
C6	T1、T7	C15	T1、T10
C7	T5、T7	C16	T7、T8
C8	T5、T7	C17	T7、T8
C9	T5、T7	C18	T7、T8

由表 4.7 可见，温度敏感点的选择结果无法保持稳定一致，选择结果包含(T1、T7)、(T1、T10)、(T5、T7)和(T7、T8)，即热误差补偿模型所依据的温度敏感点位置存在变动性特征。

4.1.4.2　温度敏感点变动性特征分析

对各批次数据进行多元回归建模，并分析各模型的预测精度，包括同季度下模型的预测精度和换季度下模型的预测精度，得出结果如表 4.8 所示。

表 4.8　模型预测效果分析

预测情况	预测标准差均值/μm
同季度	5.35
换季度	16.23

可见，数控机床在同季度条件下建立的热误差模型具有很好的预测效果，但是在换季度状态下的模型预测效果却较差。因此，温度敏感点的变化会导致预测模型的稳健性变差，此为预测模型的重要影响因素。

4.2　数控装备精度退化机理

4.2.1　数控机床性能退化的一般规律性分析

除了模型失效外，数控装备性能退化也是影响机床精度的重要因素。数控机床并不会突然发生故障或失效，而是先经过一段退化时间后出现异常的征兆。比如数控机床组成零部件在服役工作中出现性能衰退、元器件老化、运动副功能部件磨损等现象，致使其某些性能参数随时间推移发生变化，虽然此时数控机床仍可"正常"运行，但已无法加工出符合精度要求的工件，因为机床部分性能超出规定阈值，即发生了性能退化。性能退化是普遍存在的，如金属材料零件蠕变、机械部件磨损、裂纹形成及扩散等[169]。图 4.14 描述了数控机床某性能退化过程，从退化曲线发现机床的性能退化过程可分为三个阶段，即磨合阶段、稳定阶段和磨损阶段。其中磨合阶段为阶段一，这一阶段在曲线左边区域，其特点为故障数量随时间增加迅速增加后保持平衡，故障率随时间增加快速下降，造成这种现象的原因是机床早期"磨合"不足，即产品设计、制造、装配工艺不优及品控不严；当故障随机发生，且故障率稳定于某范围时，机床从磨损期阶段进入稳定期阶段，即阶段二，此时机床设备处于正常期，此阶段的故障大多是偶然因素造成的，例如机床维修保养、误用、环境骤变等因素；随着机床使用年限的增加，机床的性能退化过程进入磨损期，即阶段三，在性能退化曲线右边部分，这时机床的故障率会随时间增加逐渐上升，故障次数一直增加，这与机床零部件的老化、磨损等密切相关，严重时会导致产品大修甚至报废。

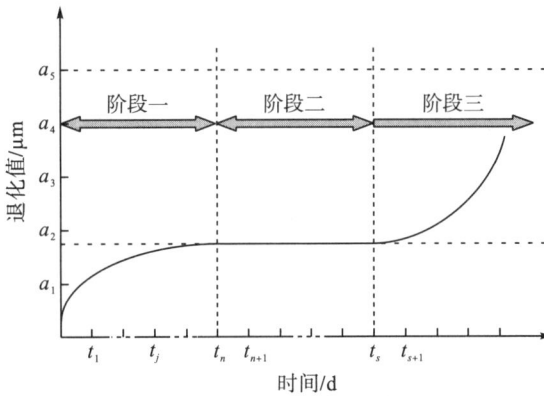

图 4.14　机床性能退化

性能退化过程中的磨合阶段属于共性问题，主要反映机床制造过程(如零件制造和装配技术)中的缺陷与不足，造成数控机床初期服役时性能不稳定，严重时会影响机床正常使用，导致用户对产品质量的评价降低。因此，分析性能退化初期阶段对提高机床可靠性有着重大意义，故后续几何精度退化建模主要针对数控机床退化前期过程。

4.2.2　数控装备精度退化建模及参数求解

精度是数控机床状态水平的主要表征，其中机床本体精度和加工精度常作为数控机床是否可正常工作或是否需要维护的重点判定依据，且精度相对于其余性能参数检测可行性更高，因此精度退化是机床性能退化中最能反映系统状态的性能参数。图 4.15 描述了数控机床精度退化初期过程，一般情况下数控机床的性能退化随服役时间的延长而增加，且精度退化值单调缓慢递增变化。其中性能参数建模是依据随时间退化的数控装备性能参数数据建立对应的数学模型，便于直观形象地描述其退化规律并揭示退化机理。

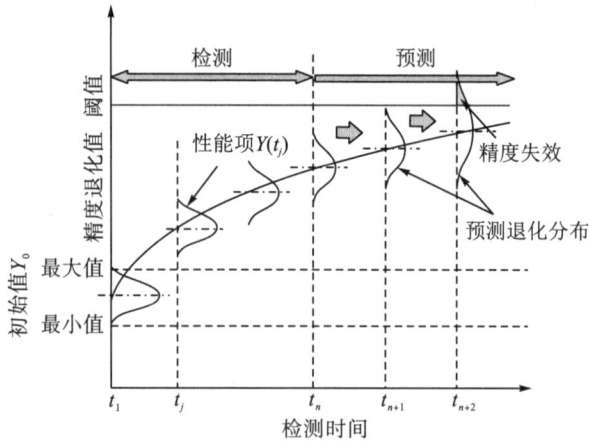

图 4.15 数控机床精度初期退化过程

4.2.2.1 数控装备精度退化建模

数控机床精度受机床零部件设计、制造、装配时产生的几何误差影响，属于机床固有误差，会直接影响机床的加工精度，以机床精度作为性能退化参数建立退化模型，定量表征因关重件蠕变变形引起的机床几何精度退化特性规律。本节主要从机床关重件的几何误差退化角度，分析基础件蠕变变形引起的机床几何精度退化规律，建立机床关重件几何精度退化模型并对机床几何精度进行预测。然而数控机床的精度退化规律分析和预测过程存在以下缺点。

(1) 数控机床退化数据样本小。与电子等其他产品不同的是数控装备属于小批量产品，特别是一些专用型功能机床。

(2) 非周期性检测数据。精度检测会影响数控机床正常使用，且检测周期较长。

(3) 易受多变工况影响。数控机床在服役时，精度退化规律容易受到机床工况及操作的影响。

下面结合经典蠕变本构方程描述机床几何精度的退化规律，进而可实现对机床加工精度退化规律及加工精度可靠度的预测。为便于叙述，用 $Z(t_j)=[Z_{1j}, Z_{2j}, \cdots, Z_{ij}, \cdots, Z_{mj}]$ 表示 t_j 时刻机床运动方向上的几何精度值，Z_{ij} 表示 t_j 时刻机床运动轴方向上第 i 个位置空间点 Z 向几何误差退化检测值，其中 m 为 t_j 时刻总的几何误差退化值的数量。将关重件蠕变变形时长分为 n 个时刻，即 $Z(t)=[Z_1, Z_2, \cdots, Z_j, \cdots, Z_n]$ 可表示整个机床某方向几何精度退化序列，相应的几何精度退化数据样本为

$$\begin{bmatrix} z_{11} & \cdots & z_{1j} & \cdots & z_{1n} \\ \vdots & & \vdots & & \vdots \\ z_{i1} & \cdots & z_{ij} & \cdots & z_{in} \\ \vdots & & \vdots & & \vdots \\ z_{m1} & \cdots & z_{mj} & \cdots & z_{mn} \end{bmatrix} \tag{4.1}$$

由于机床零部件的几何误差统计规律大致服从正态分布，因此机床运动方向上几何精度退化值 $Z(t_j)$ 在 t_j 时刻亦服从正态分布，即 $Z(t_j) \sim N(\mu_j, \sigma_j^2)$，其中未知参数 μ_j、σ_j^2 分别表示 t_j 时刻的机床几何精度均值和方差。则 t_j 时刻误差退化数据统计模型可表示为

$$\begin{cases} D(t_j)=D_0 + Z(t_j) \\ Z(t_j) \sim N(\mu(t_j), \sigma(t_j)^2) \end{cases} \quad j=0,1,2,\cdots,n \tag{4.2}$$

式中，$D(t_j)$ 为 t_j 时刻 Z 向几何误差值；D_0 为 t_0 时刻几何误差值，$D_0 \sim N(\mu_0, \sigma_0^2)$。

传统的退化建模方法假设退化序列服从某数学函数，并将退化数据作为函数对应的样本，结合图 4.15 中数控机床精度初期退化量呈单调变化趋势，对于机床任意方向几何精度退化是正态分布的变化过程，参考蠕变经典本构模型和关重件导轨面关键点随时间的位移变化曲线，采用幂律过程描述机床几何精度的初期退化过程。幂律模型作为非齐次泊松比过程模型中的一种，其强度函数为

$$\lambda(t) = \lambda \beta t^{\beta-1} \tag{4.3}$$

式中，λ 为尺寸参数，且 $\lambda>0$；β 为形状参数。当 $\beta<1$ 时，强度减小，处于早期失效阶段；当 $\beta=1$ 时，强度为常数，产品处于偶然失效阶段；当 $\beta>1$ 时，强度增大，产品处于耗损失效阶段。

由幂律过程描述机床 Z 向几何精度的退化模型为

$$\begin{cases} \mu(t) = \lambda_\mu \beta_\mu t^{\beta_\mu-1} \\ \sigma(t) = \lambda_\sigma \beta_\sigma t^{\beta_\sigma-1} \end{cases} \tag{4.4}$$

式中，λ_μ、β_μ、λ_σ、β_σ 为精度退化模型中的未知参数；$\mu(t)$ 为 t 时刻几何精度均值；$\sigma(t)$ 为 t 时刻几何精度标准差。

综合式 (4.2) 和式 (4.4) 得出机床任意运动方向上几何精度及分布特征参数的退化模型为

$$\begin{cases} D(t_j) - D_0 \sim N[\mu(t), \sigma(t)^2] \\ \mu(t) = \lambda_\mu \beta_\mu t^{\beta_\mu-1} \\ \sigma(t) = \lambda_\sigma \beta_\sigma t^{\beta_\sigma-1} \end{cases} \tag{4.5}$$

4.2.2.2　几何精度退化模型参数求解

当机床运动方向上几何精度退化模型[式 (4.5)]确定后，需对模型中的未知参数 λ_μ、β_μ、λ_σ、β_σ 进行估计。常见的参数估计方法有矩估计法、极大似然估计、最小二乘法、贝叶斯估计法四种。正态分布概率密度函数取对数后可线性化求解，然后用最小二乘法确定退化模型中未知参数最优值。

对 t_j 时刻机床几何误差退化模型中的分布特征参数 $\mu(t)$、$\sigma(t)^2$ 进行求解，其似然函数为

$$L(\mu,\sigma^2)=\prod_{i=1}^{m}\frac{1}{\sqrt{2\pi}\sigma(t_j)}e^{\frac{\left[z_{ij}-\mu(t_j)\right]^2}{2\left[\sigma(t_j)\right]^2}}$$

(4.6)

$$=(2\pi\sigma(t_j)^2)^{-\frac{m}{2}}e^{-\frac{1}{2\left[\sigma(t_j)\right]^2}\sum_{i=1}^{m}\left[z_{ij}-\mu(t_j)\right]^2}\quad(j=0,1,2,\cdots,n)$$

对式(4.6)取对数后，整理得到

$$\ln L(\mu,\sigma^2)=-\frac{m}{2}\ln(2\pi)-\frac{m}{2}\ln[\sigma(t_j)^2]-\frac{1}{2\left[\sigma(t_j)\right]^2}\sum_{i=1}^{m}\left[z_{ij}-\mu(t_j)\right]^2$$

(4.7)

分别对式(4.7)中的 $\mu(t_j)$、$\sigma(t_j)^2$ 进行求导，得

$$\begin{cases}\dfrac{\partial\ln L(\mu,\sigma^2)}{\partial\mu(t_j)}=\dfrac{1}{\sigma(t_j)^2}\sum_{i=1}^{m}[z_{ij}-\mu(t_j)]=0\\[2mm]\dfrac{\partial\ln L(\mu,\sigma^2)}{\partial\sigma(t_j)^2}=\dfrac{1}{2\sigma(t_j)^4}\sum_{i=1}^{m}[z_{ij}-\mu(t_j)]^2-\dfrac{m}{2\sigma(t_j)^2}=0\end{cases}$$

(4.8)

由式(4.8)可得机床运动方向几何精度退化模型在 t_j 时刻的似然估计值 $\mu(t_j)^*$、$\sigma(t_j)^{2*}$：

$$\begin{cases}\mu(t_j)^*=\dfrac{1}{m}\sum_{i=1}^{m}z_{ij}\\[2mm]\sigma(t_j)^{2*}=\dfrac{1}{m}\sum_{i=1}^{m}\left[z_{ij}-\mu(t_j)^*\right]^2\end{cases}\quad j=0,1,2,\cdots,n$$

(4.9)

根据式(4.9)可求得机床几何精度退化序列中 $\mu(t)^*$、$\sigma(t)^{2*}$ 的全部退化值，其中均值 $\mu(t)^*=[\mu(t_0)^*,\cdots,\mu(t_j)^*,\cdots,\mu(t_n)^*]$，方差 $\sigma(t)^{2*}=[\sigma(t_0)^{2*},\cdots,\sigma(t_j)^{2*},\cdots,\sigma(t_n)^{2*}]$，采用最小二乘法对退化模型中的 $\mu(t)$、$\sigma(t)$ 退化轨迹进行拟合，求解退化模型参数 λ_μ、β_μ、λ_σ、β_σ。当式(4.10)中偏差 ε_μ 和 ε_σ 最小时，确定未知最优值为 λ_μ^*、β_μ^*、λ_σ^*、β_σ^*。

$$\begin{cases}\varepsilon_\mu=\sum_{j=1}^{n}[\lambda_\mu\beta_\mu t_j^{\beta_\mu-1}-\mu(t_j)^*]^2\\[2mm]\varepsilon_\sigma=\sum_{j=1}^{n}[\lambda_\sigma\beta_\sigma t_j^{\beta_\sigma-1}-\sigma(t_j)^*]^2\end{cases}\quad j=0,1,2,\cdots,n$$

(4.10)

4.2.3 精度退化建模案例

在已分析机床几何精度退化模型和参数估计的基础上，结合机床各零部件间的装配关系，建立三大基础件位移变形与机床几何误差的传递模型，并根据关重件蠕变变形量计算出机床 X、Y、Z 方向上的几何误差分量及分布特征；结合蠕变变形随时间的变化规律，推导几何精度衰退模型；最后根据关重件蠕变变形与几何精度变化的映射关系，预测关重件蠕变下机床加工精度的变化规律。

4.2.3.1　床身精度退化建模

1. 床身关重件误差模型表征

本节主要分析机床床身几何精度退化规律,建立床身几何精度退化模型并对机床 Z 向精度进行预测。数控机床床身作为机床各零部件的装配基准,其导轨面的退化变形直接影响机床其他零部件的运动精度,因此分析床身导轨面变形与滑座运动精度间的映射关系并构建二者间的表征模型显得尤为重要。

为降低床身关重件几何误差表征模型建模难度,对床身、工作台底座及工作台间的装配关系进行简化,其中直线导轨和滑块是工作台底座与床身间的连接标准件,其精度等级远高于其他部件,因此不考虑直线导轨和滑块自身精度,可将床身导轨安装面的变形反映为床身导轨的形变。同时忽略工作台与工作台底座间的装配误差,并将工作台和底座装配视为刚体连接,在表征蠕变变形与几何误差时,不考虑工作台与底座的蠕变松弛现象,且忽略工作台底座在 Z 向运动时各部件自重对导轨安装面造成的形变影响,由此建立的数控机床床身和工作台间几何误差关系模型如图 4.16 所示。

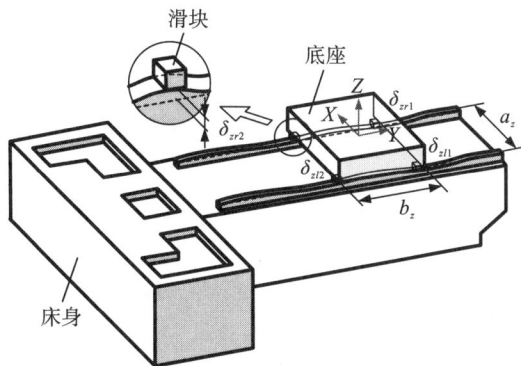

图 4.16　床身导轨和底座间几何误差关系表征模型

δ_{zl1}、δ_{zl2}. 床身左导轨滑块处导轨形变误差;δ_{zr1}、δ_{zr2}. 床身右导轨滑块处导轨形变误差;a_z. 导轨跨距;b_z. 同侧滑块间距

导轨的作用在于控制运动部件五个方向上的自由度,仅允许运动方向自由度的运动。对于数控机床的床身导轨,其目的在于保证底座和工作台在 Z 向的运动。机床基础件在服役工作时蠕变会导致导轨产生几何形变,工作台底座运动受到导轨小位移形变的影响,在 Z 向运动时不仅存在定位误差 $\delta_z(z)$,还存在其余五个自由度的微量位移误差,其分别为 X、Y 向的直线度误差[$\delta_x(z)$、$\delta_y(z)$]以及三个转角误差,即滚转误差 $\varepsilon_z(z)$、偏摆误差 $\varepsilon_y(z)$、俯仰误差 $\varepsilon_x(z)$。

依据床身导轨与滑座间的几何误差表征模型,将工作台表面看作一个四边形,对于机床 Z 向几何误差,可通过双线性插值方法表示误差与四个滑块所在处的床身导轨变形关系,其原理在下文进行分析。

若已知误差 $\Delta(x, y)$ 在四个点 $L1=(x_1, y_1)$、$L2=(x_1, y_2)$、$L3=(x_2, y_1)$、$L4=(x_2, y_2)$ 的误差值为 Δ_{L11}、Δ_{L12}、Δ_{L21}、Δ_{L22}。先在 X 向进行线性插值，然后在 Y 向进行线性插值，这样得到 $\Delta(x, y)$ 的值，即

$$\Delta(x, y) \approx \frac{(x_2 - x)(y_2 - y)}{(x_2 - x_1)(y_2 - y_1)}\Delta_{L11} + \frac{(x - x_1)(y_2 - y)}{(x_2 - x_1)(y_2 - y_1)}\Delta_{L12}$$
$$+ \frac{(x_2 - x)(y - y_1)}{(x_2 - x_1)(y_2 - y_1)}\Delta_{L21} + \frac{(x - x_1)(y_2 - y)}{(x_2 - x_1)(y_2 - y_1)}\Delta_{L22} \tag{4.11}$$

工作台中心坐标为 $[(x_1 + x_2)/2, \ (y_1 + y_2)/2]$，由此根据式(4.11)得到 Z 向三个平动误差分量 $[\delta_x(z)、\delta_y(z)、\delta_z(z)]$ 和三个转角误差分量 $[\varepsilon_x(z)、\varepsilon_y(z)、\varepsilon_z(z)]$ 与床身左右导轨蠕变变形量表达式，即

$$\begin{cases} \delta_x(z) = \dfrac{1}{4} \times \left(\delta_{zl1x} + \delta_{zl2x} + \delta_{zr1x} + \delta_{zr2x}\right) \\[2mm] \delta_y(z) = \dfrac{1}{4} \times \left(\delta_{zl1y} + \delta_{zl2y} + \delta_{zr1y} + \delta_{zr2y}\right) \\[2mm] \delta_z(z) = \dfrac{1}{4} \times \left(\delta_{zl1z} + \delta_{zl2z} + \delta_{zr1z} + \delta_{zr2z}\right) \\[2mm] \varepsilon_x(z) = \dfrac{1}{2b_z} \times \left(\delta_{zl1y} + \delta_{zr1y} - \delta_{zl2y} - \delta_{zr2y}\right) \\[2mm] \varepsilon_y(z) = \dfrac{1}{2b_z} \times \left(\delta_{zl2x} + \delta_{zr2x} - \delta_{zl1x} - \delta_{zr1x}\right) \\[2mm] \varepsilon_z(z) = \dfrac{1}{2a_z} \times \left(\delta_{zr1y} + \delta_{zr2y} - \delta_{zl1y} - \delta_{zl2y}\right) \end{cases} \tag{4.12}$$

式中，$[\delta_{zl1x}, \delta_{zl2x}, \delta_{zr1x}, \delta_{zr2x}]$、$[\delta_{zl1y}, \delta_{zl2y}, \delta_{zr1y}, \delta_{zr2y}]$、$[\delta_{zl1z}, \delta_{zl2z}, \delta_{zr1z}, \delta_{zr2z}]$ 分别表示与底座连接的四个滑块所在位置的床身导轨形变误差 δ_{zl1}、δ_{zl2}、δ_{zr1}、δ_{zr2} 在 X、Y、Z 向的分量。

根据有限元蠕变仿真得到的床身关重件在自身残余应力状态下产生位移变形，提取床身左右导轨安装面在 X、Y、Z 向的蠕变位移分量数值 U1、U2、U3，由数控机床装配关系和床身关重件设计可知导轨跨距 a_z 为 600mm，同侧导轨间距 b_z 为 800mm，结合蠕变变形与几何误差关系式(4.12)可得到工作台在整个 Z 向行程上 $\delta_x(z)$、$\delta_y(z)$、$\delta_z(z)$、$\varepsilon_x(z)$、$\varepsilon_y(z)$、$\varepsilon_z(z)$ 的数值。

2. 机床 Z 向精度退化建模及参数分析

式(4.12)表示数控机床在任一工作台行程位置时床身关重件导轨面变形分量与机床 Z 向几何精度的关系，可用 $Z(t_j) = \left[Z_{1j}, Z_{2j}, \cdots, Z_{ij}, \cdots, Z_{mj}\right]$ 表示 t_j 时刻整个工作台行程上的机床 Z 向几何误差值，Z_{ij} 表示 t_j 时刻工作台运动方向上第 i 个位置空间点 Z 向几何误差退化检测值，其中 m 为 t_j 时刻总的几何误差退化值的数量。针对初期服役期的机床，将床身两年蠕变时长分为 15 个时刻，即 $Z(t) = [Z_1, Z_2, \cdots, Z_{15}]$ 可表示机床两年服役时几何精度退化序列。沿床身导轨长度方向等间距提取 108 个节点在每个蠕变时刻的位移变形数据，每个

时刻机床 Z 向几何误差样本为 $Z(t_j) = [Z_{1j}, Z_{2j}, \cdots, Z_{108j}]$。由此得到床身初期两年的 Z 向几何精度退化数据样本为

$$
\begin{bmatrix}
z_{11} & \cdots & z_{1j} & \cdots & z_{1n} \\
\vdots & & \vdots & & \vdots \\
z_{i1} & \cdots & z_{ij} & \cdots & z_{in} \\
\vdots & & \vdots & & \vdots \\
z_{m1} & \cdots & z_{mj} & \cdots & z_{mn}
\end{bmatrix}
\tag{4.13}
$$

式 (4.13) 中，$i = 1, 2, \cdots, 108$；$j = 1, 2, \cdots, 15$。利用式 (4.9) 对 Z 向几何精度退化模型中的均值和方差进行参数估计，得到机床 Z 向六个误差分量的均值和方差的退化序列。

结合上述机床 Z 向均值和方差的退化序列，并根据式 (4.11) 利用最小二乘法对退化轨迹方程进行拟合，得到 Z 向几何误差退化轨迹分布特征参数，见表 4.9。

表 4.9　数控机床 Z 向几何误差分布参数退化轨迹　　　　　　　（单位：mm）

Z 向几何误差	$\mu(t)$	$\sigma(t)$
$\delta_x(z)$	$-8.3258 \times 10^{-6} t^{0.15756}$	$2.9075 \times 10^{-7} t^{0.1591}$
$\delta_y(z)$	$-1.3629 \times 10^{-5} t^{0.15776}$	$1.347 \times 10^{-6} t^{0.15769}$
$\delta_z(z)$	$-2.0256 \times 10^{-6} t^{0.15553}$	$2.8218 \times 10^{-6} t^{0.15757}$
$\varepsilon_x(z)$	$1.5331 \times 10^{-9} t^{0.15914}$	$6.5464 \times 10^{-9} t^{0.15726}$
$\varepsilon_y(z)$	$-7.6322 \times 10^{-10} t^{0.15923}$	$2.8147 \times 10^{-10} t^{0.15693}$
$\varepsilon_z(z)$	$-3.0678 \times 10^{-9} t^{0.15635}$	$2.2394 \times 10^{-9} t^{0.15767}$

4.2.3.2　立柱精度退化建模分析

立柱作为数控机床滑板的装配基准，其导轨面的小位移变形不仅直接影响滑板在 X 向的运动精度，还会影响装配在滑板上的主轴箱的运动，因此分析立柱导轨面变形与滑板运动精度间的映射关系具有重要的意义。本节主要从立柱的导轨面形状变形角度出发，分析立柱蠕变变形引起导轨面几何精度的退化规律，建立立柱几何误差与机床 X 向运动精度间的表征关系，实现根据立柱导轨蠕变位移变形对机床 X 向精度的预测。

1. 立柱关重件误差模型表征

通过立柱与滑板间的装配关系表征二者间的几何误差关系，在构建立柱与滑板几何误差关系表征模型时，需简化立柱至滑板装配链以降低建模难度，其中直线导轨与滑块作为外购组装标准件，由于精度等级远高于其他部件，故可不考虑二者精度退化，滑板作 X 向运动时忽略滑板及其组件对立柱导轨几何精度的影响，因此得到立柱与滑板间几何误差关系表征模型，如图 4.17 所示。

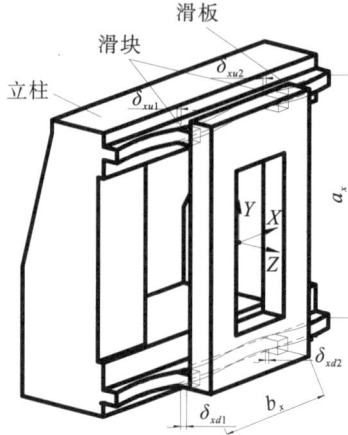

图 4.17　立柱导轨和滑板间几何误差关系表征模型

δ_{xu1}、δ_{xu2}. 上导轨滑块处的导轨形变误差；δ_{xd1}、δ_{xd2}. 下导轨滑块处的导轨形变误差；

a_x. 立柱上下导轨跨距；b_x. 滑板同侧滑块间距

数控机床滑板关重件在立柱导轨上作 X 向运动时，导轨的形位误差会直接影响其运动精度，立柱导轨通过螺钉连接固定在立柱导轨安装面上；立柱基础件在机床服役初期其内部残余应力会随时间缓慢释放，造成立柱导轨面产生几何形变，并引起绑定在立柱导轨安装面上的导轨发生弹性变形，滑板运动时受到立柱导轨的小位移形变影响，在 X 向运动时产生相应的几何误差，包括定位误差 $\delta_x(x)$、直线度误差 $\delta_y(x)$、$\delta_z(x)$ 以及三个转角误差 $\varepsilon_x(x)$、$\varepsilon_y(x)$、$\varepsilon_x(x)$。结合图 4.17 立柱导轨与滑板间的表征模型，可通过该误差模型表示四个滑块导轨所在处的形位误差与滑板运动时机床 X 向几何误差间的映射关系，利用双线性插值法得到机床 X 向六个几何误差与立柱上、下导轨蠕变变形量间的关系表达式为

$$\begin{cases} \delta_x(x) = \dfrac{1}{4} \times (\delta_{xu1x} + \delta_{xu2x} + \delta_{xd1x} + \delta_{xd2x}) \\[2mm] \delta_y(x) = \dfrac{1}{4} \times (\delta_{xu1y} + \delta_{xu2y} + \delta_{xd1y} + \delta_{xd2y}) \\[2mm] \delta_z(x) = \dfrac{1}{4} \times (\delta_{xu1z} + \delta_{xu2z} + \delta_{xd1z} + \delta_{xd2z}) \\[2mm] \varepsilon_x(x) = \dfrac{1}{2a_x} \times (\delta_{xu1z} + \delta_{xu2z} - \delta_{xd1z} - \delta_{xd2z}) \\[2mm] \varepsilon_y(x) = \dfrac{1}{2b_x} \times (\delta_{xu1z} + \delta_{xd1z} - \delta_{xu2z} - \delta_{xd2z}) \\[2mm] \varepsilon_z(x) = \dfrac{1}{2b_x} \times (\delta_{xu2y} + \delta_{xd2y} - \delta_{xu1y} - \delta_{xd1y}) \end{cases} \tag{4.14}$$

式 (4.14) 中 $[\delta_{xu1x}, \delta_{xu2x}, \delta_{xd1x}, \delta_{xd2x}]$、$[\delta_{xu1y}, \delta_{xu2y}, \delta_{xd1y}, \delta_{xd2y}]$、$[\delta_{xu1z}, \delta_{xu2z}, \delta_{xd1z}, \delta_{xd2z}]$ 分别表示与滑板连接的四个滑块所在位置的床身导轨形变误差 δ_{xu1}、δ_{xu2}、δ_{xd1}、δ_{xd2} 在 X 向、Y 向、Z 向的分量。

对于机床 X 向几何精度 $\delta_x(x)$、$\delta_y(x)$、$\delta_z(x)$、$\varepsilon_x(x)$、$\varepsilon_y(x)$、$\varepsilon_z(x)$ 的求解，可先分别提取服役期的立柱上、下导轨安装面蠕变位移 U1、U2、U3 数值，以获得形变误差 δ_{xu1}、δ_{xu2}、δ_{xd1}、δ_{xd2} 在 X 向、Y 向、Z 向的分量；根据数控高精度卧式数控机床滑板和立柱的设计与装配尺寸关系，可知立柱上下导轨跨距 a_x 为 1650mm，同侧导轨上两滑块间距 b_x 为 800mm；再结合立柱蠕变变形与机床 X 向几何误差关系表达式(4.14)可分别求得。

2. 机床 X 向精度退化建模及参数分析

立柱蠕变时导轨面关键点的位移随时间缓慢增大，由式(4.15)得到机床 X 向几何误差的退化规律。X 向几何精度退化序列为 $X(t)=\left[X(1),\cdots,X(t_j),\cdots,X(t_n)\right]$，共有 n 个时刻的退化值，并用 $X(t_j)=\left[X_{1j},\cdots,X_{ij},\cdots,X_{mj}\right]$ 表示 t_j 时刻滑板在运动行程上机床的六个几何误差值，X_{ij} 表示滑板整个行程中空间位置 i 在 t_j 时刻的机床 X 向几何误差退化值，滑板在 X 向的行程共分为 m 个空间节点。

结合立柱蠕变数值模拟，获取蠕变过程中 18 个时刻的有限元蠕变值，得到机床服役两年的 X 向几何精度退化序列为 $X(t)=\left[X_1,X_2,\cdots,X_{18}\right]$，且每个蠕变时刻等间距提取滑板运动方向 121 个空间位置的位移蠕变值，得到退化序列中各个时刻的几何误差数据为 $X(t_j)=\left[X_{1j},X_{2j},\cdots,X_{121j}\right]$，最终得到立柱初期服役时几何精度退化数据样本如下：

$$\begin{bmatrix} x_{11} & \cdots & x_{1j} & \cdots & x_{1n} \\ \vdots & & \vdots & & \vdots \\ x_{i1} & \cdots & x_{ij} & \cdots & x_{in} \\ \vdots & & \vdots & & \vdots \\ x_{m1} & \cdots & x_{mj} & \cdots & x_{mn} \end{bmatrix} \quad (4.15)$$

式中，$i=1,2,\cdots,121$；$j=1,2,\cdots,18$。

接着采用式(4.9)对机床 X 向几何精度退化模型均值方差参数进行估计，分别得到 X 向六个几何误差特征分布序列为 $\mu(t)_x^*=[\mu(t_0)_x^*,\cdots,\mu(t_j)_x^*,\cdots,\mu(t_n)_x^*]$，方差 $\sigma(t)_x^{2*}=[\sigma(t_0)_x^{2*},\cdots,\sigma(t_j)_x^{2*},\cdots,\sigma(t_n)_x^{2*}]$，并通过式(4.11)的最小二乘法拟合机床 X 向误差退化轨迹未知参数 λ_μ^x、β_μ^x、λ_σ^x、β_σ^x。得到特征参数的退化轨迹如表 4.10 所示。

表 4.10　数控机床 X 向几何误差分布参数退化轨迹　　　　　　（单位：mm）

X 向几何误差	$\mu(t)$	$\sigma(t)$
$\delta_x(x)$	$0.00001415t^{0.13525}$	$1.6829\times10^{-6}t^{0.1356}$
$\delta_y(x)$	$-0.000048025t^{0.13493}$	$2.2023\times10^{-6}t^{0.13513}$
$\delta_z(x)$	$0.00012421t^{0.13488}$	$0.000019252t^{0.13567}$
$\varepsilon_x(x)$	$1.3049\times10^{-7}t^{0.13466}$	$6.6602\times10^{-10}t^{0.1151}$
$\varepsilon_y(x)$	$4.0615\times10^{-8}t^{0.13549}$	$8.0462\times10^{-9}t^{0.13579}$
$\varepsilon_z(x)$	$2.8828\times10^{-9}t^{0.13498}$	$7.9584\times10^{-9}t^{0.13512}$

4.2.3.3 滑板精度退化建模分析

滑板作为高精度卧式数控机床的关键部件之一，由立柱上下 X 向导轨支撑。滑板的作用主要是连接机床立柱和主轴箱，既保证滑板自身在立柱上实现 X 向进给运动，还需要支撑主轴箱实现 Y 向进给运动，因此滑板自身精度是保证机床 X 向、Y 向几何精度的重要前提，亦是保证整机加工精度可靠性的关键因素。然而滑板在制造过程中其内部会产生残余应力，导致滑板在服役过程中因应力松弛产生变形，其导轨面小位移变形会直接影响主轴箱 Y 向的运动精度。为此，本节建立了滑板导轨面变形与主轴箱运动精度间的映射关系模型。首先构建了滑板与主轴箱间的表征关系模型，并结合滑板导轨蠕变变形数据可得到主轴箱运动精度退化规律，从而实现对机床 Y 向精度的预测。

1. 滑板关重件误差模型表征

结合数控机床整机的装配关系简图，可通过滑板与主轴箱间的装配关系表征二者间几何误差关系。在建立误差关系表征模型时，需简化滑板与主轴箱间的尺寸链以降低建模难度，由于功能部件精度高于机床关重大件精度，故忽略直线导轨与滑块标准件精度退化对尺寸链间的影响，且不考虑机床主轴系统自重引起的滑板导轨弹性变形，由此得到简化后的滑板与主轴箱间误差关系表征模型，如图 4.18 所示。

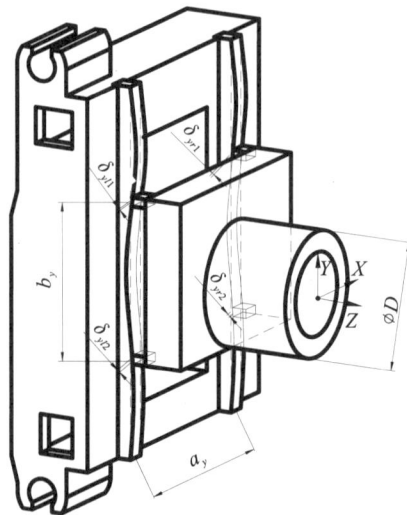

图 4.18　滑板导轨和主轴箱间几何误差关系表征模型

δ_{yl1}、δ_{yl2}. 左导轨滑块处的导轨形变误差；δ_{yr1}、δ_{yr2}. 右导轨滑块处的导轨形变误差；

a_y. 立柱左右导轨跨距；b_y. 立柱同侧滑块间距；D. 主轴箱外径尺寸

螺钉将滑块固连在主轴箱上，且随主轴箱在滑板导轨上作 Y 向运动，服役过程中的"框形"滑板受到内部残余应力会随时间缓慢释放变形，致使导轨安装面发生小位移变形，并通过直线导轨滑块使主轴箱 Y 向运动时产生相应的几何误差，包括定位误差 $\delta_y(y)$、直线度误差 $\delta_x(y)$、$\delta_z(y)$ 以及三个转角误差 $\varepsilon_x(y)$、$\varepsilon_y(y)$、$\varepsilon_z(y)$。根据已建立的数控机床滑板与主轴箱间几何误差表征模型(图 4.18)，结合四个滑块所在位置处导轨的形位误差值 $[L_{y1}=(x_y^1,\ y_y^1)$、$L_{y2}=(x_y^1,\ y_y^2)$、$R_{y1}=(x_y^2,\ y_y^1)$、$R_{y2}=(x_y^2,\ y_y^2)$ 的误差值为 δ_{yl1}、δ_{yl2}、δ_{yr1}、δ_{yr2}，且主轴中心的空间位置为 $L_y=((x_y^1+x_y^2)/2,\ y_y^2+D/2)]$，利用双线性插值法可得到滑板左右导轨蠕变形变量与机床 Y 向几何误差的关系表达式为

$$
\begin{cases}
\delta_x(y)=\dfrac{D\delta_{yl1x}+D\delta_{yr1x}+[2(y_y^1-y_y^2)-D]\delta_{yl2x}+[2(y_y^1-y_y^2)-D]\delta_{yr2x}}{4(y_y^1-y_y^2)} \\[4mm]
\delta_y(y)=\dfrac{D\delta_{yl1y}+D\delta_{yr1y}+[2(y_y^1-y_y^2)-D]\delta_{yl2y}+[2(y_y^1-y_y^2)-D]\delta_{yr2y}}{4(y_y^1-y_y^2)} \\[4mm]
\delta_z(y)=\dfrac{D\delta_{yl1z}+D\delta_{yr1z}+[2(y_y^1-y_y^2)-D]\delta_{yl2z}+[2(y_y^1-y_y^2)-D]\delta_{yr2z}}{4(y_y^1-y_y^2)} \\[4mm]
\varepsilon_x(y)=\dfrac{1}{2b_y}\times(\delta_{yl1z}+\delta_{yr1z}-\delta_{yl2z}-\delta_{yr2z}) \\[4mm]
\varepsilon_y(y)=\dfrac{\dfrac{D\delta_{yl1z}}{2}+\left(y_y^1-y_y^2-\dfrac{D}{2}\right)\delta_{yl2z}-\dfrac{D\delta_{yr1z}}{2}-\left(y_y^1-y_y^2-\dfrac{D}{2}\right)\delta_{yr2z}}{a_y(y_y^1-y_y^2)} \\[4mm]
\varepsilon_z(y)=\dfrac{1}{2b_y}\times(\delta_{yl2x}+\delta_{yr2x}-\delta_{yl1x}-\delta_{yr1x})
\end{cases}
\tag{4.16}
$$

其中，$b_y=y_y^1-y_y^2$，整理后得到

$$
\begin{cases}
\delta_x(y)=\dfrac{D\delta_{yl1x}+D\delta_{yr1x}+[2b_y-D]\delta_{yl2x}+[2b_y-D]\delta_{yr2x}}{4b_y} \\[4mm]
\delta_y(y)=\dfrac{D\delta_{yl1y}+D\delta_{yr1y}+[2b_y-D]\delta_{yl2y}+[2b_y-D]\delta_{yr2y}}{4b_y} \\[4mm]
\delta_z(y)=\dfrac{D\delta_{yl1z}+D\delta_{yr1z}+[2b_y-D]\delta_{yl2z}+[2b_y-D]\delta_{yr2z}}{4b_y} \\[4mm]
\varepsilon_x(y)=\dfrac{1}{2b_y}\times(\delta_{yl1z}+\delta_{yr1z}-\delta_{yl2z}-\delta_{yr2z}) \\[4mm]
\varepsilon_y(y)=\dfrac{1}{2a_yb_y}\times[D(\delta_{yl1z}-\delta_{yr1z})+(2b_y-D)(\delta_{yl2z}-\delta_{yr2z})] \\[4mm]
\varepsilon_z(y)=\dfrac{1}{2b_y}\times(\delta_{yl2x}+\delta_{yr2x}-\delta_{yl1x}-\delta_{yr1x})
\end{cases}
\tag{4.17}
$$

式 (4.17) 中 $[\delta_{yl1x},\delta_{yl2x},\delta_{yr1x},\delta_{yr2x}]$、$[\delta_{yl1y},\delta_{yl2y},\delta_{yr1y},\delta_{yr2y}]$、$[\delta_{yl1z},\delta_{yl2z},\delta_{yr1z},\delta_{yr2z}]$ 分别表示与滑板连接的四个滑块所在位置滑板导轨形变误差 δ_{yl1}、δ_{yl2}、δ_{yr1}、δ_{yr2} 在 X 向、Y 向、Z 向的分量。

根据数控机床滑板与主轴箱三维结构和装配设计,可得滑板左右导轨跨距 a_y=620mm,同侧导轨跨距 b_y=480mm,主轴箱外径尺寸 D=300mm,结合有限元蠕变仿真获得滑板在自身残余应力作用下其左右导轨面在 X 向、Y 向、Z 向的蠕变变形分量 U1、U2、U3,通

过滑板蠕变变形与几何误差关系表达式(4.17)可得到主轴箱在整个 Y 向行程中的 $\delta_x(y)$、$\delta_y(y)$、$\delta_z(y)$、$\varepsilon_x(y)$、$\varepsilon_y(y)$、$\varepsilon_z(y)$ 数值。

2. 滑板 Z 向精度退化建模及参数分析

滑板的蠕变变形规律与床身和立柱相同，随时间缓慢增大后逐渐趋于平稳，且由式(4.17)可得到机床 Y 向几何误差退化规律，用 $Y(t) = [Y(1), \cdots, Y(t_j), \cdots, Y(t_n)]$ 表示 Y 向几何精度退化序列，每个时刻主轴运动方向上几何误差值用 $Y(t_j) = [Y_{1j}, \cdots, Y_{ij}, \cdots, Y_{mj}]$ 表示，Y_{ij} 表示主轴箱在 Y 向行程中 i 位置在 t_j 时刻的机床几何误差退化值，整个退化序列包含 m 个空间位置点在 n 个时刻的数据。

在滑板蠕变数值模拟过程中沿导轨长度方向上等间距提取空间位置点服役期时刻的位移变形值，得到滑板初期服役时机床 Y 向几何精度退化数据样本如下：

$$\begin{bmatrix} y_{11} & \cdots & y_{1j} & \cdots & y_{1n} \\ \vdots & & \vdots & & \vdots \\ y_{i1} & \cdots & y_{ij} & \cdots & y_{in} \\ \vdots & & \vdots & & \vdots \\ y_{m1} & \cdots & y_{mj} & \cdots & y_{mn} \end{bmatrix} \tag{4.18}$$

式中，$i = 1, 2, \cdots, 87$；$j = 1, 2, \cdots, 18$。

通过极大似然估计法估计各个时刻的机床 Y 向六项几何误差均值方差，得到 Y 向几何误差分布特征参数 $\mu(t)_y^*$ 和 $\sigma(t)_y^{2*}$ 的退化序列，然后利用最小二乘法拟合机床 Y 向误差分布特征参数退化轨迹，确定未知参数 λ_u^y、β_u^y、λ_σ^y、β_σ^y 最优解，相应的机床 Y 向几何误差退化方程如表 4.11 所示。

表 4.11 数控机床 Y 向几何误差分布参数退化轨迹   (单位：mm)

Y 向几何误差	$\mu(t)$	$\sigma(t)$
$\delta_x(y)$	$-9.0753 \times 10^{-6} t^{0.082357}$	$8.6457 \times 10^{-6} t^{0.10028}$
$\delta_y(y)$	$-0.0000577716 t^{0.10164}$	$6.5012 \times 10^{-6} t^{0.10173}$
$\delta_z(y)$	$0.00003946 t^{0.10586}$	$0.00028526 t^{0.10199}$
$\varepsilon_x(y)$	$7.6847 \times 10^{-7} t^{0.10183}$	$4.3913 \times 10^{-8} t^{0.10038}$
$\varepsilon_y(y)$	$1.0765 \times 10^{-7} t^{0.097634}$	$4.5505 \times 10^{-9} t^{0.097793}$
$\varepsilon_z(y)$	$-2.4591 \times 10^{-8} t^{0.10027}$	$3.8826 \times 10^{-9} t^{0.097919}$

4.3 数控装备精度自愈模型的稳健性理论

目前，国内外在装备误差补偿建模方面进行了较多研究，一些数控机床也进行了误差补偿，但由于误差补偿模型受环境温度、加工工况、装备精度退化等因素影响大，在特定工况下建立的误差补偿模型会很快失效，即误差补偿模型稳健性差，导致装备误差补偿研究停留在实验室阶段，造成人力、物力的浪费，阻碍装备误差补偿技术的推广应用。

单个误差模型稳健与误差模型自愈调整共同组成了数控装备精度自愈理论。其中，单个误差模型的稳健，强调单个误差模型能够在各类影响因素的影响下保持长期稳定有效。但是，再稳健的误差模型也不可能适应所有情况，这就需要误差模型自愈调整根据特定条件来调整误差模型，使其能适应新的应用场景。

4.3.1 稳健性建模技术理论

依据不同的数学算法所建立的热误差补偿模型，其精度和稳健性存在着差异，直接决定了补偿效果的优劣。本节对多种建模算法进行研究，对比各算法机理和模型应用效果，以得到最为稳健的单个模型构建方法。

4.3.1.1 稳健性建模算法

1. 主成分回归

主成分回归算法的核心思想是降维，多个自变量之间如果具有很强的共线性，说明其包含的信息存在很高的重复性。主成分回归将所有变量的测量值通过某种特定的线性组合转换成新的正交向量，进而在建模之前，首先对所有正交向量信息量进行筛选，将信息量较少的向量剔除，留下包含主要信息且相互正交的向量，即主成分。正交即意味着不具有共线性，因此采用主成分进行回归建模，也可以有效抑制共线性对模型的干扰，回归之后，再通过反线性变换，将主成分还原为模型的自变量即完成建模。

如图 4.19 所示，假设两个自变量 x_1 和 x_2 之间具有很强的共线性，画出两个变量的测量值。

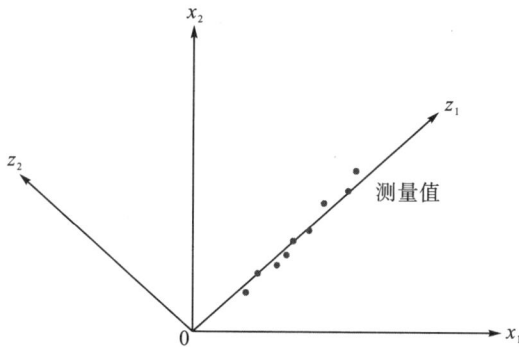

图 4.19　主成分回归算法原理

图 4.19 中，分别将 x_1 和 x_2 视为坐标系的两个坐标轴，然后根据测量数据，作出 x_2 随 x_1 的变化散点图，可以发现，它们之间呈现出很强的线性变化关系。但如果通过变换，将 x_1 和 x_2 转换为新的变量 z_1 和 z_2，即

$$\begin{cases} z_1 = p_{11}x_1 + p_{12}x_2 \\ z_2 = p_{21}x_1 + p_{22}x_2 \end{cases} \tag{4.19}$$

并在变换的过程中去掉 z_1 和 z_2 之间的关联性，则会得到两个完全不具备共线性的自变量，即主成分变量。利用主成分变量，再进行回归即可消除共线性对模型精度的影响。另根据图 4.19 可以看出，两个主成分变量包含的信息量完全不同，当 z_1 逐渐增大时，z_1 仅在 0 附近小范围波动。因此，在建模时去掉 z_1，仅保留包含主要信息的 z_1。这样做有利于进一步消除数据中噪声信息对模型精度的干扰。

主成分回归建立的模型：

$$y = k_0 + k_1 z_1 \tag{4.20}$$

结合式 (4.19) 和式 (4.20) 将 z_1 展开，得到关于 x_1 和 x_2 的建模结果，即

$$y = k_0 + k_1(p_{11}x_1 + p_{12}x_2) \tag{4.21}$$

基于上述原理，主成分建模分为下面几个步骤：①标准化数据；②提取主成分变量；③筛选主成分变量；④建立主成分变量回归模型；⑤变换得到最终建模结果。

2. 岭回归

霍尔 (Hoerl) 提出的岭回归算法对模型系数的估计式为

$$\hat{\beta}^* = (X^{\mathrm{T}}X + kI)^{-1}X^{\mathrm{T}}Y \tag{4.22}$$

其中，k 为岭参数，且 $k \geqslant 0$；I 为单位矩阵。

从式 (4.22) 中可以看出，岭回归算法给 $X^{\mathrm{T}}X$ 加上一个正常数矩阵 kI，放弃了对模型系数的无偏估计。但是也降低了共线性导致的 $X^{\mathrm{T}}X$ 接近奇异矩阵的程度。此时，模型系数的方差为

$$\mathrm{Var}(\hat{\beta}) = \mathrm{diag}[(X^{\mathrm{T}}X + kI)^{-1}]\sigma^2 \tag{4.23}$$

通过比较多元线性回归原理和岭回归发现，合理地增大岭参数 k，可以使 $X^{\mathrm{T}}X$ 偏离奇异矩阵。霍尔发现，这种做法可以在模型系数估计值最大概率位置在极小偏离真实值的情况下，大幅减小模型系数估计值的方差。在模型输入变量存在严重共线性时，由于方差较小，使得模型系数接近真实值的概率大幅增加，从而抑制了共线性对模型系数估计值的影响，提升了模型的预测精度和预测稳健性。

但是，在建立岭回归模型之前，必须确定合理的岭参数 k 值，如果无限制地增大岭参数，最终会导致模型系数估计值偏离真实值的程度让人无法接受，所以，结合数控机床热误差实验数据，对岭参数 k 值进行选择。

本书将岭参数 k 值逐渐由 0 顺序递增，直到 $k=25$，分析不同 k 值时模型的预测精度和预测稳健性，以寻找出最佳岭参数进行建模。以 K1 批次数据主轴 Z 向热误差为例，具体步骤如下。

(1) 将 k 取值从 0 开始，每次增加 0.1，直到 $k=25$。

(2) 对于每个 k 取值，根据式 (4.22) 建立热误差模型，并对其余批次数据进行预测，计算预测残余标准差 S。

（3）分别计算各批次数据预测标准差的平均值，用于表征预测精度，计算各批次数据预测标准差的标准差，用于表征预测稳健性。

（4）预测标准差的标准差和平均值随岭参数的变化情况如图 4.20 所示。

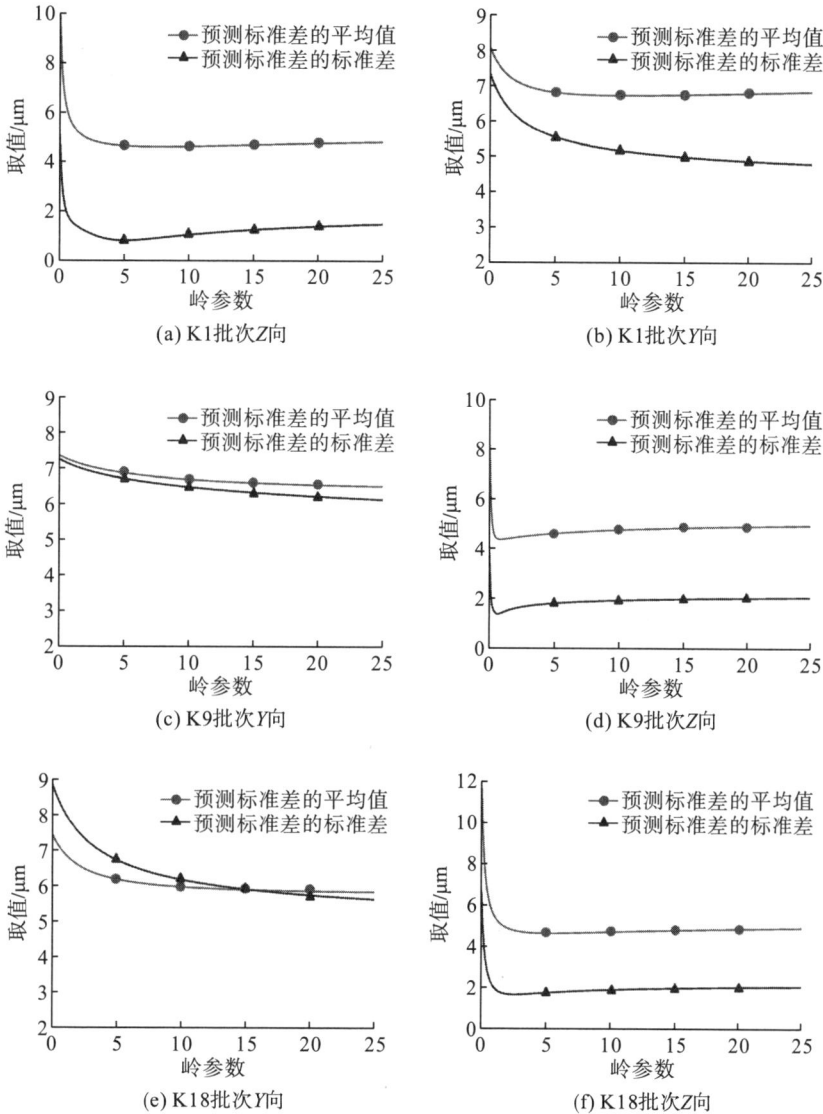

图 4.20　热误差预测效果随岭参数变化轨迹

根据图 4.20（a）可见，当岭参数大于一定值后，预测效果趋于稳定。同样的情况也出现在 Y 向热误差中，由于数据量过大，无法一一呈现，所以仅选择具有代表性的 K1、K9、K18 三批次数据。图 4.20（b）为 K1 批次 Y 向热误差预测效果随岭参数的变化情况；图 4.20（c）、（d）为 K9 批次 Y 向、Z 向热误差预测效果随岭参数的变化情况；图 4.20（e）、（f）为 K18 批次 Y 向、Z 向热误差预测效果随岭参数的变化情况。

根据图 4.20 可以看出，当岭参数大于 20 后，预测效果和模型系数随着岭参数的继续增大趋于平稳。因此，参照研究的数控机床进行的热误差建模，取岭参数等于 20 较为合适。

3. 拆分回归

共线性问题只存在于多个输入变量同时参与建模的时候，但如果将建模的步骤分解，使得一次只有一个变量参与建模，也能够解决共线性问题，这就是拆分回归。

1）标准化数据

对于 m 个自变量 $x_1, x_2, \cdots, x_m$ 和因变量 y，首先进行预处理，具体方法参见多元线性回归。处理过后，原自变量 $x_1, x_2, \cdots, x_m$ 和因变量 y 变成 $x_1^*, x_2^*, \cdots, x_m^*$ 和 y^*。

2）关联性排序

计算变量 $x_1^*, x_2^*, \cdots, x_m^*$ 和 y^* 之间的相关系数，并根据相关系数从大到小的顺序对 $x_1^*, x_2^*, \cdots, x_m^*$ 排序，假设排序后有相关系数 $x_1^* > x_2^* > \cdots > x_m^*$。

3）拆分回归

建立 y^* 关于 x_1^* 的多元回归模型：

$$y^* = k_1^* + x_1^* \tag{4.24}$$

式中，

$$k_1^* = (x_1^{*\mathrm{T}} x_1^*)^{-1} x_1^{*\mathrm{T}} y^* \tag{4.25}$$

式中，y^* 为变量 y 所有测量值组成的列向量；x_1^* 为变量 x_1 所有测量值组成的列向量。

将变量 x_1 的测量值 x_1^* 代入式（4.24）中，得到一组对应的估计值，并令 y^* 减去估计值，计算模型［式（4.24）］的预测残差，记为 y_{S1}^*，即

$$y_{S1}^* = y^* - k_1^* x_1^* \tag{4.26}$$

4）建立变量 x_2 关于预测残差 y_{S1}^* 的模型

模型为

$$y_{S1}^* = k_2^* x_2^* \tag{4.27}$$

式中，

$$k_2^* = (x_2^{*\mathrm{T}} x_2^*)^{-1} x_2^{*\mathrm{T}} y_{S1}^* \tag{4.28}$$

式中，x_2^* 为变量 x_2 所有测量值组成的列向量。

将变量 x_2 的测量值 x_2^* 代入式（4.27）中，得到一组对应的估计值，并令 y_{S1}^* 减去估计值，计算模型［式（4.28）］的预测残差，记为 y_{S2}^*。之后建立变量 x_3 关于预测残差 y_{S3}^* 的模型，得到模型系数 k_3^*，以此类推，直到得到所有变量 $x_1^*, x_2^*, \cdots, x_m^*$ 的系数，记为 $k_1^*, k_2^*, \cdots, k_m^*$。得到的拆分回归模型为

$$y^* = k_1^* x_1^* + k_2^* x_2^* + \cdots + k_m^* x_m^* \tag{4.29}$$

5）变换得到最终建模结果

参考式（4.29）进行变换，最终得到因变量 y 关于自变量 $x_1, x_2, \cdots, x_m$ 的拆分回归模型，如下：

$$y = k_1 x_1 + k_2 x_2 + \cdots + k_m x_m \tag{4.30}$$

4.3.1.2　建模算法稳健性对比

建模算法的好与坏需要依据对热误差的预测精度来评价。因此，基于大量实验采集到的机床热误差数据，分别利用不同算法建立热误差模型，并对模型的精度做对比，如图 4.21 所示。

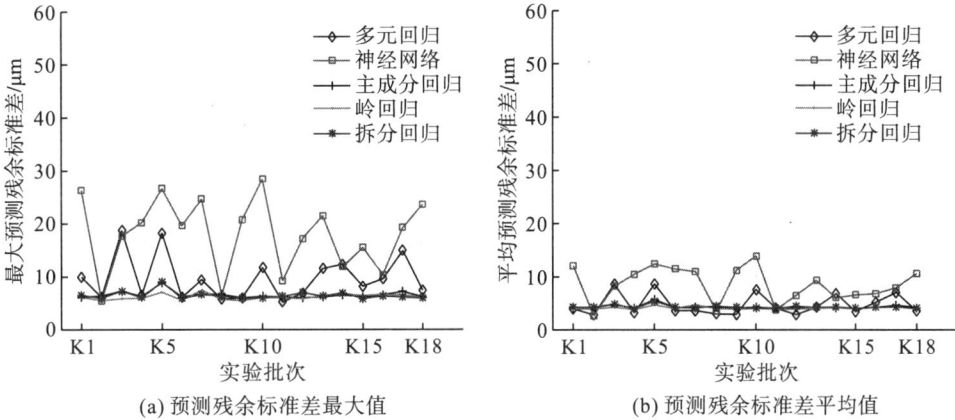

(a) 预测残余标准差最大值　　　　　　　　(b) 预测残余标准差平均值

图 4.21　预测效果

根据图 4.21 可以看出，无论是最大值、平均值还是标准差，多元线性回归、神经网络等传统建模算法建立的热误差模型均出现了剧烈的波动，而岭回归、主成分回归等强稳健性建模算法预测误差波动较小，并且整体预测误差明显小于传统算法，各批次数据建立模型的预测残余标准差最大值不超过 10μm。这说明强稳健性建模算法能够将机床温度和热误差之间的规律准确地提取出来，从而不仅具有较高的预测精度，稳健性也得到了大幅提升。

4.3.1.3　模型稳健性影响机理研究

1. 共线性对多元线性回归模型准确性的影响机理

多元线性回归算法为

$$y = k_0 + k_1 x_1 + \cdots + k_m x_m \tag{4.31}$$

式中，y 表示热误差；$x_1, \cdots, x_m$ 表示代入热误差补偿模型中的温度敏感点。

模型系数 $\vec{k} = \{k_0, k_1, \cdots, k_m\}$。可通过多元线性回归算法进行估计，即

$$\hat{\vec{k}}^{\mathrm{T}} = (\vec{X}_{\mathrm{C}}^{\mathrm{T}} \vec{X}_{\mathrm{C}})^{-1} \vec{X}_{\mathrm{C}}^{\mathrm{T}} \vec{Y} \tag{4.32}$$

式中，$\hat{\vec{k}}^{\mathrm{T}}$ 表示模型系数 $\vec{k}$ 的估计值；$\vec{Y} = \vec{y}$，$\vec{y}$ 表示与温度敏感点中数据同步的热误差观测值；$\vec{X}_{\mathrm{C}}$ 的表达式为

$$\vec{X}_C = (1\vec{X}_0) = \begin{pmatrix} 1 & x_{11} & \cdots & x_{m1} \\ 1 & x_{12} & \cdots & x_{m2} \\ \vdots & \vdots & \cdots & \vdots \\ 1 & x_{1n} & \cdots & x_{mn} \end{pmatrix} \tag{4.33}$$

自变量系数估计值的期望 $E(k_0, k_1, k_2, \cdots)$ 和方差 $\mathrm{Var}(k_0, k_1, k_2, \cdots)$ 分别为

$$E\left(\hat{\vec{k}}\right) = \vec{k} = E(k_0, k_1, k_2, \cdots) = k_0, k_1, k_2, \cdots \tag{4.34}$$

$$\mathrm{Var}\left(\hat{\vec{k}}\right) = \mathrm{Var}(k_0, k_1, k_2, \cdots) = \mathrm{diag}\left[\left(\vec{X}_C^{\mathrm{T}} \vec{X}_C\right)^{-1}\right]\sigma \tag{4.35}$$

式中，σ 为模型残差平方和，$\sigma = \sum_{i=1}^{n}\left(y_i - \hat{y}_i\right)^2$；$\mathrm{diag}\left[\left(\vec{X}_C^{\mathrm{T}} \vec{X}_C\right)^{-1}\right]$ 为矩阵 $\left(\vec{X}_C^{\mathrm{T}} \vec{X}_C\right)^{-1}$ 主对角线元素组成的列向量。从式 (4.34) 可以看出，多元线性回归模型系数估计值的方差和 $\left(\vec{X}_C^{\mathrm{T}} \vec{X}_C\right)^{-1}$ 主对角线元素成正比。而 $\left(\vec{X}_C^{\mathrm{T}} \vec{X}_C\right)^{-1}$ 主对角线元素数值大小与温度敏感点的温度观测值之间的共线性程度相关。如果共线性较大，会导致 $\vec{X}_C^{\mathrm{T}} \vec{X}_C$ 接近奇异矩阵，即变得非常小，从而增大 $\left(\vec{X}_C^{\mathrm{T}} \vec{X}_C\right)^{-1}$ 主对角线元素数值，导致模型系数估计值非常容易偏离真实值，并且模型系数偏大的概率也显著增大。

多元线性回归虽然能够提供精度较高的拟合模型，但是无法解决共线性的问题，故无法建立精度高、稳健性强的预测模型。因此，本书利用岭回归和主成分建模算法来消除共线性影响。

2. 岭回归算法消除共线性影响机理

霍尔提出的岭回归算法对模型系数的估计式为

$$\hat{\vec{k}^*}^{\mathrm{T}} = \left(\vec{X}_C^{\mathrm{T}} \vec{X}_C + \beta \vec{I}\right)^{-1} \vec{X}_C^{\mathrm{T}} \vec{Y} \tag{4.36}$$

式中，β 为岭参数，且 $\beta \geqslant 0$；$\vec{I}$ 为单位矩阵。

从式 (4.36) 中可以看出，岭回归算法给 $\vec{X}_C^{\mathrm{T}} \vec{X}_C$ 加上了一个正常数矩阵 $\beta \vec{I}$，这意味着岭回归算法放弃了对模型系数的无偏估计，同时也减小了共线性导致的 $\vec{X}_C^{\mathrm{T}} \vec{X}_C$ 接近奇异矩阵的程度。这一点已由霍尔证明。霍尔证明了通过合理地增大岭参数 k，可以在模型系数估计期望值微微偏离真实值的情况下，大幅减小模型系数估计值的方差，如图 4.22 所示。

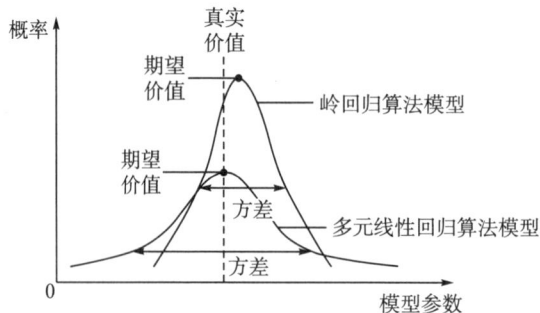

图 4.22　存在共线性问题时多元线性回归和岭回归模型估计系数概率分布

图 4.22 显示了在模型输入变量存在共线性问题时, 多元线性回归和岭回归模型估计系数概率分布的比对情况。从图中可以看出, 虽然岭回归相对于多元线性回归的模型系数估计期望值和真实值有微小偏离, 但是由于方差较小, 使得模型系数接近真实值的概率大幅增加, 从而抑制了共线性对模型系数估计值的影响, 提升了模型的预测精度和预测稳健性。

3. 主成分回归算法消除共线性影响机理

主成分回归算法的核心思想是降维, 即把高维空间上的多个特征组合成少数几个无关的主成分, 同时包含原始数据中大部分变异信息, 从而降低了特征间的多重共线性。即在保证数据损失尽可能小的前提下, 经过线性变换和舍弃一部分信息, 以少数新的综合变量(主成分变量)替代原始采用的多维变量。

上述概念中的变异信息用方差来衡量, 第一主成分是高维空间上的一个向量, 所有的点到直线的距离平方和最小。如图 4.23 所示, 所有点到直线 Z1 的距离平方和最小, 它就代表着第一主成分向量。有了第一主成分, 则可依次向后选择主成分, 且各主成分之间是相互正交的向量, 如图 4.23 所示的直线 Z2 可代表第二主成分向量。对于高维空间, 一个向量的正交向量可以有无数个, 则在确定第一主成分后, 其正交向量中根据距离平方和继续寻找到的向量作为第二主成分, 之后的主成分依次类推。

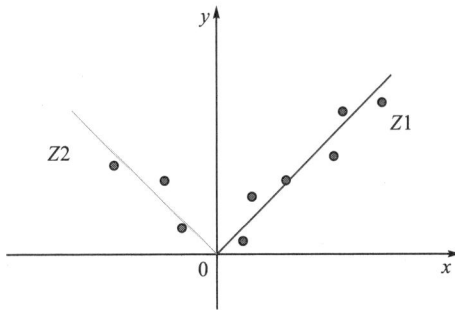

图 4.23　主成分回归算法原理

假设有两个具有很强共线性的自变量 x_1 和 x_2, 画出两个变量的测量值。分别将 x_1 和 x_2 视为坐标系的两个坐标轴, 然后根据测量数据, 作出 x_1 随 x_2 的变化散点图, 可以发现, 它们之间存在很强的线性变化关系。但如果通过变换, 将 x_1 和 x_2 转换为新的变量 z_1 和 z_2, 即

$$\begin{cases} z_1 = p_{11}x_1 + p_{12}x_2 \\ z_2 = p_{21}x_1 + p_{22}x_2 \end{cases} \tag{4.37}$$

并在变换的过程中去掉 z_1 和 z_2 之间的相关性, 则会得到两个完全不具备共线性的自变量, 即主成分变量。利用主成分变量, 再进行回归即可消除共线性对模型精度的影响。由图 4.23 还可以看出, 两个主成分变量包含的信息量完全不同, 当 z_1 逐渐增大时, z_2 仅在 0 附近小范围波动。因此, 在建模时去掉 z_2, 仅保留包含主要信息的 z_1。这样做有利于进一步消除数据中噪声信息对模型精度的干扰。

使用主成分回归算法得到函数表达式：

$$y = k_0 + k_1 z_1 \tag{4.38}$$

将式(4.37)代入式(4.38)，得到

$$y = k_0 + k_1 \left(p_{11} x_1 + p_{12} x_2 \right) \tag{4.39}$$

式(4.39)中仍然含有具有共线性的自变量 x_1 和 x_2，但是消除了共线性对模型稳健性的影响。这是因为，所谓的消除共线性并不是说要消除自变量之间存在的共线性，使得模型中存在的自变量没有共线性，而是指要使得模型中的自变量之间的共线性对模型的稳健性不产生影响或不产生明显影响。

共线性对模型稳健性的影响产生在最小二乘这一步，即

$$\begin{pmatrix} k_0 \\ k_1 \\ \vdots \\ k_l \end{pmatrix} = \left(X_C^T X_C \right)^{-1} X_C^T Y_0 \tag{4.40}$$

对于主成分回归算法，涉及最小二乘的只有求主成分前系数这一步，即

$$\begin{pmatrix} b_1 \\ \vdots \\ b_g \end{pmatrix} = \left(Z^T Z \right)^{-1} Z^T y^* \tag{4.41}$$

主成分变量通过协方差矩阵已经变得正交(不相关)。因此，通过主成分变换得到的最终建模结果中虽然包含具有共线性的系数不为 0 的自变量 x_1 和 x_2，但 x_1 和 x_2 之间的共线性对模型的稳健性已经不产生影响。

4.3.2 双闭环稳健建模方法

前文解决了单个误差模型稳健性问题，但是再稳健的误差模型也不可能适应所有情况，这就需要误差模型自愈调整根据特定条件来调整误差模型，使其能适应新的应用场景。本书提出了双闭环稳健建模方法(图 4.24)，构建大数据误差模型库，在误差补偿时，根据机床检测数据，计算出当前模型的适用度评价指标，自动选择最适合当前工况的误差补偿模型，实现模型的自适应调整；当所有模型均不能满足效果时，本书提出了基于在线测量的误差模型校正方法，即自动校准误差模型，实现数控装备在不同工况下的精度稳健自愈。

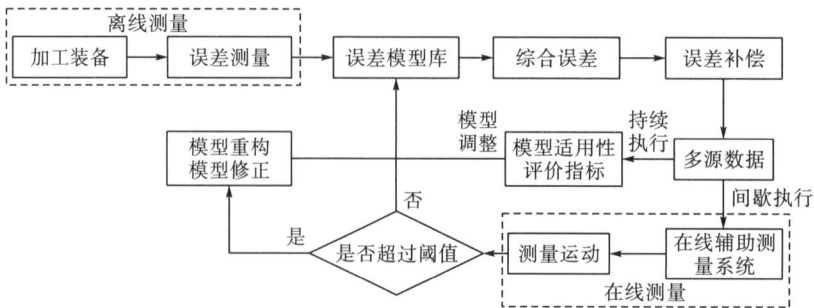

图 4.24 双闭环误差稳健自愈模型

4.3.2.1　大数据误差模型库

单个模型不可能适用于复杂零件加工的所有工况,为此,本书提出了大数据误差模型库,以尽可能包含复杂零件的加工工况。大数据误差模型库分为工艺层、环境条件层、温度测点层、建模方法层。

工艺层,即考虑到不同工艺参数下,机床运动参数不同,其热特性不同,这导致了不同工艺参数下的误差模型相互预测准确率低、稳健性差。为此,结合复杂零件加工常用工艺参数,运用田口法,设置一系列工艺梯度,分别进行热特性测试,得到温度与误差数据。

环境条件层,即考虑环境温度影响下,数控机床的热特性差异导致的误差模型稳健性差的问题。结合常用工作温度,设置一系列环境温度梯度,并结合典型工艺参数,分别进行热特性测试,得到温度与误差数据。

温度测点层,即考虑到温度敏感点的变动性导致的误差模型稳健性问题,运用在工艺层与环境条件层所获得的数据,在除去无关温度测点后,运用模糊聚类与相关分析,将分组后的温度测点组成一系列的温度测点组合。

建模方法层,即考虑到不同建模方法的稳健性差异,利用在工艺层与环境条件层所获得的数据以及温度测点层得到的一系列温度测点,运用主成分回归、岭回归等稳健性算法,以及神经网络、支持向量机、多元线性回归等其他算法,分别建立误差补偿模型。

由此构建包含工艺信息、环境条件信息、温度测点布置、建模方法四层信息的大数据误差模型库,见图 4.25。

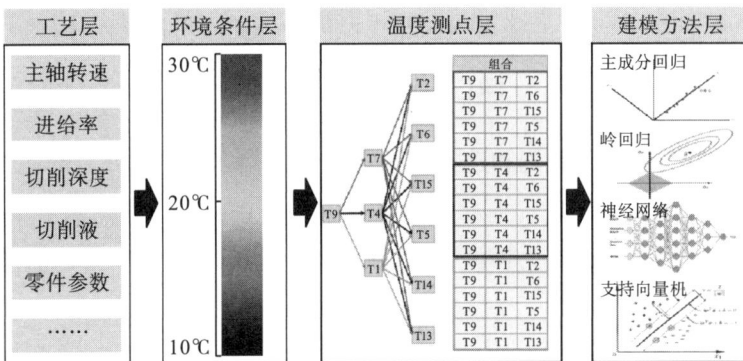

图 4.25　大数据误差模型库

4.3.2.2　模型适用性评价指标

为了从大数据模型库中自适应选择最佳的误差模型,本书提出了模型适用性评价指标。下面以一个案例来介绍模型适用度评价指标的构建过程。

在热误差建模的一般步骤中,首先开展一系列不同工艺下的机床热误差测试,然后基于模糊聚类结合灰色关联度或相关系数筛选出温度敏感点,其中温度敏感点为每一类中与热误差关联度最高的点,用于热误差建模及热误差预测。而在预测及补偿时,由于真实的热误差未知，无法计算实际热误差与温度变量的关联度或相关性，误差模型能否适用于当前情况是未知的。因此，构建一个模型适用性评价指标，表征当前工况的温度变量与建模的温度变量的相关性，间接表征当前工况的温度与热误差的相关性，从而判断当前误差模型是否失效，以指导双闭环误差模型自适应调整模型。

热误差建模中输入温度区间与输出热误差区间分别记作 D_{model}、Y_{model}，预测中输入温度区间与输出热误差区间分别记作 D_{pre}、Y_{pre}。

当 Y_{pre} 显著小于 Y_{model} 时，我们希望 D_{pre} 也明显小于 D_{model}，否则根据建立模型将很难获得足够接近 Y_{pre} 的输出热误差，因为假设此时 D_{pre} 大于或等于 D_{model}，则根据模型得到的输出 Y_{pre} 也将大于或等于 Y_{model}，这违背了"Y_{pre} 明显小于 Y_{model}"的前提，所以此时 D_{pre} 应小于 D_{model}。此时 $D_{\text{pre}}/D_{\text{model}}$ 数值小于 1，且理想情况下，Y_{pre} 小于 Y_{model} 程度越高，$D_{\text{pre}}/D_{\text{model}}$ 数值越小。

当 Y_{pre} 显著大于 Y_{model} 时，我们希望 D_{pre} 也明显大于 D_{model}，否则根据建立模型将很难获得足够接近 Y_{pre} 的输出热误差，因为假设此时 D_{pre} 小于或等于 D_{model}，则根据模型得到的输出 Y_{pre} 也将小于或等于 Y_{model}，这违背了"Y_{pre} 明显大于 Y_{model}"的前提，所以此时 D_{pre} 应大于 D_{model}。此时 $D_{\text{pre}}/D_{\text{model}}$ 数值大于 1，则 $D_{\text{model}}/D_{\text{pre}}$ 数值小于 1，且理想情况下，Y_{pre} 大于 Y_{model} 程度越高，$D_{\text{model}}/D_{\text{pre}}$ 数值越小。

综合上述两种情况，可总结归纳为：不管预测输出区间 Y_{pre} 显著大于还是小于建模输出区间 Y_{model}，建模输入区间 D_{model} 与预测输入区间 D_{pre} 中数值较小的与数值较大的比值总是越小越好。基于以上归纳，本节提出一种定量计算预测温度区间与建模温度区间比值关系的温度区间指标(temperature range index，TRI)，在预测实验中，用于在未知热变形的前提下，评价已建立的热误差模型与预测中温度变量的适用程度，计算如下：

$$\text{TRI}_i = \frac{\min\{D_{\text{pre}}^i, D_{\text{model}}^i\}}{\max\{D_{\text{pre}}^i, D_{\text{model}}^i\}} \tag{4.42}$$

式中，D_{pre}^i、D_{model}^i 分别表示预测和建模时第 i 个温度输入点的分布区间；TRI_i 表示第 i 个温度输入点的温度区间指标。当存在多个温度输入点时，构建总温度区间指标(total temperature range index，TTRI)为模型中所有温度输入点的温度区间指标的乘积，即

$$\text{TTRI} = \prod_{i=1}^{n} \text{TRI}_i \tag{4.43}$$

为方便介绍，以五组不同主轴转速下的热误差数据为例。五组实验主轴转速如表 4.12 所示。实验中 15 个温度测点由 T1~T15 表示。

表 4.12   机床热误差测量实验

实验批次	实验 1	实验 2	实验 3	实验 4	实验 5
主轴转速/(r/min)	1000	2000	3000	4000	5000

以预测实验 5 为例，首先计算所有建模组中温度敏感点与热误差的相关性，计算获得相关系数；然后，根据聚类方法将所有温度点分为三类，并按照相关性大小排序，剔除弱

相关性的温度；最后从每类中分别依次选取一个温度点，组合构建多组温度敏感点，并计算预测组中对应温度组合的 TTRI，如图 4.26 所示。

STEP1：计算相关系数

温度点	T1	T2	T3	T4	T5	T6	T7	T8
相关系数	0.668	0.931	0.564	0.712	0.900	0.930	0.747	0.428
温度点	T9	T10	T11	T12	T13	T14	T15	
相关系数	0.701	0.434	0.572	0.392	0.812	0.879	0.908	

STEP2：聚类，筛选

STEP3：构建组合，计算TTRI

类1

T2	T6	T15	T5
0.931	0.930	0.908	0.900
T14	T13	T8	
0.879	0.812	0.428	

类2

T7	T4	T1	T10
0.747	0.712	0.668	0.434

类3

T9	T11	T3	T12
0.747	0.572	0.572	0.392

*剔除相关系数<0.6的温度点

组合			TTRI
T9	T7	T2	0.3136
T9	T7	T6	0.3461
T9	T7	T15	0.3752
T9	T7	T5	0.3529
T9	T7	T14	0.3529
T9	T7	T13	0.2470
T9	T4	T2	0.3589
T9	T4	T6	0.3961
T9	T4	T15	0.4294
T9	T4	T5	0.4039
T9	T4	T14	0.4039
T9	T4	T13	0.2826
T9	T1	T2	0.3721
T9	T1	T6	0.4107
T9	T1	T15	0.4452
T9	T1	T5	0.4188
T9	T1	T14	0.4188
T9	T1	T13	0.2931

图 4.26　TTRI 计算流程

以均方根误差(root mean square error，RMSE)为评价预测精度指标，一般 RMSE 数值越小，预测效果越好。在预测实验 5 中，以图 4.26 中筛选的 18 种温度组合为输入变量，建立 18 个热误差模型，并分别根据实验 5 中对应温度对第 5 次热误差进行预测。对比 18 组 TTRI 与 RMSE 指标，如图 4.27 所示，其中横坐标表示 18 组预测序号，左侧、右侧纵坐标分别表示 RMSE 与 TTRI 数值。

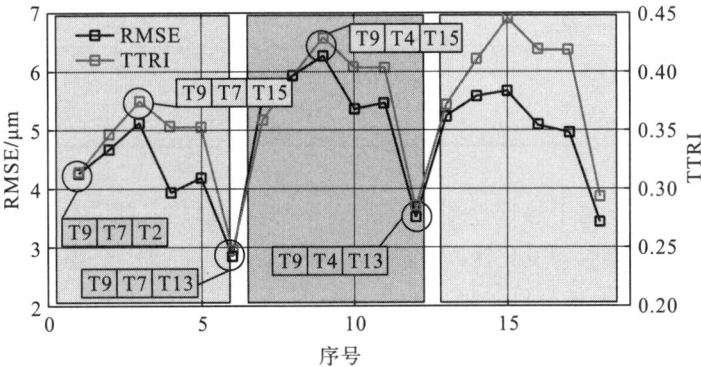

图 4.27　TTRI 与 RMSE 对比(预测实验 5)

图 4.27 中 RMSE 与 TTRI 指标具有显著的正相关性,RMSE 数值随着 TTRI 数值增减而增减。可粗略将曲线分为三个周期,分别对应图中三组温度点组合。将 18 个模型的 RMSE 与 TTRI 拉通对比时,虽然不能保证图中所有温度组合点对应模型的 RMSE 与 TTRI 在数值上按大小完全一一对应,但在其变化趋势上总体相同。

当以 TTRI 为模型适用度指标时,可仅根据温度变化从建立的 18 个热误差模型中选择最合适的温度组合,以预测实验 5 为例,根据传统方法选择的温度敏感点为 T2、T7、T9。而根据被预测组的温度变化区间,计算 TTRI,对温度敏感点重新筛选,如选择第一周期内的第六组温度组合,即 T7、T9、T13,以该温度为自变量重新建模并预测,修正前后模型分别称为模型 1 与模型 2,预测结果如图 4.28 及表 4.13 所示,对比采用 T2、T7、T9 建立的热误差模型 1,模型 2 精度明显更高。

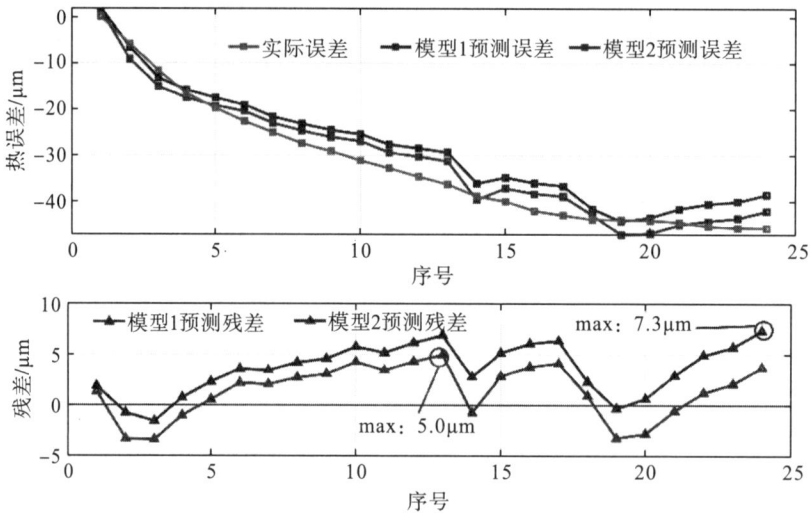

图 4.28　预测实验 5 结果

表 4.13　两组模型的预测精度指标

测试	δ_{max}/μm	RMSE/μm	MAE/μm	残差比
模型 1	7.3	4.4	3.8	0.16
模型 2	5.0	2.9	2.6	0.11

预测实验 5 中情况属于热误差变化区间显著大于建模热误差变化区间,对于热误差变化范围显著小于建模热误差变化区间的预测实验 1 而言,TTRI 与 RMSE 同样具有很好的相关性,如图 4.29 中预测实验 1 所示,图中同时计算了其他几组预测中各个温度组合的 RMSE 与 TTRI。

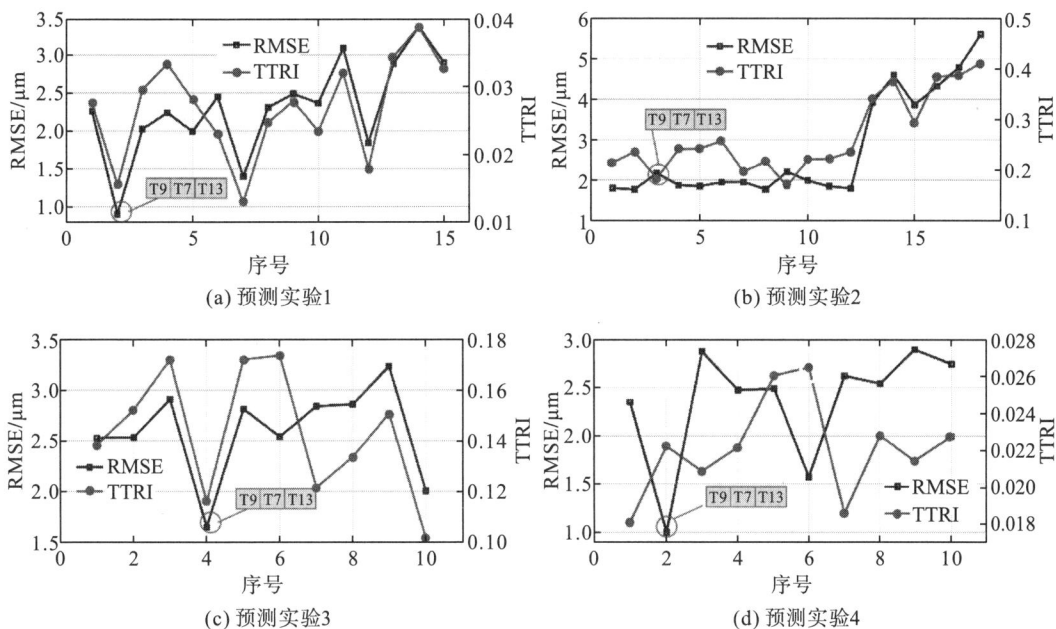

图 4.29　TTRI 与 RMSE 对比(预测实验 1～4)

根据图 4.27～图 4.29 中结果,TTRI 曲线在预测实验 1、预测实验 2、预测实验 3、预测实验 5 中均与 RMSE 曲线具有很好的相关性,特别地,按照从前向后选取第一个较为明显的 TTRI 极低点对应的温度组合点作为建模使用的温度敏感点,如预测实验 1 中的第 2 点,预测实验 2 中的第 3 点,预测实验 3 中的第 4 点以及预测实验 5 中的第 6 点,在这四组的预测中也均能取得较高的预测精度,其中在预测实验 1、预测实验 3、预测实验 5 中,预测能够取得全局中的最小 RMSE,在预测实验 2 的预测中预测 RMSE 略高于全局最优 RMSE。

在预测实验 4 中,TTRI 曲线与 RMSE 曲线变化趋势差异较大,TTRI 并不能适用于实验 4 中的最优温度点或模型筛选。其原因可大致从以下两个方面分析:一是预测实验 4 中计算的 TTRI 指标数值与变化范围均很小,其变化范围在 0.018～0.028,在这种情况下,温度敏感点组合的差异难以完全通过指标 TTRI 反映出;另一方面,除第 2 点,其余各组合的 RMSE 也处于较为接近的状态,这也在一定程度上增加了通过 TTRI 筛选模型的难度。

综上,对于预测实验 1 与实验 5 这种预测组热误差与建模组热误差差异较大的情况,TTRI 能够与精度指标 RMSE 较好地对应,能够反映出热误差模型对被测热误差的契合程度,这意味着可以根据被测组的温度信息对模型进行重新筛选,选择更适用于被测组的热误差模型。此外,TTRI 也可用于温度敏感点的进一步筛选,图 4.27 中已表明基于传统模糊聚类结合相关性分析或灰色关联度分析筛选出的温度敏感点并不一定是最优的,而结合 TTRI 筛选的温度点在预测热误差时,则有较大概率可以取得优于现有方法的预测精度。

4.3.2.3　基于在线测量的误差模型校正方法

在实验测试时,是不可能将实际加工中的所有情况都考虑进去的。一方面,必然有某些工况没有被涵盖在大数据误差模型库中；另一方面，随着加工装备的精度退化，相同场景下的误差模型也不是一成不变的。因此，为了适应复杂多变的加工工况以及加工装备精度退化而导致的模型失效，本书提出了一种基于辅助在线测量系统的误差模型校正方法。

考虑到零件加工过程的在线测量，辅助测量系统应实现结构与测量运动简单、重点关注误差敏感方向。这样既能得到有效的误差信息，也能降低对加工效率的影响。下面以结构复杂的磨齿机为例，介绍辅助测量系统与模型校正策略。

正如前文所提到的，磨齿机的主要误差敏感方向为 X 向，因此磨齿机的辅助在线测量系统主要测量 X 向。用于磨齿机的辅助在线测量系统如图 4.30 所示，包括温度传感器、位移传感器、传感器支架。温度传感器安装在磨齿机各主要部件上，如大立柱、小托座、电主轴、大托座、工作台、床身等处的温度测点上；传感器支架安装在大立柱、小托座上，位移传感器安装在传感器支架上。

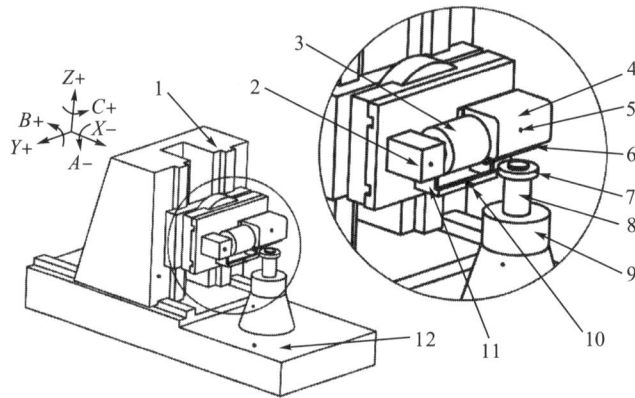

图 4.30　磨齿机在线测量系统

1. 大立柱；2. 小托座；3. 砂轮；4. 电主轴；5. 温度传感器；6. 大托座；7. 齿坯；8. 夹具；
9. 工作台；10. 位移传感器；11. 传感器支架；12. 床身

用于磨齿机的辅助在线测量系统所执行的测量运动包括：磨齿机控制 X 轴、Y 轴、Z 轴运动，即将位移传感器移动到一固定位置，该位置使得位移传感器可以测量到磨齿机工作台外圆 $X+$ 方向的最外侧。同时，磨齿机工作台旋转一周，位移传感器得到当前工作台轴线位置，可以一定程度上反映刀具相对工件的相对位置误差。对于加工中心等其他机床，同样可以借鉴磨齿机的辅助在线测量系统进行设计。

模型校正策略包括以下步骤。

1）模型监测

误差补偿每执行一个固定周期，进行一个模型监测，即在一个零件加工前，在线测量系统执行测量运动，得到当前误差测量值 E_m 与当前机床温度 $T = \{T_1, T_2, \cdots, T_n\}$。

同时，根据当前温度数据 T 与误差模型 $f(T)$ 得到误差预测值 E_p。

$$E_p = f(T_1, T_2, \cdots, T_n) \tag{4.44}$$

将误差测量值 E_m 与误差预测值 E_p 进行比较：

$$\left|E_{\mathrm{m}}-E_{\mathrm{p}}\right| \leqslant \delta \tag{4.45}$$

（1）若当前误差预测值与误差测量值的差值小于设定值 δ，则继续补偿。

（2）若当前误差预测值与误差测量值的差值超过设定值 δ，但并非大数据模型库中所有模型的偏差值都超过设定值 δ，则通过综合比较温度数据、工艺数据、误差测量值，在大数据模型库中选择偏差最小的模型，作为新的补偿模型。

（3）若大数据模型库中所有模型的偏差值均超过设定值 δ，则通过综合比较温度数据、工艺数据进行误差模型的修正或重构，并重新输入大数据模型库中，实现误差的动态建模。其中，若温度、工艺等相差不大，则为模型修正；否则为模型重构。

此处设定值 δ 不应超过零件加工的偏差，以为后续模型重建提供调整空间。

2）模型修正或重构

模型修正即用新的误差模型替换掉大数据模型库中对应的旧的误差模型；模型重构即将新建的误差模型直接添加到大数据模型库中以适应新的工况。

当模型需要修正或重构时，在一定时间内，每个零件加工前，机床在线测量系统执行测量运动，得到当前的温度数据 $T=\{T_1,T_2,\cdots,T_n\}$ 与当前误差测量值 E_{m}。由于当前的误差补偿模型仍在执行中，误差测量值 E_{m} 与误差预测值 E_{p} 之和才是当前真正的误差。

根据误差测量值 E_{m}、误差预测值 E_{p} 以及当前的温度数据 $T=\{T_1,T_2,\cdots,T_n\}$，运用稳健性建模等方法，对误差模型进行修正，得到误差模型 f'：

$$E_{\mathrm{p}}+E_{\mathrm{m}}=f'\left(T_1,T_2,\cdots,T_n\right)+\varepsilon \tag{4.46}$$

式中，f' 为机床各温度测点的温度 $T=\{T_1,T_2,\cdots,T_n\}$ 对误差的新映射，即修正的误差模型；ε 为模型残差。

直到误差测量值 E_{m} 与误差预测值 E_{p} 的偏差小于设定值 δ，或达到模型修正或重构的设定时间时，该环节结束。

4.4　数控装备精度自愈控制技术

4.4.1　误差补偿技术

热误差补偿技术是热误差模型和数控机床之间的桥梁，是实现软件热误差补偿的最后一环。目前最常用的误差补偿方法是借助机床数控系统自带的原点偏移功能或自带的其他补偿方法，使机床自动根据预测值下达指定的补偿控制信号，实现误差实时补偿。其原理如图 4.31 所示：数据采集模块借助外部数据采集卡，对机床状态进行测量，对温度等外部传感器数据进行采集；同时，通过数控系统各种通信手段，将机床坐标位置、工艺参数等系统内部参数传递到数据采集模块中；数据采集模块对采集的数据进行清洗、处理后，利用程序接口，将数据传递到误差补偿模块中；误差补偿模块根据采集的数据与补偿模型，计算得到误差补偿值；运用数控系统各类通信手段，将误差补偿值输入数控系统的特定误差补偿参数的地址中，如外部原点偏移；数控系统根据补偿值控制数控机床的运动，实现误差的补偿。

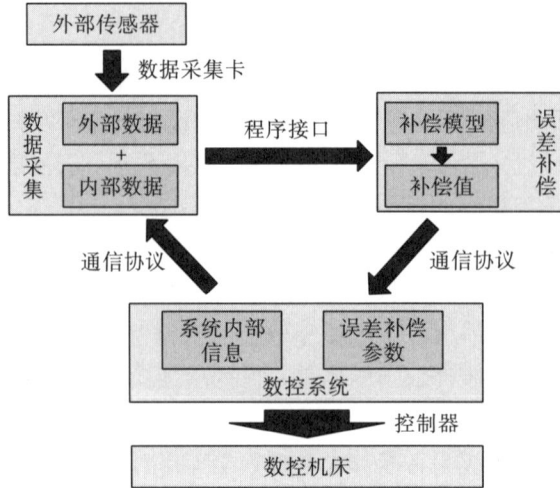

图 4.31 误差补偿原理

4.4.1.1 误差补偿技术案例——基于 PLC 通信的西门子误差补偿功能开发

西门子数控系统针对机床动态热误差,基于外部原点偏移原理提供了位置无关补偿、位置相关补偿、二者结合补偿三种补偿方式,并开放了原点偏移功能。但是该功能误差模型简单,只能进行简单线性补偿,实际应用时补偿精度较差。为此,基于西门子 840Dsl 误差补偿功能开发了外置动态误差补偿模块。

1. 西门子误差补偿功能

西门子误差补偿功能原理如图 4.32 所示,可表示为式(4.47),相关参数如表 4.14 所示。

$$\Delta K = K_0(T) + (P_X - P_0) \cdot \tan\beta(T) \tag{4.47}$$

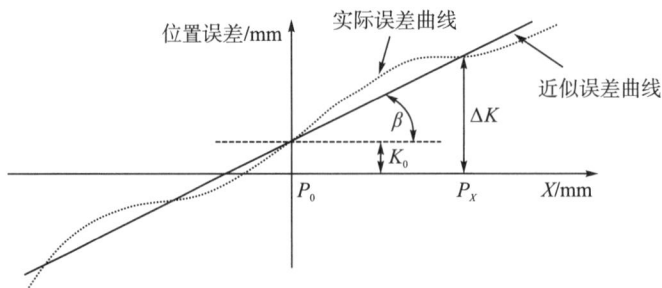

图 4.32 西门子误差补偿原理

表 4.14 西门子补偿参数表

公式项	定义	相关参数
$K_0(T)$	位置无关温度补偿值	SD43900(TEMP_COMP_ABS_VALUE)
P_0	位置相关温度补偿的基准位置	SD43920(TEMP_COMP_REF_POSITION)
$\tan\beta(T)$	位置相关温度补偿的超前角	SD43910(TEMP_COMP_SLOPE)

补偿类型如表 4.15 所示。对于位置无关补偿,只与温度有关,与位置无关,MD32750 设为 1,式(4.47)中 $\tan\beta(T)$ 为 0,以温度为输入,补偿值为输出,机床运行时,通过当前温度,根据式(4.47)计算出补偿值;对于位置相关补偿,MD32750 设为 2,$K_0(T)=0$,以温度、位置为输入,根据式(4.47)计算出补偿值;对于混合补偿,即将位置相关补偿与位置无关补偿结合起来,根据式(4.47)计算出补偿值。

表 4.15　西门子补偿类型表

MD32750	定义	相关参数
0	温度补偿未激活	—
1	激活与位置无关温度补偿	SD43900(TEMP_COMP_ABS_VALUE)
2	激活与位置相关温度补偿	SD43920(TEMP_COMP_REF_POSITION) SD43910(TEMP_COMP_SLOPE)
3	同时激活与位置无关温度补偿以及与位置相关温度补偿	SD43900(TEMP_COMP_ABS_VALUE) SD43920(TEMP_COMP_REF_POSITION) SD43910(TEMP_COMP_SLOPE)

西门子系统误差补偿仅能使用一个温度传感器,不能完全地描述机床的热特性,模型简单,精度与鲁棒性较差。

此外,西门子开放了外部原点偏移功能,通过在 NC 代码中对应位置添加\$AA_ETRANS [axis]=R,或修改 PLC 激活 DB31.DBX3.0,并将补偿值赋给系统变量\$AA_ETRANS 即可实现外部原点偏移补偿。

2. 基于西门子误差补偿功能开发

针对西门子现有的误差补偿功能的不足,开发适用于多参数复杂模型的误差补偿功能。通过上述分析,要实现以复杂模型对机床动态误差的实时补偿,无论是基于西门子误差现有补偿功能进行开发还是基于外部原点偏移进行开发,都需要修改 PLC,并实现 PLC 与上位机的通信交互。

以基于西门子误差现有补偿功能的改进为例,补偿原理如图 4.33 所示。

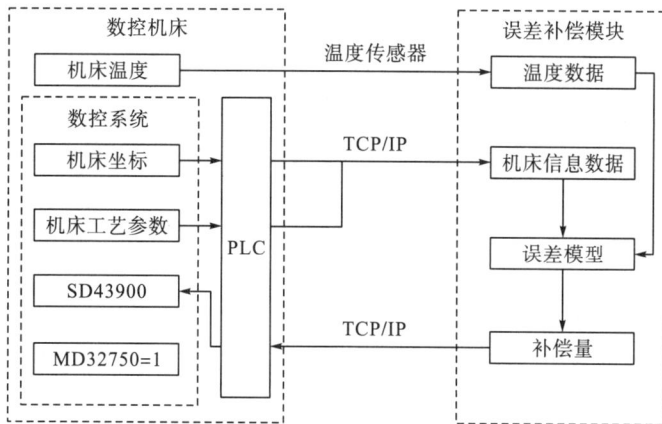

图 4.33　外部补偿原理

（1）将机床参数 MD32750 设为 1，即位置无关补偿。

（2）机床温度通过温度传感器采集到误差补偿模块中。

（3）对于机床坐标等信息，通过修改 PLC、调用 FB2，将机床 NC 变量赋给一个 DB 块。

（4）基于 TCP/IP 协议，误差补偿模块从对应 DB 块中读取机床坐标等 NC 变量。

（5）基于温度数据与机床位置参数，误差补偿模块根据误差模型计算出补偿量。

（6）通过 TCP/IP 协议，将补偿量传到 PLC 对应的 DB 块中。

（7）通过调用 FB3，实现将补偿值写入对应的机床 NC 变量中，即 SD43900（$SA_TEMP_COMP_ABS_VALUE）。

部分 PLC 程序如图 4.34、图 4.35 所示。

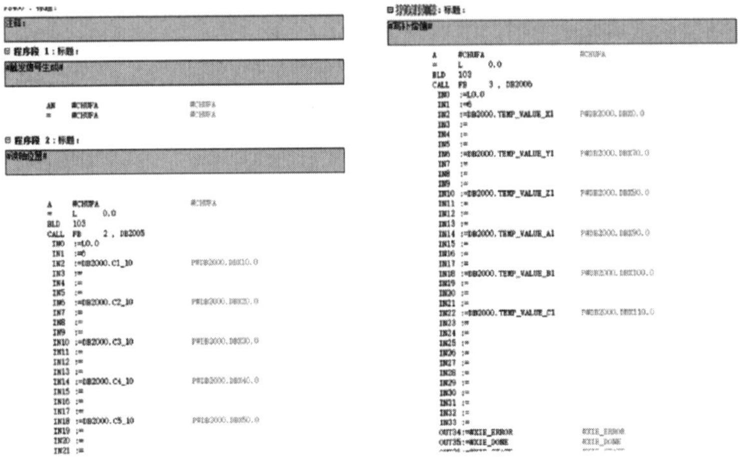

图 4.34　部分 PLC 程序

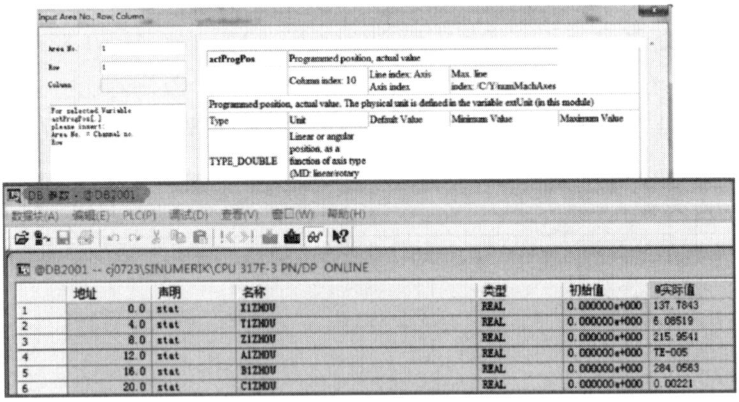

图 4.35　DB 块参数

误差补偿模块采用 LabVIEW 编写，集成了温度采集、TCP/IP 协议通信、图形显示、误差模型、历史数据保存等功能。部分程序如图 4.36 所示。

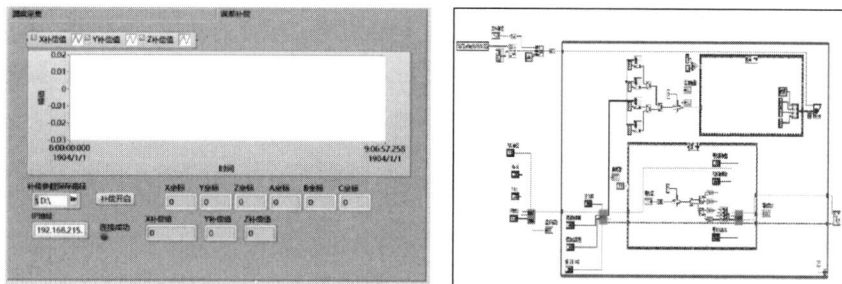

图 4.36　LabVIEW 补偿软件

　　该误差补偿模块不受温度传感器数量限制，可实现复杂误差模型的实时动态补偿，并且可开发性强，便于与数字孪生系统对接。

4.4.1.2　误差补偿技术案例——基于数控机床扩展 I/O 误差补偿功能开发

　　热误差补偿技术的作用在于借助外部电路，调用模型对热误差进行预测，并将预测值传送至机床数控系统，机床下达控制机床运动的热误差补偿信号来实现补偿。数控机床的扩展 I/O 接口可以用于向外部传送或接收信号，并存放于寄存器中。利用此功能，可借助外部电路，采用以下技术方案实现补偿嵌入，如图 4.37 所示。

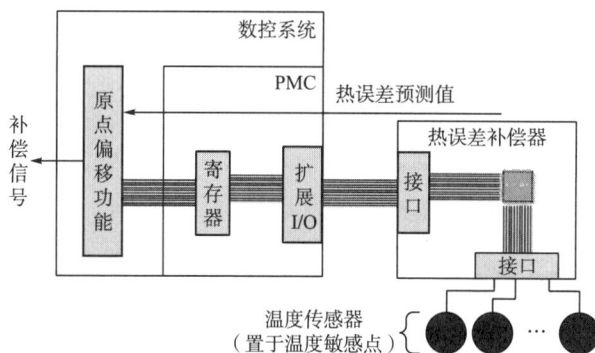

图 4.37　热误差补偿嵌入技术方案示意图

1. 华中数控误差补偿功能

　　华中 8 型数控系统针对机床热误差提供了热偏置补偿、线性补偿和混合式补偿三种方式，但是该功能误差模型简单，只能进行简单线性补偿，实际应用时补偿精度较差。为此，基于华中 8 型数控系统热误差补偿模块，开发嵌入系统内部的二次开发动态误差补偿功能以及外置动态误差补偿功能。

　　热偏置补偿只与温度有关，与位置无关。以温度为输入，补偿值为输出，将输入输出填入参数表中。机床运行时，通过当前温度，查询参数表对应的补偿值即可实现误差补偿。该方法只能使用一个温度传感器。热偏置补偿的实现需要先设置参数号 30005 热误差补偿类型为 1，再在参数号 30007～30011 及参数表中输入相应参数。

　　线性补偿与温度和位置有关。以温度、位置为输入，补偿值为输出，将输入输出填入参数表中。机床运行时，通过当前温度、实际位置，查询参数表对应的补偿值即可实现误差补偿。同样地，线性补偿模型只涉及一个温度变量。在使用时，须先将参数号 300005 热误差补偿类型设为 2，在参数号 300012～300016 及参数表中输入相应参数。

2. 基于扩展 I/O 的华中数控系统误差补偿功能开发

华中数控系统本身的误差补偿功能只使用一个温度变量，不能完全反映机床热源变化规律，且误差模型十分简单，精度和鲁棒性低；设置繁杂，除了要设置热误差补偿模型参数，还需要在参数表中输入大量的热误差偏置值或热误差斜率值。实际测试中发现，不同于西门子位置无关误差补偿，华中数控偏置补偿只能对该段程序的终点进行偏置补偿，运行过程中，并无补偿效果，不适用于多轴联动，为此需要基于线性补偿功能进行开发。

通过多路温度传感器采集机床温度信息到误差补偿模块中，经过误差模型计算得到补偿值，补偿值经过处理后传到机床指定参数。需要设置的参数如表 4.16 所示，使用时，补偿值传入 300016 指定的一个参数中即可。由参数表可知，温度传感器数量不再受限，需要设置的参数减少到 4 项。

表 4.16 补偿参数

参数号	热误差补偿参数名	参数设定
300005	热误差补偿类型	2
300006	补偿参考点坐标	无关参数，任意值
300012	斜率表测量起始温度	无关参数，任意值
300013	斜率表测量温度点数	1
300014	斜率表测量温度间隔	1
300015	斜率表温度传感器编号	无关参数，任意值
300016	斜率表起始参数号	70000 后任意一值

3. 外部补偿模块开发

为了适应更广泛的应用场景，推动动态误差补偿模块在生产企业中的应用，开发独立于系统的外部误差补偿模块，补偿原理如图 4.38 所示。

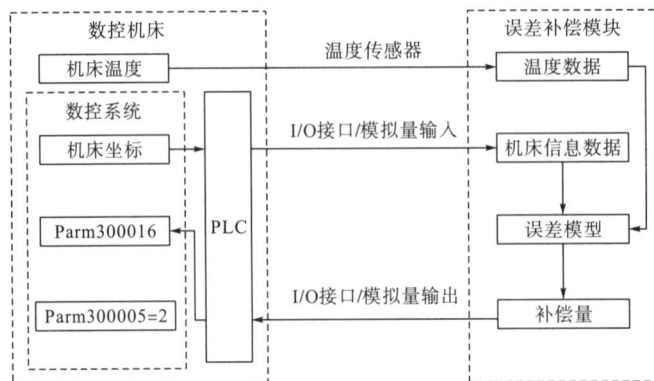

图 4.38 外部补偿原理

通过温度传感器将温度数据采集到误差补偿模块中；通过修改机床 PLC，使得机床坐标可以传递到数控系统指定的 Y 寄存器，并通过华中数控 HIO1073 模拟量输入/输出模块，将机床坐标输出，误差补偿模块通过模拟量输入模块采集机床坐标位置；根据机床坐标、机床温度，误差模型计算出补偿量；补偿量通过 NI9263 模拟量输出模块，将补偿信息传到 HIO1073 模拟量输入端口，将补偿信息传递到数控系统 X 寄存器；最后通过 PLC，将 X 寄存器指定参数传递到误差补偿参数中，实现误差补偿。HIO1073 与 NI9263 如图 4.39 所示。

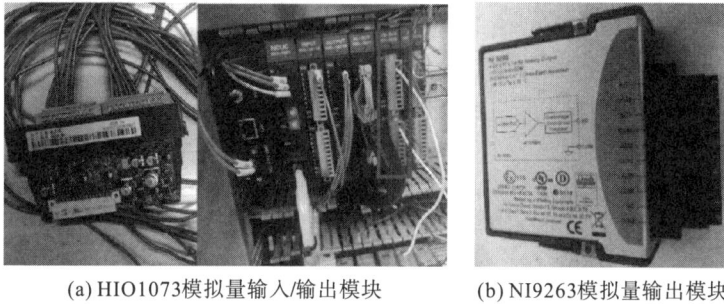

(a) HIO1073模拟量输入/输出模块　　(b) NI9263模拟量输出模块

图 4.39　机床与误差补偿模块 I/O 接口

基于数控机床扩展 I/O 接口的误差补偿，可以广泛地适用于不同数控系统的误差补偿中，避免了不同数控系统通信协议不同而导致补偿值难以写入数控系统内部。但是扩展 I/O 能够采集、写入的数量受限于 I/O 接口的数量。另外，有些数控系统 I/O 模块电路稳定性差，会导致部分数值出现失真。

4.4.1.3　误差补偿技术案例——基于数控系统二次开发的误差补偿

华中数控二次开发热误差补偿模块结构如图 4.40 所示。温度传感器经 HIO1075 采集卡，将温度数据传递到界面显示，并传递到误差补偿模块中；误差补偿模块实时读取机床当前坐标，根据坐标位置与温度，误差补偿模块计算出补偿值，将补偿值写到指定参数中，覆盖原有数值，并将补偿值传递到界面进行显示。

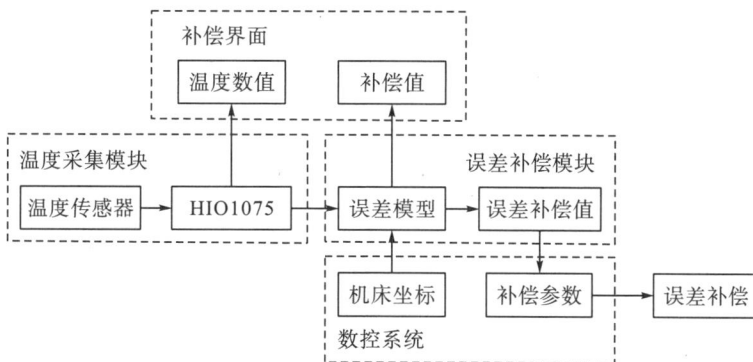

图 4.40　热误差补偿模块的结构

对于温度采集模块，华中 8 型数控系统提供 HIO1075 温度采集卡（图 4.41），最多可实现 6 路的温度采集，在数控系统面板上修改 PLC 加密狗 MOV 和 PLC 梯形图，完成设置后保存并断电重启，数控系统主界面便会显示温度值。

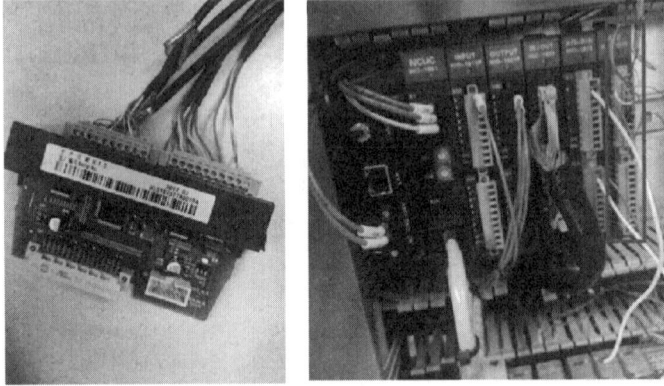

图 4.41   HIO1075 温度采集卡

华中 8 型数控系统 V2.0 提供了人机交互（human-machine interaction，HMI）二次开发功能，用户可通过 QT 进行功能和界面开发。用户在 QT 中设计操作界面与功能，完成后将 QT 程序导入 HMI，HMI 通过应用程序接口（application program interface，API）访问机床 NC 功能和其他功能，从而实现模块开发。华中 8 型数控系统 V2.0HMI 架构图如图 4.42 所示。华中 8 型数控系统 V2.0 二次开发使用的软件是 QT4.8.7 和 QTCreator3.2.2，编译环境是 VS2010。

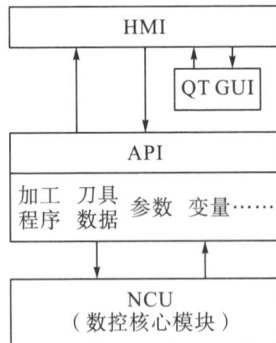

图 4.42   华中 8 型数控系统 V2.0HMI 架构图

二次开发的热误差模块界面功能如图 4.43 所示，实现了 6 路温度显示、机床坐标系显示，以及 X、Y、Z 三个方向的实时补偿。使用时，仅需将补偿开关打开，各项补偿参数自动设置完成，操作简单，可支持多路温度的复杂非线性模型的补偿。

图 4.43　二次开发界面

4.4.2　装备选型与维护方案

误差补偿技术能够很好地提高数控装备精度，但误差补偿终归是"软"的，如果数控装备硬件发生严重问题，单纯的"软"技术是不能解决问题的。数控装备在长期服役过程中，在各种内外因素的影响下发生精度退化，使得误差补偿模型逐渐失效。这就需要合理的装备选型与维护来使数控装备的加工能力保持在较高的水平，减缓精度退化，延长其使用寿命，同时增强其抗外部干扰的能力，使误差补偿模型保持稳健。装备的选型与维护（图 4.44）在数控装备误差领域是"误差防止法"的组成部分，是数控装备稳健自愈技术的重要补充。将误差补偿技术与选型与维护技术有机结合，才会使得数控装备精度稳健自愈。

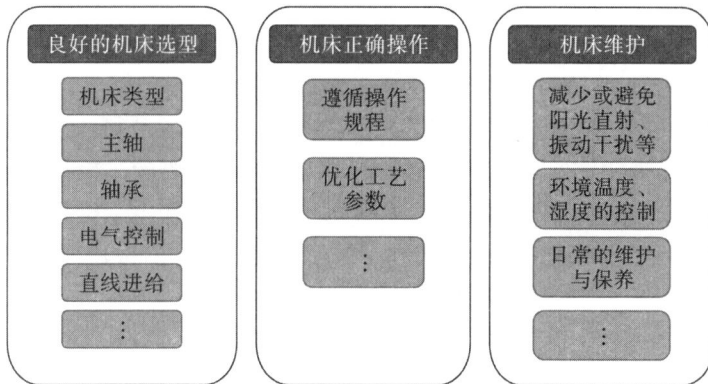

图 4.44　机床选型与维护

4.4.2.1　数控装备的选型分析

选择精度高、可靠性强、合理的结构是提高数控装备加工能力、保持精度可靠性的重要手段。数控装备的整体结构复杂，功能众多，故而在选型与维护方面需要就不同的加工对象、加工环境、加工要求等进行针对性地分析，才能获得最佳的选型方案。机床的各个部件、整体结构、安装与使用方法等在不同的加工要求下有着不同的选型方案。

1. 整体结构

机床的整体结构作为机床的整体框架，有着不可忽视的重要作用。结构过重会导致成本增加，过轻可能使得强度不够。材料与结构选择不佳可能导致机床出现振动、热变形过大等问题。所以在面对机床整体架构选型时，需考虑其结构强度、振动、热变形等因素，综合比价后进行机床购置。例如，数控机床龙门式结构(图 4.45)为较为经典的结构，特别是在精密加工中，对称式的结构能更有效地抑制热误差。

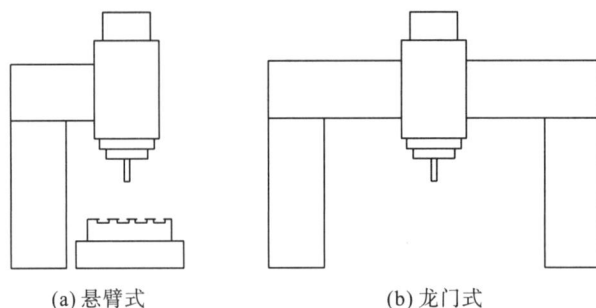

(a)悬臂式　　　　　　　　(b)龙门式

图 4.45　悬臂式与龙门式结构

2. 轴承选型

机床中的轴承是其关键部件之一。主轴轴承的性能会直接影响机床的旋转精度、负载情况、温升变化导致的精度变化、噪声、振动等参数，从而导致工件的加工质量不满足要求。因此，若是高精度加工机床，对于主轴轴承的精度选择需要尽可能高，应选用 ISO 4级以上精度的轴承。常规性机床则可根据加工精度的需要降低轴承的要求。不同的轴承类型也具有不同的效果，常见的有精密角接触轴承、精密圆柱滚子轴承、精密圆锥滚子轴承。其中，精密角接触轴承应用广泛，其能提供更高转速、更小发热量；精密圆柱滚子轴承的径向负荷能力更强，可用于冲击较大的加工环境中；精密圆锥滚子轴承可以同时承受径向负荷和单方向的轴向负荷。这些需要用户在选择机床时结合加工工件与加工环境进行综合考虑。表 4.17、表 4.18 为轴承的精度标准，精度等级从左至右依次提高。

表 4.17　轴承 ISO 精度标准

ISO 标准	0 级	6X 级	6 级	5 级	4 级	2 级

表 4.18　轴承德国 DIN 精度标准

德国 DIN 标准	PO 级	P6 级	P5 级	P4 级	P2 级

3. 电机扭矩与响应控制

电机为机床提供旋转运动与直线进给运动，是其核心部件。不能简单地认为电机越贵越好，需要综合考虑各种因素进行最佳的加工匹配性选择。首先对主轴与进给轴的伺服电机进行选型, 需考虑电机的转速、扭矩、转动惯量、功率、响应速度、加工工件等因素。例如, 对于主轴电机的选择, 需考虑机床的主要加工工件, 如铝合金等容易加工的材料一般扭矩在 50N·m 以上, 难加工的材料在 500N·m 左右, 若要进行大余量的切削则需更进一步地提高主轴的切削力, 当然精密加工的情况下, 一般而言是属于小余量的切削加工, 此时扭矩要求不大, 但需要高转速才能保证加工的工件表面精度满足加工需求。此外, 消费者在进行普通机床选择时, 会更加重视机床的几何精度, 然而机床的整个电气系统的控制精度与响应速度也同样重要。机床生产商对电气进行调试时, 机床的负载情况与客户加工时并不一致, 当两者负载相近时机床性能最佳, 但处理大重量的加工件时就可能存在响应较慢等问题。故而客户在购买机床时应考虑主要加工件的质量, 可与机床生产厂商进行协调, 使目标机床在负载处于加工工件负载附近时电气性能最佳。

4. 直线进给-丝杠与导轨

进给轴系统是数控机床中重要组成部分之一, 其零件较多, 结构也相对复杂。每个零部件都会对机床整体性能造成影响, 但是相对而言, 滚珠丝杠副和滚动直线导轨副的选型过程较为复杂, 影响也更大。表 4.19 为滚珠丝杠副和直线导轨副选型的重要参数, 由表可以看出, 在各零部件选型过程中需要考虑的相关参数较多, 如一般几何尺寸、精度指标和可靠性指标等, 不同指标中的参数也会对进给轴的工作性能、可靠性有影响, 从而影响数控机床的加工精度与可靠性。

表 4.19 精密机床丝杆导轨选型表

指标	参数	精密滚珠丝杠副	参数	滚动直线导轨副
一般几何尺寸	导轨	III级	导轨尺寸	III级
	行程/螺纹长度	III级	滑块尺寸	III级
	丝杠直径	III级	滑块个数	III级
	螺母外径	III级	滚珠/滚柱	III级
	......		......	
精度指标	定位精度与重复定位精度	IV级	平行度	IV级
	轴向刚度	III级	允许静力矩	II级
	丝杠强度	II级	当量载荷	III级
	当量载荷	III级	预紧力	II级
	温升	V级	温升	III级
	振动	III级	振动	III级
	噪声	III级	噪声	III级
	......		......	
可靠性指标	精度保持性	V级	精度保持性	V级
	寿命	III级	寿命	III级
	......		......	

由表 4.19 可得，不同参数对于滚珠丝杠副和直线导轨副整体性能的影响程度不同。首先，根据数控机床的整体结构尺寸要求，选定进给轴的零部件尺寸大小。其次，从数控机床的实际工况条件出发，通过规定的进给轴的负载，计算出丝杠副和导轨副的等效速度以及分配到各自的当量负载。再次，根据各参数指标的重要等级，选定选型计算的步骤以及初选的因素。最后，根据各性能的影响程度，进行重要性的校核，着重关注寿命、负载和精度的校核。

4.4.2.2 数控机床维护方案

选择符合加工要求的数控装备后，还需要做好日常维护与保养，才能最大限度发挥数控装备本身的性能，延长其使用寿命，提高其精度的稳定性。数控装备的日常维护可以从以下方面开展。

1) 数控装备的合理使用

数控装备在进行零件加工时，根据零件加工要求与装备状态选取合理的刀具、切削参数(主轴转速、进给率、背吃刀量)、刀具路径等，可以实现安全、高效的加工，同时延长数控装备寿命，保持数控装备精度。

2) 数控装备使用环境的控制

数控装备的安置空间最好避免阳光直射以及其他放射源、热辐射源，以避免日照、温度等影响数控机床精度。同时，数控装备的安装地基应保持稳定，远离振动源，减少外界振动干扰。数控装备工作环境温度、湿度应适宜，精加工机床应处于恒温车间内。

3) 数控装备清洁与油路畅通

应保持数控装备内部清洁，润滑油流动畅通。数控装备切屑等垃圾应定期清理，避免切屑过多堵塞油路、划伤导轨面等。定期检查润滑油是否清洁充足、油路是否畅通、润滑效果是否正常；对油箱、滤油器定期进行清洗和更换；疏通油道，定期更换润滑油。

4) 日常维护保养

数控装备需要定期进行保养，应定期检查导轨、滚珠丝杠等关键零部件表面有无损伤；定期检查主要运动部件与数控装备床身的连接精密度；定期检查和调整丝杠螺纹副的轴向间隙；定期维护冷却器和加热器；定期检查伺服电机、各部位紧固件以及开关和限位挡块；定期检查数控柜与电路板，更换维持内存内容的失效电池等。

5) 数控装备的防护

应避免电气设备接触水、灰尘、电磁辐射等。数控装备运行过程中，电信号容易受到外界影响，因此，要做好电磁屏蔽。阳光、粉尘、振动、过高的湿度等会对数控装备的电子元件造成伤害，引起电气设备接触不良等问题，导致加工工件精度不满足要求，甚至出现控制失灵的状况导致安全事故发生。此外，液压系统也应做好防护，避免灰尘、铁屑等污物进入从而堵塞油路。

6) 状态监控

对数控装备的温度、振动、噪声、运动等状态进行监控可以掌握数控装备的故障信息，从而采取相关措施，避免更大的损失。例如，通过检测振动与噪声，可以发现数控装备加

工过程中由于故障产生的异常振动与啸叫；通过检测温度、运动、电流等，可以发现数控
装备电机是否运行正常等。

　　7) 操作者良好的操作习惯

　　操作者养成规范、安全的操作习惯，在数控装备运转过程中要注意各部位的情况，如
有异常立即停机处理。

第5章　加工工序精度自愈方法

本章结合批量化零件加工中不同的加工工艺，建立工序状态数据、工艺参数与加工精度的映射，分析振动、切削力等工序状态数据在不同加工工序下对加工零件精度的影响，揭示批量化零件加工过程中工序精度演变规律。以工序精度自愈为优化目标，以工艺参数许可区间为边界条件，以状态监测数据作为输入信息，建立工艺参数自适应调整模型。针对批量化零部件加工制造重复性加工，给出了一种面向工序精度自愈的迭代学习轮廓控制方法。

5.1　面向工序精度自愈的铣削加工工艺参数智能决策方法

5.1.1　基于改进灰狼算法的工艺参数优化

5.1.1.1　改进灰狼优化算法

薄壁件铣削加工过程中表面平面度是重要的加工精度指标，因此需要合理规划加工参数来获取较小的薄壁件加工平面度。本章基于灰狼优化算法进行面向最小零件平面度的单目标优化研究。原始灰狼优化(original grey wolf optimizer，OGWO)算法的开发受到灰狼捕猎行为的启发，具有参数更少、收敛速度更快的特点。在 OGWO 算法中，采用了 α、β、δ 和 ω 四种类型的灰狼来模拟狼群的社会等级，定义等级最高的头狼 α 为最优解，排名第二、三的狼 β 和 δ 分别是次优解。优化过程主要由前三个最优解决定。为了防止 OGWO 算法中线性缩减的搜索范围导致算法易陷入局部最优，影响搜索性能，采用自适应迭代算子在优化过程的不同阶段自动调节搜索范围，提高原始算法的寻优能力，下面介绍改进灰狼优化(improved grey wolf optimizer，IGWO)算法的核心步骤。

1. 搜索

IGWO 算法中判断猎物与灰狼距离的准则如下：

$$\begin{cases} \vec{D} = \left| \vec{C} \cdot \overrightarrow{X_{\mathrm{p}}}(t) - \vec{X}(t) \right| \\ \vec{C} = 2\vec{r_2} \\ r_2 = \mathrm{rand}(0,1) \end{cases} \tag{5.1}$$

式中，t 为当前迭代次数；$\overrightarrow{X_{\mathrm{p}}}$ 为猎物的位置向量；$\vec{X}$ 为灰狼的位置向量；$\vec{C}$ 为由随机向量 $\vec{r_2}$ 计算的系数向量；$\vec{D}$ 为猎物和灰狼之间的距离。

2. 搜索范围自适应调整

根据式(5.1)更新头狼的位置，灰狼可以出现在猎物周围的任何位置。在迭代过程中采用了自适应迭代算子。狩猎的过程需要不断根据狼群与猎物之间的距离更新狼群的位置，过程如式(5.2)所示。

$$\begin{cases} \overrightarrow{D_i} = \left| \overrightarrow{C_i} \cdot \overrightarrow{X_p}(t) - \overrightarrow{X}(t) \right| \\ \overrightarrow{X}(t+1) = \overrightarrow{X_p}(t) - \overrightarrow{A}\overrightarrow{D} \\ \overrightarrow{A} = 2\overrightarrow{a}\overrightarrow{r_1} - \overrightarrow{a} \\ \overrightarrow{C_1} = 2\overrightarrow{r_2} \\ \vec{a} = 2\mathrm{e}^{1 - \frac{t_{\max}}{1 + t_{\max} - t}} \\ r_1 = \mathrm{rand}(0,1) \end{cases} \tag{5.2}$$

式中，$\overrightarrow{D_i}$ 为第 i 只灰狼与目标猎物之间的距离；$\overrightarrow{C_i}$ 为第 i 只灰狼与目标猎物之间的系数向量；$\overrightarrow{X_p}(t)$ 为目标猎物的位置向量；$\overrightarrow{X}(t)$ 为灰狼的位置向量；$\overrightarrow{X}(t+1)$ 为迭代后的灰狼位置向量；$\overrightarrow{A}$ 为距离系数向量；$\overrightarrow{D}$ 为距离向量；$\overrightarrow{r_1}$、$\overrightarrow{r_2}$ 为 $[0,1]$ 的随机系数；$\vec{a}$ 为搜索范围分量，从 2 减少到 0；$t_{\max}$ 为最大迭代次数，为 300；灰狼的数量设定为 100。

在图 5.1 中，自适应迭代算子在迭代早期下降缓慢，使得搜索范围缓慢缩小，从而增强了算法的全局搜索能力，防止算法陷入局部最优。在迭代的后期，分量缓慢下降也使得搜索范围缓慢缩小，从而提供了强大的局部优化功能。

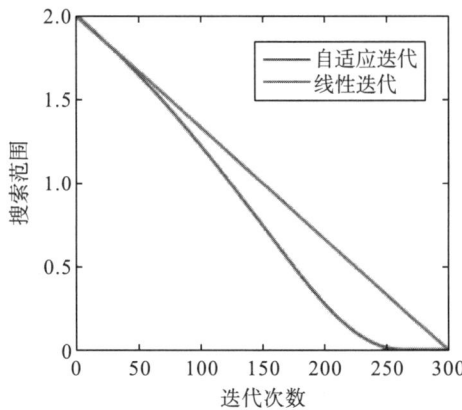

图 5.1　自适应迭代算子

3. 捕猎

猎物的最佳位置未知，且只有前三个最优解（$\sigma_{\mathrm{fir}}, \sigma_{\mathrm{sec}}, \sigma_{\mathrm{thi}}$）在迭代过程中会被保存下来。因此需要根据最优解的位置不断更新狼群位置，进而不断逼近猎物。综上所述，IGWO

算法提供了一种更好的平滑因子搜索策略(图 5.2)。

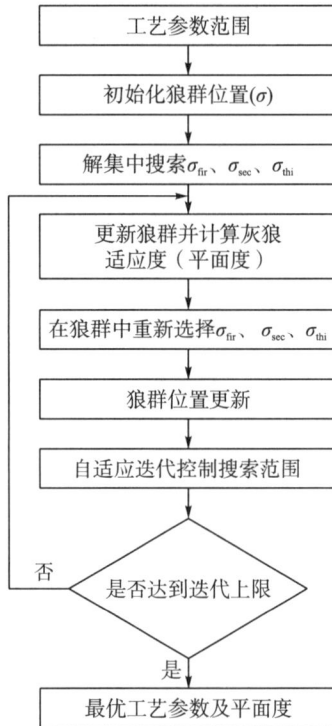

图 5.2　基于改进灰狼优化算法的单目标优化算法

5.1.1.2　优化过程及验证结果

1. 实验过程

基于铣削加工开展切削工艺参数对零件加工表面平面度的影响分析。考虑与实际加工情况的一致性,采用卧式加工零件表面的方法,利用垫块保持零件中部悬空,从而更好模拟实际加工情况。

1)实验设置

对零件加工精度进行研究的过程中需要对整个表面进行加工,且零件在装夹过程中需要通过螺栓固定,在加工时需要避让钻孔区域,因此只能选择中间的部分区域进行切削。薄壁件尺寸为 160mm×90mm×5mm,考虑零件的结构,其表面加工区域如图 5.3(a)、(b)所示。采用 2 刃直径为 10mm 的端铣刀,加工的路径规划方案如图 5.3(c)～(f)所示。正交实验设计工艺参数如表 5.1 所示,其中 1 代表顺时针往复切削,2 代表逆时针往复切削,3 代表 z 字形切削,4 代表环切。任意选择三组数据作为验证数据(本书中选择 14、15、16 三组数据),其余 13 组数据作为训练数据。

(a) 工件实物图　　　　　　　　　　　　　　　(b) 工程图

(c) I切顺铣　　　　　　　　　　　　　　　　(d) z切

(e) I切逆铣　　　　　　　　　　　　　　　　(f) 环切

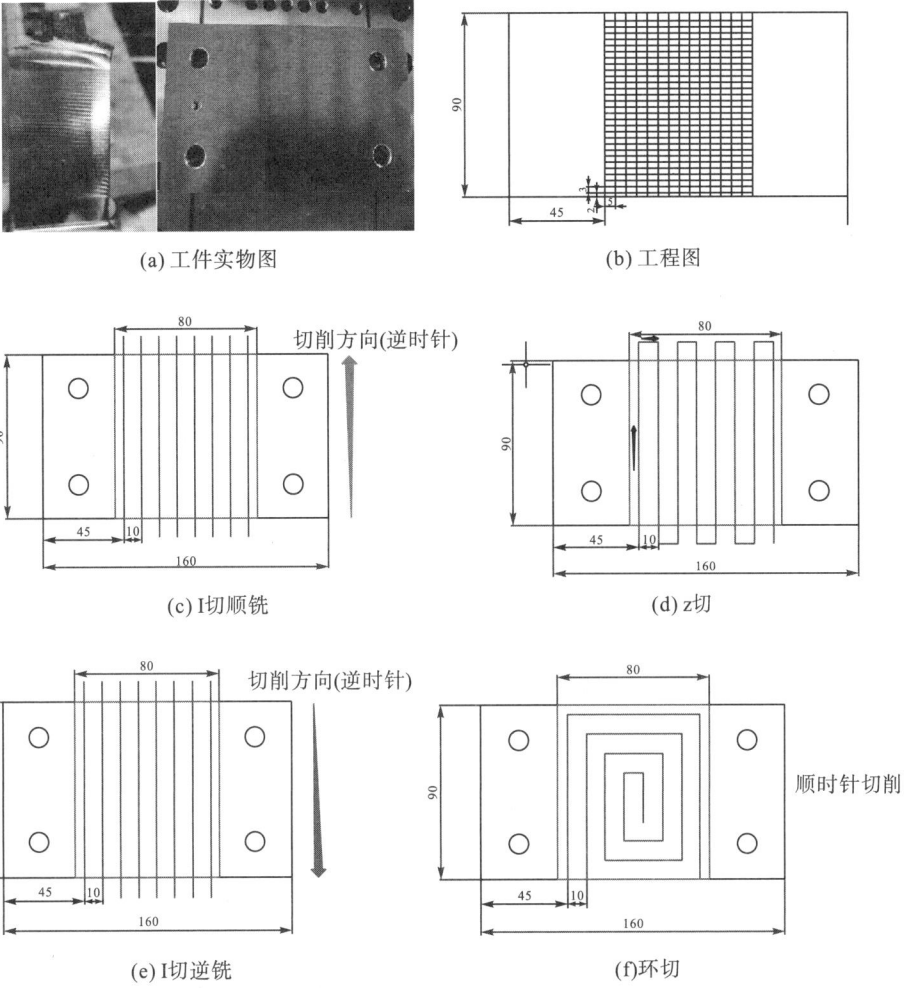

图 5.3　零件结构及加工区域(单位：mm)

表 5.1　实验参数

序号	转速 $n/(r/min)$	每齿进给量/mm	切深/mm	路径
1	3000	0.100	1.2	1
2	3600	0.083	1.2	2
3	4200	0.071	1.2	3
4	4800	0.062	1.2	4
5	3000	0.100	1.4	2
6	3600	0.083	1.4	1
7	4200	0.071	1.4	4
8	4800	0.062	1.4	3
9	3000	0.100	1.6	3
10	3600	0.083	1.6	4
11	4200	0.071	1.6	1
12	4800	0.062	1.6	2

续表

序号	转速 n/(r/min)	每齿进给量/mm	切深/mm	路径
13	3000	0.100	1.8	4
14	3600	0.083	1.8	3
15	4200	0.071	1.8	2
16	4800	0.062	1.8	1

2) 实验过程及数据采集

基于设计的参数，采用三轴铣削机床进行实验。精度数据采用三坐标测量仪器进行采集，以加工面背面打点设置 z 轴方向，以上侧面打两点设置 x 轴方向，以左侧面设置 y 轴原点位置。保证以长边的上表面作为定位基准，向下保证尺寸 45mm 开始打点；以工件短边的侧面为基准，向左保证尺寸 2mm 开始打点。基于图 5.3 的长边每间隔 5mm 打点、短边每间隔 4.5mm 打点，单面总共打 450(15×30) 个点，对正面进行打点，采用三坐标测量仪分析软件导出的平面度数据为测量结果，如表 5.2 所示。

表 5.2　平面度结果　　　　　　　　　　　单位：毫米(mm)

序号	平面度
1	0.069740
2	0.091545
3	0.102909
4	0.053325
5	0.091577
6	0.118056
7	0.054851
8	0.115057
9	0.144155
10	0.122423
11	0.304081
12	0.141231
13	0.193064
14	0.100012
15	0.156049
16	0.132384

2. 表面平面度预测

基于上述研究，选择转速、每齿进给量、切深以及切削路径为输入，利用高斯回归模型对平面度数据进行训练，结合验证数据对模型进行验证，为单目标优化算法提供适应度函数。切削力-加工误差模型中均值函数指数为 0.4862，协方差函数向量为 [2.5224, 0.3658, 0.5941]，最大似然函数指数为 3.9929。预测结果如表 5.3、图 5.4 所示，预测结果与实验结果拟合较之前预测精度更高，平均误差降为 10.7%。

表 5.3　平面度验证结果

验证序号	平面度（实验）	平面度（预测）	误差/%
14	0.100	0.107	7.0
15	0.156	0.180	15.4
16	0.132	0.145	9.8

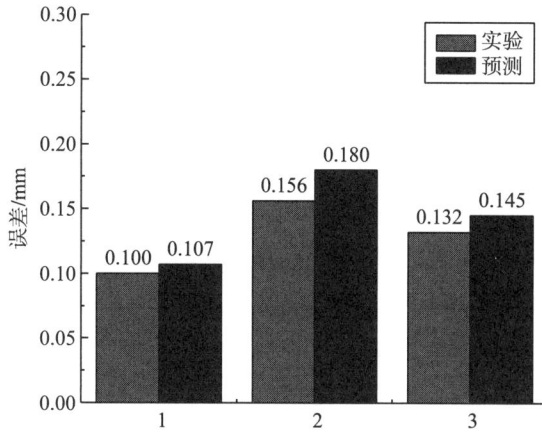

图 5.4　零件加工平面度预测验证

3. 优化过程及验证

基于高斯预测模型预测薄壁件加工的平面度数据，利用灰狼优化算法对工艺参数进行优化，工艺参数范围设置及优化目标如式(5.3)所示，灰狼算法模型基本参数如表 5.4 所示，算法迭代过程和最优工艺参数如图 5.5 和表 5.5 所示。

$$
\text{s.t.} = \begin{cases} \text{目标=最小平面度} \\ \begin{cases} \text{导角} = 0 \sim 45° \\ \text{倾角} = 0 \sim 45° \\ f = 600 \sim 1000\,\text{mm}/\text{min} \\ n_s = 4800 \sim 7200\,\text{r}/\text{min} \\ a_p = 1.25 \sim 2.5\,\text{mm} \end{cases} \end{cases} \tag{5.3}
$$

表 5.4　优化算法参数设置

参数	值
种群数量	30
迭代次数	40
目标函数	1
输入维度	4

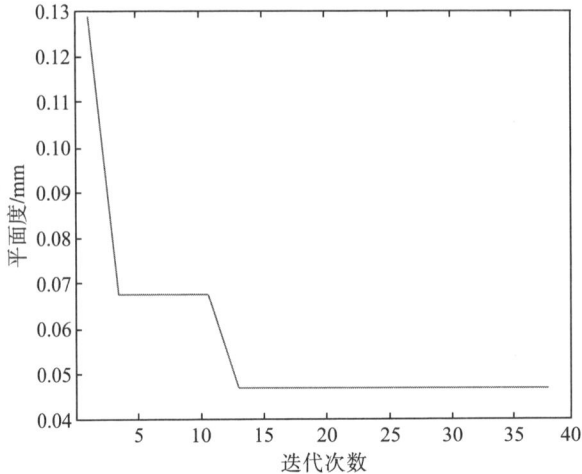

图 5.5　算法迭代过程

表 5.5　最优工艺参数

切深/mm	转速/(r/min)	每齿进给量/mm	切削路径	平面度
1.4	4655	0.061	4	0.0466

5.1.2　基于多算法融合的多目标工艺参数智能决策方法

零件加工过程中工艺参数影响被加工零件的几何精度(粗糙度、残余应力等)。为了实现多目标协同优化,现有研究提出了多种多目标优化方法。现有多目标优化方法主要分为以下两种:

(1)将多目标优化通过人工赋予权重转化为单目标优化;

(2)在多目标优化得到一系列非支配解后,通过专家打分等方法确定最优的目标及对应的工艺参数。

这些方法均需要经验丰富的专家进行权重赋值或者打分,严重影响了参数决策的智能化水平。因此,本章提出一种基于多算法融合的多目标工艺参数智能优化方法。

以多轴加工中面向残余应力(R_{sf},R_{st})和粗糙度(R_a)的多目标优化的工艺参数优化选择为例,详细描述工艺参数智能优化过程,包括预测模型、优化算法和工艺参数决策三部分内容。首先,提出一种改进的广义回归神经网络(improved general regression neural network,IGRNN)算法,用于建立基于稀疏实验数据的加工零件表面形性预测模型。然后提出改进的非支配排序遗传算法(improved non-dominated sorting genetic algorithm,INSGA-II)生成最优帕累托(Pareto)前沿,获取整体形性优良的候选解集。最后,基于帕累托前沿的候选解集,采用主成分分析(principal component analysis,PCA)自动确定最终用于实际加工的工艺参数。该方法能够基于稀疏数据自动得到最优工艺参数,且无须人工为每个目标赋权,从而有利于智能制造的实现。总体方法流程图如图 5.6 所示。

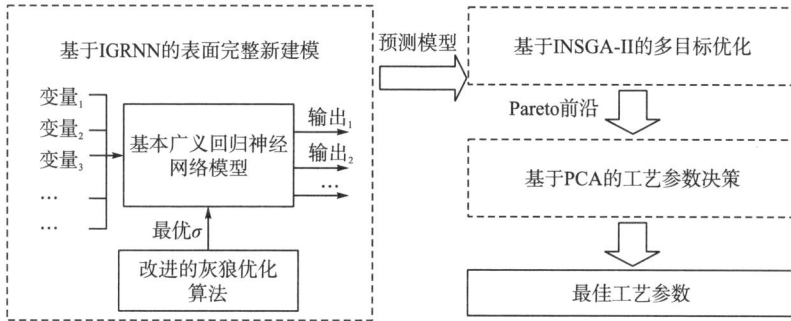

图 5.6　总体方法流程图

5.1.2.1　基于改进广义回归神经网络的表面完整性建模

建立高精度的预测模型是智能化参数决策的基础。基于神经网络强大的泛化能力和适应性，本章提出了一种改进的广义回归神经网络(IGRNN)用于建立五轴铣削加工表面完整性预测模型。

广义回归神经网络的精度不仅取决于输入与输出之间的原始映射的相关性，还取决于合适的关键参数(平滑因子)。原始数据相关性较差以及线性迭代搜索最优平滑因子的方法可能导致预测模型的精度较低。相比于传统广义回归神经网络，本章采用 IGWO 算法进行平滑因子的智能寻优，从而提高预测模型的整体预测精度。

IGRNN 的结构如图 5.7 所示，包括 4 层网络：输入层、模式层、求和层和输出层。输入变量为工艺参数，输入层中的神经元 m 表示变量的个数，变量数据直接输入模式层。$X = \left[变量_1, 变量_2, \cdots, 变量_m\right]$ 表示输入向量，$Y = \left[输出_1, 输出_2, \cdots, 输出_o\right]$ 表示输出向量。

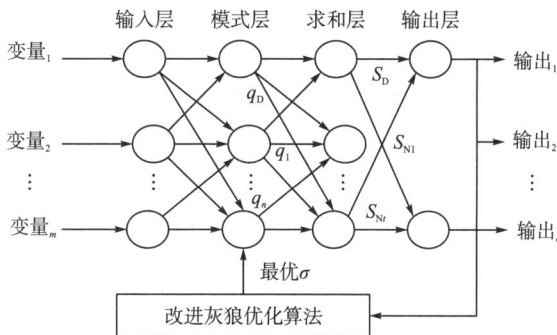

图 5.7　IGRNN 流程图

1. 基于改进灰狼优化算法的模式层

在模式层中，每个神经元代表一个样本。第 i 个神经元的传递函数如式(5.4)所示。

$$q_i = \exp\left[-\frac{(X - X_i)^{\mathrm{T}}(X - X_i)}{2\sigma^2}\right] \quad (i = 1, 2, \cdots, n) \tag{5.4}$$

式中，q_i 为模式层中第 i 个神经元的输出；X_i 为第 i 个神经元的学习样本；n 为神经元的数量(学习样本的数量); σ 为平滑因子。

当学习样本固定时,网络结构和神经元之间的连接权值也能基本确定。网络的训练实际上只是一个确定平滑因子 σ 的过程,即选择一个合适的平滑因子以获得更好的预测性能。传统的广义回归神经网络通过线性迭代确定最优 σ。为获取更好的预测性能,本章提出用 IGWO 算法搜索最优的 σ。OGWO 的开发受到灰狼捕猎行为的启发,参数少、收敛速度快。在 OGWO 中,采用了 α、β、δ 和 ω 四种类型的灰狼来模拟狼群的社会等级,定义等级最高的头狼 α 为最优解,排名第二、三的狼 β 和 δ 分别是次优解。优化过程主要由前三个最优解决定,但是 OGWO 易陷入局部最优。为了防止 OGWO 中线性缩减的搜索范围导致算法易陷入局部最优,影响搜索性能,对 OGWO 进行改进,采用自适应迭代算子在优化过程的不同阶段自动调节搜索范围,以提供一种更好的平滑因子搜索策略。

2. 求和层和输出层

求和层包含两种求和单元。一种是分母中的求和单位,用于所有输出神经元的算术求和;另一种是对模式层中所有神经元的输出进行加权求和。最终预测结果由式(5.5)计算,其中神经元 j 的输出对应预测结果 $Y(X)$ 的第 j 个元素。

$$y_j = s_{Nj}/s_D \quad (j=1,2,\cdots,n) \tag{5.5}$$

式中,s_D 为分母中的求和单元;s_{Nj} 为模式层中所有神经元输出的加权求和。

5.1.2.2 基于 INSGA-II 的多目标优化

基于群智能的多目标优化算法为参数自动确定提供了形性质量优良的候选解集。利用非支配排序遗传算法(NSGA-II)得到最优帕累托边界,优化过程中要考虑种群分布的均匀性,防止局部优化。如图 5.8 所示,在二维条件下,p_a、p_b、p_c 和 p_d 表示经过非支配排序和拥挤度计算后同一帕累托前沿中的个体。传统的拥挤度用于计算相邻两个个体与当前个体之间距离(d)。当两个相邻个体之间的拥挤程度都为 d 时,理论上它们都有可能成为随后交叉变异的候选解。实际上,p_b 和 p_c 形成的局部密度大于其他个体密度,不利于后续迭代得到均匀分布的帕累托前沿。

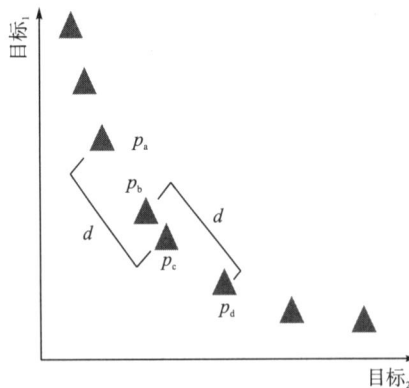

图 5.8　原始 NSGA-II(ONSGA-II)缺陷

ONSGA-II 为原始非支配排序遗传算法(Original Non-dominated Sorting Genetic Algorithm II)

当优化目标数增加到 3 个时，密度分布不均匀的问题将会更加突出。而传统算法对于三维最优前沿的相邻个体判定缺乏判定标准。针对上述 ONSGA-II 的不足，本章提出了一种局部差分搜索方法来提高 ONSGA-II 的优化性能，即 INSGA-II。INSGA-II 包含基本过程和改进的非支配排序和拥挤度计算，如图 5.9 所示。

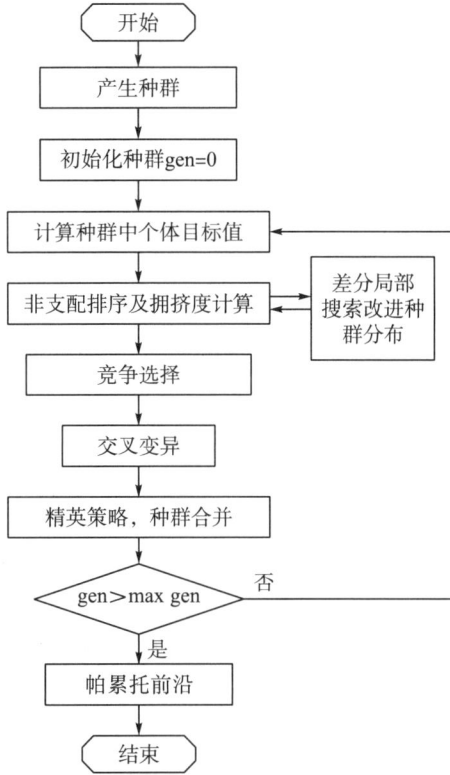

图 5.9　INSGA-II 流程图

1. INSGA-II 的基础

如图 5.9 所示，算法生成变量范围内的初始种群并结合提出的预测模型计算目标值。基于非支配排序以及拥挤度计算结果，在锦标赛的评选过程中，会随机选出两个人参加比赛。排名靠前的个体作为候选解决方案更受青睐。如果两个个体的排名相同，则选择拥挤度较高的个体。通过交叉和基于候选解的变异得到新的种群。此外，精英主义策略还将具有较靠前排名的个体直接与后代合并，形成新的帕累托边界。

2. 改进的非支配排序和拥挤度计算

用小生境大小法[式(5.6)]代替传统的比较两个体之间距离的方法，能更有效地计算拥挤度，同时也便于采用差分局部搜索的方法来提高帕累托前沿的均匀性。

$$D = \begin{cases} \mathrm{INF}, & f_k^{\max} = f_k^{\min} \left\| f_k(i) = f_k^{\max} \right\| f_k(i) = f_k^{\min} \\ \sum\limits_{k=1}^{r} \dfrac{f_k(i+1) - f_k(i+1)}{f_k^{\max} - f_k^{\min}}, & f_k^{\max} \neq f_k^{\min} \end{cases} \tag{5.6}$$

式中，D 为拥挤度；r 为优化目标个数；f_k 为第 k 个目标函数；i 为第 i 个个体；$f_k^{\max}$ 为个体目标历史最大值；$f_k^{\min}$ 为个体目标历史最小值。

差分局部搜索首先需要获得经过非支配排序和拥挤度计算后的帕累托前沿。其次，需要了解帕累托前沿的分布情况，以便后续的插值操作。当只有两个目标时，相邻两个个体之间的距离 d 和帕累托前沿的平均距离 d_{ave} 由式 (5.7) 确定。

$$\begin{cases} d = \sqrt{(x_{\mathrm{a}} - x_{\mathrm{b}})^2 + (y_{\mathrm{a}} - y_{\mathrm{b}})^2} \\ d_{\mathrm{ave}} = \sum\limits_{i=1}^{n_i - 1} d_i / (n_i - 1) \end{cases} \tag{5.7}$$

式中，n_i 为帕累托边界上相邻个体之间的间隔数。

如果 $d > d_{\mathrm{ave}}$，使用局部差分搜索在两个相邻个体之间生成一个新的个体。相邻两个体为 p_{a} 和 p_{b}，γ 设为 0.5。局部搜索算子按式 (5.8) 计算。

$$\gamma \cdot p_{\mathrm{a}} + (1 - \gamma) p_{\mathrm{b}} \tag{5.8}$$

大量实验数据表明，新个体的空间位置一般位于 p_{a}、p_{b} 的中间区域。新个体与原个体 p_{a}、p_{b} 之间的关系不占优势。如果新个体与原个体处于非支配关系，则将其添加到帕累托前沿中，否则新的个体就会被丢弃。

相比于两个目标的情况 [图 5.10(a)]，在三维空间中，与当前解相邻的个体数量将是无限的 [图 5.10(b)]。在三维帕累托边界中很难选择相邻的个体，最终会使插值难以提高空间解分布的均匀性。

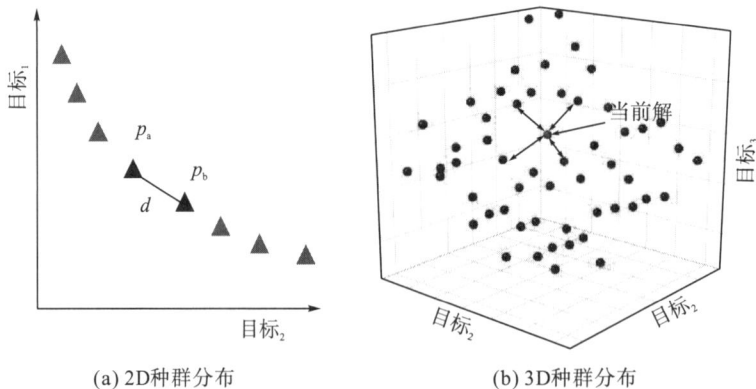

(a) 2D种群分布   (b) 3D种群分布

图 5.10   2D 和 3D 种群分布

值得注意的是，p_{a} 与三维空间相邻点的距离是 XYZ 坐标系下的欧拉距离。为此，本章提出了一种基于距离的三目标局部差分搜索方法，即基于区域的三目标局部搜索差值方法，具体步骤如图 5.11 与图 5.12 所示。

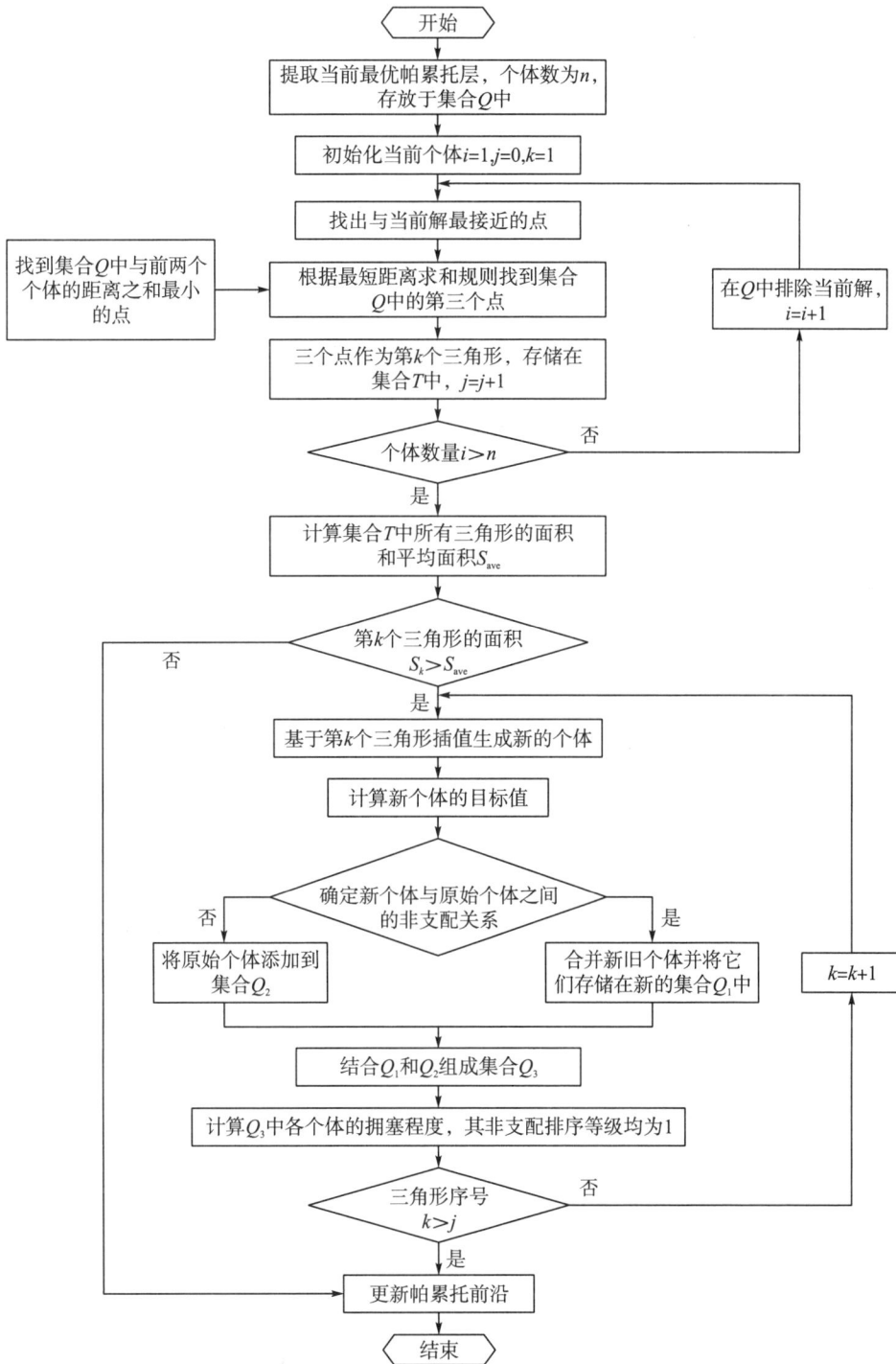

图 5.11　针对三目标种群分布均匀性的局部搜索插值方法

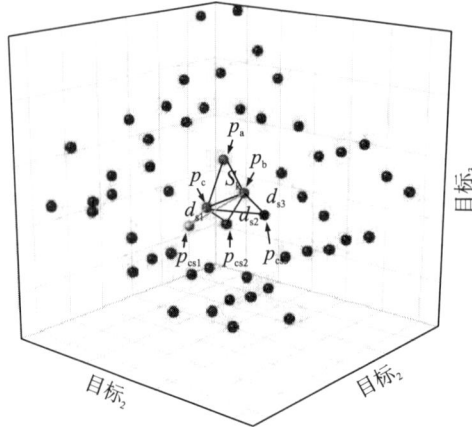

图 5.12　3D 局部搜索插值法

p_{cs} 表示第三候选个体；d_s 表示候选个体与前两个个体的距离之和

当 p_a 作为当前个体进行插值时，采用式 (5.9) 和式 (5.10) 进行基于 p_a、p_b 和 p_c 的插值；插补完成后，选择 p_b 作为当前个体，然后选择 p_c 点作为第二个点；最后根据报告提出的方法选择第三个点 p_{cs2}，再次使用 p_b、p_c 和 p_{cs2} 进行插补。

$$\begin{cases} S_k = S_{\text{triangle}}(p_a, p_b, p_c) \\ S_v = (\sum_{i=1}^{n_t} S_{ki})/(n_t - 1) \end{cases} \tag{5.9}$$

$$\begin{cases} p_{new} = \alpha \cdot p_a + \beta \cdot p_b + \gamma \cdot p_b \\ 1 = \alpha + \beta + \gamma \end{cases} \tag{5.10}$$

式中，α、β 和 γ 数值相等；S_k 为由三个个体组成的三角形的第 k 个面积；S_v 为所有三角形的平均面积；n_t 为三角形的数量；p_{new} 为基于 p_a、p_b 和 p_c 生成的新个体。

5.1.2.3　基于主成分分析的工艺参数确定

帕累托边界有多个处于非支配关系的解决方案，这通常需要有经验的工程师在实际加工过程中选择最终的解决方案。在这一节中，我们使用主成分分析来选择最佳工艺参数，避免了人为干扰，自动对每个目标进行加权和评价，从而提高了自动化参数确定的质量。PCA 的具体步骤如图 5.13 所示。

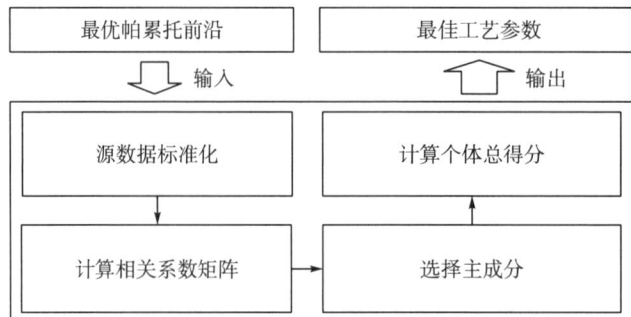

图 5.13　PCA 流程图

1. 数据标准化及相关系数矩阵计算

主成分分析根据评价结果的方差大小来确定主成分。指标的不同维度会造成较大的方差差异，从而影响主成分。因此，需要将原始变量按照式(5.11)进行标准化，将 $x_i(t)$ 映射到 $0 \sim 1$，以便后续操作。

$$x_i(t) = [x_i(t) - x_{min}] / (x_{min} - x_{max}) \quad (i = 1, 2, \cdots, N) \tag{5.11}$$

式中，x_{max} 为目标的最大值；x_{min} 为目标的最小值；N 为帕累托边界的大小。

该算法将待评价数据的原 p 个特征转化为新的 p 个特征的线性组合，即原特征 X_i 的线性组合，即

$$\begin{cases} Y_1 = a_{11}X_1 + a_{12}X_1 + ... + a_{1p}X_p \\ \qquad\qquad\vdots \\ Y_p = a_{p1}X_1 + a_{p2}X_1 + ... + a_{pp}X_p \\ Y = AX \end{cases} \tag{5.12}$$

式中，$X = (X_1, X_2, \cdots, X_p)^T$ 为原特征向量；$Y = (Y_1, Y_2, \cdots, Y_p)^T$ 为新特征向量；A 为相关系数矩阵。

求解由 x 的协方差矩阵 S 构成的特征方程，得到 p 个特征值和 p 个单位特征向量，即相关系数矩阵 A，对应的单位特征向量作为主成分系数。

$$\begin{cases} |S - \lambda_i I| = 0 \\ (S - \lambda_i I)a_i = 0 \end{cases} \tag{5.13}$$

式中，S 为协方差矩阵；λ_i 为第 i 个目标的特征值；I 为单位对角阵；a_i 为第 i 个特征向量。

2. 基于主成分的评价对象得分

所有特征值降序排列，表示主成分的方差。对应的单位特征向量为主成分系数。选择前 k 个主分量作为信息损失最小的主分量。主成分的方差贡献用式(5.14)表示，α_i 值越大，主成分整合原始指标特征信息的能力越强。前 k 个主成分的累积贡献用式(5.15)表示。

$$\alpha_i = \frac{\lambda_i}{\sum_{j=1}^{k} \alpha_i} \tag{5.14}$$

$$\eta = \sum_{i=1}^{k} \alpha_i \tag{5.15}$$

式中，k 为当累积贡献 η 达到指定值(如 90%)时，基本反映原始指标信息对应的前 k 个主成分，$k \leqslant p$；α_i 为每个主成分贡献度；λ_i 为每个主成分特征值；j 为当前目标数。

根据每个主成分对应的特征向量，使用式(5.16)计算每个个体的最终得分。当得到每个个体的最终得分时，选择帕累托边界中得分最高的个体应用于实际加工中。

$$S_i = \sum_1^k Y_i \times a_i \tag{5.16}$$

式中，S_i 为第 i 个个体的总分；Y_i 为个体第 i 个特征向量；a_i 为第 i 个特征向量。

5.1.2.4　智能工艺参数决策方法完整流程

利用提出的预测模型、优化算法以及决策方法最终形成一套智能工艺参数决策方法，完整的流程图如图 5.14 所示。

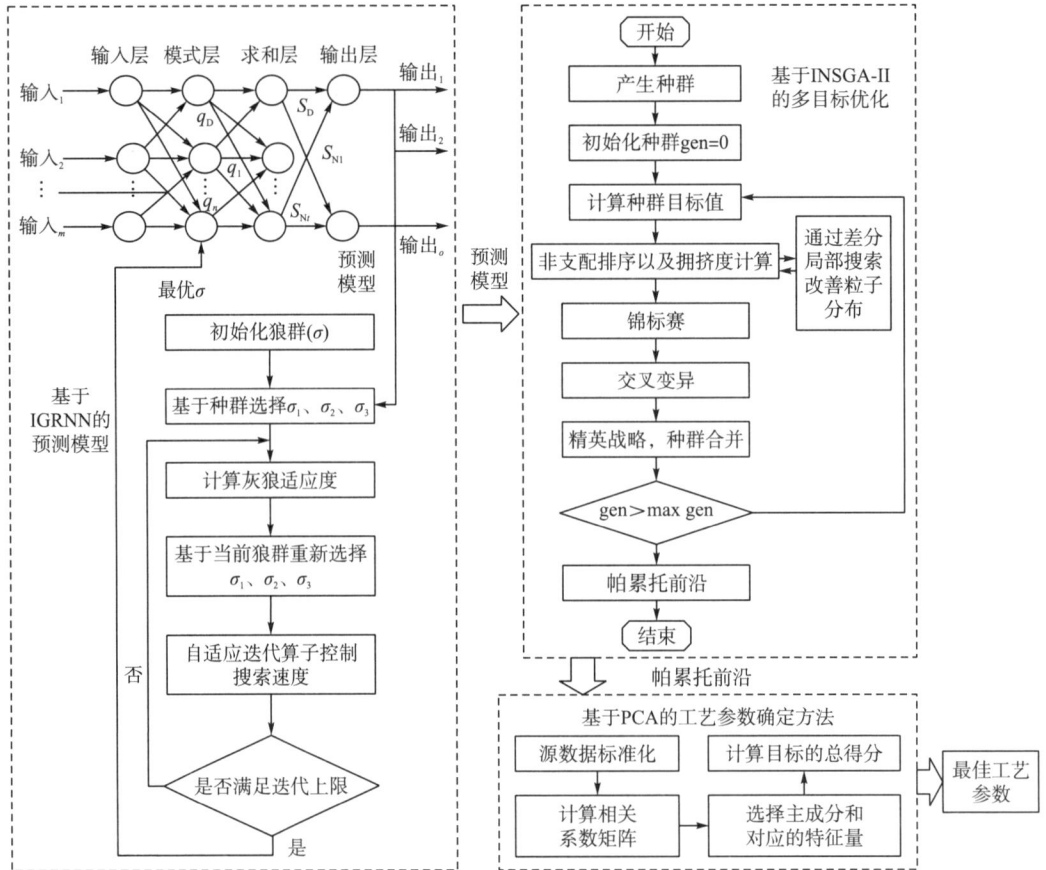

图 5.14　智能决策方法的完整方案

5.1.2.5　五轴铣削加工验证

五轴铣削由于其加工灵活性，广泛应用于复杂曲面零件的生产，但其加工表面质量要求较高。本节以五轴铣削加工为例，验证智能工艺参数确定方法的可行性。智能工艺参数确定方法由预测模型、优化算法和参数确定方法组成。以下对智能工艺参数确定方法各部分分别进行对比验证。

1. 表面完整性建模与验证

在建立五轴铣削表面完整性预测模型时，需要考虑两类参数。一类是刀具姿态导角（lead）、倾角（tilt），它们影响切削力的分布，从而导致表面完整性的波动。导程和倾斜度分别为刀具在 xoz、yoz 平面上与 z 轴的夹角[图 5.15(a)]。另一类是工艺参数，包括主轴

转速 n_s、切削深度 a_p 和进给速度 f。 $X=[\text{lead},\text{tilt},n_s,a_p,f]^T$ 表示输入矢量。预测模型的输出为表面完整性，包括表面形貌表征与评价和亚表层的微观组织和力学性能。本书以表面粗糙度和残余应力作为评价这两个方面的典型指标。此外，虽然 Ra 和 Rz 都可以用来描述表面粗糙度，但本书将 Ra 用于评价工件的表面粗糙度，因为 Ra 在研究中具有广泛的实用性。 $Y=[\text{Ra},\text{Rs}_f,\text{Rs}_t]$ 为输出向量，由表面粗糙度和表面残余应力两个方向组成。采用 Cr-K 管配置的 X 射线衍射应力分析仪 (μ-x360) 测量进给残余应力 Rs_f 和横向残余应力 Rs_t[图 5.15 (b)]。设置分析仪与工件表面的扫描角度为 25°。斜率正 (+) 表示残余应力的拉伸状态，负值 (−) 表示压面残余应力，表面轮廓仪 (FTS Intra) 用于测量表面粗糙度 Ra[图 5.15 (c)]，表面轮廓仪的测量范围为 10μm。

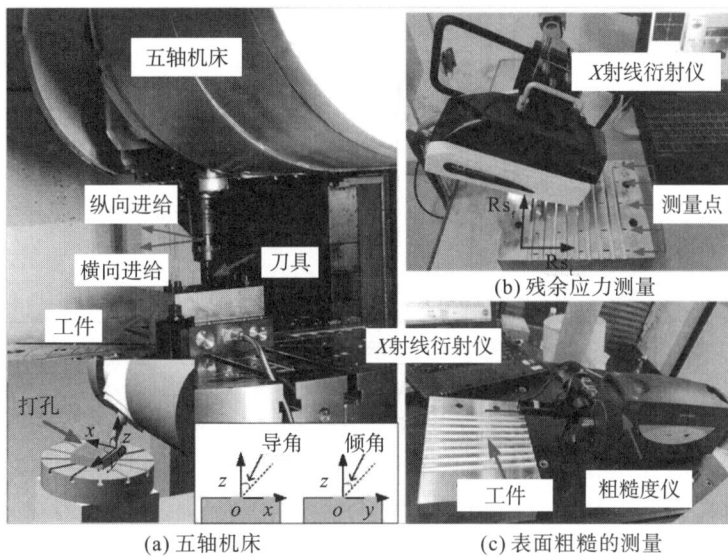

图 5.15　实验设置

当有 5 个输入参数时，5 因素全因子实验次数为 55，这是相当耗时和昂贵的。而对应的 4 个水平正交实验只有 16 组，不足以进行训练和测试。为了合理增加实验次数，更好地建立输入参数对表面完整性的预测模型，本书采用全因子与正交实验的组合设计方法。本节设计两组 4 水平全因子实验 (2×16)，研究不同工艺参数组合下刀具姿态对表面完整性的影响；设计两组 3 水平正交实验 (2×9)，研究不同刀具姿态下工艺参数对表面完整性的影响。输入参数的水平设置如表 5.6 所示。五轴机床为 MAZAK HCN5000-lllL[图 5.15 (a)]。工件材料为 AL7075，采用硬质合金球铣刀 (螺旋角为 30°，直径为 10mm) 进行开槽实验。为减小测量误差，每次获得残余应力或表面粗糙度的实验都在槽内均匀分布的点重复测量 5 次。当训练过程开始时，随机抽取用于训练和测试的数据数 (比值为 0.2)。重复此过程 5 次，选取预测误差最小的数据作为测试集。值得注意的是，用式 (5.17) 和式 (5.18) 计算出的预测误差率直接作为适应度函数。在这种情况下，用于测试的数据实际上就是用于验证的数据。一旦建立了总体误差率最小的 IGRNN，验证也就完成了。训练集 (40 组) 和测试集(10 组) 见表 5.7 和表 5.8。

表 5.6　工艺参数水平

参数	Level 1	Level 2	Level 3	Level 4
导角/(°)	0	15	30	45
倾角/(°)	0	15	30	45
n_s/min	4800	6000	7200	—
a_p/mm	1.25	1.5	1.75	2.5
fl/(mm/min)	600	800	1000	—

$$Ra_e = \frac{\left|Ra^{pre} - Ra\right|}{Ra} \tag{5.17}$$

$$Rs_e = \frac{\left|Rs^{pre} - Rs\right|}{Rs} \tag{5.18}$$

式中，Ra^{pre} 为粗糙度预测结果；Rs^{pre} 为残余应力预测结果；Ra 为粗糙度实验结果；Rs 为残余应力实验结果；Ra_e 为粗糙度预测误差率；Rs_e 为残余应力预测误差率。

表 5.7　实验结果(测试集)

序号	导角/(°)	倾角/(°)	a_p/mm	fl/(mm/min)	n_s/(r/min)	Ra/μm	Rs_f/MPa	Rs_t/MPa
1	15	0	1.5	600	4800	0.1794	-0.8	-51.4
2	30	0	1.5	600	4800	0.3855	-11.6	-36.6
3	45	0	1.5	600	4800	0.2553	11.0	-11.2
4	0	15	1.5	600	4800	1.3363	-11.4	-62.4
5	15	15	1.5	600	4800	0.3695	-28.6	-57.6
6	30	15	1.5	600	4800	1.6502	-56.4	-41.4
7	0	30	1.5	600	4800	1.9792	18.4	-84.2
8	30	30	1.5	600	4800	1.1421	-39.8	-65.8
9	0	45	1.5	600	4800	1.4831	9.0	-85.4
10	45	45	1.5	600	4800	0.9892	-38.6	-71.8
11	0	0	2.5	800	6000	0.4368	-17.2	-82.8
12	15	0	2.5	800	6000	0.2591	16.4	-73.2
13	30	0	2.5	800	6000	0.7390	34.6	-17.8
14	45	0	2.5	800	6000	2.7680	47.4	-50.6
15	0	15	2.5	800	6000	1.5793	1.2	-61.8
16	15	15	2.5	800	6000	0.6131	-13.2	-33.0
17	30	15	2.5	800	6000	1.1183	-6.4	-47.6
18	45	15	2.5	800	6000	1.5759	-17.0	-22.2
19	0	30	2.5	800	6000	0.5848	-31.4	-79.0
20	15	30	2.5	800	6000	0.3905	6.4	-38.0

续表

序号	导角/(°)	倾角/(°)	a_p/mm	f/(mm/min)	n_s(r/min)	Ra/μm	Rs_f/MPa	Rs_t/MPa
21	30	30	2.5	800	6000	1.3162	28.2	-64.4
22	45	30	2.5	800	6000	2.3047	3.8	-20.8
23	0	45	2.5	800	6000	0.6304	14.8	-23.2
24	15	45	2.5	800	6000	0.5599	2.6	-18.0
25	30	45	2.5	800	6000	0.5207	4.4	-35.8
26	45	45	2.5	800	6000	0.8290	8.2	11.0
27	0	0	1.25	800	6000	0.1748	-31.4	-50.6
28	0	0	1.5	600	6000	0.1832	-3.0	-87.0
29	0	0	1.5	800	7200	0.2331	3.2	-60.4
30	0	0	1.5	1000	4800	0.4342	-12.4	-78
31	0	0	1.75	600	7200	0.5604	-27.8	-53.6
32	0	0	1.75	800	4800	0.4699	-21.0	-64.4
33	0	0	1.75	1000	6000	0.3820	-21.6	-72.0
34	30	30	1.25	600	4800	0.7357	-29.8	-41.4
35	30	30	1.5	600	6000	1.1494	5.4	-17.4
36	30	30	1.5	800	7200	0.3273	22.4	-14.2
37	30	30	1.5	1000	4800	0.9971	2.6	-35.4
38	30	30	1.75	600	7200	2.1557	14.4	-29.8
39	30	30	1.75	800	4800	0.9923	16.2	-74.4
40	30	30	1.75	1000	6000	2.0400	-3.4	-19.4

表 5.8　实验结果(验证集)

序号	导角/(°)	倾角/(°)	a_p/mm	f/(mm/min)	n_s(r/min)	Ra/μm	Rs_f/MPa	Rs_t/MPa
1	0	0	1.5	600	4800	0.4825	-14.1	-57.0
2	45	15	1.5	600	4800	1.0138	-18.3	-27.2
3	15	30	1.5	600	4800	0.9771	-17.6	-76.6
4	45	30	1.5	600	4800	1.2784	-28.3	-62.0
5	15	45	1.5	600	4800	1.2842	-8.8	-80.2
6	30	45	1.5	600	4800	1.0445	-27.0	-82.2
7	0	0	1.25	600	4800	0.2791	-17.0	-69.2
8	0	0	1.25	1000	7200	0.3441	-11.8	-61.0
9	30	30	1.25	800	6000	1.4511	-10.3	-13.0
10	30	30	1.25	1000	7200	2.2689	14.0	-15.5

IGRNN 对 Ra、Rs_f、Rs_t 的平滑因子分别为 0.2818、0.0533、0.1479。可以发现，所提出的预测模型得到的结果与实验结果(Exp)基本一致[图 5.16(a)～(c)]。与实验结果比较，预估进给和横向残余应力的平均误差率分别为 7.96% 和 8.80%，表面粗糙度的平均误差率为 9.56%。

为了验证 IGRNN 的性能，我们建立了原始 GRNN 和 PSO-GRNN(使用 PSO 优化平滑

因子），并与 IGRNN 进行比较[图 5.16(d)]。原始 GRNN 在预测 Rs_f 时产生的总误差率为
22.4%，误差最大(38.8%)。PSO-GRNN 的总误差率为 16.8%，预测 Rs_f 的误差率为 23.3%。
与 GRNN 和 PSO-GRNN 相比，IGRNN 大大提高了预测精度，其总误差率仅为 8.77%，预
测 Rs_t 的误差率显著降低至 7.96%。IGRNN 也通过均方误差(MSE)进行评估，该误差由
式(5.19)计算。Rs_f、Rs_t 和 Ra 的 MSE 分别为 3.08、46.96、10.64，显著小于 GRNN 和
PSO-GRNN 的结果[图 5.16(e)]。当预测模型的精度提高时，优化后的帕累托边界也会更
接近理论边界，最终确定的解也会更接近最优解。

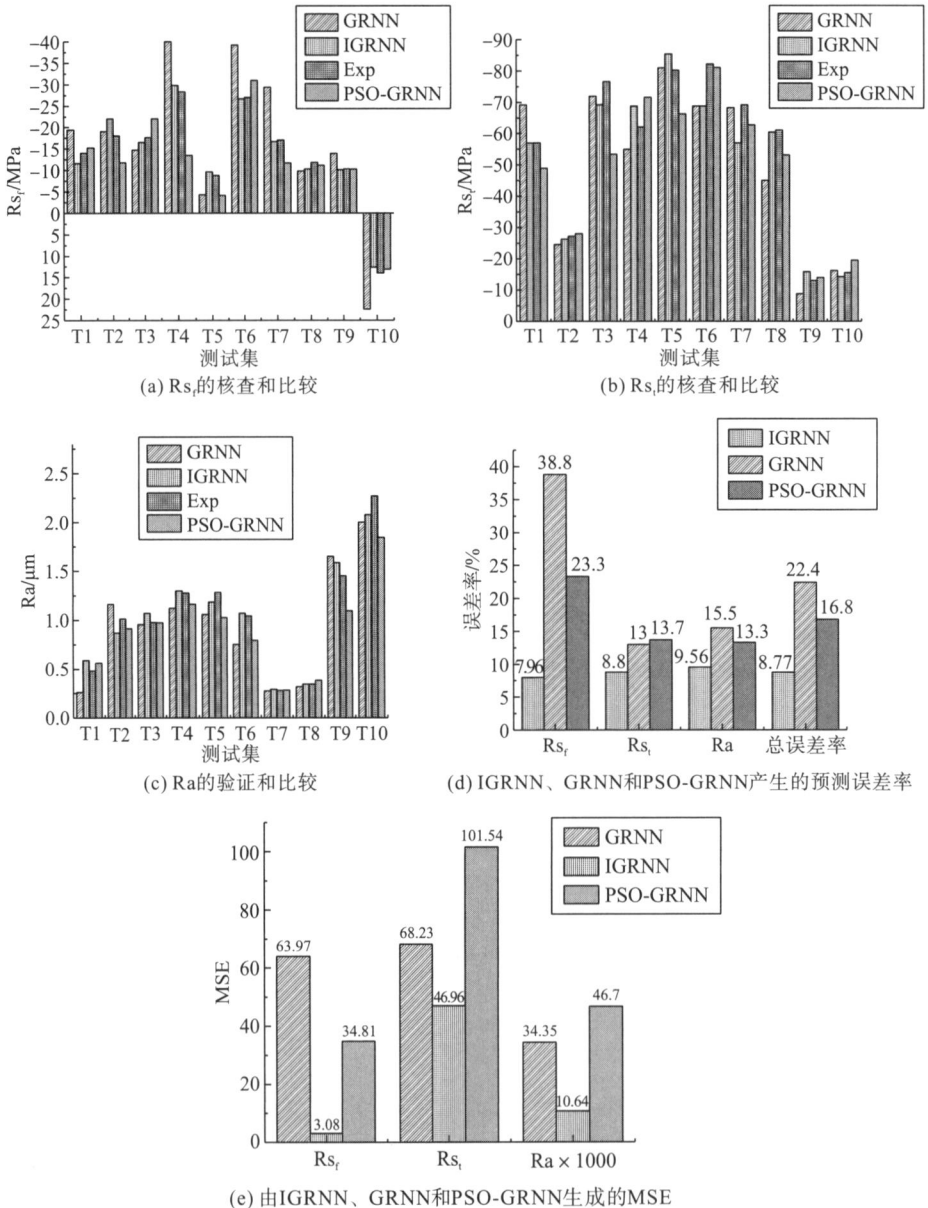

(a) Rs_f 的核查和比较

(b) Rs_t 的核查和比较

(c) Ra 的验证和比较

(d) IGRNN、GRNN和PSO-GRNN产生的预测误差率

(e) 由IGRNN、GRNN和PSO-GRNN生成的MSE

图 5.16　预测模型的验证与比较

$$MSE = \sqrt{\sum_{i=1}^{n_0} (y_{ip} - y_{ie})^2} \qquad (5.19)$$

式中，n_0 表示实验数据的个数；y_{ip} 表示第 i 个预测结果；y_{ie} 表示第 i 个实验结果。

在本书提出的 IGRNN 基础上，分析了输入参数对表面完整性的影响。参考现有理论，表面粗糙度的变化趋势与 IGRNN 得到的结果一致，如图 5.17 所示。

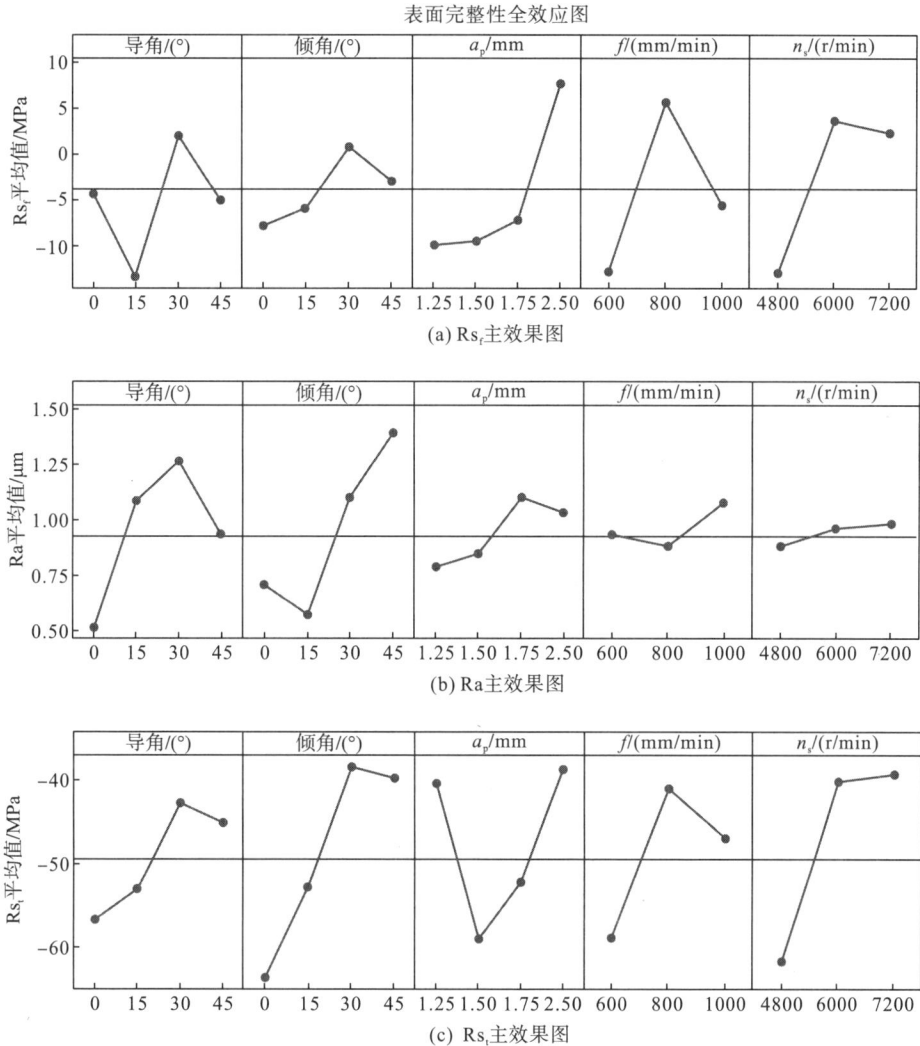

图 5.17 Ra、Rs_f、Rs_t 主效应图

(1) 当刀角(导角、倾角)增大时，Ra 明显变差[图 5.17(b)]，这可能是由于刀具振动、颤振的概率增大所致。当 a_p 小于 1.75mm 时，表面粗糙度随 a_p 的增大而增大；当 a_p 大于 1.75mm 时，表面粗糙度随 a_p 的增大而减小；当 f 大于 800mm/min 时，表面粗糙度 f 的增大而增大。

(2) 由于五轴铣削过程中输入参数的耦合作用，残余应力形成机理复杂，有关五轴铣削残余应力的研究文献较少。现有文献在研究三轴铣削时指出 Rs_f 小于 Rs_t，也就是 IGRNN 获得的趋势，如图 5.17(a)、(c)所示。

(3)n_s 和 f 增加，残余应力是拉伸状态(正向的残余应力数值)。

基于以上分析，IGRNN 生成的结果与现有理论保持了较好的一致性，验证了本书预测模型的可行性。

2. 多目标优化结果及对比

参数优化的目的是获得最优帕累托边界，该边界包含一系列具有良好表面完整性的解，即残余应力和表面粗糙度最小。负残余应力处于压缩状态，有助于延长零件的疲劳寿命，防止腐蚀。较小的表面粗糙度有利于减少零件的磨损，增加零件的疲劳寿命。INSGA-II 的适应度函数是基于所提出的 IGRNN 的预测模型，用于计算不同输入参数组合下两个方向上的表面粗糙度和残余应力。目标和约束由式(5.20)给出。为了验证所选择的最大迭代次数足以生成良好的帕累托边界，进行不同迭代次数(50、100、200 和 300)下的实验，每种情况重复 5 次。结果表明，最大 200 代时足以产生一个好的帕累托边界，其表面完整性优于 50 代、100 代，接近 300 代，如表 5.9 所示。交叉值通常在 0.4～0.9 选择，由表 5.10 可知，当交叉点为 0.9 时，用帕累托边界法计算的目标的平均值是最好的，即两个以上的目标达到最好。选择突变、交叉指数和突变指数分别为 $1/(2m)$(m 为变量个数)、5 和 20。INSGA-II 的具体参数配置如表 5.11 所示，优化后的帕累托边界如图 5.18 所示，当同时优化三个目标时，表面完整性分布如图 5.19 所示。

$$\begin{cases} \text{目标} = \min[\,Ra, Rs_f, Rs_t\,] \\ s.t. = \begin{cases} \text{导角} = 0 \sim 45° \\ \text{倾角} = 0 \sim 45° \\ f = 600 \sim 1000\ mm/min \\ n_s = 4800 \sim 7200\ r/min \\ a_p = 1.25 \sim 2.5\ mm \end{cases} \end{cases} \tag{5.20}$$

表 5.9 不同迭代次数下的实验结果

迭代次数	Ra/μm	Rs_f/MPa	Rs_t/MPa
50	0.6604	−28.26	−57.23
100	0.5988	−29.45	−59.66
200	0.5970	−28.48	−61.05
300	0.5967	−28.87	−60.99

表 5.10 不同交叉值下的实验结果

交叉验证值	Ra/μm	Rs_f/MPa	Rs_t/MPa
0.4	0.5978	−29.10	−60.68
0.5	0.6120	−30.57	−58.39
0.6	0.6155	−30.15	−56.88

续表

交叉验证值	Ra/μm	Rs$_f$/MPa	Rs$_t$/MPa
0.7	0.6305	−30.08	−58.26
0.8	0.5997	−29.68	−59.94
0.9	0.5914	−30.37	−58.52

表 5.11　INSGA-II 的参数配置

参数	数值
种群数	80
迭代次数	200
目标函数	3
选择测量	竞争选择
交叉	0.9
变异	0.1
交叉指数	5
突变指数	20

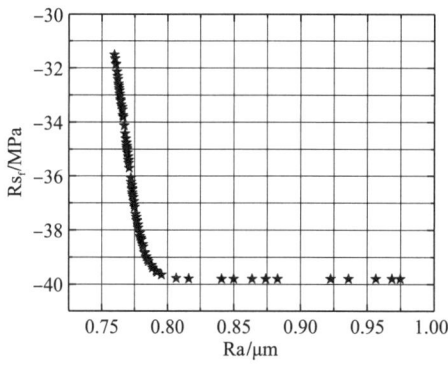

(a) 同时优化Rs$_f$和Ra时的帕累托边界

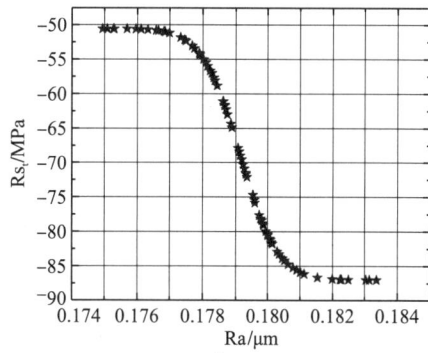

(b) 同时优化Rs$_t$和Ra时的帕累托边界

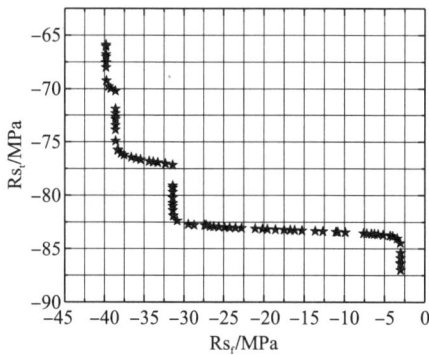

(c) 同时优化Rs$_f$和Rs$_t$时的帕累托边界

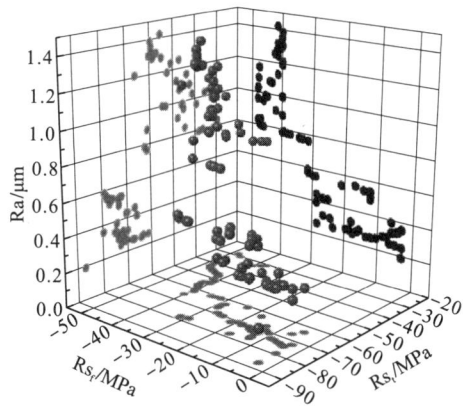

(d) 同时优化三个目标时的帕累托边界

图 5.18　采用 INSGA-II 获得的帕累托边界

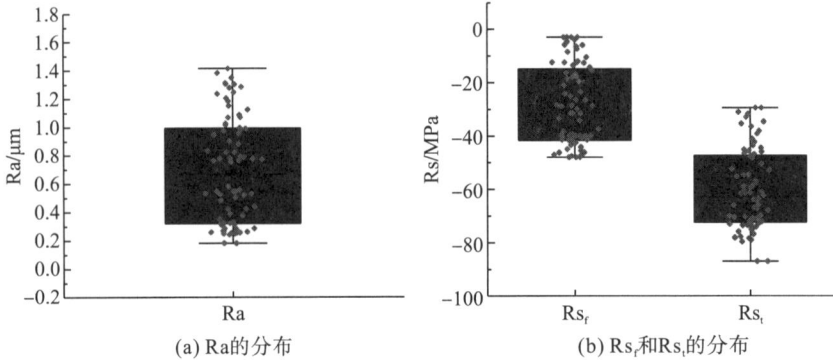

(a) Ra的分布   (b) Rs_f和Rs_t的分布

图 5.19   优化三个目标时表面完整性的分布

通过对优化结果的分析可知，任意两个目标是冲突的。

(1) 从图 5.18(a)、(b)可以看出，表面粗糙度 Ra 随着残余应力 Rs_f 和 Rs_t 的减小而增大。

(2) 由图 5.18(a)可知，当 Rs_f 接近最小值时，表面粗糙度较差，范围为 $0.760\sim0.975\mu m$。而当 Rs_t 接近最小值时[图 5.18(b)]，表面粗糙度仅从 $0.174\mu m$ 增加到 $0.183\mu m$。

(3) 在横向上容易获得较大的残余压应力，同时获得较小的表面粗糙度。

(4) 当两个方向的残余应力同时优化时[图 5.18(c)]，横向残余应力相对于进给方向的残余应力呈现较大的压应力状态。

(5) 当三个目标同时优化时[图 5.18(d)]，横向残余应力和表面粗糙度的变化趋势相同，这与进给方向的残余应力是矛盾的。

(6) 从优化三个目标时的帕累托边界分布来看(图 5.19)，利用 INSGA-II 可以得到满意的表面质量。表面粗糙度范围为 $0.1832\sim1.3831\mu m$，平均值为 $0.6943\mu m$。进给方向残余应力范围为$-48\sim-3MPa$，平均值为$-29.09MPa$。横向残余应力范围为$-87\sim-29.5MPa$，平均值为$-60.43MPa$。

(7) 根据三个目标的优化结果，五轴铣削较好表面完整性的加工参数参考范围为：主轴转速 $5035.0\sim5920.0r/min$，进给速度 $600.0\sim829.4mm/min$，切削深度 $1.5\sim2.3mm$。刀具姿态(导角、倾角)变化范围从$(0°、0°)$到$(31.8°、38.1°)$。

使用原始 NSGA-II(ONSGA-II)和自适应 NSGA-II(ANSGA-II)与 INSGA-II 进行比较。采用 Hypervolume(HV)、Spacing(P)和帕累托边界上目标的平均值作为优化算法的评价指标。HV 用于评价优化算法的综合性能，包括帕累托边界的收敛性和多样性，HV 越高，优化算法的综合性能越好。用间隔(P)来评价帕累托边界的均匀性，P 越小，帕累托解的分布越均匀。HV 和 P 分别用式(5.21)和式(5.22)计算。基于结果的可行度进行 10 次重复检验，见表 5.12。通过对表 5.13 中各指标的平均值进行分析，可以发现本书提出的 INSGA-II 的 P 值最小，HV 值最大。这意味着优化算法的综合性能最好，且帕累托边界分布均匀。此外，与 ONSGA-II 和 ANSGA-II 相比，INSGA-II 获得了较好的表面完整性，即达到两个以上目标值最优。

$$HV = \delta(U_i^{|P|}v_i) \tag{5.21}$$

式中，δ 为测量体积的勒贝格测度；$|P|$ 为非支配解的个数；v_i 为参考点和第 i 个解形成的

体积。本书选择最接近原点的点作为参考点 P_0。

$$P_0 = \sqrt{\frac{1}{|P|-1}\sum_{i=1}^{|P|}(\overline{D}-D_i)^2} \qquad (5.22)$$

式中，D_i 为 $|P|$ 中第 i 个解到其他解的最小距离，是 D_i 的平均值。

表 5.12　基于 INSGA-II、ONSGA-II 和 ANSGA-II 的优化结果

方法(HV)	1	2	3	4	5	6	7	8	9	10
INSGA-II	14.677	16.073	15.422	13.811	12.213	12.902	12.908	13.072	15.422	16.073
ONSGA-II	12.975	11.420	9.352	9.044	8.914	20.161	10.011	9.352	22.302	4.444
ANSGA-II	14.864	15.336	11.831	20.243	12.290	12.470	11.831	13.596	13.920	13.855
方法(P)	1	2	3	4	5	6	7	8	9	10
INSGA-II	0.0476	0.0743	0.0841	0.0379	0.0160	0.0319	0.0763	0.0427	0.0841	0.0743
ONSGA-II	0.2182	0.0264	0.4585	0.0828	0.0666	0.0675	0.0447	0.4585	0.0418	0.0307
ANSGA-II	0.1664	0.0464	0.0934	0.2117	0.1257	0.0365	0.0934	0.2060	0.1549	0.2039
方法(Ra)	1	2	3	4	5	6	7	8	9	10
INSGA-II	0.5914	0.5089	0.5683	0.6124	0.6336	0.6731	0.6513	0.6181	0.5683	0.5089
ONSGA-II	0.5925	0.3635	0.7370	0.7474	0.9382	0.6256	0.9383	0.7370	0.7230	0.9208
ANSGA-II	0.6502	0.7048	0.5835	0.6610	0.6368	0.6508	0.5835	0.6316	0.6092	0.6122
方法(Rs_f)	1	2	3	4	5	6	7	8	9	10
INSGA-II	−30.75	−26.84	−28.86	−28.07	−31.42	−31.12	−32.31	−31.15	−28.86	−26.84
ONSGA-II	−25.71	−15.42	−31.30	−30.96	−35.99	−15.04	−36.16	−31.30	−20.28	−39.72
ANSGA-II	−31.00	−29.02	−26.79	−23.56	−31.59	−32.11	−26.79	−30.80	−31.35	−31.97
方法(Rs_t)	1	2	3	4	5	6	7	8	9	10
INSGA-II	−58.58	−59.92	−61.30	−63.00	−60.91	−60.14	−56.05	−59.94	−61.30	−59.92
ONSGA-II	−61.80	−54.14	−58.99	−63.16	−55.79	−66.30	−55.97	−58.99	−66.44	−54.04
ANSGA-II	−58.55	−59.73	−71.22	−58.95	−62.42	−62.03	−71.22	−59.59	−58.40	−60.55

表 5.13　基于 INSGA-II、ONSGA-II 和 ANSGA-II 获得的评价指标的平均值

平均值	HV	P	Ra/μm	Rs_f/MPa	Rs_t/MPa
INSGA-II	14.257	0.0569	0.5934	−29.62	−60.11
ONSGA-II	11.798	0.1496	0.7323	−28.19	−59.56
ANSGA-II	14.024	0.1338	0.6324	−29.50	−62.27

3. 智能工艺参数决策及验证

用主成分分析(PCA)对帕累托解进行评估，自动选择总分较高的解作为最佳参数。式(5.11)用于对帕累托边界内的目标数据进行标准化。计算相关系数矩阵得到特征向量和

特征值，特征向量和特征值按降序排列。主成分的选择标准为贡献率为90%。本书选取两个主成分对每个解决方案进行评分，贡献率为96.5%，如图5.20所示。根据各指标越小越好的得分原则，采用式(5.16)计算主成分得分后，将各解的总分由高到低进行排序。列出所有解中的前5个解进行比较，其参数和目标值见表5.14。

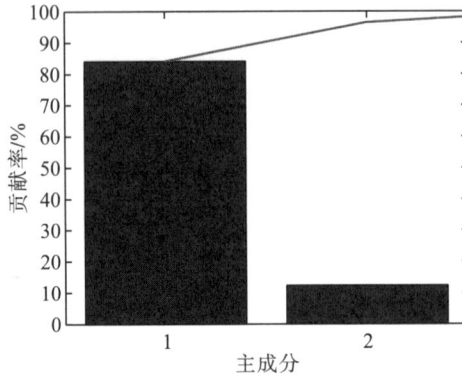

图 5.20 主成分提取

表 5.14 主成分分析法获得的排名前 5 的解的参数及目标值

总分	导角/(°)	倾角/(°)	a_p/mm	f/(mm/min)	n_s/(r/min)	Ra/μm	Rs_f/MPa	Rs_t/MPa
0.5926	0	8.8	1.5	623.6	5917.0	0.1832	−3.00	−87.00
0.4466	10.0	10.1	1.6	664.5	5601.0	0.3519	−3.01	−79.60
0.3314	9.3	10.7	1.8	667.6	5586.0	0.3326	−3.93	−75.04
0.3125	9.7	11.7	1.8	666.5	5610.0	0.3263	−4.65	−74.66
0.2884	10.4	9.9	1.5	679.0	5592.0	0.3816	−6.01	−74.11

通过 PCA 确定最优参数后，选择总分为 0.5926 的最优解，即导角为 0°，倾角为 8.8°，a_p 为 1.5mm，f 为 623.6mm/min，n_s 为 5917.0r/min。对应的表面粗糙度和残余应力分别为 Ra=0.1832μm、Rs_f=−3.00MPa、Rs_t=−87.00MPa。总分最高的解决方案将与非优化的解决方案进行比较。Rs_f 降低了 0.33%，但横向残余应力 Rs_t 和表面粗糙度 Ra 分别提高了 9.3% 和 47.94%。

为了验证 PCA 在获取最优参数方面的性能，将其与 TOPSIS、VIKOR、效用函数等其他多准则决策方法进行比较。由于这些方法对每个目标的权重系数的确定过程相似，都是人工确定权重系数，因此，以 TOPSIS 为代表进行分析。基于工程师经验 TOPSIS 的所有指标的权值设置为 1/3。从表 5.15 中可以看出，PCA 得到的最优参数也出现在 TOPSIS 得到的第二优参数中，说明它们具有相似的评价性能。但考虑到使用 TOPSIS 时需要手动设置每个目标的权重，所以使用 PCA，因为它可以自动为每个目标分配权重，有利于智能工艺参数的确定。

表 5.15　利用 TOPSIS 法得到前 5 个解的参数和目标值

总分	导角/(°)	倾角/(°)	a_p/mm	f/(mm/min)	n_s/(r/min)	Ra/μm	Rs_f/MPa	Rs_t/MPa
0.0156	13.3	32.3	2.0	608.9	5131.0	0.8274	−48.00	−29.47
0.0155	0	8.8	1.5	623.6	5917.0	0.1832	−3.00	−87.00
0.0154	13.2	32.4	2.0	608.8	5133.0	0.8266	−48.00	−29.46
0.0152	26.5	37.9	2.3	600.0	5163.0	1.4154	−41.59	−55.28
0.0152	16.5	28.5	2.1	608.5	5072.0	0.7577	−31.42	−61.28

最后，对所提出的智能工艺参数确定方法得到的最优参数进行实验验证，如图 5.21 所示。实验结果与预测结果吻合较好，平均误差率仅为 7.83%，验证了所提方法的可行性。该方法避免了人工定级和最终参数的确定，提高了五轴铣削加工零件的表面完整性，为提高智能制造水平奠定了基础。

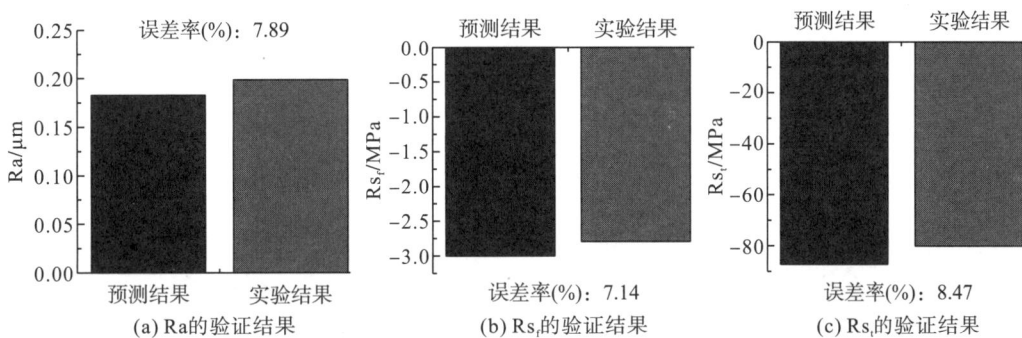

图 5.21　实验验证了工艺参数的确定

5.2　面向工序精度自愈的齿轮加工工艺参数优化方法

滚齿与磨齿是齿轮加工最重要的两道工序，滚齿、磨齿的工艺参数对齿轮加工质量具有重要影响。本节以齿轮加工质量为目标，分别对滚齿、磨齿的工艺参数进行优化。

5.2.1　面向工序精度自愈的滚齿加工工艺参数优化方法及调控策略

为了达到动态调整工序精度、降低实验成本、提升模型迁移性的目的，在工艺参数和工序精度之外引入第三类变量，主要包括振动、力、声发射、电流、转矩、温度等工序状态数据，并将回归问题转化为分类问题。工序状态数据可在加工过程中实时获取，非常适合作为工序精度动态调整的依据；工序状态数据获取方式简单，可通过少量实验大量获取；相比于回归模型，分类模型定性地描述了变量之间的相对关系，而定性关系具备更强的可移植性。

在实验中同步获取工艺参数数据、工序精度数据和工序状态数据，以工序精度数据为依据，制定工艺参数数据调整策略并将工序状态数据分类，采用深度学习算法对工序状态数据进行训练、建模。最终,可在生产过程中根据工序状态数据实时判断工序精度,并对工艺参数进行相应调整,实现工序精度保持性。图 5.22 为工序精度自愈基本原理。

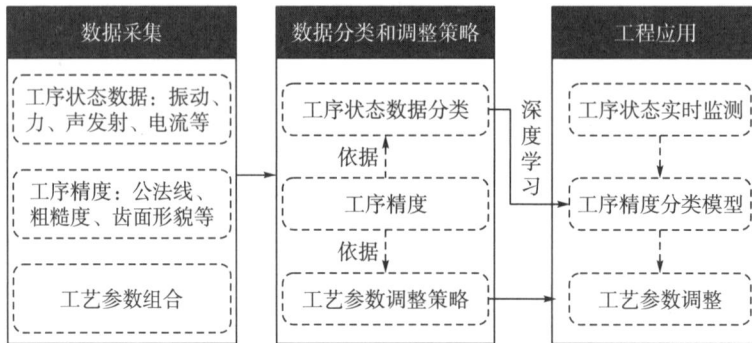

图 5.22　工序精度自愈基本原理

5.2.1.1　数据采集实验

在重庆某齿轮生产厂开展滚齿加工实验,完成工艺参数、工序精度和工序状态数据的采集。图 5.23 展示了实验现场,实验在一台高速干切滚齿机上进行。工序精度测量仪器

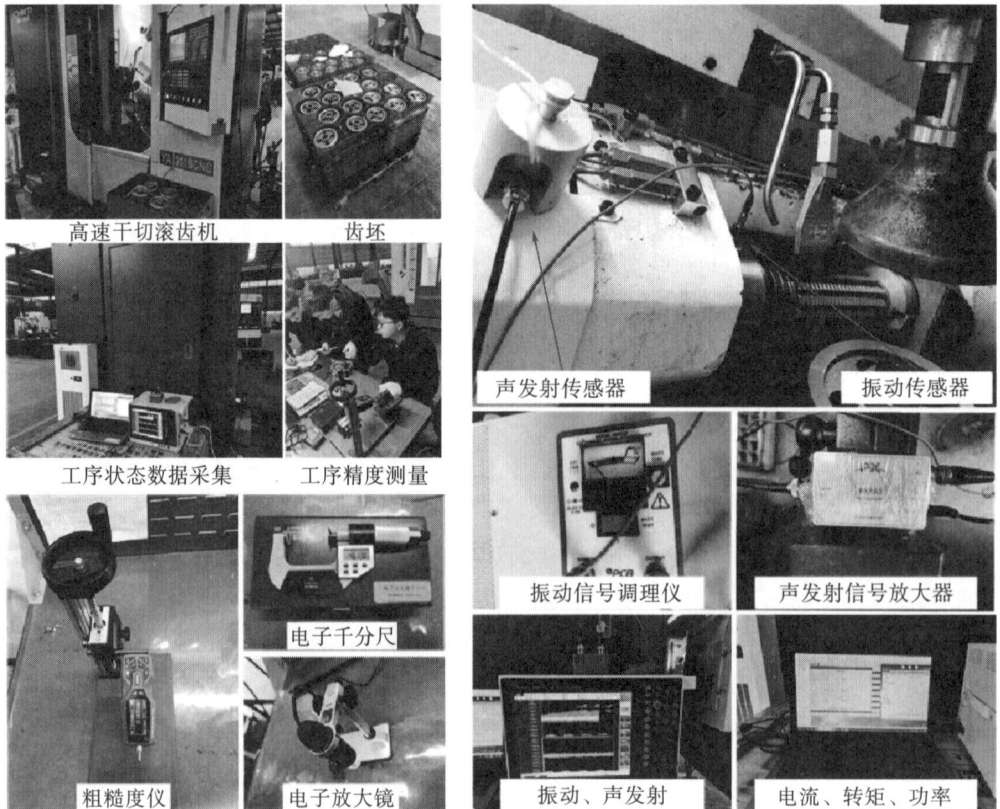

图 5.23　实验现场

主要包括：便携式粗糙度仪(精度 0.001μm)、电子千分尺(精度 0.001mm)和电子放大镜(最大放大倍数 500 倍)。工序状态数据采集仪器主要包括：振动传感器(频率 10kHz)、声发射传感器(频率 140kHz)、数据采集仪(最高采样频率 20MHz)、振动信号调理仪、声发射信号放大器。在滚齿加工中，滚刀转速(S)和 Z 向进给速度(F)是最主要的两个工艺参数。依据滚齿机的推荐参数，设置滚刀转速取值范围为 600~900r/min，梯度为 30r/min；设置 Z 向进给速度取值范围为 0.9~1.8mm/r，梯度为 0.1mm/r。采用网格搜索法对滚刀转速和 Z 向进给速度进行组合，可得到 110 组工艺参数组合，如表 5.16 所示。在每个组合下，采集振动、声发射、电流、转矩、功率等工序状态数据；测量齿轮公法线、粗糙度及齿面形貌，将其作为工序精度数据。

表 5.16 工艺参数组合

S/(r/min)	F/(mm/r)									
	0.9	1	1.1	1.2	1.3	1.4	1.5	1.6	1.7	1.8
600	600, 0.9	600, 1	600, 1.1	600, 1.2	600, 1.3	600, 1.4	600, 1.5	600, 1.6	600, 1.7	600, 1.8
630	630, 0.9	630, 1	630, 1.1	630, 1.2	630, 1.3	630, 1.4	630, 1.5	630, 1.6	630, 1.7	630, 1.8
660	660, 0.9	660, 1	660, 1.1	660, 1.2	660, 1.3	660, 1.4	660, 1.5	660, 1.6	660, 1.7	660, 1.8
690	690, 0.9	690, 1	690, 1.1	690, 1.2	690, 1.3	690, 1.4	690, 1.5	690, 1.6	690, 1.7	690, 1.8
720	720, 0.9	720, 1	720, 1.1	720, 1.2	720, 1.3	720, 1.4	720, 1.5	720, 1.6	720, 1.7	720, 1.8
750	750, 0.9	750, 1	750, 1.1	750, 1.2	750, 1.3	750, 1.4	750, 1.5	750, 1.6	750, 1.7	750, 1.8
780	780, 0.9	780, 1	780, 1.1	780, 1.2	780, 1.3	780, 1.4	780, 1.5	780, 1.6	780, 1.7	780, 1.8
810	810, 0.9	810, 1	810, 1.1	810, 1.2	810, 1.3	810, 1.4	810, 1.5	810, 1.6	810, 1.7	810, 1.8
840	840, 0.9	840, 1	840, 1.1	840, 1.2	840, 1.3	840, 1.4	840, 1.5	840, 1.6	840, 1.7	840, 1.8
870	870, 0.9	870, 1	870, 1.1	870, 1.2	870, 1.3	870, 1.4	870, 1.5	870, 1.6	870, 1.7	870, 1.8
900	900, 0.9	900, 1	900, 1.1	900, 1.2	900, 1.3	900, 1.4	900, 1.5	900, 1.6	900, 1.7	900, 1.8

5.2.1.2 胶囊网络原理

深度学习是机器学习的进一步发展，具有更优异的性能，作为一种新的模式识别手段，也已经逐渐应用于机械设备状态监测领域。深度学习通过构建具有多个隐含层的机器学习模型，在有监督或无监督的训练后能有效、自适应地学习到所输入的训练数据的本质特征，训练后的模型用于实际应用中，能够取得良好的效果。在大计算和大数据的背景下，深度学习大行其道。其中卷积神经网络(CNN)在人脸识别、语音识别、人工智能等方面的成功应用是深度学习发展史上的一个重要里程碑。但 CNN 也有其局限性，比如训练数据需求大、环境适应能力弱、可解释性差等。2017 年 CNN 的提出者辛顿(Hinton)对 CNN 存在的不足进行了改进，进而提出了一种全新的神经网络，即胶囊网络(CapsNet)。当其输入信息为一维时，其结构如图 5.24 所示。

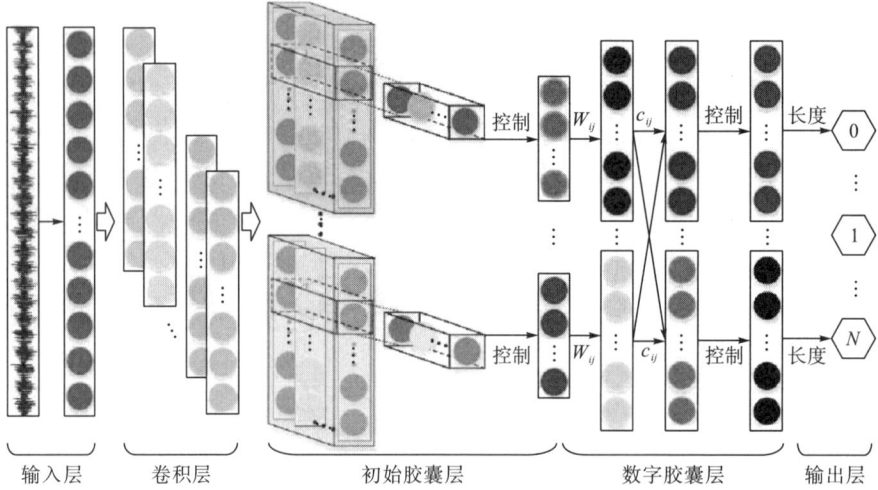

图 5.24 一维胶囊网络结构

数据经过输入层后首先使用卷积层提取特征。它通常由一组可学习的卷积核和一系列可训练的偏差组成。卷积核通过滑动对输入进行卷积，然后通过非线性激活函数生成输出特征映射。该过程的数学表达式为

$$X_j^l = f(\sum_{i \in M_j} X_i^{l-1} \cdot k_{ij}^l + d_j^l) \tag{5.23}$$

式中，M_j 为输入映射的范围；X_j^l 为第 i 层的第 j 个特征映射；k 为卷积核；d_j^l 为偏差；$f(\cdot)$ 为非线性激活函数。

初始胶囊层对卷积层的输出进行卷积以进一步提取特征。但是，参与卷积操作的不再是单个神经元，而是神经元载体，即胶囊。因此，初级胶囊层可以理解为"胶囊形式"的卷积层。一组内核同时执行卷积运算以获得由胶囊组成的特征图，胶囊的尺寸等于核的数量。需要使用非线性压缩函数处理输出的胶囊，以将胶囊的模块长度压缩到 0~1 的范围，这样可以更好地表示实体存在的可能性。压缩函数为

$$v_j = \frac{\|s_j\|^2}{1 + \|s_j\|^2} \cdot \frac{s_j}{\|s_j\|} \tag{5.24}$$

式中，s_j 为第 j 个输入胶囊；v_j 为相应的输出胶囊。

对于胶囊的传播，数字胶囊层主要执行两个操作：线性变换和动态路由。首先，对输入的低层胶囊进行线性变换得到预测向量，公式如下：

$$\hat{u}_{j|i} = W_{ij} u_i \tag{5.25}$$

式中，u_i 为输入的第 i 个低层胶囊；W_{ij} 为权重矩阵；$\hat{u}_{j|i}$ 为预测向量。

5.2.1.3 基于振动信号的工序精度模型

在建立模型之前，首先要根据工序精度数据确定分类标准。图 5.25 绘制了所有 110 组实验公法线和粗糙度的变化曲线，可知公法线整体呈现增大的趋势，两条实线中间的区域

公法线符合要求，而虚线方框区域的公法线不符合要求。在图 5.25 中，虚线方框区域的粗糙度明显比其他区域波动剧烈。因此将振动信号分为三类，即公法线不合格、粗糙度波动大、合格，分别对应类别 1、类别 2 和类别 3。在本实验中三类信号所对应的工艺参数组合在表 5.17 中分别被标记为深色、灰色和白色区域。

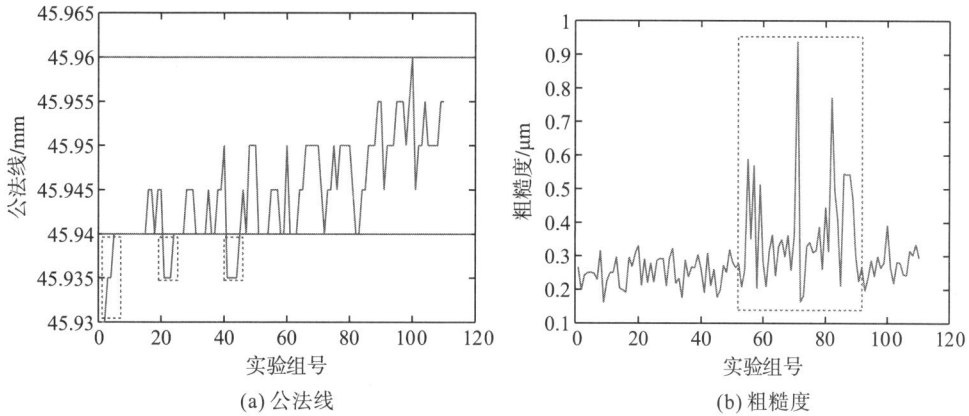

(a) 公法线　　　　　　　　　　　　　　(b) 粗糙度

图 5.25　工序误差数据

表 5.17　工艺参数分类

S/(r/min)	F/(mm/r)									
	0.9	1	1.1	1.2	1.3	1.4	1.5	1.6	1.7	1.8
600	600, 0.9	600, 1	600, 1.1	600, 1.2	600, 1.3	600, 1.4	600, 1.5	600, 1.6	600, 1.7	600, 1.8
630	630, 0.9	630, 1	630, 1.1	630, 1.2	630, 1.3	630, 1.4	630, 1.5	630, 1.6	630, 1.7	630, 1.8
660	660, 0.9	660, 1	660, 1.1	660, 1.2	660, 1.3	660, 1.4	660, 1.5	660, 1.6	660, 1.7	660, 1.8
690	690, 0.9	690, 1	690, 1.1	690, 1.2	690, 1.3	690, 1.4	690, 1.5	690, 1.6	690, 1.7	690, 1.8
720	720, 0.9	720, 1	720, 1.1	720, 1.2	720, 1.3	720, 1.4	720, 1.5	720, 1.6	720, 1.7	720, 1.8
750	750, 0.9	750, 1	750, 1.1	750, 1.2	750, 1.3	750, 1.4	750, 1.5	750, 1.6	750, 1.7	750, 1.8
780	780, 0.9	780, 1	780, 1.1	780, 1.2	780, 1.3	780, 1.4	780, 1.5	780, 1.6	780, 1.7	780, 1.8
810	810, 0.9	810, 1	810, 1.1	810, 1.2	810, 1.3	810, 1.4	810, 1.5	810, 1.6	810, 1.7	810, 1.8
840	840, 0.9	840, 1	840, 1.1	840, 1.2	840, 1.3	840, 1.4	840, 1.5	840, 1.6	840, 1.7	840, 1.8
870	870, 0.9	870, 1	870, 1.1	870, 1.2	870, 1.3	870, 1.4	870, 1.5	870, 1.6	870, 1.7	870, 1.8
900	900, 0.9	900, 1	900, 1.1	900, 1.2	900, 1.3	900, 1.4	900, 1.5	900, 1.6	900, 1.7	900, 1.8

振动信号反映了加工状态的固有属性，而与实验参数无关。因此建立模型，根据振动信号定性判断加工状态具有重要的推广意义。具体而言，根据当前实验数据可知，在推荐的工艺参数范围内，类别 1 对应的工艺参数处于较低水平，类别 2 对应的工艺参数处于中等水平。在推广应用中，在不确定当前工艺参数是否适用的情况下，首先根据实时获取的振动信号判断当前加工状态处于哪一种类别。若为类别 3，则不需要调整工艺参数；若为类别 1，则需逐步增大工艺参数，直至转变为类别 3；若为类别 2，则需逐步增大或者减小工艺参数，直至转变为类别 3。

在三种类别中，分别以 1024 的数据长度截取振动信号，每个类别获得 528 个样本，共计 1584 个样本，其中训练样本 1350 个、测试样本 234 个。CapsNet 与其他深度学习算法一样，都能自适应地学习输入信息的特征，所以不需要人为地提取特征。但是这也带来了诸多弊端，如训练耗时长、模型收敛慢、容易引入干扰信息等。因此在基于振动信号建立模型之前，首先提取了每个样本的时域特征、频域特征、熵特征等共计 18 个特征，组成特征样本，作为 CapsNet 的输入。特征如图 5.26 所示。

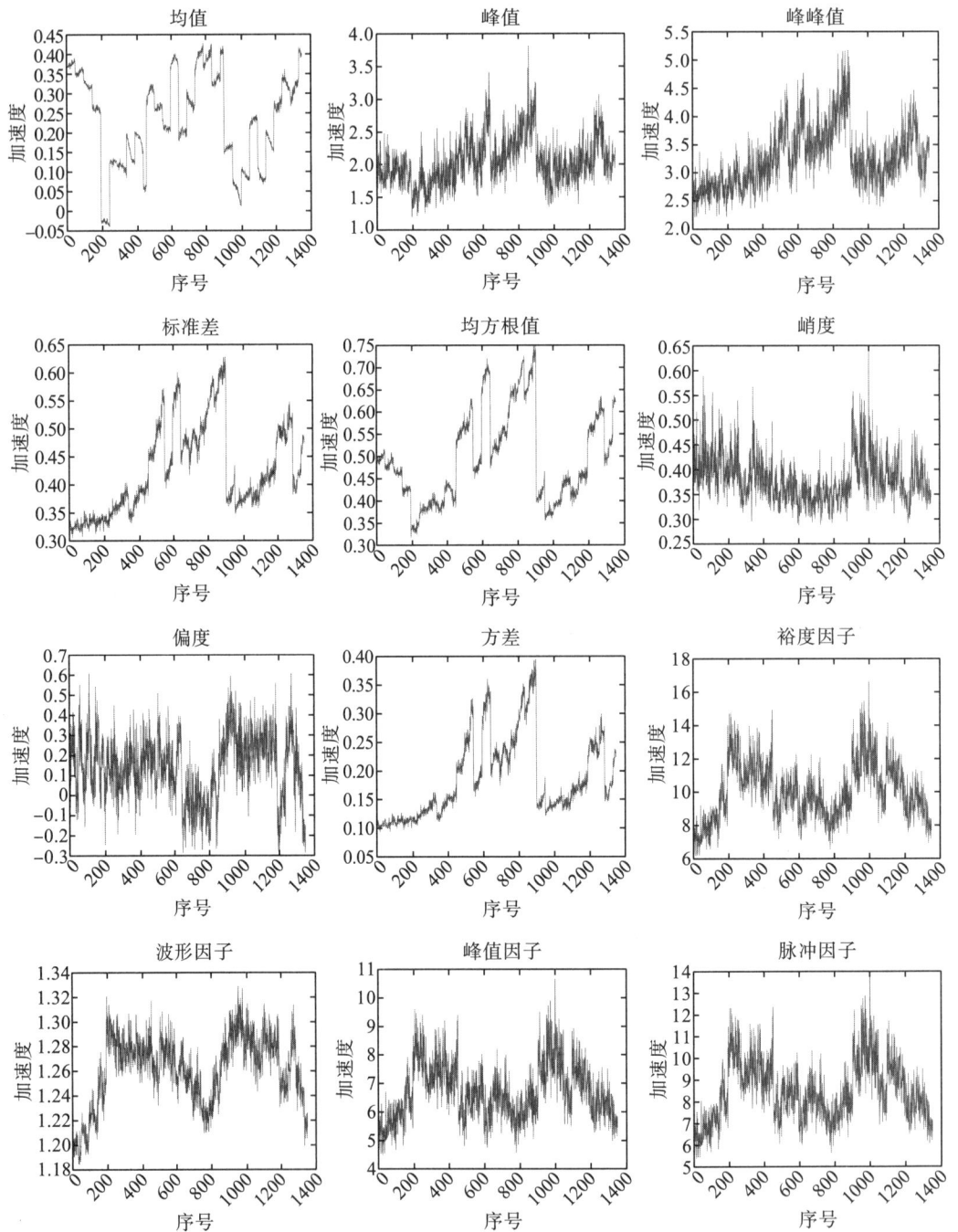

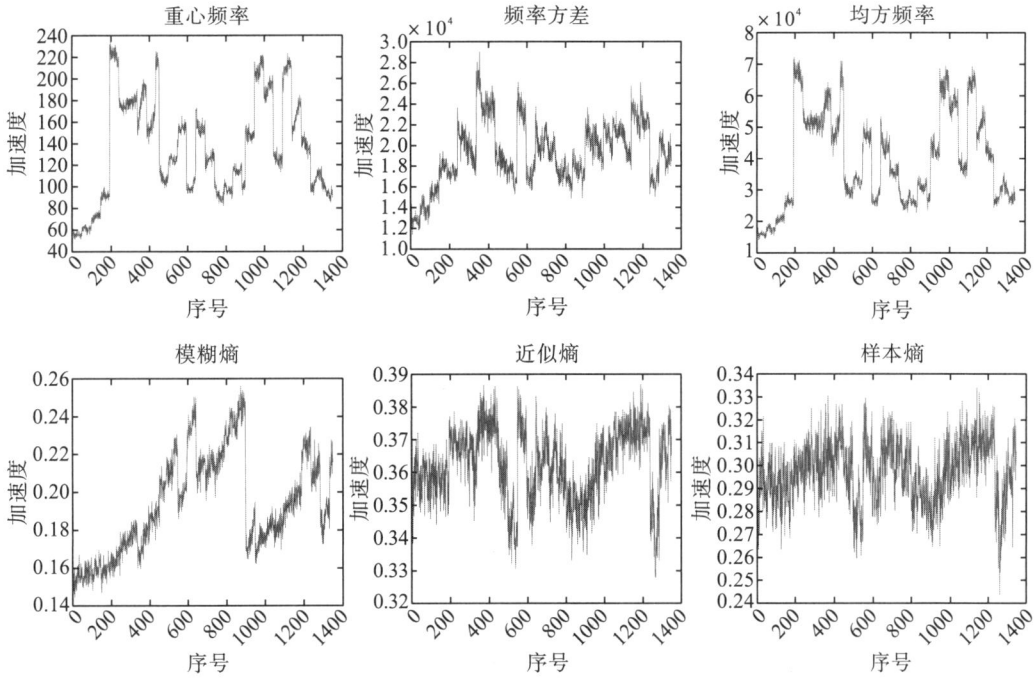

图 5.26　振动信号特征

　　将特征样本输入 CapsNet 中进行训练。在经过 30 次迭代之后，模型的训练损失逐渐降低，并趋于平缓，如图 5.27(a) 所示，说明模型已经具有良好的收敛性。图 5.27(b) 为模型的测试损失曲线，虽然在 30 次迭代后测试损失值还存在波动，但整体上看，测试损失值已大幅降低。图 5.28 描述了模型对 3 类信号的平均分类准确率，在第 8 次迭代后，模型的平均分类准确率已经达到了 87.2%，反映出所建立的模型对振动信号的分类取得了良好的效果。混淆矩阵描述了模型对每个类别的分类精度，可以看出对于类别 1 和类别 2，模型都取得了完美的分类效果，分类准确率达到 100%，但是对于类别 3，有 38% 的样本被误分类为类别 1。图 5.29 可理解为混淆矩阵的图像化表达，预测类别 1 和预测类别 2 都没有发生偏离，而预测类别 3 部分偏离到了类别 1。

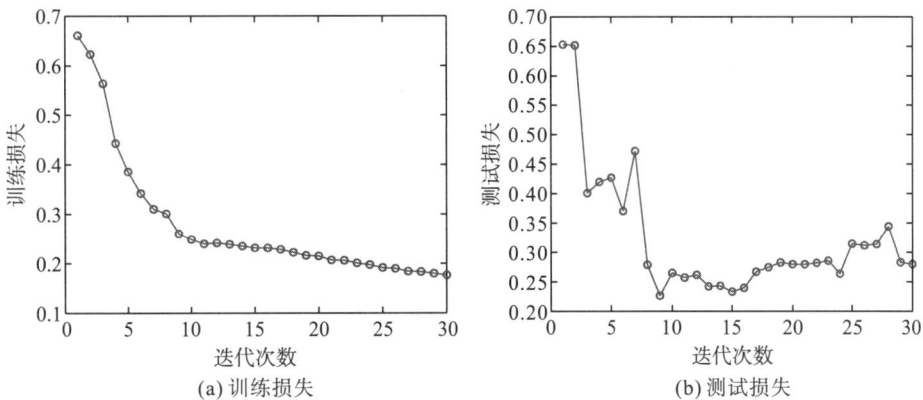

(a) 训练损失　　　　　　　　　　　(b) 测试损失

图 5.27　损失曲线

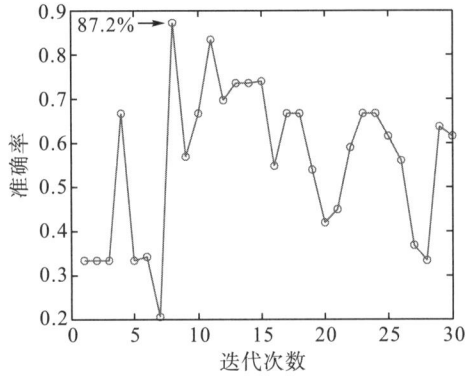

图 5.28　模型准确率

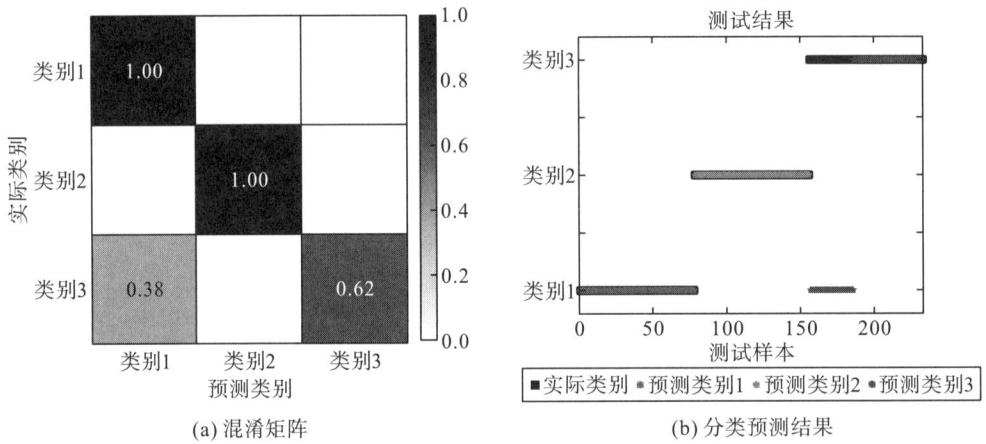

(a) 混淆矩阵　　　　　　　　　　　(b) 分类预测结果

图 5.29　分类结果

　　综合分析图 5.27~图 5.29，所建立的工艺参数优化模型取得了良好的分类效果，可以根据加工过程中实时采集的振动信号判断当前加工状态，并实施相应的工艺参数调整策略。但模型依然存在不足，需要进一步优化。在后续的工作中，将探索信号样本及其特征的提取方法，并尝试建立多源数据样本；进一步优化 CapsNet 模型结构和参数，建立更深层的网络结构模型。

5.2.2　考虑磨削振纹的磨齿加工工艺参数优化方法

　　磨齿作为齿轮加工的最后一道工序，对齿轮的精度具有重大影响。磨齿机的振动不仅会降低其使用寿命，还会导致齿轮加工产生振纹、表面质量下降等问题，影响零件加工的合格率。在齿轮精加工中齿轮的表面经常会出现明暗条纹状的周期性规律纹路，称为振纹。齿面振纹的存在会使齿轮啮合时载荷无法平稳传递而产生振动以及啸叫，严重影响齿面的接触质量，加剧齿面局部磨损，缩短使用寿命。齿面粗糙度作为评价齿面质量的重要指标之一，对齿轮的接触疲劳、耐磨性和传动质量有重要影响。振纹与粗糙度已经成为影响齿轮加工合格率的重要因素。

5.2.2.1　齿轮磨削实验设计

本次实验在重庆某机床生产的数控蜗杆砂轮磨齿机上进行，砂轮基本参数如表 5.18 所示。实验齿轮为某型新能源车用斜齿轮，基本参数如表 5.19 所示。

表 5.18　砂轮基本参数表

项目	参数	项目	参数
模数/mm	2.5	材料	CA
头数	5	粒度号	100
压力角/(°)	18.5	最大线速度/(m/s)	80
规格/(mm×mm×mm)	280×160×115		

表 5.19　斜齿轮基本参数

项目	参数	项目	参数
法向模/mm	2.5	齿顶高系数	1.67
齿数	25	根隙	0.69
压力角/(°)	18.5	精度等级	6
螺旋角/(°)	24	材料	20CrMnTiH
变位系数	0.25535	生产标准	GB/T 5216—2014

信号采集设备：PCB 振动加速度传感器 352C34、PC 信号调理器 480C02、PCB 低噪声线缆 2003D20、HIOKI 信号采集记录仪 8861-50。现场实验设备布置安装与信号采集设备如图 5.30 所示。

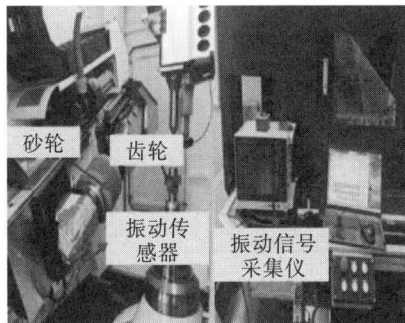

图 5.30　实验设备布置及信号采集仪器

对表面质量影响较大的因素有磨削工艺参数(砂轮线速度、砂轮轴向进给速度、砂轮径向进给量)、磨削加工运动轨迹、砂轮特性与形貌、砂轮是否磨损与修整、磨削液、工件材料、工艺系统的刚度及其动态特性等。磨齿作为本斜齿轮加工的最后一道加工工序，工艺参数设置的重点是要保证齿轮的加工质量。根据控制变量原则，在机床、冷却润滑液、加工工件、砂轮等条件不变的情况下变更工艺参数，采用三因素三水平的正交设计实验方法探究工艺参数对斜齿轮表面质量和加工中振动的影响。根据此型号斜齿轮实际加工中推荐的磨削参数范围获得实验组表格，如表 5.20 所示。振动信号设备设置振动采样频率为 10000Hz，根据表 5.20 中不同组的工艺参数设置对斜齿轮进行磨削，在每一件斜齿轮开始精加工后开始采集振动信号。采用 KEYENCE 超景深三维立体显微镜 VHX-1000 测量加工好的齿轮齿面粗糙度。

表 5.20　正交设计实验表

序号	线速度 v_s/(m/s)	轴向进给速度 v_w/(mm/min)	径向进给量 f_r/mm
1	40	100	0.10
2	40	150	0.22
3	40	200	0.16
4	50	100	0.22
5	50	150	0.16
6	50	200	0.10
7	60	100	0.16
8	60	150	0.10
9	60	200	0.22

5.2.2.2　振动粗糙度结果分析与模型建立

1. 实验数据处理与分析

振动均方根值反映了振动信号的平均强度大小，因此选取均方根值(RMS)作为特征值进行振动分析。RMS 值按照下式计算：

$$\mathrm{RMS} = \sqrt{\frac{1}{n}\sum_{i=1}^{n} x_i^2} \tag{5.26}$$

式中，x_i 为振动数据；n 为分析采样数据个数。

评价表面粗糙度的评定参数有轮廓算数平均偏差 Ra、轮廓最大高度 Ry 等。本书采用最常用的轮廓算数平均偏差 Ra 对磨削表面粗糙度进行评估。按照表 5.20 的正交设计方案完成 9 组实验，并得到每组实验的齿面粗糙度和振动均方根值，详细数据如表 5.21 所示。

表 5.21　齿面粗糙度及振动实验结果表

序号	粗糙度/μm	振动均方根/g
1	0.835	5.843
2	0.933	6.078
3	1.046	6.133

序号	粗糙度/μm	振动均方根/g
4	0.632	7.393
5	0.663	7.416
6	0.701	7.383
7	0.424	10.288
8	0.484	10.419
9	0.532	9.522

2. 工艺参数单因素对振动的影响

用得到的振动均方根值与工艺参数值进行多元二次回归，得到振动回归模型方程如下：

$$RMS = 17.354333 - 0.856028v_s + 0.088744v_w + 0.010522v_s^2 \\ - 0.000172v_w^2 - 0.000345v_s v_w + 0.366111v_s f_r - 0.13411v_w f_r \tag{5.27}$$

式中，RMS 为振动均方根值；v_s、v_w、f_r 分别为砂轮线速度、砂轮沿齿轮轴向进给速度和径向进给量。振动回归模型的决定系数 $R^2=0.99975$，回归模型拟合效果十分理想。

将三个工艺参数自变量范围都进行归一化处理，作出三个工艺参数单因素与振动均方根值之间的关系图，如图 5.31 所示。

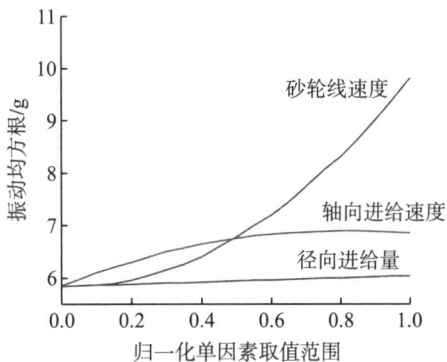

图 5.31　工艺参数与振动关系

由图 5.31 知，振动均方根值随着砂轮线速度的增大而快速增大。在砂轮线速度从 40m/s 增大至 60m/s 的过程中，振动均方根的值从 5.84g 增大至 9.81g。砂轮线速度在三个加工参数因素之中对振动的影响最大，原因是砂轮在制造缺陷、磨削力、切削液等因素作用下，产生动不平衡，在高转速下的动不平衡会更加明显。砂轮及其轴系高转速下的动不平衡是产生磨床振动的最主要原因。

轴向进给速度与振动均方根值也呈正相关，但是随着轴向进给速度的增大，振动均方根值的增速变慢，到达最大值后数值趋于平稳。在砂轮轴向进给速度从 100mm/min 增大至 200mm/min 的过程中，振动均方根的值从 5.84g 增大至 6.85g。这是由于砂轮轴向进给速度的增加，导致磨削力增大，造成机床主轴、工件及工件夹具等部件产生振动。

径向进给量对振动均方根值的影响是最小的，在砂轮径向进给量从 0.10mm 增大至 0.22mm 的过程中，振动均方根的值仅仅从 5.84g 增大到 6.04g，对振动大小几乎不产生影响。

3. 工艺参数单因素对粗糙度的影响

同理，用齿面粗糙度值与工艺参数进行多元二次回归，得到粗糙度回归模型方程如下：

$$Ra = 2.285039 - 0.058481v_s + 0.003988v_w + 0.000437v_s^2 \\ + 0.667476f_r^2 - 0.000054v_sv_w \tag{5.28}$$

式中，Ra 为粗糙度值；v_s、v_w、f_r 分别为砂轮线速度、砂轮沿齿轮轴向进给速度和径向进给量。粗糙度回归模型的决定系数 R^2=0.99482。

归一化后做出三个工艺参数单因素与粗糙度之间的关系图，如图 5.32 所示。

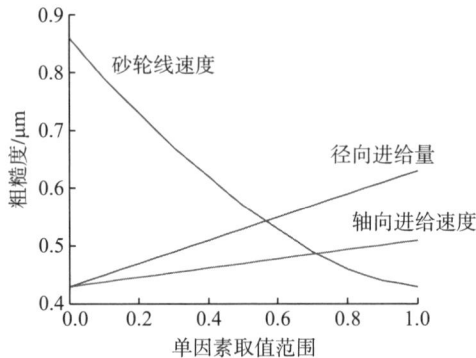

图 5.32　工艺参数与粗糙度关系

如图 5.32 所示，粗糙度的值随着砂轮线速度的增大而减小，在砂轮线速度从 40m/s 增大至 60m/s 的过程中，粗糙度从 0.85μm 减小到了 0.43μm。这是因为砂轮线速度的增加使单位时间内通过磨削区的磨粒数量变多，从而缩短了磨粒切刃的单次磨削时间，降低了磨粒去除材料后在加工表面留下的隆起高度，导致齿面粗糙度减小。

粗糙度的值随着轴向进给速度的增大而增大。轴向进给速度的增加会导致单位时间内磨削齿面的有效磨粒数目减少，使得单位面积齿面上形成的磨削残留高度增大，因此，齿面粗糙度增大。此外，随着轴向进给速度的增加，机床的振动也有所增加，使粗糙度增大。

粗糙度的值随着径向进给量的增大而增大。径向进给量的增加会使单颗磨粒的最大磨削厚度增大，磨削力也增大，导致磨削表面变形程度增加，由塑性变形引起的凸起高度增大，从而导致齿面粗糙度数值增加。

5.2.2.3　综合振动与粗糙度的优化模型建立与求解

1. 遗传算法原理

遗传算法(GA)是模拟生物进化过程的自然选择和遗传学机理的计算模型，是以一种群体中的所有个体为对象，并利用随机化技术对一个被编码的参数空间进行高效搜索最优解的方法。遗传算法的基本运算过程如下。

(1) 初始化：设置进化代数计数器 $t=0$，最大遗传代数 T，随机生成 N 个个体作为初始群体 $G(0)$。

(2) 个体评价：计算群体 $G(t)$ 中各个个体的适应度，适应度是用来判断群体中的个体的优劣程度的指标，是根据目标函数进行评估的。

(3) 选择运算：群体进行选择运算，目的是把优化的个体遗传到下一代或通过配对交叉产生新的个体再遗传到下一代。

(4) 交叉运算：群体进行交叉运算，是指把两个父代个体的部分结构替换重组而生成新个体。交叉使遗传算法的搜索能力大大提高，在遗传算法中起核心作用。

(5) 变异运算：群体进行变异运算，对个体串的某些基因座上的基因值作变动。变异运算可以使遗传算法具有局部随机搜索能力，加速向最优解收敛，维持群体的多样性，防止未成熟收敛现象出现。

(6) 群体 $G(t)$ 经过选择、交叉、变异运算之后得到下一代群体 $G(t+1)$。

(7) 终止条件判断：若 $t=T$，则以进化过程中所得到的具有最大适应度的个体作为最优解输出，然后终止计算。

遗传优化算法流程如图 5.33 所示。

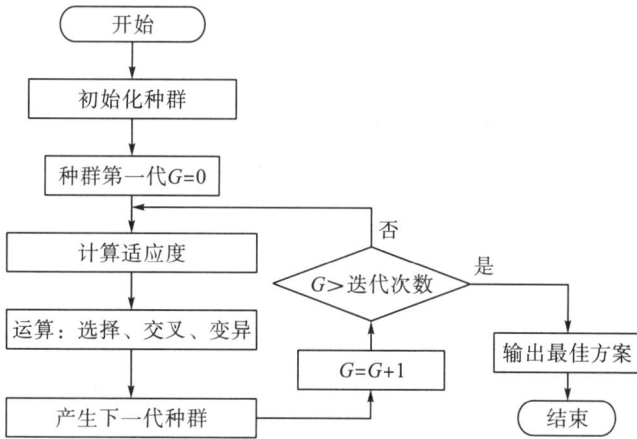

图 5.33 遗传优化算法流程

2. 优化模型建立

为保证在使用蜗杆砂轮磨齿机加工齿轮时不产生振纹，需要在齿轮表面粗糙度满足要求的前提下尽可能地减小振动，根据此特点要求进行多目标工艺参数优化。为将二维多目标问题降为一维优化问题，采用线性加权和法，按各目标的重要程度赋予其相对应的权系数，然后对其线性组合并进行最小值寻优。

$$\min g(v_s, v_w, f_r) = W_1 \mathrm{RMS} + W_2 \mathrm{Ra} \tag{5.29}$$

式中，RMS 为振动均分根值；Ra 为粗糙度值；W_1、W_2 分别为振动与粗糙度对应的权重系数，W_1、$W_2 \in (0, 1)$，且 $W_1 + W_2 = 1$。

为了使数据处理更加方便，需要对目标进行归一化处理，将数据映射到 0～1 范围之内，此处采用线性归一化，据此本书优化目标表达式变为

$$\min g(v_s, v_w, f_r) = W_1 \frac{\text{RMS} - \text{RMS}_{\min}}{\text{RMS}_{\max} - \text{RMS}_{\min}} + W_2 \frac{\text{Ra} - \text{Ra}_{\min}}{\text{Ra}_{\max} - \text{Ra}_{\min}} \tag{5.30}$$

式中，$\text{RMS}_{\max}$、$\text{RMS}_{\min}$ 分别为振动均方根值的最大值和最小值；$\text{Ra}_{\max}$、$\text{Ra}_{\min}$ 分别为粗糙度值的最大值和最小值。

约束条件如下：

(1) 砂轮线速度约束。为防止砂轮加工时破裂，保障加工过程中的安全性，砂轮线速度不可以超过砂轮上标识的最大安全使用速度；同时为保证齿轮表面的粗糙度符合使用要求，砂轮线速度不能设置过低。因此砂轮线速度的取值范围为 35～70m/s。

(2) 砂轮轴向进给速度约束。轴向进给速度越小加工齿轮的时间越长，为保证较高的齿轮磨削效率，轴向进给速度不能设置过低。为防止砂轮磨损速率过快、齿轮表面质量下降，轴向进给速度也不能设置过高。因此砂轮轴向进给速度的取值范围为 75～225mm/min。

(3) 砂轮径向进给量约束。磨削热随着径向进给量增大而增大，为防止产生的大量磨削热烧伤齿面表面，同时考虑到加工次数与效率，砂轮径向进给量取值范围为 0.04～0.28mm。

基于上述分析，联立优化目标函数与约束条件，建立以减小齿轮加工过程中的振动，同时提高磨齿表面加工质量为目标的多目标优化模型：

$$\begin{cases} \min g(v_s, v_w, f_r) = W_1 \dfrac{(\text{RMS} - \text{RMS}_{\min})}{(\text{RMS}_{\max} - \text{RMS}_{\min})} + W_2 \dfrac{(\text{Ra} - \text{Ra}_{\min})}{(\text{Ra}_{\max} - \text{Ra}_{\min})} \\ 35 \text{ m/s} \leqslant v_s \leqslant 70 \text{ m/s} \\ 75 \text{ mm/min} \leqslant v_w \leqslant 225 \text{ mm/min} \\ 0.04\text{mm} \leqslant f_r \leqslant 0.28\text{mm} \end{cases} \tag{5.31}$$

3. 优化结果

遗传优化算法的参数设置：种群大小设置为 100，最大遗传代数设置为 120，交叉概率为 0.7，变异概率为 0.02；考虑加工振动与齿轮表面粗糙度，选择振动权重系数 $W_1=0.4$、粗糙度权重系数 $W_2=0.6$。进化过程如图 5.34 所示。

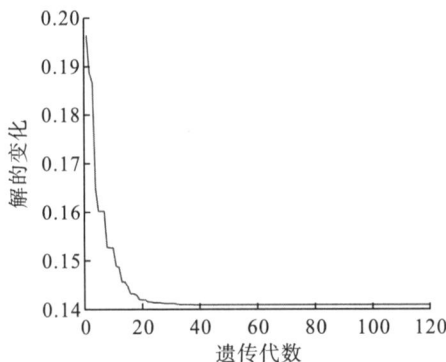

图 5.34　遗传进化过程

实际加工参数结果和优化后参数加工结果对比如表 5.22 所示。

表 5.22　优化结果对比

项目	线速度 $v_{\mathrm{s}}/(\mathrm{m/s})$	轴向进给速度 $v_{\mathrm{w}}/(\mathrm{mm/min})$	径向进给量 $f_{\mathrm{r}}/\mathrm{mm}$	齿面粗糙度 Ra/μm	振动均方根 RMS/g
实际加工	60	150	0.16	0.485	10.542
优化后	55	75	0.04	0.468	6.77
优化率/%	—	—	—	3.51	35.81

由表 5.22 可知，使用同时考虑振动与粗糙度的优化后参数加工时，相比于实际加工时振动均方根值减小了 3.772g，优化率高达 35.81%；加工后齿轮齿面粗糙度降低了 0.017μm，优化率为 3.51%。综上所述，该方法可以降低齿面粗糙度，同时大幅减小振动，从而有效防止振纹的产生，提升了机床的使用寿命。

5.3　面向工序精度自愈的轮廓误差控制方法

多轴联动是数控机床与普通机床的本质区别。在多轴联动高速加工过程中，各进给轴绝大多数时间处在频繁加减速运动状态下，匀速运动所占比例很小，而且各轴之间的运动状态和运动性能又各不相同，这就导致对多轴联动过程的目标轨迹精确控制变得十分困难。因此，在高速、高加速运动下实现高精度联动控制是高档数控机床面临的主要挑战。在机床运行过程中，数控系统的控制系统的不精确性会导致数控系统运动部件实际运动轨迹与理想轨迹产生偏差，我们将此类误差称为控制误差。与此同时，批量化制造加工过程中，随着环境温度变化及工况复杂程度的不同，数控系统自身部分参数将会发生变化，可能会产生摩擦、间隙等非线性误差，对数控系统产生不同程度的影响，造成批量化制造过程中数控装备精度退化。

在多轴联动加工场合，各轴的伺服特性、机械特性各不相同，数控系统分配给各轴的指令也不相同，导致各轴跟随误差不协调，造成联动精度下降，产生轮廓误差(加工零件与计划零件的不匹配)，从而导致数控装备精度降低。目前国内外关于轮廓误差控制的研究，大多通过设计各种各样的控制器进行，然而商业数控系统的底层控制器一般不开放，且修改控制器容易干扰到底层的其他控制器。设计控制器的方法虽然在学术上取得了一定的成效，但难以在工业现场进行直接应用。

基于以上所存在的问题，本书针对重复性轨迹加工给出了一种能够在三轴数控平台实现的修改几何路径的迭代学习轮廓控制方法，该方法通过改变数控系统的输入，即修改 G 代码降低控制误差，从而避免对数控系统底层的操作，可应用于多种数控系统。针对不重复的加工，本书提供了一种基于神经网络的轮廓误差预测方法。该方法只需要通过对采集的训练数据进行特征提取和神经网络拟合，就可以建立基于时间序列的输入输出关系，从而利用轮廓误差估计方法，计算出轮廓误差，最后通过修改参考输入进行轮廓误差补偿，提前补偿轮廓误差。下面对轮廓误差估计方法、基于空间轨迹迭代的轮廓误差补偿和基于神经网络的轮廓误差补偿进行详细论述。

5.3.1　数控机床轮廓误差分析和计算

随着计算机硬件技术的发展，嵌入式处理器的性能、存储器容量和性价比都大为提升。可以在数控加工中存储指令序列和实际位置序列，通过比较当前实际位置和指令序列中的点的距离，从中选择最短的距离作为轮廓误差的估计值，这种方法是一种数值计算方法。基于数值计算的方法不需要考虑期望轮廓的几何信息，也不需要对期望轮廓做复杂的几何分析，可同时应用于二维轮廓和三维轮廓的轮廓误差计算，随着运动控制器的处理性能和存储器的容量的提升，采用数值计算的方法会越来越普遍。

本书给出一种微小线段近似估计轮廓误差的数值方法，该估计方法估计偏差小且计算速度快。三轴数控机床的刀具位置轮廓误差为期望刀具位置点到实际加工轮廓曲线的最短法向距离。在三轴数控加工复杂曲面过程中，由于无法确定实际加工轮廓线上哪个位置与期望刀具位置的距离最短，因此就无法精确计算刀具位置轮廓误差。本书采用近似求解的方法：在期望刀具位置附近的实际加工轮廓线上找一个距离最近的垂足点，把它们的最短距离近似作为刀具位置轮廓误差。这种算法实现起来比较简单，且估计出来的轮廓误差更加可靠。将微小线段近似路径法和自适应滑动窗口法相结合，并通过三角形原理，提出一种计算轮廓误差垂足点，从而得到轮廓误差的估计值的计算方法，具体估算流程在后文介绍。

对于空间中任意参考轨迹，在数控机床运行后可以得到其参考和实际轨迹，如图 5.35 所示，其中 P_d 为期望轨迹上的离散点，P_a 为实际轨迹上的离散点。

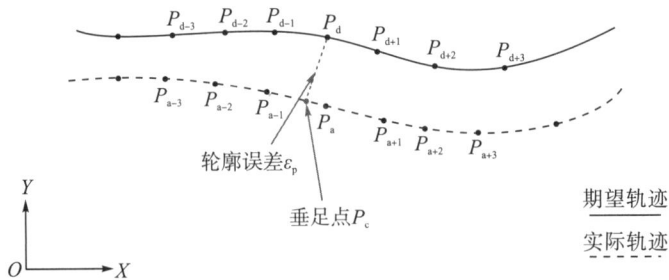

图 5.35　刀具位置轮廓误差示意图

首先，将期望位置 P_d 点到 P_a 点构成的微小线段近似路径投影，得到投影点 H_a。H_a 点的寻找方法如下：首先计算 $h_a = \overrightarrow{P_{a-1}H_a} / \overrightarrow{P_{a-1}P_a}$。如图 5.36 所示。

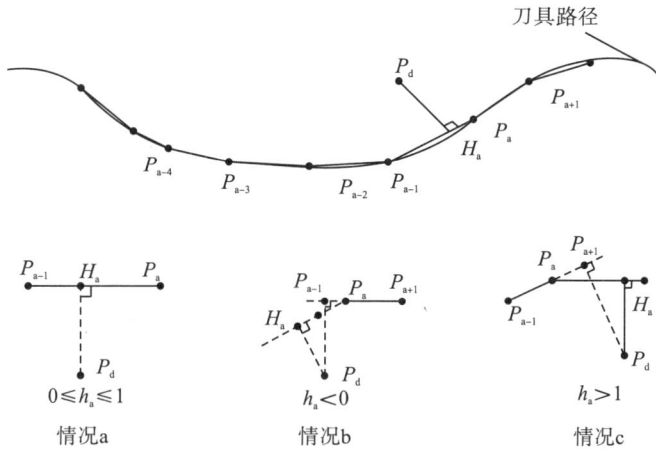

图 5.36　刀具位置轮廓误差计算情况分类

（1）若 $0 \leqslant h_a \leqslant 1$，则说明 H_a 在插补直线 $\overrightarrow{P_{a-1}P_a}$ 上，由此将 P_a 视为临时搜索点 P_s。

（2）若 $h_a \leqslant 0$，则说明 H_a 在插补直线 $\overrightarrow{P_{a-1}P_a}$ 之前，因此搜索点应在 $\overrightarrow{P_{a-1}P_a}$ 之前，将 P_{a-1} 视为临时搜索点 P_s。

（3）若 $h_a > 1$，则说明 H_a 在插补直线 $\overrightarrow{P_{a-1}P_a}$ 之后，因此搜索点应在 $\overrightarrow{P_{a-1}P_a}$ 之后，将 P_{a+1} 视为临时搜索点 P_s。

其次，在取得临时搜索点 P_s 位置后，采用自适应滑动窗口对距离当前规划点最近的两个实际点进行精确定位。对于上述情况（1），设置数值为 1 的滑动窗口，确定距离当前规划点最近的两个实际点，用后续的轮廓误差计算策略进行估算即可；对于上述情况（2）和（3），需要考虑轨迹大曲率处出现的轮廓误差估算不符合实际的情况，如图 5.37 所示，$|P_dP_f| < |P_dP_a|$。然而从实际出发，轮廓误差应定义为 $|P_dP_a|$。针对上述情况，设计一种数值自适应的滑动窗口算法对距离当前规划点最近的两个实际点进行搜索。该算法可以应用于任意轨迹的搜索，具有通用性，窗口大小设置为 $n = \left\lVert \overrightarrow{P_dP_s} \right\rVert / \left\lVert \overrightarrow{P_aP_{a-1}} \right\rVert$，其中 n 为正整数。在设计并计算得到滑动窗口后，通过遍历临时搜索点 P_s 所对应的实际点 P_{a+1}，可以得到距离点 P_s 最近的实际点 P_j。

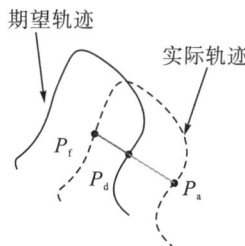

图 5.37　大曲率处可能出现的估算情况

接下来，以图 5.37 为例，假设临时搜索点为 P_d 时，通过搜索算法寻找点 P_d 最近的实际位置点 P_{a+j}，且 $P_{a+j} \in [P_{a-n}, P_{a+n}]$，其中 n 为滑动窗口大小。找到 P_d 和 P_{a+j} 后，可以根据距离公式 (5.32)，计算出两点之间的距离 L。

$$L = \sqrt{(x_d - x_{a+j})^2 + (y_d - y_{a+j})^2 + (z_d - z_{a+j})^2} \tag{5.32}$$

式中 (x_d, y_d, z_d) 为点 P_d 坐标；$(x_{a+j}, y_{a+j}, z_{a+j})$ 为 P_{a+j} 的坐标。

连接 P_{a+j} 和 P_{a+j-1}、P_{a+j+1}，得到两条直线 $L_1 = \left|\overrightarrow{P_{a+j-1}P_{a+j}}\right|$ 和 $L_2 = \left|\overrightarrow{P_{a+j}P_{a+j+1}}\right|$。如图 5.38 所示，$P_d$、$P_{a+j}$ 和 P_{a+j-1} 构成三角形，可通过三角形几何关系计算得到垂足点 P_c。

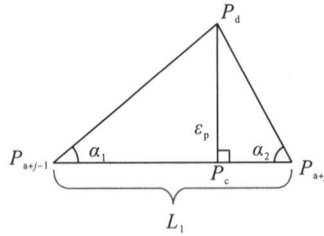

图 5.38　三角形几何关系

由三角形原理可以计算得到 α_1 和 α_2 的值，于是可以计算得到相对应的垂足点 P_c 坐标。计算方法如下：

(1) 当 $\alpha_1 < 90°$ 或 $\alpha_2 < 90°$ 时，说明在线段上存在垂足点 P_c，则有

$$\begin{cases} \left|\overrightarrow{P_d P_c}\right| = \left|\overrightarrow{P_d P_{a+j-1}}\right| \sin \alpha_1 \\ \left|\overrightarrow{P_{a+j-1} P_c}\right| = \left|\overrightarrow{P_d P_{a+j-1}}\right| \cos \alpha_1 \end{cases} \tag{5.33}$$

可以得出垂足点坐标为

$$P_c = P_{a+j-1} + \frac{\left|\overrightarrow{P_{a+j-1} P_c}\right|}{\left|\overrightarrow{P_{a+j-1} P_{a+j}}\right|} \overrightarrow{P_{a+j-1} P_{a+j}} \tag{5.34}$$

(2) 当 $\alpha_1 = 90°$ 或 $\alpha_2 = 90°$ 时，说明垂足点为 P_{a+j-1} 或 P_{a+j}。

(3) 当 $\alpha_1 > 90°$ 且 $\alpha_2 > 90°$ 时，说明线段上不存在垂足点。

(4) 计算线段 L_2 上是否有垂足。如果线段 L_1 上有垂足点，当线段 L_2 上也存在垂足点时，取 P_c 为垂线较短的垂足点；当线段 L_2 上不存在垂足点时，则取线段 L_2 上的垂足点为 P_c；当两个线段上均没有垂足点时，选择 P_{a+j} 为点 P_c，将 P_{a+j} 当作轮廓误差垂足点 P_c。

最后，由已经找到的垂足点 P_c，计算点 P_d 到点 P_c 的距离，即为刀具位置轮廓误差 ε_p。

$$|\varepsilon_p| = \sqrt{(x_d - x_c)^2 + (y_d - y_c)^2 + (z_d - z_c)^2} \tag{5.35}$$

刀具位置轮廓误差是以实际加工曲线上距离期望刀具位置点最近的垂足点位置与期望刀具位置的距离进行计算的，刀具位置轮廓误差估计模型相较于传统模型计算精度更高。在后文中的轮廓误差补偿方法中，刀具位置轮廓误差始终补偿在期望加工曲线的期望位置上，而补偿的目的就是使得实际刀具位置尽可能地靠近期望刀具位置，因此其轮廓误差补偿效果也更好。

5.3.2　基于迭代学习的轮廓误差补偿

目前用于批量化零部件加工制造的数控机床，并没有考虑到某一工件的多批量生产问题，主要原因是生产数控机床的初衷是解决不同类型的复杂零件加工问题。也就是说，数控机床并没有利用已加工出的零件情况来指导后续的加工，仍然将大批量加工看作单件生产的总和，这样就容易产生次品。同时对数控机床的整体性能要求增加，使得机床购置成本大幅提高，降低了制造行业的利润率，不利于该行业的健康发展。对于重复性加工，机床可以参考初始的工件试加工效果，在数控系统上通过自学习过程来逐渐提高加工精度，即让机床具有总结归纳的能力，从以往加工经验中预测将要发生的加工误差，并在误差产生之前进行补偿，实现高质量零件加工。自学习过程包括学习模式和实际生产模式，机床完成学习模式，就能基于前面学习所得的补偿值来减少伺服系统的跟随延迟和因切削负载变化引起的速度不均匀现象，学习模式后就可进行实际生产加工。

5.3.2.1　基于空间迭代学习的轮廓误差补偿算法

迭代学习（iterative learning control，ILC）作为一种早期的智能控制策略，以不依赖运动控制系统的精准的数学模型为特点，只需要少量的先验知识就可以达到迭代学习控制的目的，并且一般而言重复性迭代学习运行的次数越多，控制精度越高。迭代学习控制在理论层面和实际应用中都取得了非常良好的效果，使用也更加广泛。随着对迭代学习的深入研究，迭代学习控制与自适应控制、预测控制、模糊控制、最优控制等先进控制方法相结合，具有迭代学习和新结合的控制算法的特点，也可以看出单一控制算法不能很好地解决复杂控制情况下的不受控问题，而与迭代学习控制方法的融合为工业过程中的实际应用提供了保障。

在大批量重复加工的场景中，迭代学习控制可以有效降低重复性误差，将迭代学习控制与交叉耦合轮廓控制算法相结合，可以有效提高产品的轮廓精度。现有的 ILC 普遍基于系统在时间域上重复这一前提，因此系统的状态、外部干扰等都在时间域上具有重复性。ILC 仅仅采用开环控制，不能补偿非重复性扰动，主要用于重复性误差的控制，并且，在大多数物理实现中，都是设计良好的反馈控制器和 ILC 结合使用。许多情况下，反馈控制器在系统中已经存在，ILC 无需修改反馈控制器即可实现。ILC 可以通过两种方式与反馈环路相结合：一种是串联结构，即修改参考输入型；另一种是并联结构，即修改控制量型。图 5.39 中蓝色箭头和红色箭头表示这两种方法在数控系统中的作用位置，由图可知，这两种方法的接口均在数控系统中，不易实现。基于此，本书基于修改 G 代码的方式去修改参考轨迹，作用于数控系统的外部，如图 5.39 中紫色箭头所示，这种方法可适用于多种不提供底层支持的数控系统。

传统的迭代学习控制普遍是基于系统在时间域上重复这一前提的，即系统反复地在时间区间 $[0, T]$ 内执行跟踪任务，只适用于系统的状态、内部不确定性、外部干扰在时间域 $[0, T]$ 上具有重复性的情况下。但是，在很多实际的系统中，系统的这种重复性并不存在于时间区间，而是存在于空间区间。比如地铁在 A 站和 B 站之间往返，每次执行的时间

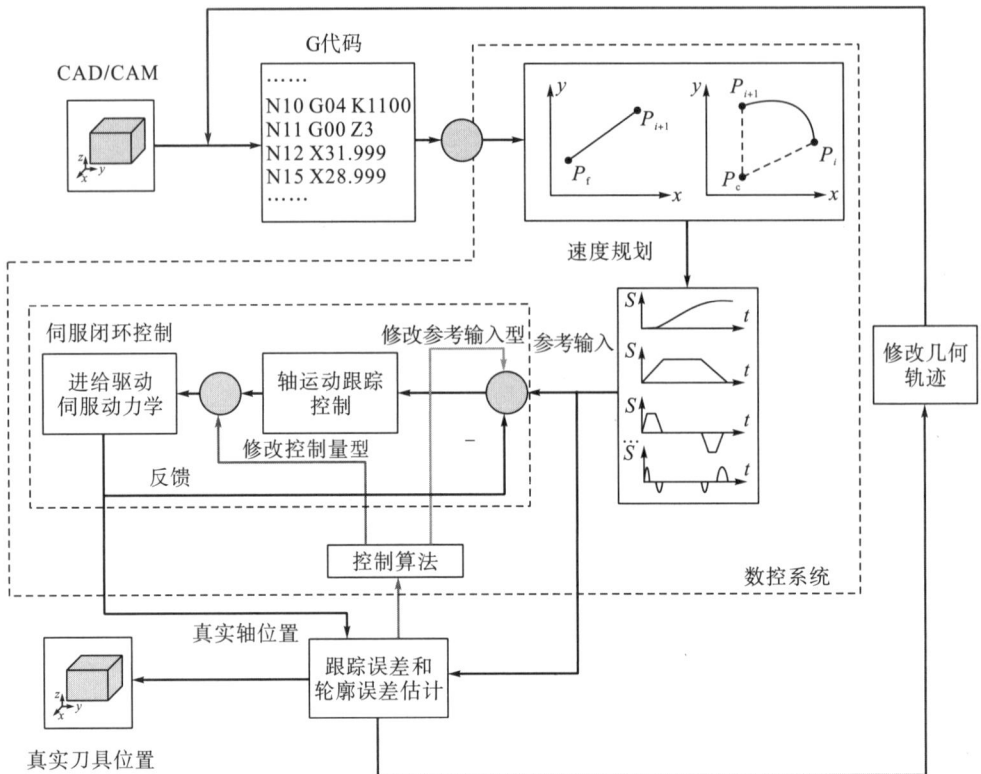

图 5.39　迭代学习整体结构图

可能是有差异的，但是历经的空间位置却是相同的。同样，在数控机床重复运行轨迹时，不一定能保证每次运行的时间分毫不差，尤其是基于修改参考轨迹的方法控制机床运动时。但是每次运行所经历的空间区间却是相同的，参考轨迹发生了变化，速度必然会有一定的变化，时间周期上就变得更加不一致，但是原始轨迹却是始终不变的，以此轨迹为参考进行迭代学习，可以保证空间区间一致，即实际系统在空间域 $[0, S]$ 上迭代运行，在每次运行后，得到在原始轨迹相同位置处的轮廓误差。因此，我们提出了一种基于空间周期的迭代学习算法，用来进行轮廓误差控制。

　　由图 5.40 可知，该方法作用于数控系统的外部，以修改 G 代码的形式修改参考轨迹。修改参考轨迹基于误差补偿的思想，利用"差多少，补多少"的思想进行轮廓误差的补偿，其理想情况为实际位置和修改后的参考轨迹关于原始规划对称，如图 5.40 所示。但是在实际的数控系统当中，之所以存在着轮廓误差，就是因为数控机床不能精确地跟踪理论轨迹，当补偿量等于轮廓误差时，由于数控机床的跟踪精度问题，自然是不能完全补偿轮廓误差。因此，针对这种重复性加工的情况，可以采用前文提到的空间迭代学习算法去逐步修正轮廓误差补偿量，进而可以通过学习得到最优的参考轨迹。

　　基于以上的轮廓控制策略，本书采用如图 5.41 所示的轮廓控制结构框图。该图主要分为两个部分，第一部分为数控系统，包含速度规划模块、控制系统模块和机械系统模块，输入为 G 代码形式的参考轨迹，输出为数控机床执行末端的实际位置。第二部分为本书设计的基于空间迭代学习的轨迹学习模块，包含轮廓误差估计模块、轮廓误差评估模块、更新率设计模块。轮廓误差估计模块基于原始规划的数字曲线和数控系统采集到的实际位置数字曲线进行轮廓误差的估计；轮廓误差评估模块主要采用均方根误差和轮廓误差峰值来进行轮廓控制效果的评估；更新率设计模块根据空间迭代学习算法，基于轮廓误差值计算补偿量，结合原始规划数据生成新的参考轨迹，进而生成新的 G 代码。

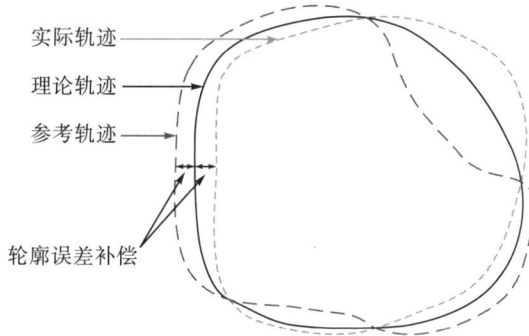

图 5.40　轮廓误差补偿

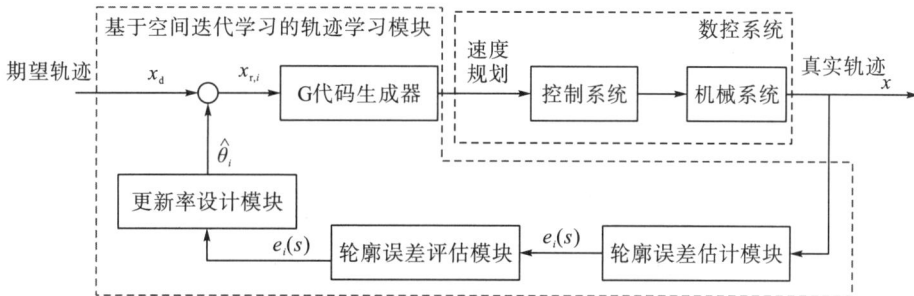

图 5.41　轮廓控制结构框图

在空间迭代学习的轮廓控制算法中，轮廓误差计算和轮廓误差控制均在空间周期内进行，以机床执行末端的移动增量为参数，其期望轨迹可以看作一个以移动增量为参数的轨迹：

$$\vec{x}_d(s) = [x_{d1}(s), x_{d2}(s), \cdots, x_{dn}(s)]^T \tag{5.36}$$

机床执行末端的实际位置为 $\vec{x}(s) = [x_1(s), x_2(s), \cdots, x_n(s)]$。$\vec{\varepsilon}(\hat{s})$ 为移动增量为 s 时关于期望位置点的误差序列，表达式如下：

$$\vec{\varepsilon}(\hat{s}) = \vec{x}_d(s) - \vec{x}(\hat{s}) \tag{5.37}$$

找到使得 $\vec{\varepsilon}(\hat{s})$ 最小时，相对应的规划轨迹序列的移动增量 s^*，可以定义轮廓误差为 $\vec{\varepsilon} = \vec{x}_d(s) - \vec{x}(s^*)$。参考轨迹的修改方式基于上文中的轨迹修改方法，通过更新率设计模块和原始规划生成新的参考轨迹，进而生成新的 G 代码。

误差补偿机制中，迭代学习均是基于相同的规划位置进行轮廓误差的计算，保证轮廓误差在空间周期的一致性，如图 5.42 所示。因此并不存在补偿滞后的问题，针对误差方向频繁变化的情况，也能够进行精确的误差补偿。

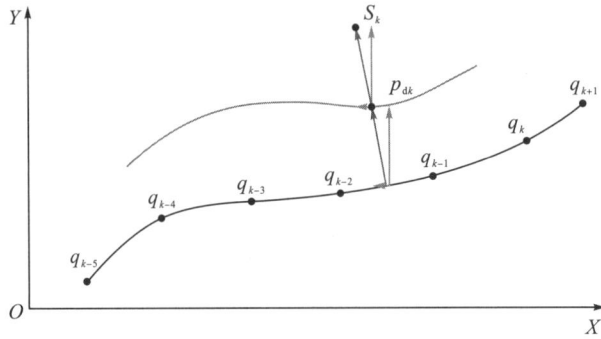

图 5.42　空间域的误差补偿机制

5.3.2.2　轮廓误差补偿算法实验验证

采用五轴数控机床为实验平台，如图 5.43 所示，该平台采用了固高的控制器，三个直线轴驱动器的型号为安川 SGDM-10ADA-V，两个旋转轴驱动器的型号为三洋 RS1A03AAWA。在实验中，通过上位机处理前一次的轮廓误差信息，结合原始规划生成新的 G 代码，数控机床加载 G 代码，产生运行轨迹，获取新的实际位置，进而执行迭代学习过程，在整个迭代学习过程中采集到的数据为数字曲线的形式，G 代码基于参考轨迹采用 G01 直线插补的方法生成，同时 G 代码要保证最大进给速度和最大进给加速度在迭代过程中保持恒定。

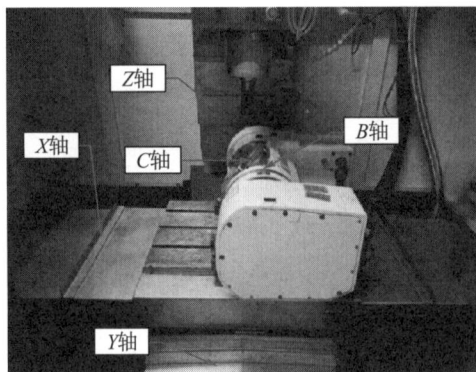

图 5.43　实验数控平台

采用如图 5.44(a) 所示的四阶椭圆轨迹进行实验，设置插补周期为 2ms，进给速率为 1000mm/min，运行同一轨迹 100 次，利用控制卡采集功能采集两轴的规划信息和编码器信息。

采用四阶椭圆轨迹实验验证轮廓误差补偿效果。实验中，采样周期为 0.002s，学习增益 Q 为 0.8，进给速率为 1000mm/min。采用本书的轮廓误差迭代学习补偿方法，四阶椭圆的轮廓误差补偿效果随迭代过程变化如图 5.44(b) 所示，其轮廓误差峰值约为 6.0002μm，经过迭代学习之后，轮廓误差值逐渐减小。

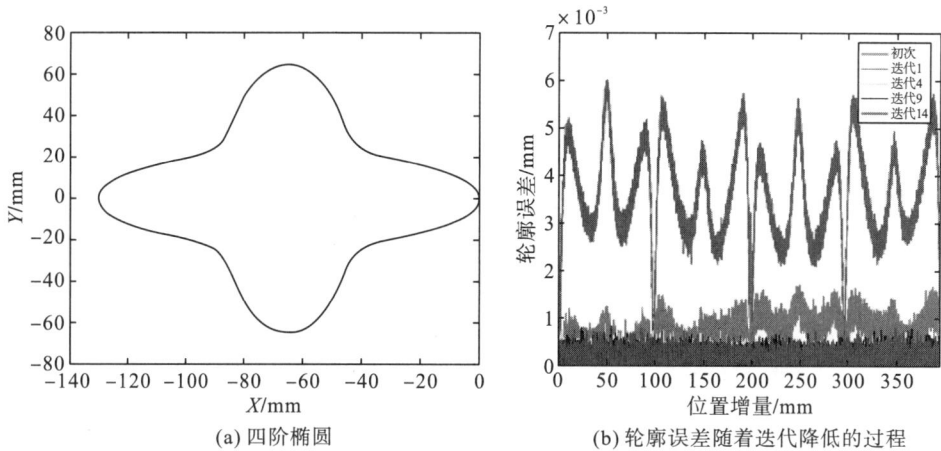

(a) 四阶椭圆

(b) 轮廓误差随着迭代降低的过程

图 5.44 四阶椭圆轮廓误差补偿效果

采用均方根误差和峰值误差对本书的轮廓误差补偿方法进行分析，可以发现随着迭代学习的进行，轮廓误差的均方根可以降低到 0.205μm，轮廓误差最大值可以降低到 0.75μm，随着迭代的进行也没有出现发散现象，轮廓误差值的变化情况如表 5.23 所示，相比初次运行的轮廓误差值，迭代 16 次时，均方根误差和最大值误差分别减小了 95%和 87%，证明了该方法的有效性。

表 5.23 四阶椭圆轨迹轮廓误差评估指标值

迭代次数	均方根误差/μm	最大值误差/μm
1	3.7387	6.002
2	0.7953	2.295
3	0.2517	0.979
4	0.1913	0.933
5	0.1859	0.909
6	0.2063	0.899
7	0.1886	0.721
…	…	…
16	0.2017	0.768

5.3.3 基于神经网络预测的轮廓误差补偿

目前数控加工中轮廓误差控制方法主要包括通过提高各轴跟踪精度和直接进行轮廓误差控制两种形式。在高速高加速场合，提高各轴跟踪精度的控制方法的进给轴处于不断加减速或频繁换向状态，此时伺服进给系统的跟踪误差受到数控指令频宽、伺服系统带宽以及伺服参数的共同影响，仅靠调整伺服参数无法有效减小跟踪误差且保证其轮廓精度。轮廓误差进行直接耦合控制的方法有两种：一种是根据编码器或者光栅反馈的实际位置，在轮廓误差已经出现后，采取的"补救"措施，这种方法存在着补偿的滞后性，在轨迹变化剧烈滞后性更大的区域，这种滞后性可能导致补偿错误；另外一种是对数控机床进行精确系统建模，根据辨识所得模型预测轮廓误差并进行控制，这一类方法严重依赖对数控机床的建模精度，同时该方法也容易受到控制系统外界扰动的严重影响，其鲁棒性很难保证。与此同时，数控进给轴具备动态响应的重复性，即各轴在相同的加工指令和参数配置情况时，轴的跟踪误差具备很高的重复度，给定轴参数不变情况下的跟踪误差与指令位置、速度和加速度之间具有强耦合关系，进而轮廓误差和输入轨迹指令之间存在某种复杂映射关系。下面提出一种基于神经网络的轮廓控制算法。该方法主要包括伺服系统分析及人工神经网络特征、基于长短期记忆(long short-term memory，LSTM)神经网络的跟踪误差预测、轮廓误差预测补偿三个部分。

5.3.3.1 伺服系统分析及人工神经网络特征

首先，选取系统的数学模型的线性特征。对三环控制框图进行简化，得到如图 5.45 所示的单轴位置控制系统简化框图，该系统是理想情况下的线性系统，根据该线性系统可以确定线性特征。

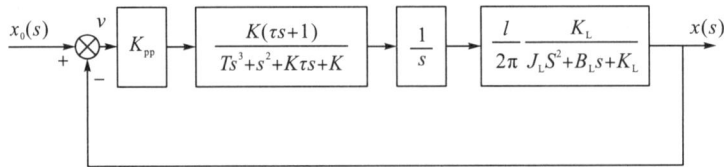

图 5.45　单轴位置控制系统简化框图

可以推出单轴位置控制系统的误差传递函数为

$$\phi(s) = \frac{s^6 + b_5 s^5 + b_4 s^4 + b_3 s^3 + b_2 s^2 + b_1 s}{s^6 + a_5 s^5 + a_4 s^4 + a_3 s^3 + a_2 s^2 + a_1 s + a_0} \tag{5.38}$$

式中，

$$a_5 = b_5 = \frac{J_L + TB_L}{TJ_L}, a_4 = b_4 = \frac{B_L + TK_L + J_L K\tau}{TJ_L}, a_3 = b_3 = \frac{KJ_L + K_L + B_L K\tau}{TJ_L},$$

$$a_2 = b_2 = \frac{BK_L + K_L K\tau}{TJ_L}, a_1 = \frac{2\pi KK_L + KK_{PP}K_L l\tau}{2\pi TJ_L}, a_0 = \frac{KK_{PP}K_L l}{2\pi TJ_L}, b_1 = \frac{KK_L}{TJ_L}$$

单轴伺服位置控制系统的时域模型：

$$e(t) = \sum_{j=1}^{6} b_j x^{(j)}(t) - \sum_{i=1}^{6} a_i e^{(i)}(t) \tag{5.39}$$

式中，$x^{(j)}(t)$ 为 x 在时间 t 的 j 阶导数；$e^{(i)}(t)$ 为 e 的 i 阶导数。

使用差分将式(5.39)从连续时域转换为离散时域，采样间隔为 k，可以得到

$$e(k) = \sum_{i=-6}^{6} A_i \dot{x}(k-i) + \sum_{j=-66}^{6} B_j \dot{e}(k-j) \tag{5.40}$$

式中，A_i 和 B_j 是由式(5.40)计算的系数。

式 (5.40) 表示，采样时刻 k 处的跟踪误差 e 是与 $\dot{x}(k-i), i=-6,-5,\cdots,6$ 和 $\dot{e}(k-j), j=-6-,-5,\cdots,6$ 相关的结果，将 $\dot{x}(k-i), i=-6,-5,\cdots,6$ 作为神经网络的线性输入特征，也就是当前时刻、前 6 个时刻和后 6 个时刻的规划速度，即 $\{v_{k-6},\cdots,v_k,\cdots,v_{k+6}\}$。

然后，选取运行数据的非线性特征。本书主要分析电机的反向越冲特性、电机启动动态特性带来的跟踪误差影响。研究表明，圆形运动轨迹能够较好地反映数控机床的反向越冲、电机启动动态特性等非线性特性，因此可以利用标准圆形轨迹的实际运行数据，定性分析单轴运动控制系统的反向越冲等特性，确定可能出现非线性特征的区间范围，对这些非线性的范围进行标记，以区别于线性部分的运动轨迹，使得人工神经网络可以更准确地拟合单轴跟踪误差模型。

分析所用的圆形轨迹按照式 (5.41) 生成，并在实验平台上运行，按照采样间隔 $T=0.002s$ 采集其运行数据，运行数据包括规划位置和编码器位置。

$$\begin{cases} \theta = 2\pi t \\ x = a\cos\theta \\ y = a\sin\theta \end{cases} \tag{5.41}$$

式中，$a=50$；t 通过对 $0\sim1$ 进行等间隔 $(\Delta t=0.0001)$ 采样得到。

电机位置换向时的反向越冲对跟踪误差会存在较大的影响，因此可以将电机位置换向作为人工神经网络的一个非线性特征。具体方法是，根据轴规划速度对运动区间进行特征标记，该特征记为 ch_1，ch_1 的确定如下

$$\begin{cases} ch_1[k:(k+n_1)]=1, & v_{k+1}\times v_k<0且v_{k+1}>0 \\ ch_1[k:(k+n_1)]=-1, & v_{k+1}\times v_k<0且v_{k+1}<0 \\ ch_1[k:(k+n_1)]=0, & 其他 \end{cases} \tag{5.42}$$

式中，k 为第 k 个采样时刻；v_k 为 k 时刻的规划速度；$k:k+n_1$ 为从 k 时刻到 $k+n_1$ 时刻；n_1 是窗口大小，确定多大区间内是电机位置换向区域，便于人工神经网络在此处拟合更准确。

经过对圆形轨迹中反向越冲的测试，如图 5.46 与图 5.47 所示，发生电机位置换向时，系统需要约 45 个采样周期才能将跟踪误差减小到正常范围，因此设置窗口大小 $n_1=45$ 个采样周期。

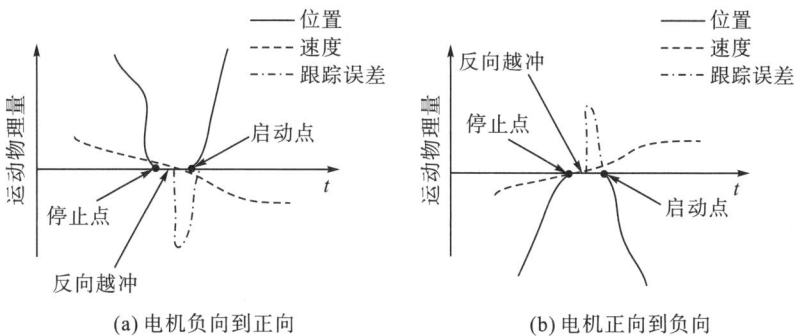

(a) 电机负向到正向　　　　　　　　　　　　(b) 电机正向到负向

图 5.46　电机位置换向时的反向间隙特性

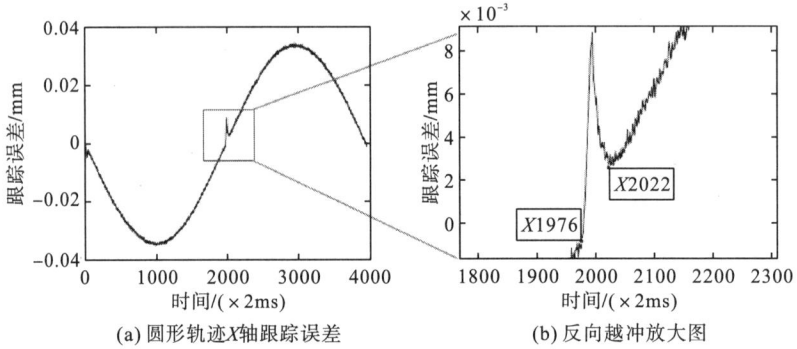

(a) 圆形轨迹X轴跟踪误差 (b) 反向越冲放大图

图 5.47 圆形轨迹 X 轴跟踪误差中的反向越冲

另一种非线性特性来源于电机启动时的动态特性。电机启动，按照其启动过程中的加速度大小，可以分为低加速启动和高加速启动。如图 5.48 所示，直观地看，电机低加速启动时，电机会在电机启动处停留一段时间，但不会有震动。电机高加速启动时，相当于给电机一个阶跃信号，此时电机处于动态响应阶段，如图 5.49 所示，跟踪误差会产生较大波动，也属于一个非线性的阶段，同时电机会在高加速启动处发生震动。

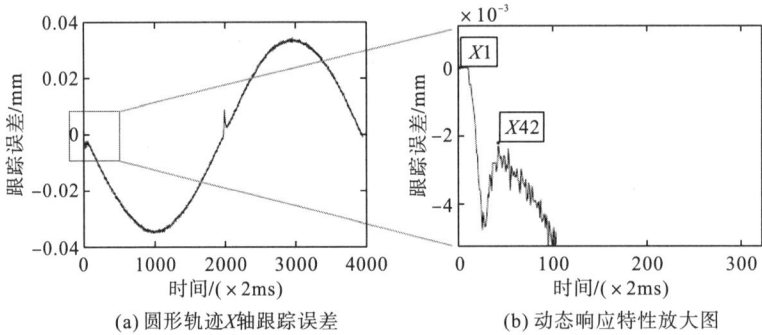

(a) 圆形轨迹X轴跟踪误差 (b) 动态响应特性放大图

图 5.48 电机低加速启动时的跟踪误差特性

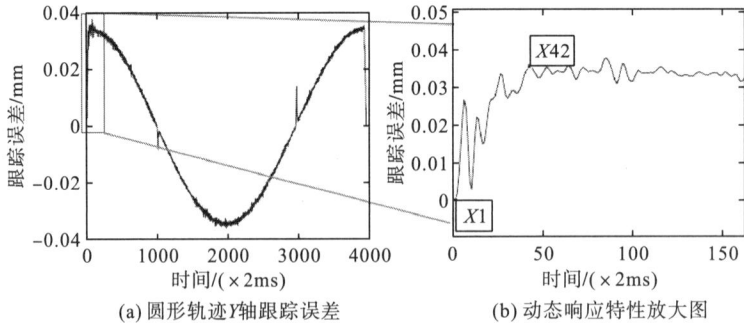

(a) 圆形轨迹Y轴跟踪误差 (b) 动态响应特性放大图

图 5.49 电机高加速启动时的跟踪误差特性

电机启动对跟踪误差也会产生较大的影响，因此可以将电机启动作为人工神经网络的一个非线性特征。具体方法也是根据轴规划速度对运动区间进行特征标记，该特征记为 ch_2，ch_2 的确定如下：

$$
\begin{cases}
ch_2[k:(k+n_2)]=1, & v_{k+1}\times v_k=0且v_{k+1}>0,\dfrac{1}{n_2}\sum_{i=0}^{n_2}|a_i|\leqslant\dfrac{1}{4}|a_{max}| \\[3mm]
ch_2[k:(k+n_2)]=-1, & v_{k+1}\times v_k=0且v_{k+1}<0,\dfrac{1}{n_2}\sum_{i=0}^{n_2}|a_i|\leqslant\dfrac{1}{4}|a_{max}| \\[3mm]
ch_2[k:(k+n_2)]=2, & v_{k+1}\times v_k=0且v_{k+1}>0,\dfrac{1}{n_2}\sum_{i=0}^{n_2}|a_i|>\dfrac{1}{4}|a_{max}| \\[3mm]
ch_2[k:(k+n_2)]=-2, & v_{k+1}\times v_k=0且v_{k+1}<0,\dfrac{1}{n_2}\sum_{i=0}^{n_2}|a_i|>\dfrac{1}{4}|a_{max}| \\[3mm]
ch_2(k)=0, & 其他
\end{cases}
\tag{5.43}
$$

式中，k 为第 k 个采样时刻；v_k 为 k 时刻的规划速度；$k:(k+n_2)$ 为从 k 时刻到 $k+n_2$ 时刻；n_2 是窗口大小，确定多大区间内是电机启动区域，便于人工神经网络在此处拟合更准确。

根据图 5.48 和图 5.49 可知，发生电机低加速启动或高加速启动时，单轴伺服控制系统需要约 40 个采样周期才能将跟踪误差减小到正常线性范围，设置在窗口大小 $n_2=40$ 个采样周期。另外，高加速启动和低加速启动的区分根据窗口内的平均加速度确定，当平均加速度小于插补加速度最大值的 1/4 时，相应的标记量 ch_2 在 1 或-1；当平均加速度大于插补加速度最大值的 1/4 时，相应的标记量 ch2 在 2 或-2。经过上述分析，选择线性特征 $\{v_{k-6},\cdots,v_k,\cdots,v_{k+6}\}$ 和非线性特征 $\{ch_1,ch_2\}$。

5.3.3.2　基于 LSTM 神经网络的跟踪误差预测

LSTM 神经网络是一种特殊的递归神经网络(recurrent neural network，RNN)。RNN 适用于对时间序列数据进行预测，相比一般神经网络在应对序列变化的数据时，前面多个时刻的序列会对当前时刻的序列预测产生影响。在解决短依赖问题时，具有很强的拟合和预测能力，也就是根据近期的信息来处理当前的任务，这种情况下当前任务与之前的相关信息距离相近。RNN 在进行学习时具有很强的优势，但是它可能不能从较远的信息中进行学习，最终导致学习任务失败。在标准 RNN 中加入序列的长期记忆，也就得到了兼顾长期记忆和短期记忆的 LSTM 神经网络。

进行人工神经网络训练的首要任务是确定数据集，数据集一般分为训练集和验证集，训练集用于训练神经网络，验证集则是在一定的训练频率下对神经网络进行损失验证。数据集的选择对于神经网络至关重要，实际应用中，数据集要能涵盖绝大部分的特征空间。所以在进行数据集选择时，使用的特征包括线性特征和非线性特征。要求训练轨迹既能涵盖速度规划的最大速度，也包含丰富的反向越冲、动态响应等非线性特征。

针对数据集的这一要求，使用 5 阶的随机非均匀有理 B 样条(non-uniform rational B-splines，NURBS)曲线作为训练轨迹，且 5 阶的随机 NURBS 曲线可以保证加速度连续。

使用随机控制点生成随机 NURBS 几何路径[式(5.44)]，其中控制点是由自变量向量和因变量向量组成，自变量向量为时间 $\vec{t}$。

$$
\vec{t}=\left[t_0,t_0+\Delta t_1,\cdots,t_0+\sum_{i=0}^{n}\Delta t_i\right]\{ch_1,ch_2\}
\tag{5.44}
$$

其中，设置 $\Delta t_i = 0.04 + \text{rand}(0.04, 0.08)$，$\text{rand}(0.04, 0.08)$ 表示 $0.04 \sim 0.08$ 的随机数。另外，这些控制点的因变量观测值向量为单轴坐标 $\vec{y}$，$\vec{y}$ 由满足正态分布的随机数组成，该正态分布的均值为 0，标准差为 18。因此，可以得到随机控制点序列 $f\left(\vec{y}, \vec{t}\right)$。

随后，对这些控制点序列进行 5 次 NURBS 插值，得到单轴的 NURBS 运动轨迹。重复上述过程，得到三个轴的 NURBS 运动轨迹。对这些丰富的三维 NURBS 运动轨迹进行等时间间隔采样，采样间隔 0.0001s，并选择前 50000 个样本点用于确定数据集的 NURBS 运动轨迹，如图 5.50 所示。

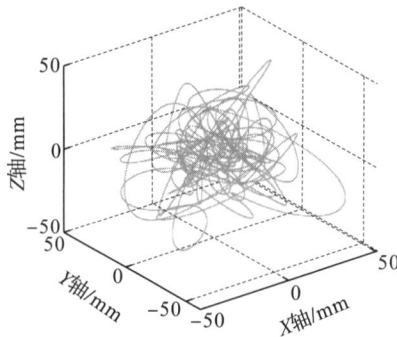

图 5.50　数据集随机 NURBS 轨迹

将生成的 NURBS 曲线进行采样周期 T_i=0.01s 的速度规划。生成数据集的总体流程如图 5.51 所示，实际应用时的数据处理流程也是如此。采用前瞻速度规划方法对前文所述的 NURBS 轨迹进行速度规划，设置拐弯时间、前瞻段数，最大速度为 80mm/s，最大加速度为 800mm/s²。对经过速度规划后的参考轨迹进行采样周期 T_i=0.002s 的采样，得到离散的参考输入轨迹，该参考输入轨迹有 55866 个样本，这些样本将用于生成数据集。

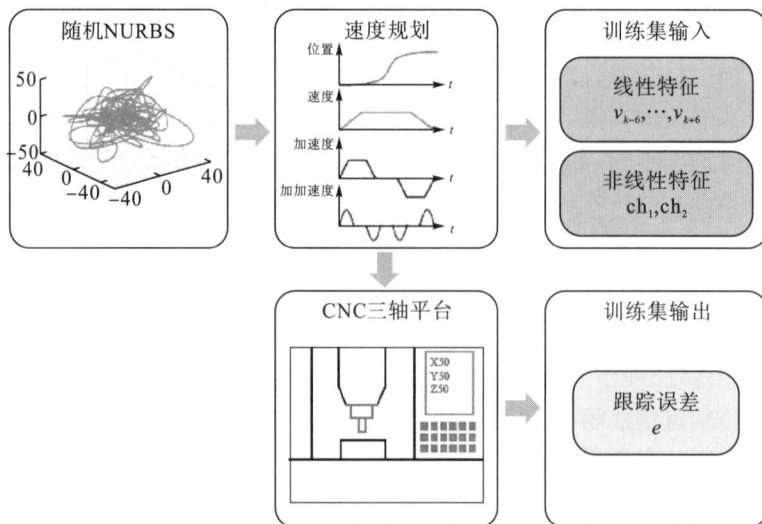

图 5.51　数据集生成流程图

神经网络输入特征中包含规划速度,而得到的参考输入轨迹只是等采样周期的规划位置点 p,所以,在确定每个时刻的规划速度时,需要对参考输入轨迹中的离散规划位置 p 进行差分,用规划位置的前向差分逼近规划速度:

$$v_k \approx \frac{(p_{k+1} - p_k)}{t_{k+1} - t_k} = \frac{1}{T}(p_{k+1} - p_k) \tag{5.45}$$

式中,k 为采样点;T 为采样周期,设置 T=0.002s。

得到各轴的规划速度 $\tilde{v}$,然后采用 5 阶切比雪夫数字低通滤波器对其进行滤波处理,通带纹波最大衰减为 0.5dB,阻带衰减为 0.5dB。

将滤波后的规划速度作为数据集的线性输入特征,对滤波后的规划速度,根据式(5.42)和式(5.43)划分非线性特征区间,作为非线性输入特征。最后,可以得到数据集的输入。

另外,将离散的参考输入轨迹输入 CNC 平台中,运行得到各轴的实时反馈位置,并计算相应的跟踪误差,作为数据集的输出数据。

将数据集经过数据归一化处理,由于不同特征之间量纲不同,数量级也不同,所以需要去量纲化处理,加速神经网络的训练和提升模型的精度,归一化表示为

$$x_{\text{new}} = \frac{x_{\text{origin}} - x_{\min}}{x_{\max} - x_{\min}} \tag{5.46}$$

式中,x_{origin} 为原始数据;$x_{\max}$ 为原始数据中的最大值;$x_{\min}$ 为原始数据中的最小值;x_{new} 为归一化以后的数据。

对输入输出数据分别做归一化处理,所以对测试集或实际应用得到的神经网络输出还需要经过反归一化处理,其处理与归一化处理相反,将无量纲数据恢复到有量纲状态。

LSTM 神经网络模型的搭建需要进行调参,主要考虑对随机失活(dropout)、隐藏层数、神经元个数进行调参。不变的参数设定:求解器为 Adam,预设最大训练次数为 1000,每次迭代最小批次大小为 128,学习率 α 初始化为 0.01,并根据分段常数衰减进行学习率更新,其下降周期和下降因子分别为 125 和 0.1,梯度阈值为 1,验证频率为 1 次每 10 轮次(Epochs),训练截止条件"允许验证损失大于或等于先前的最小损失的次数"为 6。

首先确定 LSTM 神经网络隐藏层的个数,从 1~5 层进行测试,其中 dropout 取为常用值 0.5,每层神经元个数取为 64。测试结果如图 5.52 和表 5.24 所示,从测试结果可以看出,3 个隐藏层的深度 LSTM 神经网络拟合精度更高。

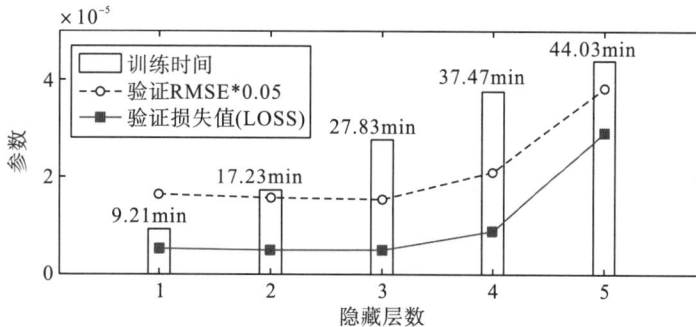

图 5.52　不同隐藏层数下的训练结果

表 5.24　不同隐藏层数下的训练结果

隐藏层数	验证 RMSE	验证 LOSS	训练时间/min
1	0.0032808	5.3817×10^{-6}	9.21
2	0.0031312	4.9022×10^{-6}	17.23
3	0.0030723	4.8808×10^{-6}	27.83
4	0.0041944	8.7964×10^{-6}	37.47
5	0.0076367	2.9106×10^{-5}	44.03

其次确定每层神经元的个数，取为 32 的倍数，这里对 32～256 个神经元进行测试，其中 dropout 取为 0.5，隐藏层数设定为 3 层。测试结果如图 5.53 和表 5.25 所示，从结果中可以看出，当神经元个数为 128 时，效果最佳。

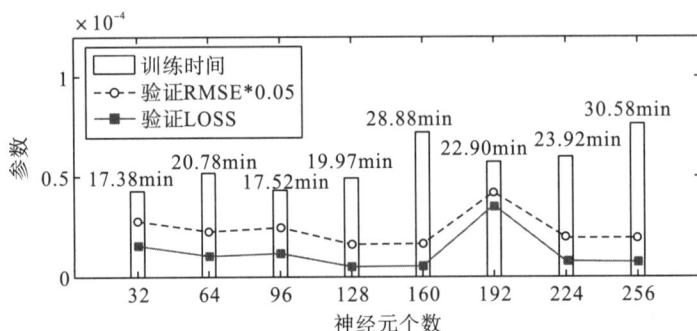

图 5.53　不同神经元个数下的训练结果

表 5.25　不同神经元个数下的训练结果

神经元个数	验证 RMSE	验证 LOSS	训练时间/min
32	0.0055844	1.5592×10^{-5}	17.38
64	0.0045235	1.0231×10^{-5}	20.78
96	0.0048666	1.1842×10^{-5}	17.52
128	0.0032440	5.2617×10^{-6}	19.97
160	0.0032481	5.2752×10^{-6}	28.88
192	0.0084385	3.5604×10^{-5}	22.90
224	0.0039540	7.8172×10^{-6}	23.92
256	0.0038879	7.5577×10^{-6}	30.58

最后确定 dropout 的值，对 dropout 从 0～0.9 进行测试，隐藏层数设定为 3 层，每层神经元个数为 128。测试结果如图 5.54 和表 5.26 所示，从表 5.26 可以看出，当 dropout 选为 0.2 时，RMSE、LOSS 较小且训练时间最短，此时的拟合效果最佳。

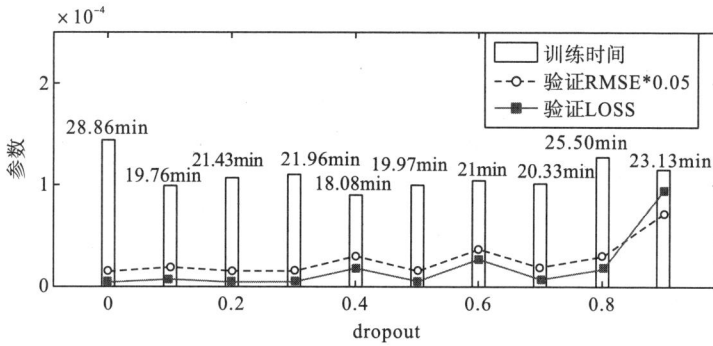

图 5.54　不同 dropout 下的训练结果

表 5.26　不同 dropout 下的训练结果

dropout	验证 RMSE	验证 LOSS	训练时间/min
0.0	0.0030520	$4.6573×10^{-6}$	28.86
0.1	0.0039018	$7.6121×10^{-6}$	19.76
0.2	0.0031213	$4.8714×10^{-6}$	21.43
0.3	0.0031988	$5.1160×10^{-6}$	21.96
0.4	0.0061104	$1.8669×10^{-5}$	18.08
0.5	0.0032440	$5.2617×10^{-6}$	19.97
0.6	0.0074239	$2.7557×10^{-5}$	21.00
0.7	0.0039112	$7.6488×10^{-6}$	20.33
0.8	0.0059496	$1.7699×10^{-5}$	25.50
0.9	0.0143550	$9.4538×10^{-5}$	23.13

　　经过上述的实验过程,最终确定网络结构包括三个隐藏层,每层 128 个神经元,dropout 参数为 0.2。另外,求解器为 Adam,预设最大训练次数为 1000,每次迭代最小批次大小 为 128,学习率 α 初始化为 0.01,并根据分段常数衰减进行学习率更新,其下降周期和下 降因子分别为 125 和 0.1,梯度阈值为 1,验证频率为 1 次每 10Epochs,训练截止条件"允 许验证损失大于或等于先前的最小损失的次数"为 6。

　　确定好训练参数的神经网络可以进行离线训练,图 5.55 表示每个 LSTM 神经网络隐 藏层的内部权重矩阵分布,在设置好训练参数后,LSTM 神经网络进入训练过程,训练过 程实质上是对式(5.46)中权重参数进行迭代和更新。在训练的过程中,要找到合适的权重 矩阵 $W^f \in R^{N_0 \times N_g}$、$W^i \in R^{N_0 \times N_g}$、$W^c \in R^{N_0 \times N_g}$ 和 $W^o \in R^{N_0 \times N_g}$($N_0$ 为每个时间步的特征数量, N_g 为隐藏层维度)。

　　以深度 LSTM 神经网络最后一个隐藏层为例,输出为跟踪误差 e,输出层为回归层, 其默认的损失函数为均方根误差(RMSE),在 t 时刻的损失函数定义为

$$J^{\langle t \rangle} = \frac{1}{2} \left\| \hat{e}^{\langle t \rangle} - e^{\langle t \rangle} \right\|^2 \tag{5.47}$$

式中,$\|\bullet\|$ 为模;$\hat{e}^{\langle t \rangle}$ 为 t 时刻的神经网络输出跟踪误差预测值;$e^{\langle t \rangle}$ 为 t 时刻的期望输出跟 踪误差。

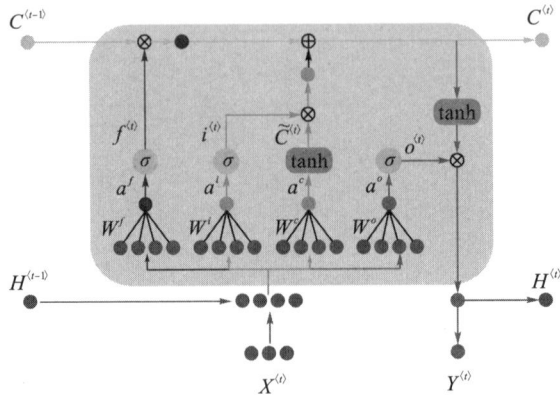

图 5.55　LSTM 神经网络层结构

在 T 时间段内的总损失函数为 $J = \sum\limits_{t}^{T} J^{\langle t \rangle}$。

所以根据梯度更新原则，对于 t 时刻 LSTM 神经网络输出门的梯度为

$$\frac{\partial J}{\partial \left(W_{jk}^o \right)^{\langle t \rangle}} = \frac{\partial J}{\partial o_j^{\langle t \rangle}} \frac{\partial o_j^{\langle t \rangle}}{\partial a_j^o} \frac{\partial a_j^o}{\partial \left(W_{jk}^o \right)^{\langle t \rangle}}$$

$$= \frac{\partial J}{\partial H_j^{\langle t \rangle}} \odot \tanh \left(C_j^{\langle t \rangle} \right) \odot o_j^{\langle t \rangle} \left(1 - o_j^{\langle t \rangle} \right) \left(Z_k^{\langle t \rangle} \right)^T \tag{5.48}$$

式中，$\left(W_{jk}^o \right)^{\langle t \rangle}$ 为权重矩阵 $\left(W^o \right)^{\langle t \rangle}$ 的第 j 行第 k 列的元素。

对于 LSTM 神经网络层 t 时刻输入门的梯度为

$$\frac{\partial J}{\partial \left(W_{jk}^i \right)^{\langle t \rangle}} = \frac{\partial J}{\partial C_j^{\langle t \rangle}} \frac{\partial C_j^{\langle t \rangle}}{\partial i_j^{\langle t \rangle}} \frac{\partial i_j^{\langle t \rangle}}{\partial a_j^o} \frac{\partial a_j^o}{\partial \left(W_{jk}^i \right)^{\langle t \rangle}}$$

$$= \frac{\partial J}{\partial C_j^{\langle t \rangle}} \odot \tilde{C}_j^{\langle t \rangle} \odot i_j^{\langle t \rangle} \left(1 - i_j^{\langle t \rangle} \right) \left(Z_k^{\langle t \rangle} \right)^T \tag{5.49}$$

式中，$\left(W_{jk}^i \right)^{\langle t \rangle}$ 为权重矩阵 $\left(W^i \right)^{\langle t \rangle}$ 的第 j 行第 k 列的元素。

对于 LSTM 神经网络层 t 时刻细胞状态的梯度为

$$\frac{\partial J}{\partial \left(W_{jk}^c \right)^{\langle t \rangle}} = \frac{\partial J}{\partial C_j^{\langle t \rangle}} \frac{\partial C_j^{\langle t \rangle}}{\partial C_j^{\langle t \rangle}} \frac{\partial C_j^{\langle t \rangle}}{\partial a_j^c} \frac{\partial a_j^c}{\partial \left(W_{jk}^c \right)^{\langle t \rangle}}$$

$$= \frac{\partial J}{\partial C_j^{\langle t \rangle}} \odot i_j^{\langle t \rangle} \odot \left(1 - C_j^{\langle t \rangle} \right) \left(Z_k^{\langle t \rangle} \right)^T \tag{5.50}$$

式中，$\left(W_{jk}^c \right)^{\langle t \rangle}$ 为权重矩阵 $\left(W^c \right)^{\langle t \rangle}$ 的第 j 行第 k 列的元素。

对于 LSTM 神经网络层 t 时刻遗忘门的梯度为

$$\frac{\partial J}{\partial \left(W_{jk}^{f} \right)^{\langle t \rangle}} = \frac{\partial J}{\partial C_{j}^{\langle t \rangle}} \frac{\partial C_{j}^{\langle t \rangle}}{\partial \tilde{C}_{j}^{\langle t \rangle}} \frac{\partial \tilde{C}_{j}^{\langle t \rangle}}{\partial a_{jk}^{c}} \frac{\partial a_{jk}^{c}}{\partial \left(W_{jk}^{f} \right)^{\langle t \rangle}}$$

$$= \frac{\partial J}{\partial O_{j}^{\langle t \rangle}} \odot C_{j}^{\langle t-1 \rangle} \odot f_{j}^{\langle t \rangle} \left(1 - f_{j}^{\langle t \rangle} \right) \left(Z_{k}^{\langle t \rangle} \right)^{T} \tag{5.51}$$

式中，$\left(W_{jk}^{f} \right)^{\langle t \rangle}$ 为权重矩阵 $\left(W^{f} \right)^{\langle t \rangle}$ 的第 j 行第 k 列的元素。

在总时间段 T 内，LSTM 神经网络层的各权重矩阵梯度变化为

$$\frac{\partial J}{\partial W^{o}} = \sum_{t}^{T} \frac{\partial J}{\partial \left(W^{o} \right)^{\langle t \rangle}}, \frac{\partial J}{\partial W^{i}} = \sum_{t}^{T} \frac{\partial J}{\partial \left(W^{i} \right)^{\langle t \rangle}}$$

$$\frac{\partial J}{\partial W^{c}} = \sum_{t}^{T} \frac{\partial J}{\partial \left(W^{c} \right)^{\langle t \rangle}}, \frac{\partial J}{\partial W^{f}} = \sum_{t}^{T} \frac{\partial J}{\partial \left(W^{f} \right)^{\langle t \rangle}}$$

最后，根据梯度和学习率更新 LSTM 神经网络层权重矩阵，

$$W^{o} = W^{o} \pm \alpha \frac{\partial J}{\partial W^{o}}, W^{i} = W^{i} \pm \alpha \frac{\partial J}{\partial W^{i}}$$

$$W^{c} = W^{c} \pm \alpha \frac{\partial J}{\partial W^{c}}, W^{f} = W^{f} \pm \alpha \frac{\partial J}{\partial W^{f}}$$

式中，α 为学习率。

重复上述训练步骤，可以得到 LSTM 神经网络层合适的权重矩阵，同理，其他 LSTM 神经网络层的更新也是如此，每次迭代，都是根据期望跟踪误差和预测跟踪误差之间的损失函数，去更新每个 LSTM 神经网络层的每个权重矩阵。最终，经过多次迭代，满足验证条件时训练完成，就得到了各轴基于深度 LSTM 神经网络的跟踪误差模型。

5.3.3.3 轮廓误差预测补偿

轮廓误差控制策略的三个组成部分分别是跟踪误差预测、轮廓误差估计和轮廓误差补偿，如图 5.56 所示，经过离线训练的各轴跟踪误差神经网络模型，对于给定 k 时刻的输入特征，预测出对应 k 时刻的各轴跟踪误差。然后，根据预测得到的各轴跟踪误差和规划位置，采用轮廓误差估计算法估计出该点处的轮廓误差。最后，根据预测得到的轮廓误差，采用轮廓误差补偿算法，实现对轮廓误差的主动补偿，生成新的参考轨迹。

轴与轴之间的位置控制耦合性是很小的，各轴之间的位置控制可以视为独立不相关的。所以可以先对各轴的跟踪误差进行预测，根据规划位置曲线和预测得到的各轴跟踪误差，预测实际的位置点，最后根据预测实际位置序列和规划位置序列进行轮廓误差估计，实现轮廓误差预测。如图 5.57 所示，对于每个规划位置点 $P_k(k=1, 2, \cdots)$，其对应的实际位置点为 Q_k，各轴跟踪误差为 $e_k(x)$、$e_k(y)$ 和 $e_k(z)$，根据跟踪误差的定义，有

$$\begin{cases} e_k(x) = P_k(x) - Q_k(x) \\ e_k(y) = P_k(y) - Q_k(y) \\ e_k(z) = P_k(z) - Q_k(z) \end{cases} \tag{5.52}$$

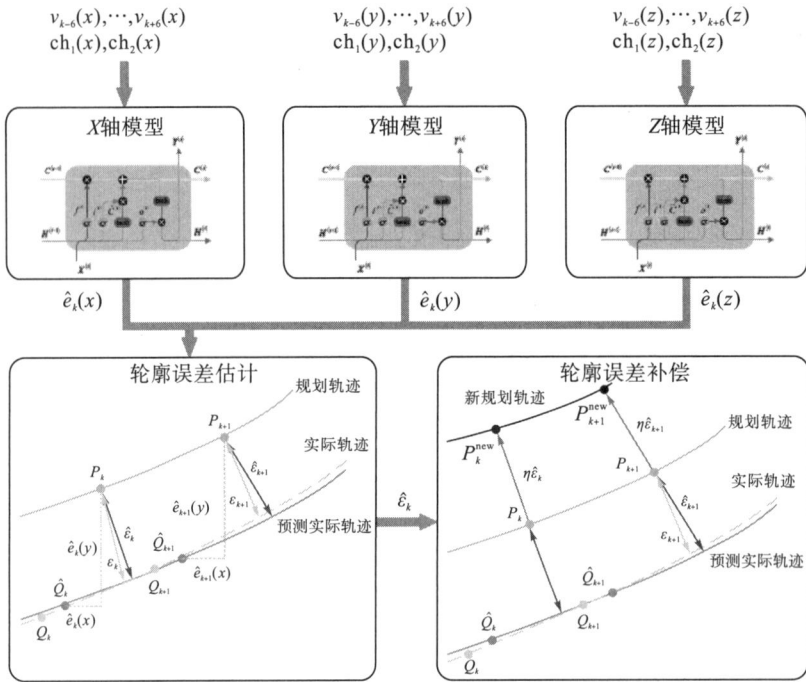

图 5.56   轮廓误差控制策略

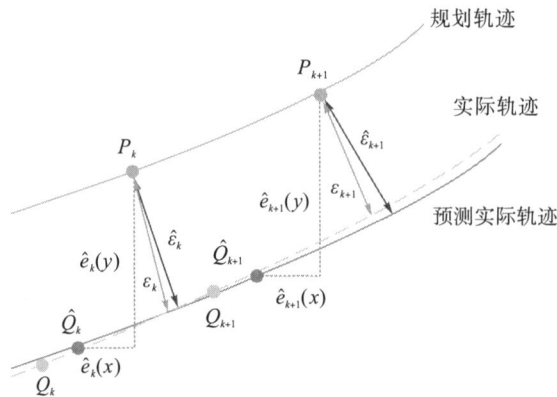

图 5.57   预测跟踪误差到轮廓误差的转换

对于各轴预测跟踪误差为 $\hat{e}_k(x)$、$\hat{e}_k(y)$ 和 $\hat{e}_k(z)$，预测的实际位置为

$$\begin{cases} \hat{Q}_k(x) = P_k(x) - \hat{e}_k(x) \\ \hat{Q}_k(y) = P_k(y) - \hat{e}_k(y) \\ \hat{Q}_k(z) = P_k(z) - \hat{e}_k(z) \end{cases} \tag{5.53}$$

得到的预测实际位置为 $\hat{Q}_k(x)$、$\hat{Q}_k(y)$ 和 $\hat{Q}_k(z)$，规划位置为 $P_k(x)$、$P_k(y)$ 和 $P_k(z)$，用于对预测轮廓误差进行估计。

5.3.3.4　实验验证

使用如图 5.58 所示的三轴运动平台进行轮廓误差控制的验证实验,其主控是 GSN 型 PCI-E 运动控制卡,该卡通过 gLink-II 总线连接端子板,端子板与被控平台之间通过 GTHD-006AAP1-00 伺服驱动器连接,平台使用的电机为多摩川 TS4607N2190E200 伺服电机。其中,伺服驱动器工作在模拟速度模式,也就是电流环和速度环在伺服驱动器端,位置环在运动控制卡端。另外,使用该 GSN 运动控制卡,基于 MFC 编写了上位机运动控制程序。

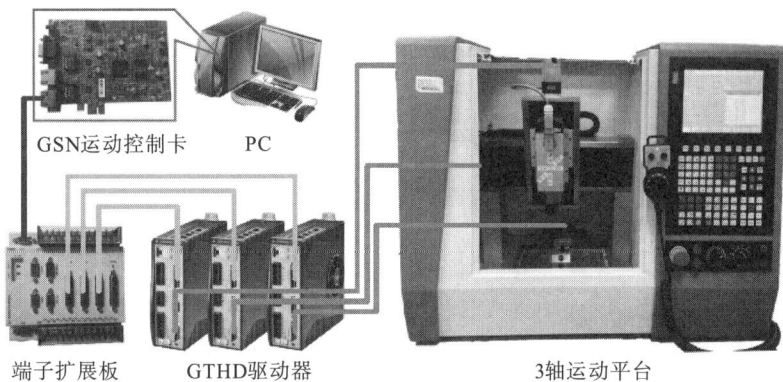

图 5.58　基于 GSN 运动控制卡的三轴平台

在三轴实验中,采用四种测试轨迹,如图 5.59 所示。

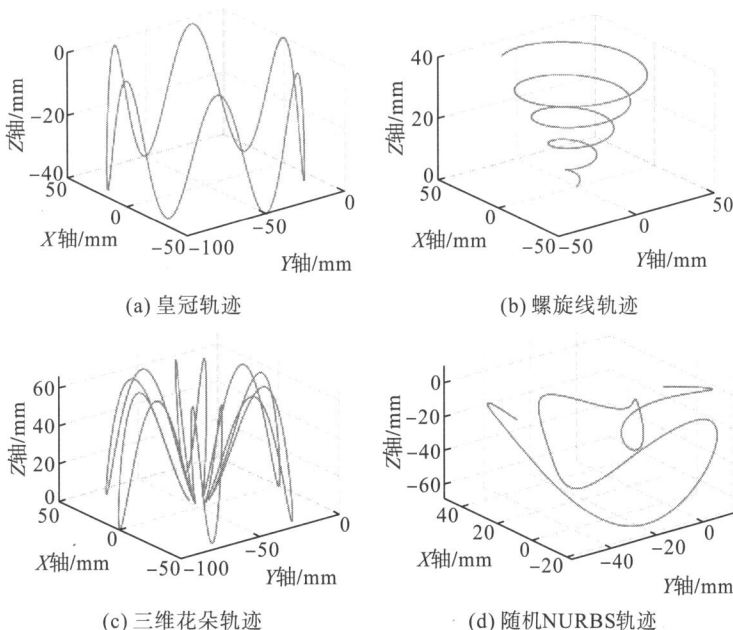

(a) 皇冠轨迹

(b) 螺旋线轨迹

(c) 三维花朵轨迹

(d) 随机NURBS轨迹

图 5.59　四种三维测试轨迹

图 5.59(a)为皇冠轨迹，其表达式为式(5.54)，其中，p=50，r=20，n=6。

$$\begin{cases} X(t) = p\cos t \\ Y(t) = p\sin t \\ Z(t) = r\cos(nt) \end{cases} \tag{5.54}$$

图 5.59(b)为螺旋线轨迹，其表达式为式(5.55)，其中，p=40，θ=60，r=40，k=0.08。

$$\begin{cases} X(t) = pt\cos(k(\theta+t)) \\ Y(t) = p\sin(k(\theta+t)) \\ Z(t) = rt \end{cases} \tag{5.55}$$

图 5.59(c)为三维花朵轨迹，其表达式为式(5.56)，其中，q=10，p=5，n=3，k=3，a=2。

$$\begin{cases} r(t) = q - [k\sin(nt)]^2 \\ X(t) = pr(t)\cos t \\ Y(t) = pr(t)\sin t \\ Z(t) = [ar(t)\sin(nt)]^2 \end{cases} \tag{5.56}$$

基于 LSTM 神经网络的三维跟踪误差预测，使用上述四种测试轨迹，为了说明该方法的泛化性，以图 5.60 所示的随机 NURBS 轨迹为例，将实验结果绘制出来，结果表明所提出的基于 LSTM 神经网络的跟踪误差预测方法对跟踪误差预测效果较好，绝大部分跟踪误差预测偏差低于 1μm，部分预测偏差较大的区域，最大偏差也不超过 5μm，整体跟踪误差预测精度与跟踪误差重复度相当。

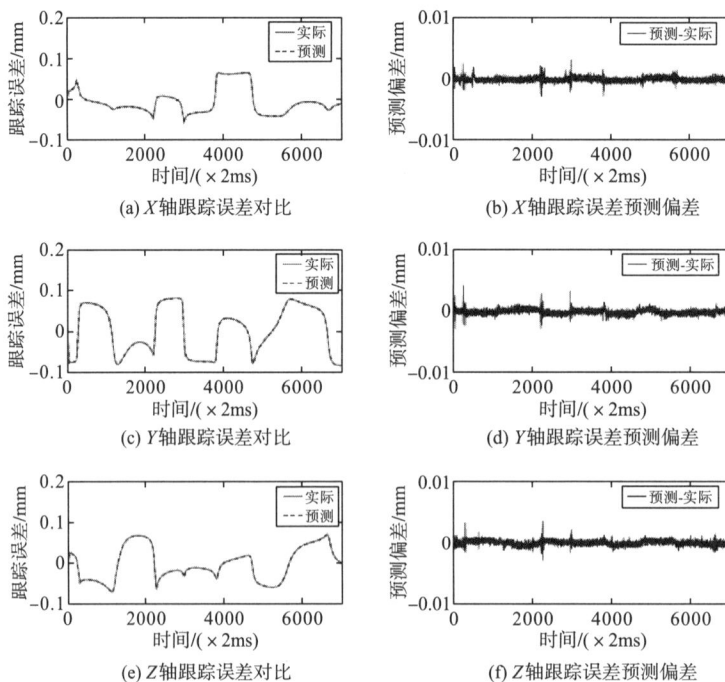

图 5.60　三维随机 NURBS 轨迹跟踪误差预测效果

图 5.61 展示了对三维随机 NURBS 轨迹的轮廓误差预测效果，图 5.61(a)、(b) 是轮廓误差的预测和实际对比及偏差，图 5.61(c) 是将跟踪误差放大 300 倍后的放大轨迹对比，可以看到，预测轨迹与实际轨迹几乎重合。

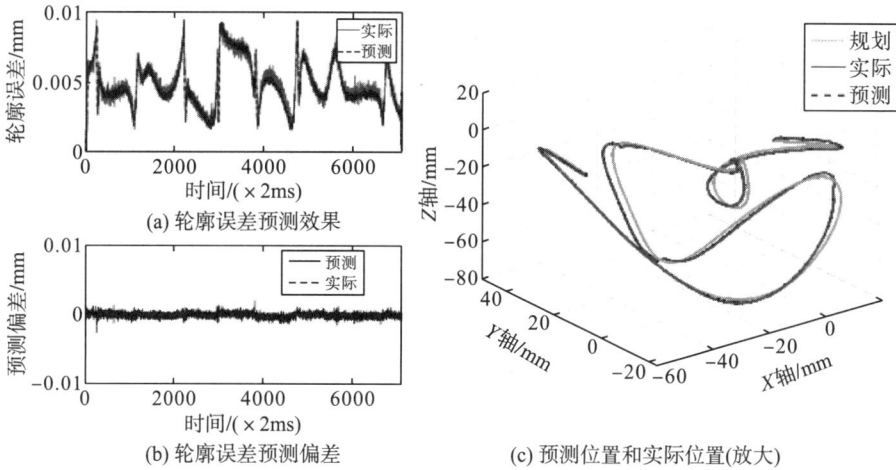

(a) 轮廓误差预测效果

(b) 轮廓误差预测偏差

(c) 预测位置和实际位置(放大)

图 5.61　三维随机 NURBS 轨迹轮廓误差预测效果

表 5.27 对四种测试轨迹的结果进行统计，从中可以看到详细的实验结果数据，其中，对于三维随机 NURBS 轨迹，X 轴的跟踪误差预测偏差最大值为 3.104μm，预测偏差均方根为 0.396μm；Y 轴的跟踪误差预测偏差最大值为 4.051μm，预测偏差均方根为 0.479μm；Z 轴的跟踪误差预测偏差最大值为 3.543μm，预测偏差均方根为 0.434μm；轮廓误差预测偏差最大值为 2.640μm，预测偏差均方根为 0.365μm。从上述数据中不难看出，LSTM 神经网络对跟踪误差的预测效果较好，所以最后估计得到的轮廓误差偏差也较小。

表 5.27　不同三维轨迹的轮廓误差预测效果　　　　　　　　(单位：μm)

性能指标	三维花朵	皇冠轨迹	螺旋线轨迹	随机 NURBS
X 轴预测偏差最大值 $\tilde{e}_{max,x}$	4.424	4.668	3.264	3.104
X 轴预测偏差均方根 $\tilde{e}_{rms,x}$	0.504	0.623	0.398	0.396
Y 轴预测偏差最大值 $\tilde{e}_{max,y}$	4.346	4.729	3.071	4.051
Y 轴预测偏差均方根 $\tilde{e}_{rms,y}$	0.617	0.788	0.450	0.479
Z 轴预测偏差最大值 $\tilde{e}_{max,z}$	4.905	5.262	2.958	3.543
Z 轴预测偏差均方根 $\tilde{e}_{rms,z}$	0.721	0.963	0.455	0.434
轮廓预测偏差最大值 $\tilde{\varepsilon}_{max}$	3.644	3.553	1.982	2.640
轮廓预测偏差均方根 $\tilde{\varepsilon}_{rms}$	0.524	0.651	0.388	0.365

根据预测得到的轮廓误差,进行三维轮廓误差的补偿。其中三维随机 NURBS 轨迹的补偿实验结果如图 5.62 所示。从图 5.62(a) 可以看出,轮廓误差得到了有效的降低,降低后的轮廓误差与轮廓误差重复度相当。所有测试轨迹的相关数据如表 5.28 所示,从表中可以看出,在未补偿前,三维随机 NURBS 轨迹的轮廓误差最大值为 9.435μm,轮廓误差均方根为 5.172μm,补偿后,轮廓误差最大值降低到 2.209μm,轮廓误差均方根降低到 0.497μm,三维随机 NURBS 轨迹的轮廓误差最大值降低了 76.59%,轮廓误差均方根降低了 90.39%。

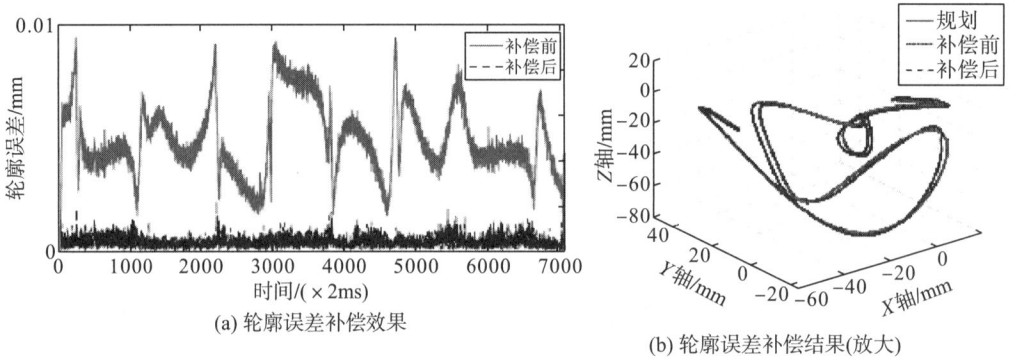

(a) 轮廓误差补偿效果

(b) 轮廓误差补偿结果(放大)

图 5.62 三维随机 NURBS 轨迹轮廓误差补偿效果

表 5.28 不同三维轨迹的轮廓误差补偿效果

曲线类型	参数值	补偿前 /μm	补偿后 /μm	控制效果/%	重复度
三维花朵	轮廓误差最大值 $\bar{\varepsilon}_{max}$ / μm	11.135	2.919	73.79	2.799
	轮廓误差均方根 $\bar{\varepsilon}_{rme}$ / μm	5.401	0.544	89.93	
皇冠轨迹	轮廓误差最大值 $\bar{\varepsilon}_{max}$ / μm	11.894	2.354	80.21	2.098
	轮廓误差均方根 $\bar{\varepsilon}_{rme}$ / μm	7.361	0.527	92.84	
螺旋线轨迹	轮廓误差最大值 $\bar{\varepsilon}_{max}$ / μm	9.734	2.004	79.41	1.735
	轮廓误差均方根 $\bar{\varepsilon}_{rme}$ / μm	5.994	0.399	93.34	
随机 NURBS	轮廓误差最大值 $\bar{\varepsilon}_{max}$ / μm	9.435	2.209	76.59	2.083
	轮廓误差均方根 $\bar{\varepsilon}_{rme}$ / μm	5.172	0.497	90.39	

从表 5.28 数据中看出,本书所提出的轮廓误差预测控制方案,在三维轨迹的轮廓误差预测和补偿中也具有很好的效果,轮廓误差的最大值和均方根均得到了有效的降低,至少可以将轮廓误差最大值减少 70%,将轮廓误差均方根减少 85%。经过补偿后的三维轨迹轮廓误差可以降低到 2~3μm,与轮廓误差的重复度相当。

第6章 自愈系统开发与应用

针对批量化零件加工产线精度控制，综合应用装备通信接口、外置传感器、工业以太网实现云端、边缘、设备的连接与信息交互，整合精度预测、误差诊断、稳健建模、工艺优化等理论，开发基于边缘计算的零件加工精度自愈集成系统，并以汽车精密齿轮与航空叶片为对象，介绍精度自愈理论的应用案例。

6.1 复杂零件加工产线自愈集成控制技术

6.1.1 基于边缘计算的自愈系统整体框架

6.1.1.1 边缘计算概念

大数据技术、云计算等新一代信息技术的发展促进了智能制造的发展，智能工厂、数字化车间如雨后春笋般涌出，越来越多的生产设备连接入网，产生了监控零件加工生产全过程的海量数据，云计算、边缘计算等技术被用于批量化零件生产过程的监测与控制，以指导零件生产，提高零件加工精度与加工效率。

云计算是一种基于网络的新型计算模型，将计算任务分布在大量计算机构成的资源池中，使用户能够按照需求获取计算力、存储空间、信息服务，如图6.1所示。其具有虚拟化、高可用性、高扩展性、按需服务的特点。将云计算应用到工业制造中，便可以根据制造上下游信息，整合各种加工资源，实现产品制造的全产业线协同，提高生产效率与生产质量，降低成本。

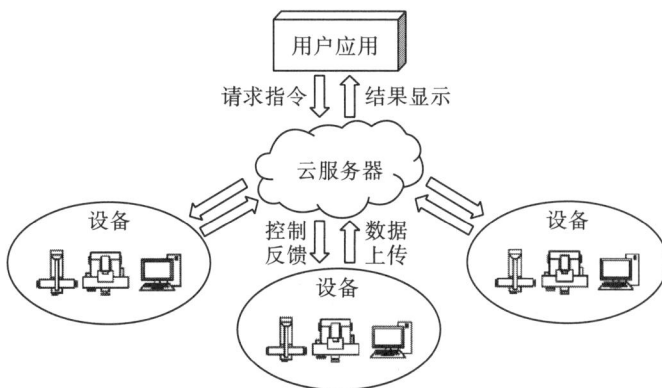

图 6.1 云计算结构

但是，云计算采用中心化管理方式，所有数据均通过网络传输到云计算中心进行处理、分析、计算。随着工业数据的爆发式增长，受到传输带宽的限制，云计算平台暴露出实时性难以保证、对网络环境依赖性高、云计算中心资源消耗大、数据安全性受到威胁等问题。特别是工业制造企业，其批量化生产线会产生大量的数据，全部上传到云计算平台会给云平台带来巨大的计算压力，随后云平台根据计算结果回传数据也会产生较大延迟。在批量化加工的过程中，实时性是非常重要的，如检测到机床故障而不能及时使机床停止运动，会导致巨大的损失。此外，大量的生产数据上传到云平台，也会对企业的信息安全产生威胁。

边缘计算是为了弥补云计算的不足而提出的，其在生产现场布置了边缘服务器，并将部分计算、原始数据存储、数据预处理、直接反馈控制等能力下沉到边缘层，如图 6.2 所示。由于边缘层布置在本地，其传输实时性、安全性得到了加强，同时减少了对云计算中心资源的消耗，降低了信息泄露的风险。

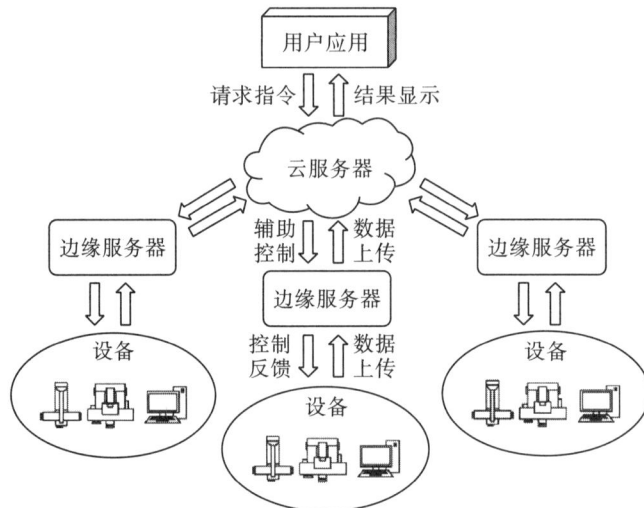

图 6.2　边缘计算结构

边缘计算也具有虚拟化、高可用性、高扩展性的特点，此外，相比云制造，其具有以下特点。

(1) 任务处理实时性高。边缘计算中，数据储存、预处理、计算等功能迁移到边缘层，从工业制造现场得到的原始数据可以在边缘层得到快速处理与反馈，提高了反馈控制的速度。同时，由于只上传处理后的数据，减轻了大数据流通而带来的带宽压力和云平台的计算压力，提高了信息传输的速度。例如，在批量化零件加工过程中，会采集诸多的传感器信号，其中如振动、声发射等高频信号，其采样率可能高达 10kHz，甚至超过 1MHz，这些信号一般用于检测机床故障、碰撞等紧急问题。这种高频数据数据量巨大，如果上传到云平台，其实时性将会很难保证，不能在机床发生故障或碰撞时及时停止机床。而对于边缘计算来说，其数据直接在边缘层进行处理，在发生紧急事故时，边缘层可直接下达指令，停止机床。边缘层只需将部分信号特征上传到云平台，供用户使用，根据需求调整边缘层的控制策略。

(2)数据安全性高。传统云计算中,会将所有信息上传到云端,这一过程中,数据的安全性、隐私性将会成为一个非常重要的问题,当云服务器受到攻击时,很容易导致数据泄露。而在边缘计算中,原始数据在边缘层经过了处理,重要敏感数据不上传至云端,避免了信息泄露,提高了数据安全性。例如,在批量化零件加工中,生产工艺数据、加工装备运行数据、产品质量检测数据等是一个企业的核心,这些数据一旦泄露,会对企业造成巨大的打击。

(3)数据传输可靠性高。在边缘计算的工厂网络中,以车间为单位采用区域化分布式管理,避免了车间与云平台之间的大量数据密集传输,极大地减少了网络中的数据流通量,有效缓解了带宽压力,降低了对网络状况的要求,避免了严重的带宽资源浪费。此外,边缘计算还可以避免传输过程中出现数据丢包现象,以及链路拥塞和故障现象,保证了数据传输的可靠性。一般情况下,制造业生产企业远离城市中心,其网络条件是不能与城市中心相比的。在边缘计算的条件下,对网络条件的要求较低,可以在有限的网络条件下实现数据的可靠传输。

6.1.1.2　整体方案设计

批量化零件加工过程中,零件加工精度不稳定,一次性合格率低,造成了经济损失,降低了加工效率。针对这些问题,本书在前面章节提出了精度预测、误差诊断、稳健保持、工艺优化等措施,以实现批量化零件加工过程的稳健自愈,整体框架如图 6.3 所示。

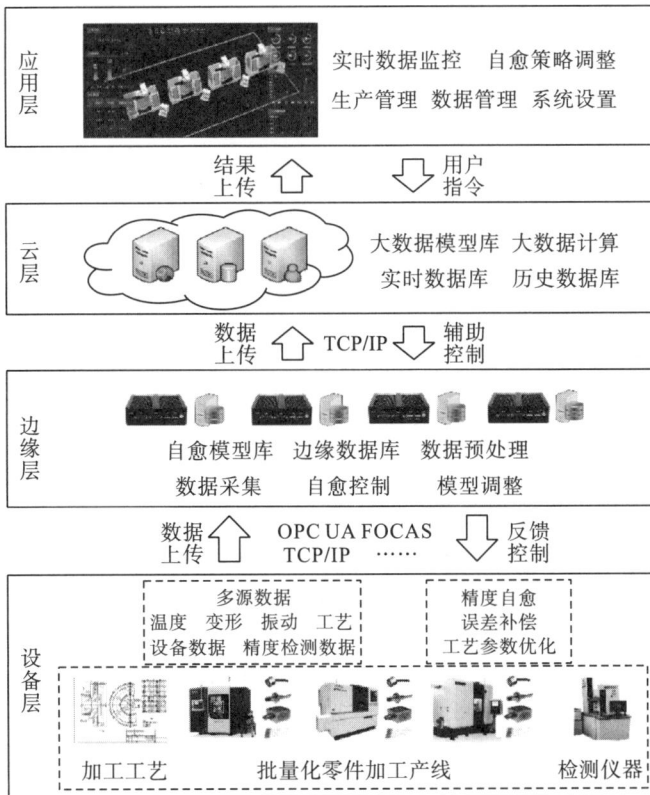

图 6.3　自愈系统整体框架

基于边缘计算的批量化零件加工精度自愈系统主要分为设备层、边缘层、云层、应用层。设备层将批量化零件加工中来自传感器、设备的多源异构数据传到边缘层上，并根据边缘层反馈的控制指令，执行特定的动作，完成误差补偿、工艺优化等精度自愈过程。在批量化零件加工产线中，设备层包括车床、铣床、滚齿机、磨齿机等加工装备及安装在机床上面的传感器，机械臂、物流系统等辅助加工设备，三坐标测量机、齿轮检测中心等精度检测设备。这些硬件设备为自愈系统提供了原始数据源。

边缘层负责对采集到的数据进行预处理、分析、计算、存储，并根据计算结果对设备层下达控制指令；边缘层还需要与云层进行交互，根据云层的指令调整当前的控制策略。在批量化零件加工产线中，边缘层即为部署在车间的服务器，其中大量用于该产线的误差预测、误差诊断的精度自愈模型保存在边缘层服务器的模型库中。边缘服务器根据采集到的数据，结合精度自愈模型，得出自愈操作指令，并将指令下发给设备层。该过程中的大部分数据保存在边缘层的数据库中，处理后的有效数据经过加密后上传到云层。

云层负责对边缘层上传的数据进行分析、计算、存储，根据分析计算结果控制边缘层根据需求调整控制策略，并将结果反馈给用户层，使整个系统更加智能、高效，对整个系统起到监督与指导的作用。在精度自愈系统中，云层根据边缘层上传的数据，结合历史数据库，判断边缘层的控制是否稳健。若不稳健，则下达调整指令，对边缘层中的自愈模型进行调整。

用户层将结果显示到定制 App 上，使用户可以直观地观测到自愈系统的运行情况，并根据用户需求，对自愈系统进行调整。

6.1.2　边缘层数据采集方案与控制

数据是自愈系统的基础。自愈系统需要采集机床的温度、位移、振动、声发射、噪声、应变等源于传感器的数据，数控机床主轴转速、进给率、切削量、驱动电流、驱动电压、机床位置等数控机床运行数据。这些数据保存到边缘层服务器中，其中数控机床、辅助加工系统、检测设备的数据可以通过各种通信协议直接从设备的控制系统中获取；传感器数据则是通过以太网等方式传递到边缘层服务器。

6.1.2.1　零件加工产线采集的补充

3.1 节中介绍了单个设备自愈系统数据采集的基本内容，批量化产线的数据采集正是一系列此类数据采集系统的整合，这就需要通过云-边缘计算的方式将批量化产线的各个设备的数据整合起来，形成一条虚拟的数据产线。

批量化产线中，除了生产加工设备，还有一系列的生产辅助设备数据，如机械臂、物流系统等辅助系统的运行数据，三坐标测量机等检测设备的测量结果数据等。

1. 海克斯康三坐标数据采集与监控

海克斯康三坐标使用 MMS 软件通过 Web Service 向远程客户端提供函数 API 调用接口。Web Service 也称为可扩展标记语言 Web 服务[extensible markup language（XML）Web

Service，XML Web Service]，是一种可以接收从 Internet 或者 Intranet 上的其他系统中传递过来的请求，轻量级的独立的通信技术，通过 SOAP 在 Web 上提供的软件服务，使用 WSDL 文件进行说明，并通过 UDDI 进行注册，其调用原理如图 6.4 所示。Web Service 调用流程一般分为五个步骤。

(1)服务提供者(三坐标系统)发布服务：Web 服务提供者设计实现 Web 服务，将调试正确后的 Web 服务通过 Web 服务中介者发布，并在 UDDI 注册中心注册。

(2)服务请求者(客户端)发现服务：Web 服务请求者向 Web 服务中介者请求特定的服务，中介者根据请求查询 UDDI 注册中心，为请求者寻找满足请求的服务。

(3)服务注册中心(MMS 软件)发现服务：Web 服务中介者向 Web 服务请求者返回满足条件的 Web 服务描述信息，该描述信息用 WSDL 写成，各种支持 Web 服务的机器都能阅读。

(4)服务提供者(三坐标系统)处理服务：利用从 Web 服务中介者返回的描述信息生成相应的 SOAP 消息，发送给 Web 服务提供者，以实现 Web 服务的调用。

(5)服务请求者(客户端)接收服务：Web 服务提供者按 SOAP 消息执行相应的 Web 服务，并将服务结果返回给 Web 服务请求者。

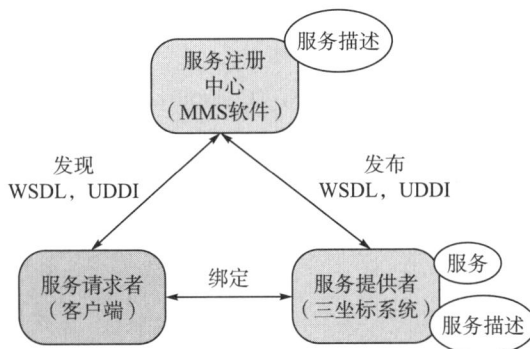

图 6.4　Web Service 调用原理

2. 工业机器人数据采集与监控

ABB 机器人是市场上比较主流的机器人，其官方提供了与上位机通信的 PC SDK 动态库。通过 PC SDK 进行通信时，机器人端要求开通 PC interface 选项接口，实现数据读写、程序控制等功能，如图 6.5 所示。

3. 生产线辅助设备信息集成控制

批量化零件加工产线安全稳定的运行离不开各个环节辅助设备的配合。PLC 是常用的生产辅助设备控制中心，可以控制零件加工产线中卡爪、卡盘、安全门等执行相应的动作，并通过相关传感器监控动作的执行情况，如图 6.6 所示。

车间中 PLC 通信方面尚未形成标准化采集，但随着采集的距离、速度、安全性的增加，以太网成为采集信息使用最为广泛的方式。基于车间 PLC 通信协议的异构性，为了能安全、稳定地采集车间设备信息和保证其加工单元数据采集的统一性。PLC 控制的都是辅助设备的 I/O 信号，Modbus TCP 协议半双工通信功能满足生产线的运行要求，且基于 Modbus TCP 的开放性和易用性特点，所以本系统与 PLC 通信时采用 Modbus TCP 协议进行数据采集与监控任务。

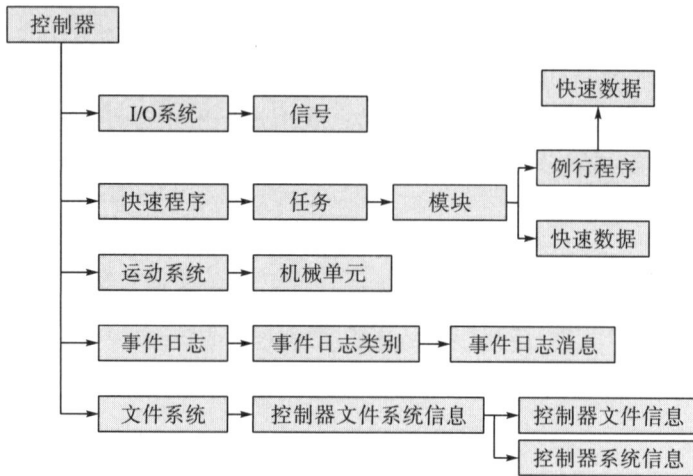

图 6.5　PC SDKController API

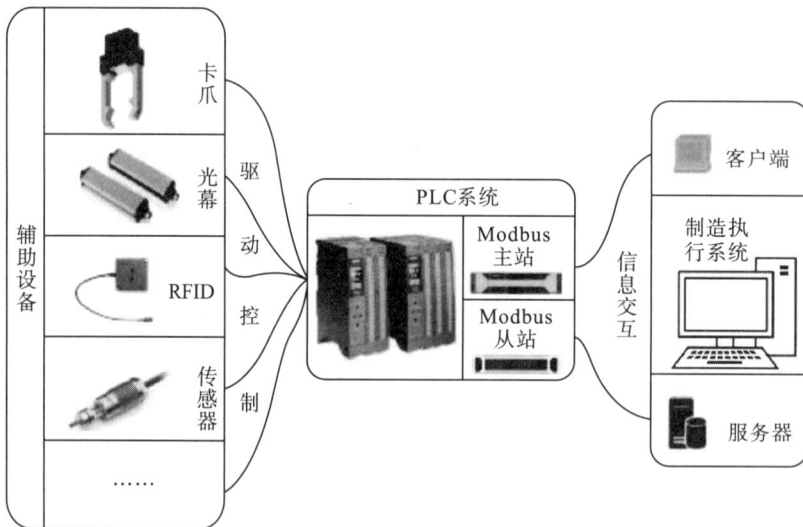

图 6.6　辅助设备及控制

6.1.2.2　产线控制数据类型

边缘层需要对批量化制造产线的设备进行控制，最终实现批量化零件加工精度自愈，主要控制的参数如下。

（1）误差补偿参数。实现零件加工精度自愈，最重要的一步是实现误差补偿。正如前文所述，基于原点偏移或者借助数控系统自带的误差补偿来实现的误差补偿等其他补偿模块，不用修改 NC 代码，是应用最方便、快捷、有效的补偿方式。要实现这一功能，需要将误差补偿量实时输入数控系统特定的机床参数中，例如西门子系统的 SD43900、发那科的 EMS（No.1203#0）、华中数控 300016 等参数。

（2）数控代码。实现零件加工精度自愈，还要对机床运动轨迹、机床工艺参数等进行优化。这些功能很难通过修改特定的机床参数改变，通过修改 NC 代码是最直接有效的方式。因此，需要从数控系统中读取当前的数控代码，并能将优化后的数控代码传回数控系统，以替代原有的数控代码。

（3）其他相关参数。数控系统中可以进行控制的机床参数、用户参数众多，在零件加工生产中起到了非常重要的作用。例如，某型使用西门子数控系统的磨齿机，部分 R 参数用于齿轮扭曲消除等功能。

6.1.3　边缘功能实现

1. 数据处理

批量化产线产生的大量数据不可能全部上传，需要对数据进行初步处理。对于温度这类低频信号，只需进行剔除异常值、合理估算等简单的处理即可上传；而对于机床误差信号，原始信号中有很多无用数据，因此可直接均值化为旋转轴线的位置数据后，再进行上传。对于振动、声发射等高频信号，其数据量大，全部上传云端会给带宽带来巨大的压力，因此需要降噪，从中提取一些特征后，将特征进行上传。而对于一些重要的生产设备内部参数，应加密上传或者不上传。常见的数据预处理方法见 3.1.3 节，这里不再赘述。表 6.1为一些常用的数据特征，供读者参考。

表 6.1　常用时域指标

特征	特征表达式	特征	特征表达式
均值	$\bar{X}=\dfrac{1}{N}\sum\limits_{i=1}^{N}x_i$	方差	$\sigma_x^2=\dfrac{1}{N-1}\sum\limits_{i=1}^{N}(x_i-\bar{X})^2$
最大值	$X_{\max}=\max(x_i)$	方根幅值	$X_r=\left(\dfrac{1}{N}\sum\limits_{i=1}^{N}\sqrt{|x_i|}\right)^2$
最小值	$X_{\min}=\min(x_i)$	绝对平均幅值	$|\bar{X}|=\dfrac{1}{N}\sum\limits_{i=1}^{N}|x_i|$
歪度	$\alpha=\dfrac{1}{N}\sum\limits_{i=1}^{N}x_i^3$	均方根值	$X_{\mathrm{rms}}=\sqrt{\dfrac{1}{N}\sum\limits_{i=1}^{N}x_i^2}$
峭度	$\beta=\dfrac{1}{N}\sum\limits_{i=1}^{N}x_i^3$	峰峰值	$X_{\mathrm{p-p}}=\max(x_i)-\min(x_i)$

特征	特征表达式	特征	特征表达式
波形指标	$S_f = \dfrac{X_{\mathrm{rms}}}{\|\bar{X}\|}$	峰度指标	$C_f = \dfrac{X_{\max}}{X_{\mathrm{rms}}}$
脉冲指标	$I_f = \dfrac{X_{\max}}{\|\bar{X}\|}$	裕度指标	$\mathrm{CL}_f = \dfrac{X_{\max}}{X_{\mathrm{r}}}$
峭度指标	$K_v = \dfrac{\beta}{X_{\mathrm{rms}}^4}$	偏斜度指标	$P = \dfrac{\alpha}{X_{\mathrm{rms}}^3}$

　　边缘层数据处理界面过程中对于温度等低频数据展示不直观,这里主要对振动等高频信号进行降噪并做时频域分析进行图像显示,如图6.7所示。

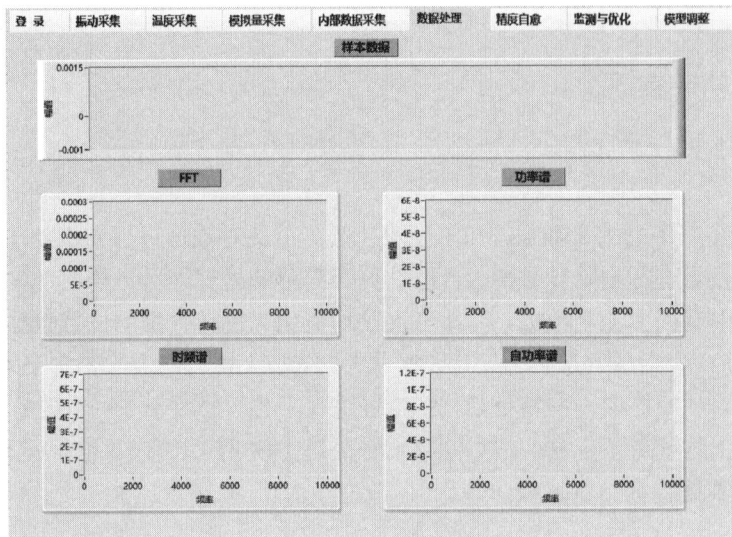

图 6.7　数据处理

2. 精度自愈

　　精度自愈模块分为精度预测、误差诊断、误差补偿、数控装备三维虚拟状态显示等功能,如图6.8所示。精度预测部分,根据该工序加工零件要求,输入精度预测指标以及对应指标的公称值。零件加工过程中,通过误差预测模型预测零件加工的精度,并与公称值进行对比,监控零件加工精度是否合格。具体地,对于磨齿工序来说,精度预测指标主要有 M 值、齿轮的齿形齿向精度等。当零件加工精度即将出现超差时,根据单因素的误差预测机理与误差诊断方法对零件加工误差源进行解耦,解耦出加工装备误差的占比与工艺工序误差的占比。对于加工装备误差,则采用误差补偿的方式,对数控机床各运动轴进行补偿。对于工序工艺误差,则进行工艺参数优化(具体在检测与优化模块)。数控装备三维虚拟状态显示则显示数控机床当前的运行状态。误差诊断与工艺参数优化反复迭代,实现精度自愈。

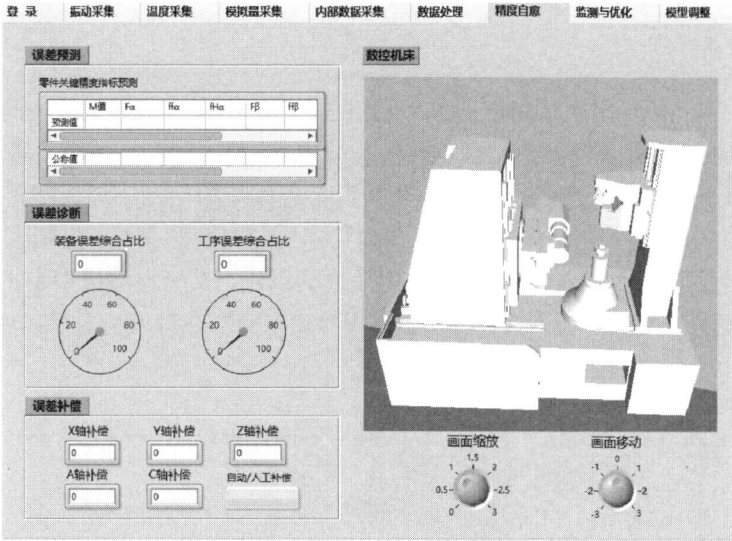

图 6.8　精度自愈

3. 监测与优化

检测与优化主要针对工序工艺误差中的刀具磨损、刀具故障、工艺参数优化等内容，实现工序精度自愈，如图 6.9 所示。对于磨齿工序来说，主要为砂轮磨损状态、砂轮破损、磨齿工艺参数优化等。通过监控数控机床高频信号的多维度特征，实现数控机床工序状态的智能监控，并根据当前工序的工艺参数优化算法，对当前工序的工艺参数进行优化。

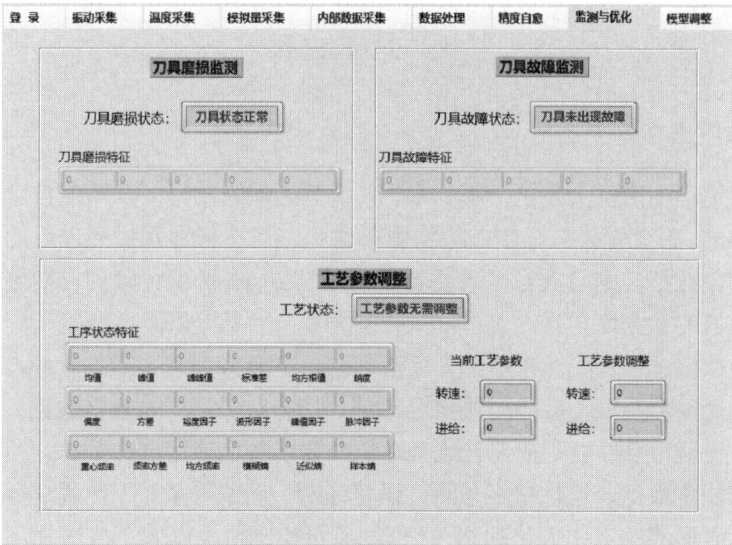

图 6.9　监测与优化

4. 模型调整

对于批量化产线，不同的加工工序、不同的零件其精度自愈模型是不同的。此外，为了防止在实际加工的复杂条件中精度自愈模型失效，需要对精度自愈模型进行初始化与调整，如图 6.10 所示。模型调整模块即用于精度自愈模型的初始化与调整。即当选择某类零件的某道工序时，首先初始化选择适合当前工序的精度自愈模型。当精度自愈模型出现失效时，可以根据最新的数据对精度自愈模型进行重建。精度自愈模型是由 MATLAB 训练得到的。通过 LabVIEW 与 MATLAB 的调用接口，实现在精度自愈系统中对 MATLAB 模型的调用。

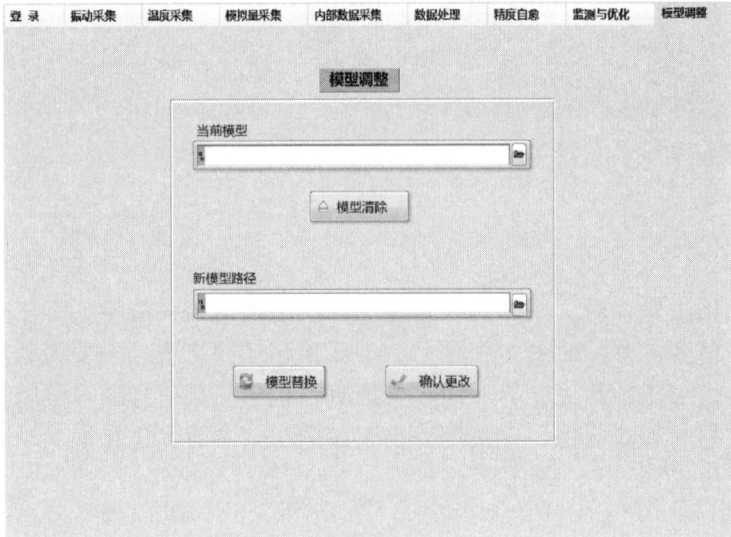

图 6.10　模型更新

5. 边缘层数据存储与上传

精度自愈过程中产生大量的数据，对于原始采集到的数据以及精度自愈调整的历史细节数据，以.tdms 的形式分布存储在边缘服务器中。对于经过数据处理后的数据以及精度自愈调整的关键数据，则将其数据重要特征通过 TCP/IP 协议传输到云端服务器的数据库中，云端服务器的数据库采用 SQL Server 数据库。数据库以具体加工工序为单元进行区分，以时间为单位进行匹配。在单个工序单元内，主要分为动态数据、静态数据、精度自愈数据、人员管理数据、质量检测数据五部分。动态数据，即传感器数据、数控系统内部的数据；静态数据为零件加工的工艺规范、精度要求等；精度自愈数据为控制产线实现精度自愈产生的相关数据，包括精度预测、误差诊断、误差补偿、工艺优化等参数；人员管理数据即本工序的相关工作人员的相关信息；质量检测数据即本工序内加工零件抽检的检测数据。云端数据库 E-R 图如图 6.11 所示。

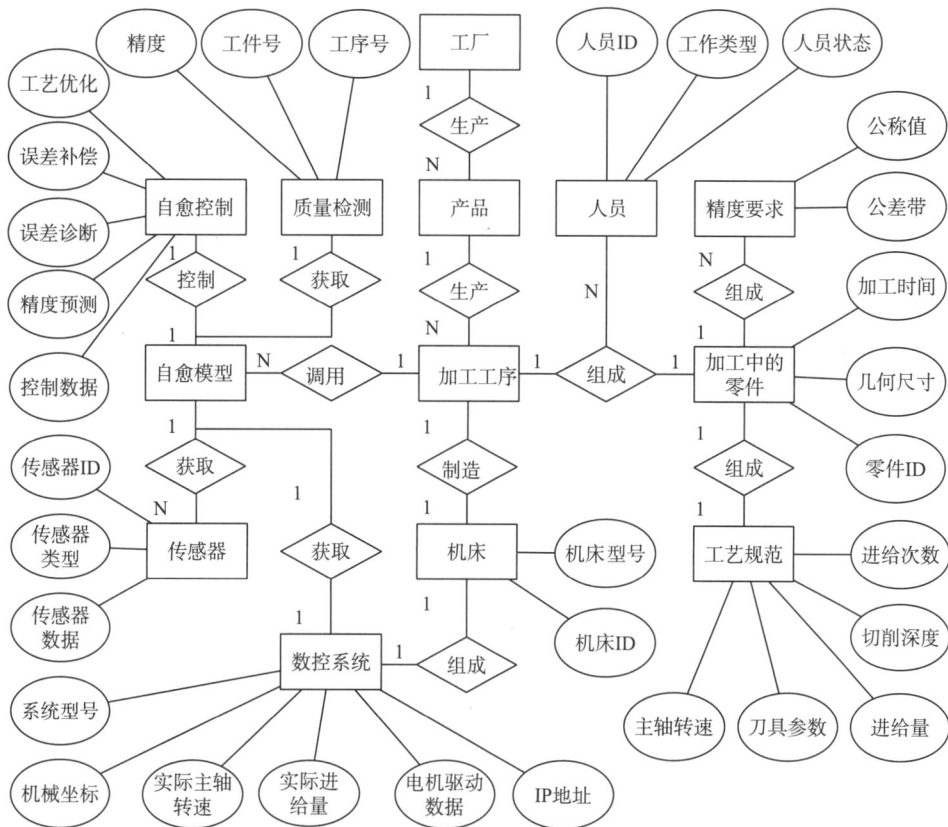

图 6.11 云端数据库 E-R 图

6.1.4 云平台功能界面

1. 登录

登录云平台用户界面需要填写用户名及密码后进入主界面,用户登录界面如图 6.12 所示。

图 6.12 系统登录

2. 产线精度自愈监控面板

云平台最主要的功能是监控批量化零件加工产线的加工及精度自愈过程,产线精度自愈监控面板是最核心的部分。其为由加工该型号零件的一系列机床组成的虚拟产线,例如,对于齿轮加工来说,其主要由滚齿机、倒棱机、车床、磨齿机等一系列机床组成。受企业实际加工影响,实际上加工一个型号的零件产线可能分布在车间不同位置,而通过这种虚拟的产线使得产线的精度自愈过程更为直观,如图 6.13 所示。

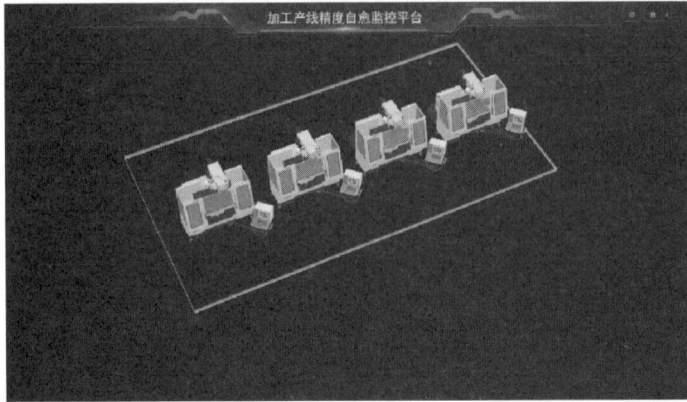

图 6.13　虚拟产线

单击对应的机床,可以显示机床类型、数控系统、零件的精度要求等内容。双击对应机床,可以显示边缘层上传的各类传感器数据、切削参数,用来远程监控在当前数控机床加工该零件的加工信息。同时,显示执行精度自愈策略的主要数据,如误差诊断、误差补偿、工艺优化等内容,如图 6.14 所示。

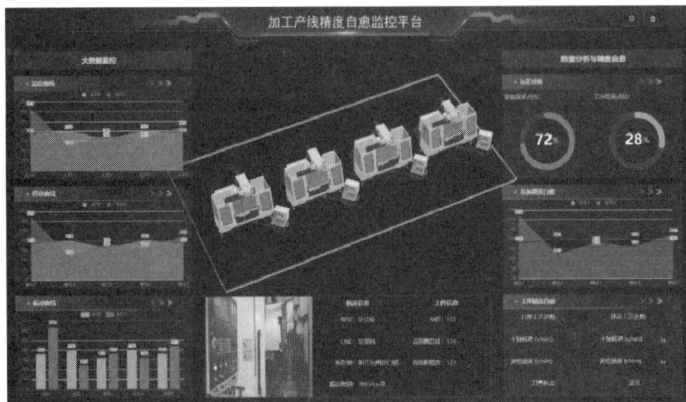

图 6.14　监控面板

3. 项目管理

项目管理是对该产线的技术人员、设备信息、生产工艺进行管理，以辅助精度自愈系统的执行，如图 6.15 所示。

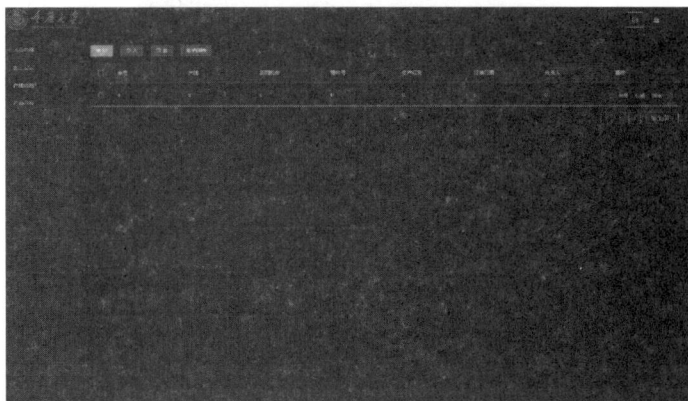

图 6.15　项目管理

6.2　应用验证

6.2.1　精密齿轮

6.2.1.1　问题描述

浙江某大型齿轮制造厂商在批量化零件加工中，受到多源误差的影响，存在一次性合格率不高的问题，通过前文分析，重点关注最后的精加工工序——磨齿工序。以图 6.16 所示的磨齿机加工图 6.17 所示的齿轮为例，介绍精密汽车齿轮精度自愈案例。齿轮参数如表 6.2 所示，该齿轮初定工艺参数如表 6.3 所示。

图 6.16　重庆机床 YS7232CNC

图 6.17　偶数挡输入轴齿轮

表 6.2　齿轮参数

零件名	法向模数/mm	齿数/个	压力角/(°)	螺旋角/(°)	变位	跨球距(M 值)/mm
偶数挡输入轴齿轮	1.8	40	17.3	−33.48	−0.1248	95.424±0.02

表 6.3　齿轮初定工艺参数

工艺参数	参数数值	
	磨削级数	
	1	2
本级前 M 值/mm	95.84	95.49
本级后 M 值/mm	95.49	95.42
本级切削量/mm	0.350	0.066
齿面切削量/mm	0.112	0.069
进刀次数/总进刀数	1/3　　　　2/3	3/3
磨削线速度/(m/s)	45　　　　45	45
径向进给/mm	0.167　　　0.097	0.037
轴向进给/(mm/min)	220　　　　180	100
磨削方式	逆磨	
窜刀方式	正向	
单次修整磨件数	27	
磨削总时长/s	53	

　　批量化齿轮零件加工过程主要分为两部分，即磨削加工与砂轮修整。由于受到磨齿加工过程中频繁的磨削加工与砂轮修整的冷热交替，因此机床长期处于不稳定状态，刀具相对于工件的位姿发生变化，齿轮发生加工误差。以齿轮加工 M 值误差为例，介绍零件加工误差现象，如图 6.18 所示为某日加工偶数挡输入轴齿轮的 M 值变化图，M 值实测值出现频繁的上下波动，有些零件超出了零件下偏差，产生了废品。

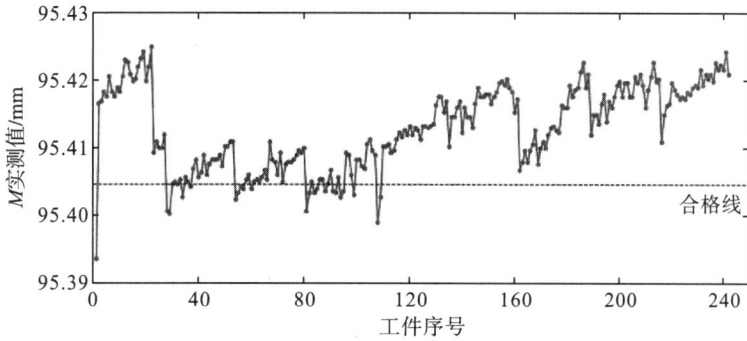

图 6.18 某日齿轮加工 M 值

经过初步分析，齿轮 M 值误差产生原因如下：

(1) 随着磨齿加工的进行，工件 M 值逐渐增大，有超过上极限偏差的风险；

(2) 砂轮修整后，工件 M 值会大幅度不稳定地减小，甚至减小至下极限偏差；

(3) 磨齿加工过程中，如果存在短暂的加工暂停，工件 M 值会跳跃性增大；

(4) 受到频繁的冷热交替的工况，磨齿加工并没有稳定的热平衡状态。

由于上述问题，操作工需要频繁地检测齿轮 M 值，并进行机床的调整，避免出现废品，特别是在砂轮修整后与加工暂停后。这就增加了操作工的工作量，降低了生产效率。

6.2.1.2 现场检测与分析

为开展精度自愈验证，需要对零件加工过程进行测试与监控。

1. 传感器布置

为了检测机床的温度场，按表 6.4 在机床上布置了 14 个温度传感器，传感器部分分布如图 6.19 所示，温度测点主要分布在主轴系统、工作台、床身、立柱等位置。

表 6.4 传感器分布表

传感器	T1	T2	T3	T4	T5	T6	T7
位置	电机轴承	小托座	环境	小托座轴承	床身内侧	工作台内侧	大托座
传感器	T8	T9	T10	T11	T12	T13	T14
位置	小立柱	内侧导轨	工作台外侧	床身外侧	床身油温	外侧导轨	大立柱

此外，机床生产厂商在机床内部安装了一系列传感器，可以通过数控系统，将其内置的温度数据读取出来，内置温度如表 6.5 所示，为各主要驱动电机的温度以及主轴轴承的温度。

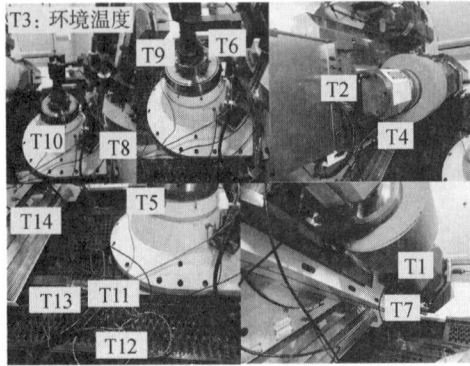

图 6.19　温度传感器分布

表 6.5　机床内部温度分布

传感器	T15	T16	T17	T18	T19	T20	T21
位置	X1 电机	Y1 电机	Z1 电机	A1 电机	B1 电机	C1 电机	U1 电机

传感器	T22	T23	T24	T25	T26	T27
位置	B2 电机	C2 电机	Z2 电机	C3 电机	前端轴承	后端轴承

　　此外，为了监控机床状态与零件加工情况，考虑到机床的实际加工情况难以直接测量刀具相对于工件的误差，结合 1.2 节研究内容，在磨齿机工作台 X 向后端，C3 轴下方安装电涡流位移传感器，避免切削液的影响，如图 6.20(a)所示，监控机床工作台 C1 轴的热变形，以部分表征机床的热误差。对于齿轮 M 值误差，由数显 M 值测量器测量，其精度为 0.001mm，如图 6.20(b)所示。

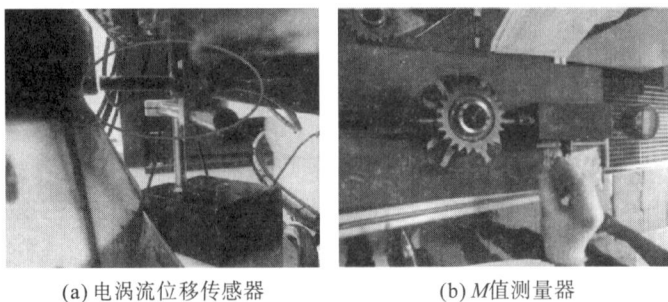

(a)电涡流位移传感器　　　　　　　(b) M 值测量器

图 6.20　测量仪器

2. 数据分析

1)温度数据

加工状态下磨齿机各部分温度变化如图 6.21 所示。图中虚线"--"为砂轮修整开始，磨削加工开始；虚线"...."为砂轮修整结束，磨削加工结束。可以明显地看出，磨削加工阶段,温度上升很快,而砂轮修整过程中温度迅速降低。该天最后一组磨削加工过程中,发生了明显的异动,其原因为工人正在换班,机床停止了一段时间。因此磨齿机在加工过程中很难达到热平衡阶段,通过热机来减小热误差的方法是无效的。

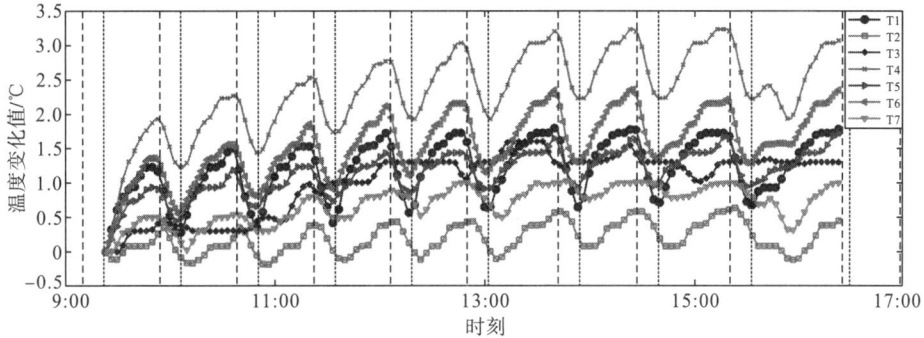

(a) T1~T7温度变化

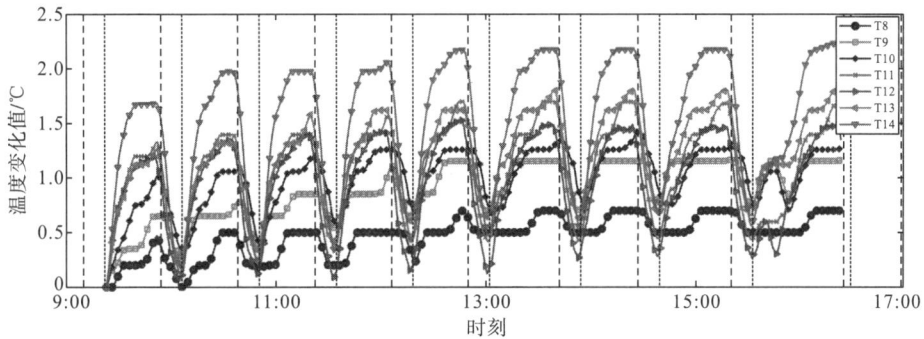

(b) T8~T14温度变化

图 6.21 磨齿机各部分温度变化

机床各电机温度如图 6.22 所示。通过这些温度变化,可以非常明显地得到机床各电机的工作情况。大部分电机在磨削加工阶段温度剧烈上升,在砂轮修整阶段温度降低。如 B1 轴(T19)、前端轴承(T26)、后端轴承(T27),三者直接反映了刀具主轴的运行情况,磨削加工过程中高速运行,温度迅速上升,砂轮修整过程中低速运行,温度迅速下降。同样 A1 轴(T18)、C1 轴(T20)两个旋转轴电机,在磨削加工过程中频繁运行,其温度变化剧烈。

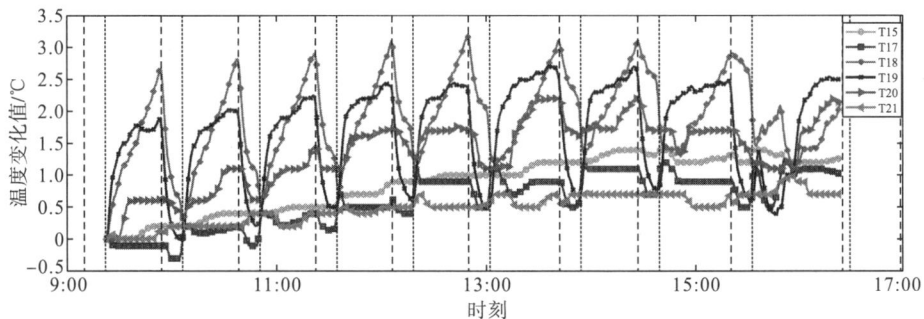

(a) T15,T17~T21温度变化

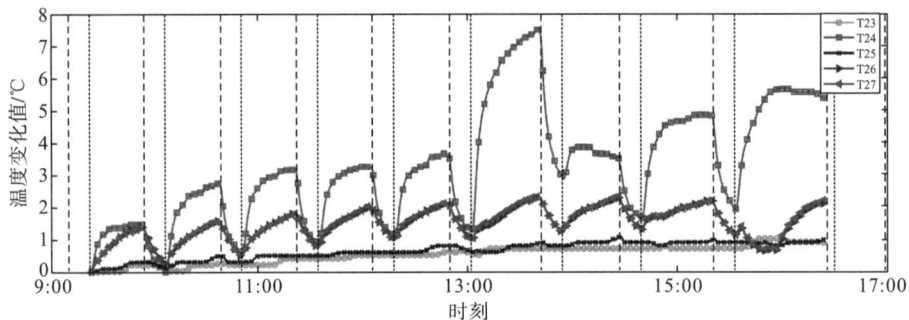

(b) T23~T27温度变化

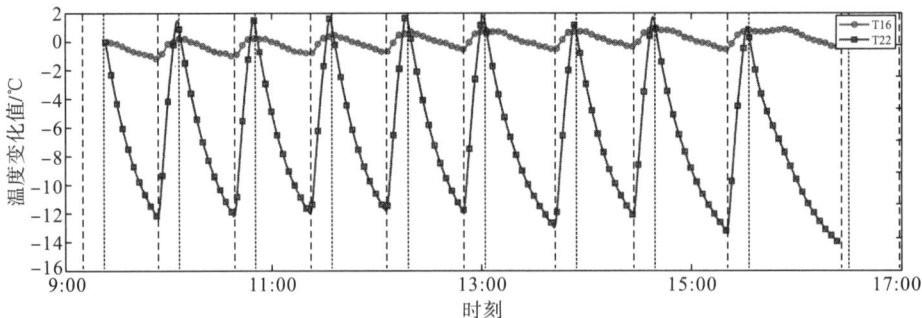

(c) T16、T22温度变化

图 6.22　磨齿机内置温度传感器温度变化

Y1 轴(T16)、B2 轴(T22)电机在砂轮修整过程中温度上升，在磨削加工过程中温度下降。B2 轴作为金刚滚轮轴，只在砂轮修整阶段运行，因此在砂轮修整过程中温度上升，且上升幅度巨大，甚至超过 10℃，这会对砂轮修整精度产生影响。对于 Y1 轴，砂轮修整阶段为持续运动，磨削加工阶段为间歇运动，最终导致 Y1 轴电机在砂轮修整阶段温度上升而磨削加工阶段温度下降。

2) 机床误差数据

根据前面分析可得，磨齿机 X 向误差是影响磨齿机 M 值的重要因素。由于在加工过程中，数控机床的主轴、直线轴误差很难得到，只能对机床工作台加工过程中的 X 向热误差进行测量，如图 6.23 所示。磨削加工过程中，工作台明显向 X 向移动，逐渐远离砂

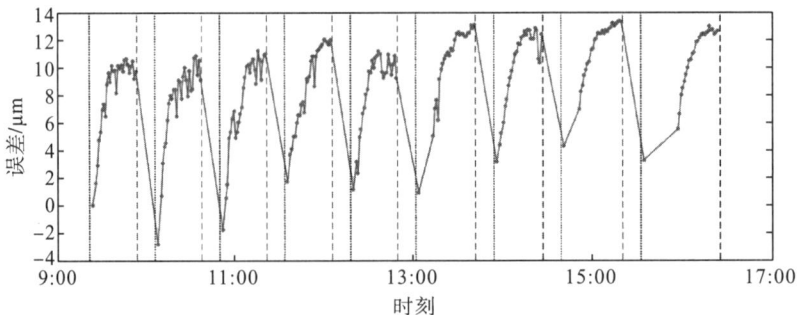

图 6.23　机床误差数据

轮。单次砂轮修整周期中，偏移均超过 10μm。但是，砂轮修整结束后磨削加工开始时，工作台 X 向热误差的不确定性很大。

　　3）零件 M 值

　　该型号齿轮 M 值如图 6.24 所示，由于在加工过程中，工人频繁地对机床进行调整，为此，对 M 值数据进行修正，以排除人工因素。从图中可以得到，磨削加工阶段 M 值逐渐增大，一般增大幅值在 10μm 左右。但是，砂轮修整结束后磨削加工开始时，齿轮 M 值的不确定性同样很大。此外，即使对于同一齿轮的 M 值，测量不同的齿，M 值都有可能不同，因此有些 M 值波动较大。

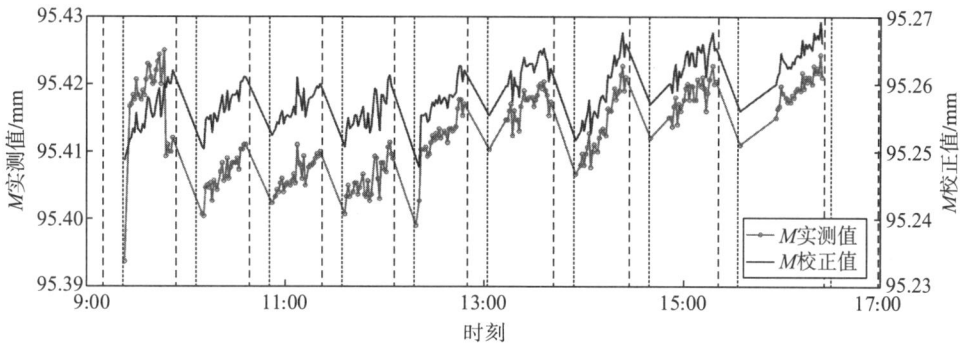

图 6.24　齿轮 M 值校正

　　通过分析温度数据、工作台 X 向热误差、齿轮 M 值，可以明显发现三者的强相关性。基于上述数据，运用本书前面所提方法，进行精度自愈验证。

6.2.1.3　验证效果

1. 主轴 X 向误差补偿

　　运用上述方法，对磨齿机主轴 X 向热误差进行补偿，并采用测量装置，对其进行检测，得到主轴在空转下的补偿效果。补偿现场如图 6.25 所示，补偿软件运行情况如图 6.26 所示。

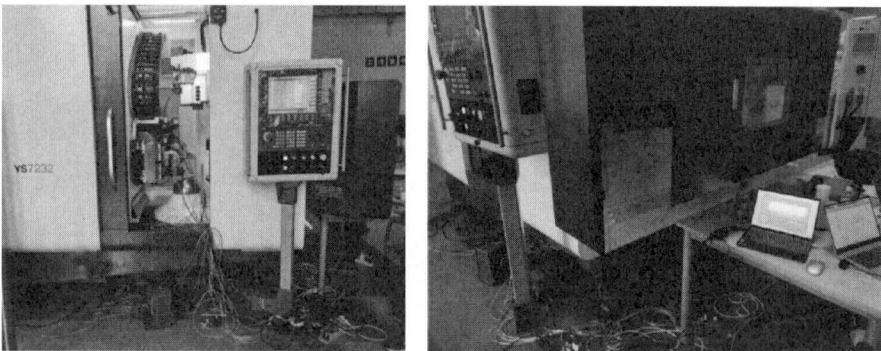

图 6.25　补偿现场

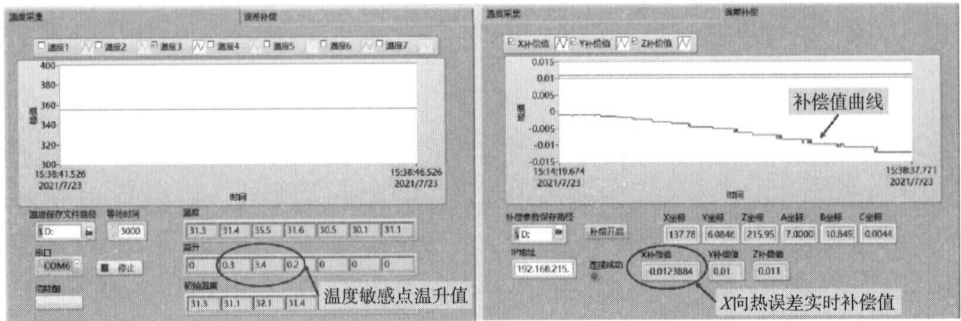

图 6.26 补偿软件运行情况

补偿效果如图 6.27 所示，从补偿曲线可以看出，磨齿机主轴产生的大部分热误差被有效补偿掉，补偿后位移曲线 RMSE 为 0.95μm，补偿前主轴 X 向热误差最大为 27.76μm，补偿后 X 向位移区间为[-1.53μm, 2.35μm]，热误差补偿了 91.53%。补偿实验证明了该热误差补偿方法的可行性以及热误差模型的高预测精度，使用该技术进行蜗杆砂轮磨齿机热误差实时补偿可以有效提高加工精度。

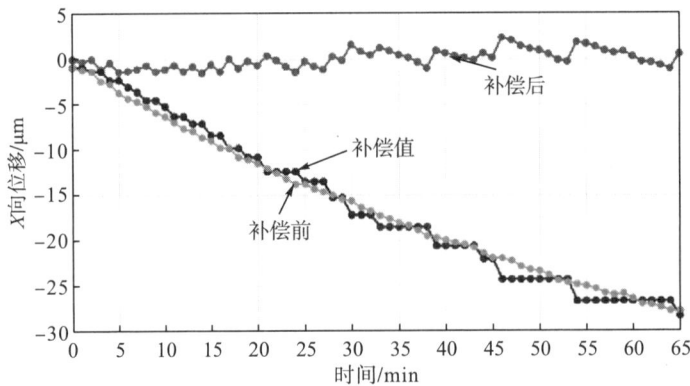

图 6.27 主轴 X 向误差补偿效果

2. 零件加工精度自愈

运用上述方法，在实际磨削加工中对磨齿机进行补偿，以提高齿轮 M 值精度。同时采用测量装置，对其补偿效果进行检测，补偿现场如图 6.28 所示。

单日的补偿效果如图 6.29 所示，补偿前，部分 M 值超过了下偏差，导致了零件不合格，误差补偿后，零件 M 值范围均在公差范围内。值变化范围由 0.02mm 减小到 0.01mm。机床调整次数由 4 次减小到 0 次，提高了加工效率。通过多日的对比，补偿前后 M 值偏差分布对比如图 6.30 所示，补偿前，M 值偏差分布在[-0.035mm, 0.005mm]，偏差中位数为-0.013mm，偏差超过-0.02mm 时，即产生不合格件；补偿后，M 值偏差分布在[0mm, -0.015mm]，偏差中位数为-0.008mm。补偿后，M 值偏差分布更为集中，且偏差更小，没有产生齿轮 M 值的不合格件。

图 6.28　零件补偿现场

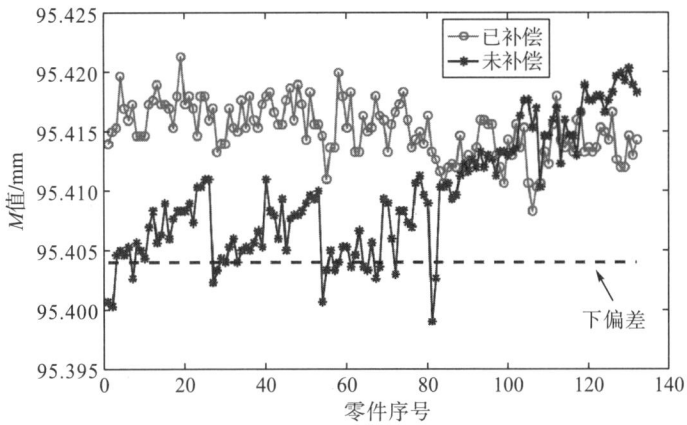

图 6.29　精度自愈效果

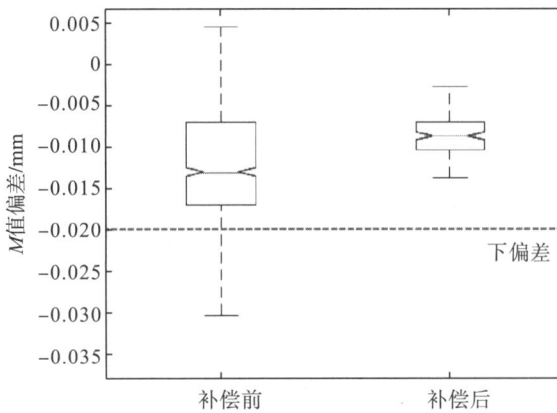

图 6.30　补偿前后 M 值偏差分布

6.2.2　航空叶片

6.2.2.1　问题描述与工艺分析

航空叶片作为航空发动机中使用数量最多的零件,叶片的表面加工质量直接决定着航空发动机的工作性能。为提高航空叶片精度，开展叶片相关的精度自愈验证。

航空叶片加工的主要工艺路线为：采用模锻毛坯进行型面铣削（分为粗铣和精铣）、型面抛光，其叶身型面加工精度取决于铣削工艺，而叶片型面铣削后剩余的残差一般采用磨削抛光的方式去除。

1. 叶片加工流程

根据航空叶片的理论设计模型，运用 UG 等三维建模软件中的 CAM 模块进行铣削加工刀路轨迹规划，通过五轴加工中心后处理器导出实际加工的 NC 程序，并进行仿真加工，检查程序的正确性与干涉碰撞情况。

（1）加工前准备。首先进行机床坐标系校核以及机床的刀尖点跟随校核，提高机床加工的准确性，其次通过打表的方式进行工装夹具的找正，保证加工坐标系的建立。

（2）航空叶片铣削加工。首先进行毛坯的工件坐标系建立并进行榫头的粗加工与精加工，保证加工基准的精度，然后以榫头为装夹基准建立型面加工的坐标系，并进行叶片型面的粗加工、精加工等铣削加工。

（3）多工况精加工前后的叶片型面检测。运用三坐标测量机对精加工前后的叶片型面进行测量之前，以叶片榫头为基准进行零件与理论模型设计坐标系的基准匹配，通过扫描测量的方式得到精加工前后叶片型面的实测数据与余量数据，并进行多工况的数据收集。

2. 路径规划

针对航空叶片的整体加工而言，想要得到比较理想的加工型面，需要对刀路轨迹进行规划，现就一种型号的航空叶片各工序工步的切削路径进行阐述。

（1）粗铣叶型。粗加工的原则是快速去除大量的材料，以叶身型面为切削对象，选用较大直径的四刃立铣刀配合型腔铣工序输出粗加工的刀路轨迹，保证切削参数与实际一致的同时，保留半精/精加工工序所需的余量。通过对其参数进行设置，如刀路切削层深度、工艺参数等，可获得刀具路径。

（2）半精铣叶根。由于叶片带有扭转角度，普通的三轴加工方式在一些难加工区域无法完成材料的去除，如叶片叶根处、扭角处等，这种情况就必须引入半精加工工序去除剩余的少量材料。然而刀具路径按叶身型面走刀的同时，若普通三轴机床在加工有扭度的叶片，刀具与工件之间会发生加工干涉，导致少数部位无法加工。为减少进退刀次数确保铣削过程的顺畅性并降低铣削时间，其刀路轨迹常设置为螺旋线。通过设置前倾角与侧倾角的值来调整刀具加工姿态的同时，避免刀具、刀柄与工件之间的干涉问题，保证加工的安全进行。最后进行切削参数、非切削移动选项卡等的设置。

（3）叶身型面精加工。叶身型面精加工工序与粗加工类似，都是选用可变轮廓铣模块，驱动方式同样为叶身型面，切削区域范围可根据实际实验组数进行多工况的分区域铣削，刀路轨迹的设置根据收集数据类型的不同而调整，如收集铣削力数据采用单向加工方式、收集型面结果数据采用连续的螺旋加工方式。而加工步距根据铣削区域的大小以及刀具型号来定，本工序选用较小直径的两刃球刀，加工残留高度控制在一丝以内以保证型面的表面质量。其中刀轴矢量的设置与粗加工类似，最后根据实际加工的要求进行切削参数设置。

3. 现场数据采集

为研究零件加工精度演变规律，建立零件精度预测模型，在某航空发动机制造企业开展叶片加工实验，测量批量化产线中，粗铣和精铣的加工功率、加工温度、加工噪声以及叶片加工精度等。通过采集压气机静子叶片粗加工和精加工的温度、噪声、切削能耗、位移等过程物理量，对这些信号进行分析处理后可将其运用于叶片的精度预测和监控。实验现场采集仪器如图 6.31 所示。

图 6.31　数据采集

叶片的粗加工和精加工设备分别为 VMC 1230 和 C.B.Ferrari A176，如图 6.32 所示，加工现场如图 6.33 所示。加工叶片为第 5 级静子叶片，其加工后如图 6.34 所示。叶片检测截面和检测指标与图 2.88 和表 2.30 相同。叶片加工精度是由海克斯康 Global 7-10-7 测量，如图 6.35 所示。

(a) VMC 1230　　　　　　　　(b) C.B.Ferrari A176

图 6.32　叶片加工机床

图 6.33   加工现场

(a) 粗加工   (b) 精加工

图 6.34   第 5 级静子叶片

图 6.35   三坐标测量仪

6.2.2.2　验证效果

1. 装备误差预测效果

以 Z 轴热误差为研究对象，如图 6.36 所示。实验主轴转速为 4000r/min，每 5min 测量一次实验数据，实验持续 8h 以上。如图 6.37 所示，其中 2 号与 4 号电涡流传感器测量磨齿机在 Z 轴方向的热误差变化量，1 号与 5 号电涡流传感器测量磨齿机在 X 方向的热误差变化量。

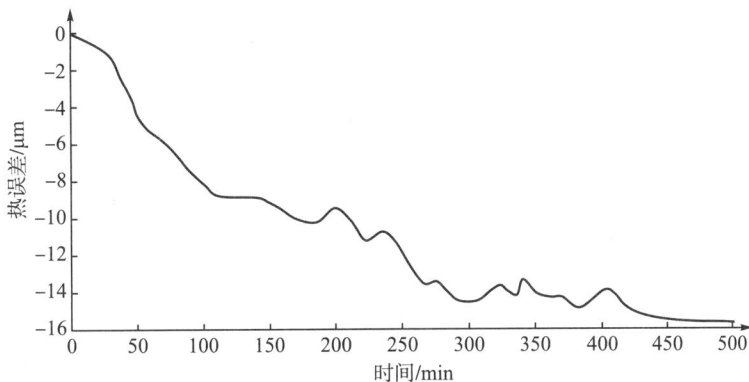

图 6.36　Z 方向热误差变形量

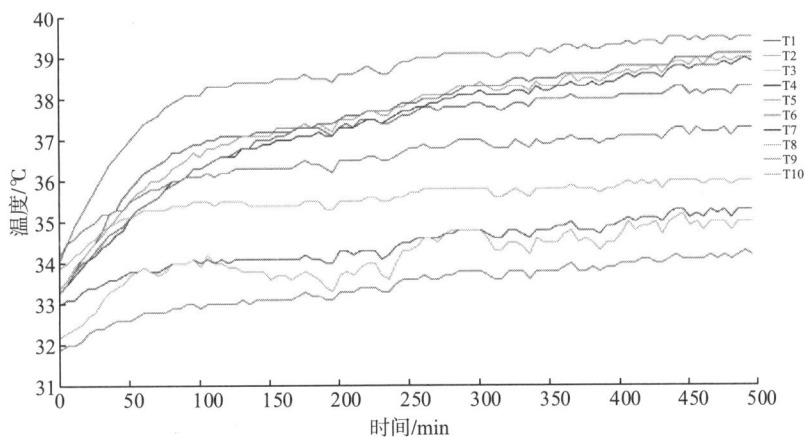

图 6.37　温度数据

多元线性回归是机床热误差模型的常用建模方法，它是以温度值增量为自变量，热变形量为因变量进行建模的。在建模过程中，常使用模糊聚类和灰色关联度相结合的方法，筛选出温度敏感点作为变量，在保证所建模型精度的同时，降低过多温度变量带来共线性误差的影响。得到多元线性回归模型的拟合精度如图 6.38 所示，该模型的拟合精度为 1.25μm。

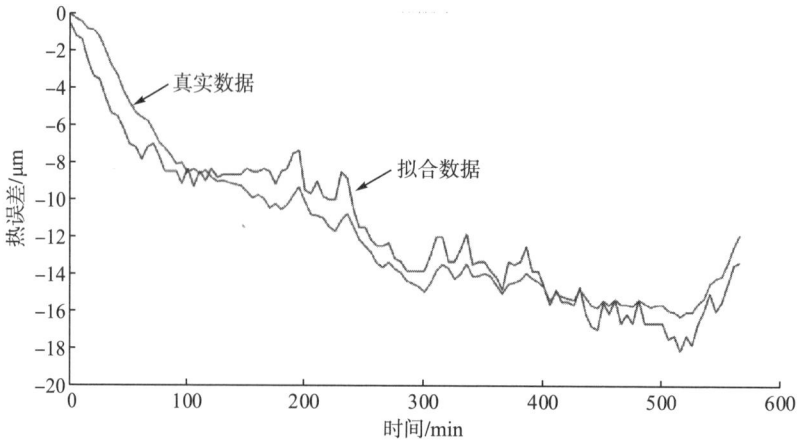

图 6.38　拟合图像

2. 精度自愈整体预测效果

对某批次的第 5 级静子叶片的加工精度进行预测。图 6.39 为预测不同工艺参数下的 4 个零件加工曲面的精度，从图中可以看出，曲面预测精度高，最大残差为 0.085mm，若采取精度自愈措施，其加工误差由最大的 0.590mm 减小到 0.085mm，减小了 85.59%。图 6.40 所示为批量化加工下的叶片某一检测指标的预测精度，误差预测偏差率最大为 18.68%，平均绝对误差率为 8.77%。因此，采取自愈措施后，叶片加工精度将得到有效提升。

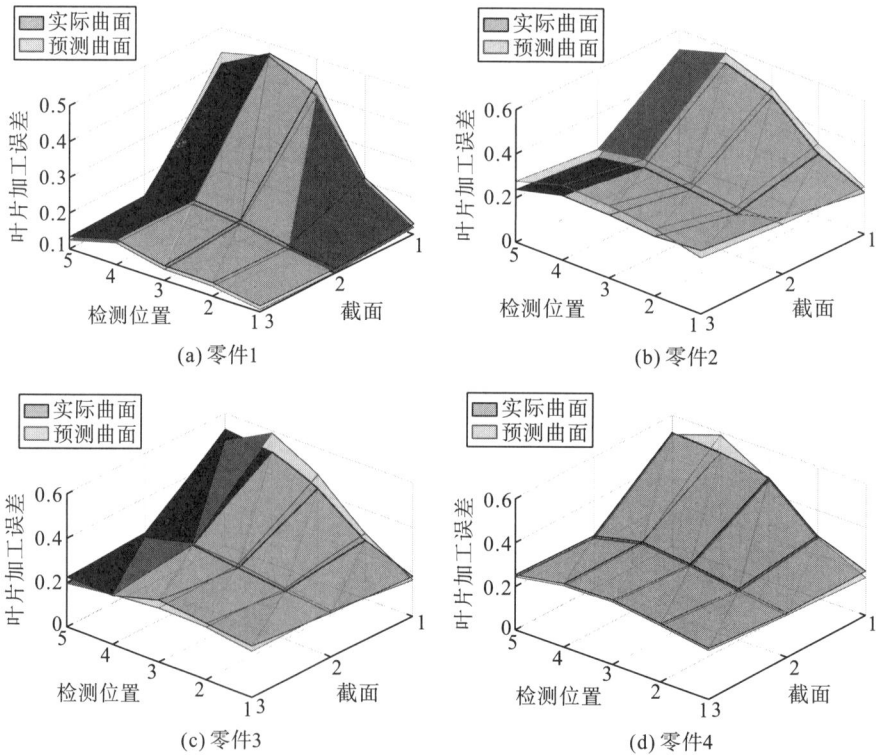

(a) 零件1

(b) 零件2

(c) 零件3

(d) 零件4

图 6.39　预测曲面精度

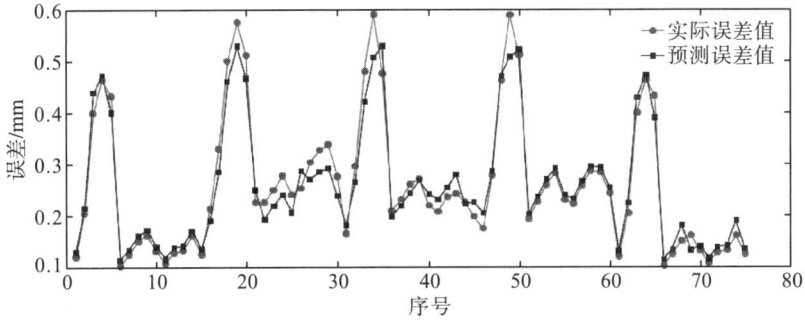

(a) 叶片加工误差预测

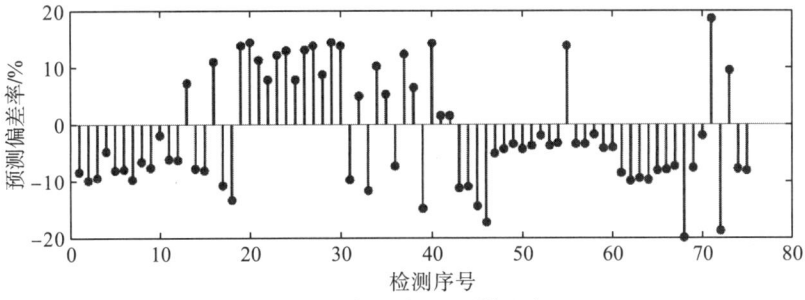

(b) 加工误差预测偏差率

图 6.40　预测精度

参 考 文 献

［1］穆德敏, 赵元, 刘业峰, 等. 图解智能工厂［M］. 北京: 化学工业出版社, 2023.

［2］Mayr J, Jedrzejewski J, Uhlmann E, et al., Thermal issues in machine tools［J］. CIRP Annals - Manufacturing Technology, 2012, 61(2): 771-791.

［3］Leete D L. Automatic compensation of alignment errors in machine tools［J］. International Journal of Machine Tool Design and Research, 1961, 1(4): 293-324.

［4］Schultschik R. The components of volumetric accuracy［J］. CIRP Annals - Manufacturing Technology, 1977, 25(1): 223-228.

［5］Ferreira P M, Liu C R. An analytical quadratic model for the geometric error of a machine tool［J］. Journal of Manufacturing Systems, 1986, 5(1): 51-63.

［6］Kim K, Kim M K. Volumetric accuracy analysis based on generalized geometric error model in multi-axis machine tools［J］. Mechanism and Machine Theory, 1991, 26(2): 207-219.

［7］Chen J S, Yuan J, Ni J, et al. Compensation of non-rigid body kinematic effect on a machining center［J］. Transaction of NAMRI, 1992, 20(9): 325-329.

［8］Khan A W, Chen W Y. Systematic geometric error modeling for workspace volumetric calibration of a 5-axis turbine blade grinding machine［J］. Chinese Journal of Aeronautics, 2010, 23(5): 604-615.

［9］Lin M T, Wu S K. Modeling and analysis of servo dynamics errors on measuring paths of five-axis machine tools［J］. International Journal of Machine Tools and Manufacture, 2012, 66: 1-14.

［10］Aguado S, Samper D, Santolaria J, et al. Identification strategy of error parameter in volumetric error compensation of machine tool based on laser tracker measurements［J］. International Journal of Machine Tools and Manufacture, 2012, 53(1): 160-169.

［11］刘又午, 刘丽冰, 赵小松, 等. 数控机床误差补偿技术研究［J］. 中国机械工程, 1998(12): 4852-485.

［12］杨建国, 潘志宏, 薛秉源. 数控机床几何和热误差综合的运动学建模［J］. 机械设计与制造, 1998(5): 31-32.

［13］粟时平, 李圣怡, 王贵林. 基于空间误差模型的加工中心几何误差辨识方法［J］. 机械工程学报, 2002, 38(7): 121-125.

［14］任永强, 杨建国, 窦小龙, 等. 五轴数控机床综合误差建模分析［J］. 上海交通大学学报, 2003, 37(1): 70-75.

［15］Zhu S, Ding G, Qin S, et al., Integrated geometric error modeling, identification and compensation of CNC machine tools［J］. International Journal of Machine Tools and Manufacture, 2012, 52(1): 24-29.

［16］Chen G S, Mei X S, Li H L. Geometric error modeling and compensation for large-scale grinding machine tools with multi-axes［J］. The International Journal of Advanced Manufacturing Technology, 2013, 69(9): 2583-2592.

［17］He Z Y, Fu J Z, Zhang L C, et al. A new error measurement method to identify all six error parameters of a rotational axis of a machine tool［J］. International Journal of Machine Tools and Manufacture, 2015, 88: 1-8.

［18］Ding G, Zhu S, Yahya, E, et al. Prediction of machining accuracy based on a geometric error model in five-axis peripheral milling process［J］. Proceedings of the Institution of Mechanical Engineers Part B-Journal Of Engineering Manufacture, 2014, 10: 1226-1236.

［19］ Moon S K, Moon Y M, Kota S, et al. Screw theory based metrology for design and error compensation of machine tools［C］//Volume 2B: 27th Design Automation Conference. September 9-12, 2001. Pittsburgh, Pennsylvania, USA. American Society of Mechanical Engineers, 2001: 697-707.

［20］ Fu G Q, Fu J Z, Xu Y T, et al. Product of exponential model for geometric error integration of multi-axis machine tools［J］. The International Journal of Advanced Manufacturing Technology, 2014, 71（9）: 1653-1667.

［21］ Choi J K, Lee D G. Thermal characteristics of the spindle bearing system with a gear located on the bearing span［J］. International Journal of Machine Tools and Manufacture, 1998, 38（9）: 1017-1030.

［22］ Uhlmann E, Hu J. Thermal modelling of a high-speed motor spindle［J］. Procedia CIRP, 201, 1: 313-318.

［23］ Kim S K, Cho D W. Real-time estimation of temperature distribution in a ball-screw system［J］. International Journal of Machine Tools and Manufacture, 1997, 37（4）: 451-464.

［24］ Chow J H, Zhong Z W, Lin W, et al. A study of thermal deformation in the carriage of a permanent magnet direct drive linear motor stage［J］. Applied Thermal Engineering, 2012, 48: 89-96.

［25］ Wu L, Tan Q C. Thermal characteristic analysis and experimental study of a spindle-bearing system［J］. Entropy, 2016, 18（7）: 271.

［26］ Tan F, Yin Q, Dong G H, et al. An optimal convective heat transfer coefficient calculation method in thermal analysis of spindle system［J］. The International Journal of Advanced Manufacturing Technology, 2017, 91（5）: 2549-2560.

［27］ Miao E M, Gong Y Y, Dang L C, et al. Temperature-sensitive point selection of thermal error model of CNC machining center［J］. The International Journal of Advanced Manufacturing Technology, 2014, 74（5）: 681-691.

［28］ Fu G Q, Gong H W, Gao H L, et al. Integrated thermal error modeling of machine tool spindle using a chicken swarm optimization algorithm-based radial basic function neural network［J］. The International Journal of Advanced Manufacturing Technology, 2019, 105（5）: 2039-2055.

［29］ Liu H, Miao E M, Zhuang X D, et al. Thermal error robust modeling method for CNC machine tools based on a split unbiased estimation algorithm［J］. Precision Engineering, 2018. 51: 169-175.

［30］ Zhang T, Ye W H, Shan Y C. Application of sliced inverse regression with fuzzy clustering for thermal error modeling of CNC machine tool［J］. The International Journal of Advanced Manufacturing Technology, 2016, 85（9）: 2761-2771.

［31］ Lo C H, Yuan J X, Ni J. An application of real-time error compensation on a turning center［J］. International Journal of Machine Tools and Manufacture, 1995, 35（12）: 1669-1682.

［32］ Lee J, Yang S. Statistical optimization and assessment of a thermal error model for CNC machine tools［J］. International Journal of Machine Tools & Manufacture, 2002, 42（1）: 147-155.

［33］ Abdulshahed A M, Longstaff A P, Fletcher S, et al. Thermal error modelling of a gantry-type 5-axis machine tool using a Grey Neural Network Model［J］. Journal of Manufacturing Systems, 2016, 41: 130-142.

［34］ 傅建中, 姚鑫骅, 贺永, 等. 数控机床热误差补偿技术的发展状况［J］. 航空制造技术, 2010, （4）: 64-66.

［35］ David HY. 车床温度测量装置［P］. US4998957［专, 英］1993.3.

［36］ Li Y, Zhao J, Ji S J, et al. The selection of temperature-sensitivity points based on K-harmonic means clustering and thermal positioning error modeling of machine tools［J］. The International Journal of Advanced Manufacturing Technology, 2019, 100（9）: 2333-2348.

［37］ Tan F, Yin M, Wang L, et al. Spindle thermal error robust modeling using LASSO and LS-SVM［J］. The International Journal of Advanced Manufacturing Technology, 2018, 94（5）: 2861-2874.

[38] Liu Z H, Yang B, Ma C, et al. Thermal error modeling of gear hobbing machine based on IGWO-GRNN[J]. The International Journal of Advanced Manufacturing Technology, 2020, 106(11): 5001-5016.

[39] Li F C, Li T M, Wang H T, et al. A temperature sensor clustering method for thermal error modeling of heavy milling machine tools[J]. Applied Sciences, 2017, 7(1): 82.

[40] Lee J H, Yang S H. Fault diagnosis and recovery for a CNC machine tool thermal error compensation system[J]. Journal of Manufacturing Systems, 2001, 19(6): 428-434.

[41] Miao E M, Gong Y Y, Dang L C, et al. Temperature-sensitive point selection of thermal error model of CNC machining center[J]. The International Journal of Advanced Manufacturing Technology, 2014, 74(5): 681-691.

[42] Liu Q, Yan J W, Pham D T, et al. Identification and optimal selection of temperature-sensitive measuring points of thermal error compensation on a heavy-duty machine tool[J]. The International Journal of Advanced Manufacturing Technology, 2016, 85(1): 345-353.

[43] 杨建国, 任永强, 朱卫斌, 等. 数控机床热误差补偿模型在线修正方法研究[J]. 机械工程学报, 2003(3): 81-84.

[44] Xiang S T, Lu H X, Yang J G. Thermal error prediction method for spindles in machine tools based on a hybrid model[J]. Proceedings of the Institution of Mechanical Engineers, Part B: Journal of Engineering Manufacture, 2015, 229(1): 130-140.

[45] Ouafi A E, Gullt M, Bedrouni A. Accuracy enhancement of multi-axis CNC machines through on-line neuro-compensation[J]. Journal of Intelligent Manufacturing, 2000, 11(6): 535-545.

[46] Ma C, Zhao L, Mei X S, et al. Thermal error compensation of high-speed spindle system based on a modified BP neural network[J]. The International Journal of Advanced Manufacturing Technology, 2017, 89(9): 3071-3085.

[47] Liu K., Li T., Liu HB., et al. Analysis and prediction for spindle thermal bending deformations of a vertical milling machine[J]. IEEE Transactions on Industrial Informatics, 2020, 16(3): 1549-1558.

[48] Xiang S T, Yao X D, Du Z C, et al. Dynamic linearization modeling approach for spindle thermal errors of machine tools[J]. Mechatronics, 2018, 53: 215-228.

[49] Yao X P, Hu T, Yin G F, et al. Thermal error modeling and prediction analysis based on OM algorithm for machine tool's spindle[J]. The International Journal of Advanced Manufacturing Technology, 2020, 106(7): 3345-3356.

[50] Yang J, Zhang D S, Feng B, et al. Thermal-induced errors prediction and compensation for a coordinate boring machine based on time series analysis[J]. Mathematical Problems in Engineering, 2014(1): 784218.

[51] Zhang Y F, Wang P, Liu T, et al. Active and intelligent control onto thermal behaviors of a motorized spindle unit[J]. The International Journal of Advanced Manufacturing Technology, 2018, 98(9): 3133-3146.

[52] Li Q, Li H L. A general method for thermal error measurement and modeling in CNC machine tool's spindle[J]. The International Journal of Advanced Manufacturing Technology, 2019, 103(5): 2739-2749.

[53] Liang J C, Li H F, Yuan J X, et al. A comprehensive error compensationsystem for correcting geometric, thermal, and cutting force-induced errors[J]. International Journal of Advanced Manufacturing Technology, 1997, 13(10): 708-718.

[54] Raksiri C, Parnichkun M. Geometric and force errors compensation in a 3-axis CNC milling machine[J]. International Journal of Machine Tools and Manufacture, 2004, 44(12/13): 1283-1291.

[55] Li X. Real-time prediction of workpiece errors for a CNC turning centre, part 4. cutting-force-induced errors[J]. The International Journal of Advanced Manufacturing Technology, 2001, 17(9): 665-669.

[56] Lee S Y, Lee J M. Specific cutting force coefficients modeling of endmilling by neural nelwork[J]. Journal of Mechanical Science and Technology, 2000, 14(6): 622-632.

[57] Topal E S, Çoğun C. A cutting force induced error elimination method for turning operations[J]. Journal of Materials Processing Technology, 2005, 170(1/2): 192-203.

[58] 魏兆成. 球头铣刀曲面加工的铣削力与让刀误差预报[D]. 大连: 大连理工大学, 2011.

[59] Bera T C, Desai K A, Rao P V M. Error compensation in flexible end milling of tubular geometries[J]. Journal of Materials Processing Technology, 2011, 211(1): 24-34.

[60] Fan K C, Chen H M, Kuo T H. Prediction of machining accuracydegradation of machine tools[J]. Precision Engineering, 2011, 36(2): 288-298.

[61] 陈志俊. 数控机床切削力误差建模与实时补偿研究[D]. 上海: 上海交通大学, 2008.

[62] 史弦立. 数控机床等效切削力综合误差辨识与补偿技术的研究[D]. 广州: 广东海洋大学, 2015.

[63] Shi X L, Liu H L, Li H, et al. Comprehensive error measurement and compensation method for equivalent cutting forces[J]. The International Journal of Advanced Manufacturing Technology, 2016, 85(1): 149-156.

[64] Scippa A, Sallese L, Grossi N, et al. Improved dynamic compensation for accurate cutting force measurements in milling applications[J]. Mechanical Systems and Signal Processing, 2015, 54: 314-324.

[65] 基里维斯, 杨建国, 吴昊. 切削力误差混合补偿系统[J]. 南京航空航天大学学报, 2005, 37(b11): 118-120.

[66] 吴昊, 杨建国, 张宏韬, 等. 三轴数控铣床切削力引起的误差综合运动学建模[J]. 中国机械工程, 2008, 19(16): 1908-1911.

[67] Benardos P G, Mosialos S, Vosniakos G C. Prediction of workpiece elastic deflections under cutting forces in turning[J]. Robotics and Computer-Integrated Manufacturing, 2006, 22(5/6): 505-514.

[68] Desai K A, Rao P V M. Effect of direction of parameterization on cutting forces and surface error in machining curved geometries[J]. International Journal of Machine Tools and Manufacture, 2008, 48(2): 249-259.

[69] Pi S W, Liu Q, Sun P P, et al. Five-axis contour error control considering milling force effects for CNC machine tools[J]. The International Journal of Advanced Manufacturing Technology, 2018, 98(5): 1655-1669.

[70] Chen T, Ye P Q, Wang J S. Local interference detection and avoidance in five-axis NC machining of sculptured surfaces[J]. The International Journal of Advanced Manufacturing Technology, 2005, 25(3): 343-349.

[71] Du J, Yan X, Tian X T. The avoidance of cutter gouging in five-axis machining with a fillet-end milling cutter[J]. International Journal of Advanced Manufacturing Technology, 2012, 62(1-4): 89-97.

[72] Chen L, Xu K, Tang K. Collision-free tool orientation optimization in five-axis machining of bladed disk[J]. Journal of Computational Design and Engineering, 2015, 2(4): 197-205.

[73] Lin Z W, Shen H Y, Gan W F, et al. Approximate tool posture collision-free area generation for five-axis CNC finishing process using admissible area interpolation[J]. The International Journal of Advanced Manufacturing Technology, 2012, 62(9): 1191-1203.

[74] Tang T D, Bohez E L J. A new collision avoidance strategy and its integration with collision detection for five-axis NC machining[J]. The International Journal of Advanced Manufacturing Technology, 2015, 81(5): 1247-1258.

[75] Choi B K, Jun C S. Ball-end cutter interference avoidance in NC machining of sculptured surfaces[J]. Computer-Aided Design, 1989, 21(6): 371-378.

[76] Lacharnay V, Lavernhe S, Tournier C, et al. A physically-based model for global collision avoidance in 5-axis point milling[J]. Computer-Aided Design, 2015, 64: 1-8.

［77］ Jun C S, Cha K, Lee Y S. Optimizing tool orientations for 5-axis machining by configuration-space search method［J］. Computer Aided Design, 2003, 35(6): 549-566.

［78］ Kim Y J, Elber G, Bartoň M, et al. Precise gouging-free tool orientations for 5-axis CNC machining［J］. Computer-Aided Design, 2015, 58: 220-229.

［79］ Ezair B, Elber G. Automatic generation of globally assured collision free orientations for 5-axis ball-end tool-paths［J］. Computer-Aided Design, 2018, 102: 171-181.

［80］ Wang S B, Geng L, Zhang Y F, et al. Chatter-free cutter postures in five-axis machining［J］. Proceedings of the Institution of Mechanical Engineers, Part B: Journal of Engineering Manufacture, 2016, 230(8): 1428-1439.

［81］ Tang X W, Zhu Z R, Yan R, et al. Stability prediction based effect analysis of tool orientation on machining efficiency for five-axis bull-nose end milling［J］. Journal of Manufacturing Science and Engineering, 2018, 140(12): 121015.

［82］ Ma J J, Zhang D H, Liu Y L, et al. Tool posture dependent chatter suppression in five-axis milling of thin-walled workpiece with ball-end cutter［J］. The International Journal of Advanced Manufacturing Technology, 2017, 91(1): 287-299.

［83］ Sun C, Altintas Y. Chatter free tool orientations in 5-axis ball-end milling［J］. International Journal of Machine Tools and Manufacture, 2016, 106: 89-97.

［84］ Huang T, Zhang X M, Leopold J, et al. Tool orientation planning in milling with process dynamic constraints: a minimax optimization approach［J］. Journal of Manufacturing Science and Engineering, 2018, 140(11): 111002.

［85］ Dai Y B, Li H K, Wei Z C, et al. Chatter stability prediction for five-axis ball end milling with precise integration method［J］. Journal of Manufacturing Processes, 2018, 32: 20-31.

［86］ Shamoto E, Fujimaki S, Sencer B, et al. A novel tool path/posture optimization concept to avoid chatter vibration in machining - Proposed concept and its verification in turning［J］. CIRP Annals - Manufacturing Technology, 2012, 61(1): 331-334.

［87］ Tlusty J. Dynamics of high-speed milling［J］. Journal of Engineering for Industry, 1986, 108(2): 59-67.

［88］ Mann B P, Bayly P V, Davies M A, et al. Limit cycles, bifurcations, and accuracy of the milling process［J］. Journal of Sound and Vibration, 2004, 277(1/2): 31-48.

［89］ Tobias S A, Machine-Tool Vibration［M］. London: Blackie, 1965.

［90］ Insperger T, Stépán G, Updated semi-discretization method for periodic delay-differential equations with discrete delay［J］. International Journal for Numerical Methods in Engineering, 2010, 61(1): 117-141.

［91］ Altintaş Y, Budak E. Analytical prediction of stability lobes in milling［J］. CIRP Annals, 1995, 44(1): 357-362.

［92］ Merdol S D, Altintas Y. Multi frequency solution of chatter stability for low immersion milling［J］. Journal of Manufacturing Science and Engineering, 2004, 126(3): 459-466.

［93］ Hopfield J J. Neurons with graded response have collective computational properties like those of two-state neurons［J］. Proceedings of the National Academy of Sciences of the United States of America, 1984, 81(10): 3088-3092.

［94］ Durbin R, Rumelhart D E. Product units: a computationally powerful and biologically plausible extension to backpropagation networks［J］. Neural Computation, 1989, 1(1): 133-142.

［95］ Cortes C, Vapnik V. Support-vector networks［J］. Machine Learning, 1995, 20(3): 273-297.

［96］ Zhang C J, Yao X F, Zhang J M, et al. Tool condition monitoring and remaining useful life prognostic based on a wireless sensor in dry milling operations［J］. Sensors, 2016, 16(6): 795.

［97］ Yu J S, Liang S, Tang D Y, et al. A weighted hidden Markov model approach for continuous-state tool wear monitoring and tool life prediction［J］. The International Journal of Advanced Manufacturing Technology, 2017, 91(1): 201-211.

［98］ Liu T N, Jolley B. Tool condition monitoring（TCM）using neural networks［J］. The International Journal of Advanced Manufacturing Technology, 2015, 78（9）: 1999-2007.

［99］ da Silva R H L, da Silva M B, Hassui A. A probabilistic neural network applied in monitoring tool wear in the end milling operation *via* acoustic emission and cutting power signals［J］. Machining Science and Technology, 2016, 20（3）: 386-405.

［100］ 刘同舜. 基于隐马尔可夫模型的微铣削刀具磨损状态监测与过程优化［D］. 合肥: 中国科学技术大学, 2018.

［101］ 秦国华, 谢文斌, 王华敏. 基于神经网络与遗传算法的刀具磨损检测与控制［J］. 光学精密工程, 2015, 23（5）: 1314-1321.

［102］ 戴稳, 张超勇, 孟磊磊, 等. 基于深度学习与特征后处理的支持向量机铣刀磨损预测模型［J］. 计算机集成制造系统, 2020, 26（9）: 2331-2343.

［103］ 刘胜辉, 张人敬, 张淑丽, 等. 基于深度神经网络的切削刀具剩余寿命预测［J］. 哈尔滨理工大学学报, 2019（3）: 1-8.

［104］ 王强, 李迎光, 郝小忠. 基于在线学习的数控加工刀具寿命动态预测方法［J］. 航空制造技术, 2019, 62（7）: 49-50.

［105］ 宋伟杰, 关山, 庞弘阳. 基于希尔伯特-黄变换和等距特征映射的刀具磨损状态监测［J］. 组合机床与自动化加工技术, 2018（6）: 114-118.

［106］ Pandit S M, Revach S. A data dependent systems approach to dynamics of surface generation in turning［J］. Journal of Engineering for Industry, 1981, 103（4）: 437-445.

［107］ Andrén L, Håkansson L, Brandt A, et al. Identification of motion of cutting tool vibration in a continuous boring operation: correlation to structural properties［J］. Mechanical Systems and Signal Processing, 2004, 18（4）: 903-927.

［108］ Cheung C F, Lee WB. A multi-spectrum analysis of surface roughness formation in Ultra-Precision Turning［J］. Precision Engineering, 2000, 24（1）: 77-87.

［109］ 徐宁, 侯仰海, 杨春林. 利用 ACF 和 PSD 对微观表面特性研究［J］. 机械研究与应用, 2004, 17（5）: 54-56.

［110］ 杨智, 戴一帆, 王贵林. 小波在基于功率谱密度特征曲线评价中的应用［J］. 激光技术, 2007, 31（6）: 627-629.

［111］ Huang N. New Method for Nonlinear and Nonstationary Time Series Analysis: Empirical mode decomposition and Hilbert spectral analysis［M］. Bellingham: SPIE, 2000.

［112］ 李世平, 付宇, 张进. 一种基于 EMD 的系统误差分离方法［J］. 中国测试, 2011, 37（3）: 9-13, 36.

［113］ 毕果, 郭隐彪, 杨峰. 基于经验模态分解的精密光学表面中频误差识别方法［J］. 机械工程学报, 2013, 49（1）: 164-170.

［114］ 李成贵, 李宝贵, 孙丹, 等. 基于 HHT 变换的超光滑加工表面谱特征分析［J］. 北京航空航天大学学报, 2006, 32（11）: 1341-1344.

［115］ 杨婧. 基于参数估计的伺服系统故障诊断方法研究［D］. 大连: 大连理工大学, 2006.

［116］ Yuan J, He Z J, Zi Y Y. Gear fault detection using customized multiwavelet lifting schemes［J］. Mechanical Systems and Signal Processing, 2010, 24（5）: 1509-1528.

［117］ Cao H R, Chen X F, Zi Y Y, et al. End milling tool breakage detection using lifting scheme and Mahalanobis distance［J］. International Journal of Machine Tools and Manufacture, 2008, 48（2）: 141-151.

［118］ Satti T, Young K, Grover S. Detecting catastrophic failure events in large-scale milling machines［J］. International Journal of Machine Tools and Manufacture, 2009, 49（14）: 1104-1113.

［119］ Song G., Hu DJ. Application of MBAM neural network in CNC machine fault diagnosis［J］. Journal of Dong Hua University 2004, 21（4）: 131-138.

［120］ Saravanan N, Cholairajan S, Ramachandran K I. Vibration-based fault diagnosis of spur bevel gear box using fuzzy technique［J］. Expert Systems with Applications, 2009, 36（2）: 3119-3135.

［121］ 贾育秦, 张志刚, 翟大鹏. 基于故障树的数控机床故障诊断系统研究［J］. 太原科技大学学报, 2009, 30（5）: 401-405.

[122] Mollazade K, Ahmadi H, Omid M, et al. An intelligent model based on data mining and fuzzy logic for fault diagnosis of external gear hydraulic pumps[J]. Insight - Non-Destructive Testing and Condition Monitoring, 2009, 51(11): 594-600.

[123] Yildiz B, Golay M W, Maynard K P, et al. Development of a hybrid intelligent system for on-line real -time monitoring of nuclear power plant operations[C]. The 2002 PSAM Conference, 2002.

[124] Hou Z W, Zhang Z S. Hybrid intelligent fault diagnosis based on granular computing[C]//2009 IEEE International Conference on Granular Computing. August 17-19, 2009, Nanchang, China. IEEE, 2009: 219-224.

[125] Gomez-Acedo E, Olarra A, Orive J, et al. Methodology for the design of a thermal distortion compensation for large machine tools based in state-space representation with Kalman filter[J]. International Journal of Machine Tools and Manufacture, 2013, 75: 100-108.

[126] Yang S, Yuan J, Ni J. Accuracy enhancement of a horizontal machining center by real-time error compensation[J]. Journal of Manufacturing Systems, 1996, 15(2): 113-124.

[127] 肖慧孝. 基于 FANUC 和 SIEMENS 840D 系统的数控机床误差补偿实施研究[D]. 上海: 上海交通大学, 2014.

[128] 姜辉. 五轴数控机床几何与热误差实时补偿关键技术及其试验研究[D]. 上海: 上海交通大学, 2014.

[129] 庄鑫栋. 数控机床热误差补偿测控系统研究[D]. 合肥: 合肥工业大学, 2018.

[130] 刘海宁. 数控机床进给轴热误差自适应补偿技术研究[D]. 大连: 大连理工大学, 2020.

[131] 连成哲. 基于 SIEMENS 数控系统的机床综合误差实时补偿技术研究[D]. 南京: 南京航空航天大学, 2019.

[132] 张虎, 周云飞, 唐小琦, 等. 数控加工中心误差 G 代码补偿技术[J]. 华中科技大学学报, 2002, 30(2): 13-17.

[133] 王时龙, 祁鹏, 周杰, 等. 数控滚齿机热变形误差分析与补偿新方法[J]. 重庆大学学报, 2011, 34(3): 13-17.

[134] 倪恒欣, 阎春平, 陈建霖, 等. 高速干切滚齿工艺参数的多目标优化与决策方法[J]. 中国机械工程, 2021, 32(7): 832-838.

[135] 刘艺繁, 阎春平, 倪恒欣, 牟等. 基于 GABP 和改进 NSGA-II 的高速干切滚齿工艺参数多目标优化决策[J]. 中国机械工程, 2021, 32(9): 1043-1050.

[136] 陈鹏, 曹华军, 张应, 等. 齿轮高速干式滚切工艺参数优化模型及应用系统开发[J]. 机械工程学报, 2017, 53(1): 190-197.

[137] 付松. 面向高效节能的数控滚齿加工工艺参数优化方法研究及应用[D]. 重庆: 重庆大学, 2019.

[138] 明兴祖, 罗且, 刘金华, 等. 面齿轮磨削加工工艺参数的优化[J]. 中国机械工程, 2016, 27(19): 2569-2574.

[139] Cao W D, Yan C P, Ding L, et al. A continuous optimization decision making of process parameters in high-speed gear hobbing using IBPNN/DE algorithm[J]. The International Journal of Advanced Manufacturing Technology, 2016, 85(9): 2657-2667.

[140] Wu D Y, Yan P, Guo Y, et al. Integrated optimization method for helical gear hobbing parameters considering machining efficiency, cost and precision[J]. The International Journal of Advanced Manufacturing Technology, 2021, 113(3): 735-756.

[141] Kharka V, Jain N K, Gupta K. Predictive modelling and parametric optimization of minimum quantity lubrication–assisted hobbing process[J]. The International Journal of Advanced Manufacturing Technology, 2020, 109(5): 1681-1694.

[142] Shastri A, Nargundkar A, Kulkarni A J, et al. Optimization of process parameters for turning of titanium alloy (Grade II) in MQL environment using multi-CI algorithm[J]. SN Applied Sciences, 2021, 3(2): 226.

[143] Sharma V K, Rana M, Singh T, et al. Multi-response optimization of process parameters using Desirability Function Analysis during machining of EN31 steel under different machining environments[J]. Materials Today: Proceedings, 2021, 44: 3121-3126.

[144] Asokan P, Saravanan R, Vijayakuman K. Machining parameters optimisation for turning cylindrical stock into a continuous finished profile using genetic algorithm(GA)and simulatedannealing(SA)[J]. International Journal of Advanced ManufacturingTechnology, 2003, 21(1): 1-9.

[145] Addona DM., Teti R. Genetic algorithm-based optimization of cutting parameters in turningprocesses[J]. Procedia CIRP, 2013, 7: 323-328.

[146] 李建广, 姚英学, 刘长清, 等. 基于遗传算法的车削用量优化研究[J]. 计算机集成制造系统, 2006, 12(10): 1651-1656.

[147] 谢书童, 郭隐彪. 数控车削中成本最低的切削参数优化方法[J]. 计算机集成制造系统, 2011, 17(10): 2144-2149.

[148] Rajemi M F, Mativenga P T, Aramcharoen A. Sustainable machining: selection of optimum turning conditions based on minimum energy considerations[J]. Journal of Cleaner Production, 2010, 18(10/11): 1059-1065.

[149] Bhushan RK. Optimization of cutting parameters for minimizing power consumption andmaximizing tool life during machining of Al alloy sic particle composites[J]. Journal ofCleaner Production, 2013, 39: 242-254.

[150] Mukkoti V V, Mohanty C P, Gandla S, et al. Optimization of process parameters in CNC milling of P20 steel by cryo-treated tungsten carbide tools using NSGA-II[J]. Production & Manufacturing Research, 2020, 8(1): 291-312.

[151] Yang Y K, Chuang M T, Lin S S. Optimization of dry machining parameters for high-purity graphite in end milling process *via* design of experiments methods[J]. Journal of Materials Processing Technology, 2009, 209(9): 4395-4400.

[152] Thepsonthi T, Ozel T. Multi-objective process optimization for micro-end milling of Ti-6Al-4V titanium alloy[J]. The International Journal of Advanced Manufacturing Technology, 2012, 63(9): 903-914.

[153] Subramanian M, Sakthivel M, Sooryaprakash K, et al. Optimization of cutting parameters for cutting force in shoulder milling of Al7075-T6 using response surface methodology and genetic algorithm[J]. Procedia Engineering, 2013, 64: 690-700.

[154] 陈志同, 张保国. 面向单元切削过程的切削参数优化模型[J]. 机械工程学报, 2009, 45(5): 230-236, 243.

[155] 倪其民, 李从心, 逄振旭, 等. 基于模糊的端铣加工参数多目标优化模型[J]. 上海交通大学学报, 2001, 35(10): 1531-1534.

[156] Yan J H, Li L. Multi-objective optimization of milling parameters – the trade-offs between energy, production rate and cutting quality[J]. Journal of Cleaner Production, 2013, 52: 462-471.

[157] Emel K, Babur O, Mahmut B. Optimization of cutting fluids and cutting parameters during end milling by using D-optimal design of experiments[J]. Journal of Cleaner Production, 2013, 42: 159-166.

[158] 曹宏瑞, 陈雪峰, 何正嘉. 主轴-切削交互过程建模与高速铣削参数优化[J]. 机械工程学报, 2013, 49(5): 161-166.

[159] Gao L, Huang J D, Li X Y. An effective cellular particle swarm optimization for parameters optimization of a multi-pass milling process[J]. Applied Soft Computing, 2012, 12(11): 3490-3499.

[160] Yang W A, Guo Y, Liao W H. Optimization of multi-pass face milling using a fuzzy particle swarm optimization algorithm[J]. The International Journal of Advanced Manufacturing Technology, 2011, 54(1): 45-57.

[161] Rao R V., Pawar P J. Parameter optimization of a multi-pass milling process using non-traditional optimization algorithms[J]. Applied Soft Computing, 2010, 10(2): 445-456.

[162] Kops L, Vo D T. Determination of the equivalent diameter of an end mill based on its compliance[J]. CIRP Annals, 1990, 39(1): 93-96.

[163] 陈兆年, 陈子辰. 机床热态特性学基础[M]. 北京: 机械工业出版社, 1989.

[164] Oxley P L B. Development and application of a predictive machining theory[J]. Machining Science and Technology, 1998, 2(2): 165-189.

[165] Lalwani P Z, Mehta NK, Jain P K. Extension of Oxley's predictive machining theory for Johnson and Cook flow stress model[J]. Journal of Materials Processing Technology, 2009, 209(12-13): 5305-531.

[166] Waldorf D J, DeVor RE, Kapoor S G. A slip-line field for ploughing during orthogonal cutting[J]. Journal of Manufacturing Science and Engineering - Transactions of the ASME, 1998, 120(4): 693-699.

[167] 戴建生, 旋量代数与李群、李代数[M]. 北京: 高等教育出版社, 2020.

[168] ISO 10791-7: 2020. Test conditions for machining centres—Part 7: Accuracy of finished test pieces[S]. Geneva: International Organization for Standardization, 2020.

[169] 孙志礼. 数控机床性能分析及可靠性设计技术[M]. 北京: 机械工业出版社, 2011.